中国科学院特别资助

2002 中国资源报告

成升魁　谷树忠　王礼茂　吕国平　沈　镭　等著

商务印书馆
2003年·北京

图书在版编目(CIP)数据

2002 中国资源报告/成升魁等著.—北京:商务印书馆,2003
ISBN 7—100—03719—0

Ⅰ.2... Ⅱ.中... Ⅲ.资源管理-研究报告-中国-2002 Ⅳ.F124.5

中国版本图书馆 CIP 数据核字(2003)第 011598 号

所有权利保留。
未经许可,不得以任何方式使用。

ÈRLÍNGLÍNGÈR ZHŌNGGUÓ ZĪYUÁN BÀOGÀO
2002 中国资源报告
成升魁 谷树忠 王礼茂 吕国平 沈镭 等著

商务印书馆出版
(北京王府井大街36号 邮政编码 100710)
商务印书馆发行
北京冠中印刷厂印刷
ISBN 7—100—03719—0/F·451

2003年8月第1版　　开本 787×1092　1/16
2003年8月北京第1次印刷　印张 23 1/4
定价:62.00元

中国资源报告项目组

中国资源报告顾问组

组长：
孙鸿烈

成员：
曲格平　杨振怀　朱　训　蒋承崧　李　元　刘燕华
秦大河　石玉林　李文华　李廷栋　刘昌明　郑　度
马福臣　傅伯杰　刘纪远　陈泮勤　陆亚洲

中国资源报告研究组

组长：
成升魁　谷树忠

成员：
王礼茂　吕国平　沈　镭　李秀彬　姚建华　郎一环
姚治君　赵建安　吴太平　姚义川　王秀红

序

孙鸿烈

《2002中国资源报告》经过以年轻学者为主的课题组3年的辛勤劳动,终于付梓并即将出版。约我写序,欣然命笔,趁此谈谈我对资源问题的一些思考。

一

在谈到资源时,有必要对两类主要资源及其关系加以分析:一类是自然资源,主要指自然界当中人类能够开发利用的物质和条件,如光、热、水、土地、森林、矿产等等;另一类资源是社会经济资源,诸如人力资本资源、资金、技术等,甚至现在有人——尽管在学术界还有争议——把信息、知识、文化等也纳入资源的范畴。这说明资源作为客观存在,人们对它的认识是不断深入的;资源的范畴将会随着人类认识的深化和科学技术的提高而不断拓展。如果我们仔细琢磨一下资源是如何在社会经济系统过程中由自然物变成对人类社会有用的商品,进而支撑人类社会的发展时,就不难理解:人类社会的发展——严格地讲应该是人类社会的经济发展,是建立在人类利用其掌握的社会经济资源对自然资源进行开发、萃取、利用和加工的过程的基础之上的。可见,自然资源是人类社会赖以生存与发展的物质基础和保障。它在很大程度上决定着一个地区或一个国家经济发展的基本格局,甚至在一定程度上决定了地域文化的特色。而社会经济资源则决定着自然资源开发利用的效率和效果,甚至资源开发利用的方向。当然,社会经济资源本身也存在一个开发利用的问题。所以,在一定意义上讲,一部人类社会发展史,就是人类社会开发资源、利用资源和保护资源的历史。

正是由于资源的自然与社会经济的双重性,使得我们在开发利用资源的过程中,既必须尊重自然规律,同时又要遵循社会经济规律。

认识资源,必须重视对它的综合研究。因为资源本身是一个庞大的复杂系统。如上所述,资源既包括自然资源,也包括社会经济资源;正是二者的相互作用,才为人类社会提供了物质财富。仅就自然资源而言,包括了光、热、水、土、气、生、矿、能等等,其中每一种资源又包含了许多不同形态或性质的成分。比如,土地可以分为耕地、草地、林地等;能源可以分为光能、水能、煤炭、石油、天然气、核能等等。特别是每一种可更新自然资源(如水、土、气、生资源)的存在,都是以其他可更新自然资源的存在为条件,彼此相互依存,相互制约。而且,由于地理、地质等复杂因素,资源的分布往往具有地域分异特性。因此,一种资源的开发会影响另一种资源的开发；一个地区资源的开发会影响另一地区资源的开发；上游资源的开发必然会波及中下游地区的资源环境安全，甚至社会经济安全。这些问题的严重性在实践中随处可见。

另一方面，还必须清醒地认识到，资源的开发利用是一把双刃剑，对社会经济和生态环境具有双重效应。也就是说，资源的开发利用既能促进社会经济的发展，又必然会对原生的生态环境带来不同程度的影响。合理的——即既尊重自然规律又尊重社会经济规律——资源开发和利用，既可以最大程度地促进社会经济的发展，同时又能最大限度地减少对生态环境的不利影响，最终达到或趋向可持续发展的目标。在人口、资源、环境、社会、经济这样一个复杂巨系统中，资源是核心。如今，我国市场经济体制已经建立，资源产权问题、资源价值问题、资源法规问题等都强烈地影响着资源的开发和利用。因此，在资源科学研究中，要有宏观的哲学思维和战略思想，还必须坚持系统分析和综合平衡的方法，并且要重视综合性研究。

其实，关于资源综合研究的思想，我国著名科学家、资源综合考察研究和资源科学的奠基人竺可桢教授，在20世纪50年代末就曾做过全面而深刻的论述。1957年竺可桢教授在回答关于中国科学院组织的资源综合考察研究的工作性质及其与各有关业务部门的关系和要不要建立自然资源综合考察研究委员会等问题时，强调指出：自然资源综合考察研究不但是一种自然科学研究工作，而且是包括社会科学在内的多学科、多专业的综合研究工作，是自然科学、社会科学和技术科学的全面合作；自然资源综合考察研究要全面分析，综合比较，多方论证；资源是一个有机的、统一的整体，只有通过综合研究才有可能取得科学成果；综合考察要研究自然资源变化和相互联系的规律；资源综合考察研究工作必须服务于经济建设，只有积极地配合国家的重要任务，才能使研究工作顺利进行；综合考察研究实质上是以资源为中心的区域经济发展的战略性研究；资源综合考察研究要远近结合，要着眼长远目标，但又要从当前实际出发，寓当前于长远之中，等等[①]。竺可桢先生是针对中国国情率先明确地提出资源科学综合研究思想的伟大科学家，对世界资源科学发展做出了重大贡献。

但是，竺可桢的资源综合研究思想，由于种种复杂原因并未被决策层所重视。1963年春，在全国农业科技工作会议期间，由竺可桢等24位著名科学家署名的文件《关于自然资源破坏情况及今后加强合理利用与保护的意见》（一个主件，两个附件）[②]，对我国自然资源开发利用中存在的严重破坏问题进行了充分阐述，并且提出了资源综合研究的思想和有针对性的建设措施。遗憾的是，这份重要文件在相隔整整30年后才被世人所知。

二

资源对于人类社会来说，就好比食物对于人一样重要。人不能没有食物，人类社会不能没

[①] 《竺可桢传》编写组：《竺可桢传》，科学出版社，1990年，第178～201页和第303～315页。
[②] 竺可桢等："关于自然资源破坏情况及今后加强合理利用与保护的意见"，《科技导报》，1993年第5期，第48～51页。

有资源。有人讲,人类社会已经进入知识经济时代,资源经济已经过时,自然资源已经不像过去那样重要了。其实,这是一种误解。不论人类社会发展到哪种形态,资源——主要是自然资源——始终是不可或缺的物质基础和生存发展的基本条件。因为不论哪种社会,不可能没有以农业为主的第一产业,也不可能没有以工业为主的第二产业。正确的认识应该是,在知识经济时代,在自然资源开发利用过程中,由于人类的知识水平和科学技术水平大大提高,资源开发的理性程度普遍增强,资源利用效率得到大幅度提高。知识的作用是催化加速,但不能也无法替代自然资源。知识也是资源,而且是十分重要的资源,但它并不能替代自然资源。

我国是资源总量大国,但又是人均资源小国。经过20多年的改革开放,我国社会经济发展取得了举世瞩目的成就,经济总量连续多年以两位数的速度增长,国力大大增强,人民生活水平显著提高。但同时,自然资源的消耗也随之大大增加,资源破坏、资源退化、资源浪费等问题有增无减,不但严重地制约着生产效率与经济效益的提高,而且引发了严重的生态环境问题,给社会经济的可持续发展带来了严峻的挑战,甚至危及到人民的生命安全。今后30年,我国人口仍会增加,国民经济仍需持续发展,对资源的需求也将继续加大。加入WTO后,我国利用世界资源的机会增多,但人口众多,资源需求大,不可能把希望完全寄托在国外资源上。因此,资源对于我国而言,是生存之本,发展之本,立国之本。

我国资源可持续利用所面临的问题十分严峻:几乎所有主要资源的人均占有量均低于世界平均水平;公民的资源稀缺意识普遍淡薄;资源市场发育不充分,缺乏资源稀缺真实状况的价格信号;资源浪费和破坏现象较为严重;资源利用效率普遍较低;资源法规体系尚不健全,至今仍然没有制定一部完整的综合资源法规。

加入WTO后,国家资源安全问题将提到议事日程上来。随着我国改革开放进程的深入和利用国外资源的增加,这一问题将愈来愈突出,愈来愈重要。回头看看历史上发生的主要战争,再环顾当前世界的局部冲突,资源是军事与政治力量争夺的实质。而且,当前世界上发达国家对发展中国家的资源掠夺、资源危机转嫁、垃圾资源输出等问题异常尖锐;利用资源环境这张牌打政治仗,打经济仗,是资源战争在新形势下的表现。如何满足并保障我国国民经济发展对资源的需求,是国家资源安全需要研究的重大问题。

我国正处于计划经济向市场经济体制转变的时期,资源的管理机制将发生重大变化。因此,系统地、综合地研究我国资源整体态势和重大资源战略,具有重要的意义。每三年出版一部的《中国资源报告》,正是为适应这一新形势而编写的。

三

呈现在读者面前的《2002中国资源报告》,是课题组十余位青年科学家通力合作、三年辛勤劳动的结晶。他们当中,既有长期从事资源科学研究的青年学者,又有具备一定理论功底的资源管理工作者;他们思想活跃,作风扎实,勇于求实创新,近年一直活跃在资源科学领域,受到学术界的关注。从内容看,《2002中国资源报告》集中研究了影响当前我国经济可持续发的主要资源领域,如土地资源、水资源、能源资源和矿产资源等;特别是突出了资源综合研究的思想,以较多的篇幅阐述了资源的综合态势;用专门章节分析了国家资源安全、资源贸易及我国利用世界资源的可能性;同时,结合我国西部大开发战略的实施,对西部资源开发和利用进行了深入的分析。另外,《2002中国资源报告》附件,使读者对我国资源领域的发展历程有一个概括性的了解,很有意义。

整个报告简捷明快,观点明确,论述得体,数据可靠,有许多创新之处。值此,向课题组年轻学者们表示感谢和祝贺。

当然,《2002中国资源报告》未能包括气候、海洋和生物等重要资源。这既是本期报告的缺憾,也是今后工作的目标。我相信,《2002中国资源报告》的面世,是一个良好的开端。它将对我国资源科学研究、资源管理等产生重要的推动作用。衷心希望课题组再接再厉,为我国资源事业的发展做出更大贡献。

目 录

前 言 1

第一章 资源问题的宏观形势与基本策略 1

第一节 资源与人口、环境和发展间的关系及其演变 2
一、资源与人口的关系 2
二、资源与环境的关系 4
三、资源与发展的关系 6
四、人口、资源、环境、发展的协调是可持续发展的根本保证 9

第二节 对资源形势和问题的基本判断 11
一、资源家底有限,发展对资源的需求旺盛 11
二、资源赋存及开发的环境条件欠佳 13
三、公民对资源的认识尚未提到"基本国策"的高度 14

第三节 资源策略的简要评析与构想 15
一、健全资源法规体系,严格执法才能保护资源 15
二、科技进步是解决资源问题的根本出路 16
三、积极参与WTO运作,建立国家资源安全体系 17
四、理顺资源管理体制,加强资源综合研究 18

第二章 国家资源安全及其基本态势 20

第一节 国家资源安全:内涵与类型 20
一、资源安全是资源供给与需求相互均衡的状态 20
二、国家资源安全是多维的概念 21

第二节 国家资源安全因素分析 24
一、影响国家资源安全的主要因素 24
二、国际资源贸易安全格局和发展前景 26
三、不同类型国家的资源安全战略取向 27

第三节 中国战略性资源安全基本态势 28
一、能矿资源供需面临"峰极相逼"的威胁 29
二、水资源总量短缺及利用不合理导致水资源供需矛盾突出 31
三、解决我国的粮食安全问题不仅要靠耕地,同时要靠非耕地 33

四、中国战略性资源供需缺口不断扩大,但挖掘资源的潜力也大 …………… 35
五、经济全球化下的中国资源安全挑战大于机遇 …………………………… 36
六、环境问题的国际化和国内环境状况对中国资源安全的影响 …………… 39
第四节 保障国家资源安全的理性选择 ……………………………………………… 40
一、建立资源安全基础保护体系 …………………………………………………… 41
二、建立合理的资源流通体系 ……………………………………………………… 42
三、倡导适度消费的资源节约型体系 …………………………………………… 45
四、建立深度资源开发的利用体系 ……………………………………………… 45
五、建立废弃物资源化的回收体系 ……………………………………………… 46
六、建立资源创新的技术体系 ……………………………………………………… 46
七、建立科学的资源管理体系 ……………………………………………………… 48
第五节 结论与建议 ………………………………………………………………………… 49

第三章 水资源及其可持续利用 ……………………………………………………………… 51
第一节 中国水资源态势分析与评判 …………………………………………………… 51
一、水资源自然分布极不理想 ……………………………………………………… 51
二、水资源及其开发利用的状况不尽合理 …………………………………… 55
三、未来水资源供需矛盾仍较为紧张 …………………………………………… 60
第二节 中国主要水资源问题透视 ……………………………………………………… 63
一、洪水灾害 ……………………………………………………………………………… 63
二、水资源短缺 ……………………………………………………………………………… 65
三、水污染 ………………………………………………………………………………… 68
四、生态环境恶化 ………………………………………………………………………… 69
第三节 中国水问题的战略抉择 ………………………………………………………… 72
一、防洪减灾战略 ………………………………………………………………………… 72
二、水资源供需平衡战略 ……………………………………………………………… 74
三、防污与治污战略 ……………………………………………………………………… 78
四、生态环境建设与保护战略 ……………………………………………………… 79
第四节 结论与建议 ………………………………………………………………………… 81

第四章 耕地资源及其可持续利用 ……………………………………………………………… 84
第一节 耕地资源基本态势 …………………………………………………………………… 84
一、耕地具有不可取代的功能 ……………………………………………………… 84
二、耕地数量与质量不容乐观 ……………………………………………………… 85
三、耕地利用中难以解决的问题 ………………………………………………… 90
第二节 耕地相关政策的评介 ……………………………………………………………… 92
一、不断变化的耕地政策 ……………………………………………………………… 92

  二、现行政策的主体是总量动态平衡 ······ 95
 第三节 耕地资源的保护性开发利用 ······ 101
  一、耕地资源的重新确认 ······ 101
  二、维持现有耕地总体持续生产能力 ······ 102
  三、耕地的高效利用和有效保护：农业结构调整 ······ 104
  四、加入WTO有助于耕地资源潜力的进一步挖掘 ······ 106
  五、维持和增加耕地面积：土地整理和开发复垦 ······ 107
  六、宣传、教育、法规对耕地保护性利用至关重要 ······ 109
 第四节 结论与建议 ······ 111

第五章 能源资源与能源保障 ······ 114
 第一节 能源资源与能源产业 ······ 114
  一、总体态势 ······ 114
  二、常规能源资源态势 ······ 117
  三、常规能源资源开发与产业发展 ······ 118
  四、新能源资源及利用 ······ 123
 第二节 能源供给与需求 ······ 127
  一、能源供需状况 ······ 127
  二、能源结构问题 ······ 130
 第三节 建立可持续的能源保障体系 ······ 133
  一、建立可持续能源保障体系的背景 ······ 133
  二、新世纪的能源战略 ······ 134
  三、建立可持续能源保障体系 ······ 135
 第四节 结论与建议 ······ 141

第六章 矿产资源及其可持续保障 ······ 144
 第一节 矿产资源基本态势 ······ 144
  一、矿产资源供需基本态势：由基本保障到缺口渐大 ······ 144
  二、一批重要矿产品供需矛盾突出，大规模进口已成定局 ······ 149
  三、适应市场经济要求的矿产资源勘查投入机制尚未形成 ······ 150
  四、矿产资源开发利用粗放造成利用率低和严重的环境问题 ······ 153
  五、缺乏适应市场变化和应对突发事件的矿产品安全保障制度 ······ 154
  六、经济全球化背景下我国资源竞争的能力低 ······ 156
 第二节 构建稳定、安全和经济的矿产资源保障体系 ······ 159
  一、提高国土地质研究程度和资源保有程度 ······ 159
  二、集约开发利用矿产资源，建立资源节约型社会 ······ 160
  三、改善能源结构，大力发展油气，清洁利用煤炭 ······ 161

四、优化矿产资源开发利用总体布局,鼓励开发西部优势矿产资源 …………… 162
　　五、经济、稳定、安全地开发利用国外矿产资源 ………………………………… 163
　第三节　矿产资源开发的重大措施及其建议 …………………………………………… 163
　　一、加强地质勘查工作,加强矿产资源公共服务和支撑体系建设 ………………… 164
　　二、对矿产资源的勘查开发和利用,实行积极的财政政策 ………………………… 164
　　三、调整和完善适应矿业活动特点的矿业税收制度 ………………………………… 165
　　四、制定有利于增加社会投入,建立以商业性勘查为主的地质工作新格局的金融政策 …… 165
　　五、完善矿产资源法规体系和制度,改进矿产资源宏观管理 ……………………… 166
　第四节　结论与建议 ……………………………………………………………………… 166

第七章　西部地区资源开发利用 ……………………………………………………………… 168
　第一节　西部地区资源的基本态势 ……………………………………………………… 168
　　一、地域广袤,自然环境复杂,资源底蕴丰富 ……………………………………… 168
　　二、自然资源丰富,但赋存条件较差 ………………………………………………… 171
　　三、社会经济资源,尤其是人力资源奇缺 …………………………………………… 179
　第二节　西部资源开发利用的自然与社会经济背景 …………………………………… 181
　　一、生态环境脆弱,资源开发难度甚大 ……………………………………………… 181
　　二、经济发展相对滞后,贫困问题突出 ……………………………………………… 183
　第三节　西部地区资源开发利用问题与对策 …………………………………………… 185
　　一、资源型产业在西部地区经济发展中依然占据重要地位 ………………………… 185
　　二、西部地区资源开发利用存在的主要问题 ………………………………………… 186
　　三、西部地区资源开发利用的主要对策 ……………………………………………… 189

第八章　利用国外资源的战略与措施 ………………………………………………………… 195
　第一节　实施开放式资源战略是新世纪的必然选择 …………………………………… 195
　　一、资源特点决定了中国必须利用国外资源 ………………………………………… 195
　　二、利用国外资源是深化改革、扩大开放的必然选择 ……………………………… 197
　第二节　世界资源贸易基本格局 ………………………………………………………… 198
　　一、世界资源和资源性产品贸易的基本特征 ………………………………………… 198
　　二、主要国家资源战略取向及其对中国利用国外资源的影响 ……………………… 201
　　三、在世界资源贸易格局中的地位与利用国外资源的环境分析 …………………… 206
　第三节　利用国外资源的历史回顾和主要资源进出口贸易分析 ……………………… 208
　　一、中国利用国外资源的历史回顾 …………………………………………………… 208
　　二、主要资源及资源性产品的进出口贸易分析 ……………………………………… 209
　第四节　中国利用国外资源的战略对策 ………………………………………………… 214
　　一、在利用国外资源的同时,必须切实注意资源安全问题,尽快建立和完善
　　　　中国的资源储备体系 ……………………………………………………………… 214

二、积极开展资源外交,使和平环境下的外交工作为保障国家的经济发展和
　　　　资源安全稳定供应服务 ……………………………………………………… 215
　　三、尽量利用周边国家资源,与之建立长期稳定的资源贸易伙伴关系 ……… 216
　　四、发展和壮大跨国公司,为中国的全球资源战略服务 ……………………… 216
　　五、建立多渠道的国外资源供应体系,减少资源来源单一化带来的风险 …… 217
　第五节　结论与建议 ……………………………………………………………………… 218

第九章　自然资源管理的体制、法制与机制 …………………………………………… 221
　第一节　自然资源管理:重要的公共管理 ……………………………………………… 221
　　一、自然资源:民族生存基础与国家主权的含义 ……………………………… 221
　　二、自然资源管理:典型的公共管理 …………………………………………… 221
　　三、国土资源管理:更具国家意志的自然资源管理 …………………………… 223
　第二节　自然资源行政管理:体制及其演变 …………………………………………… 224
　　一、资源管理体制演变 …………………………………………………………… 224
　　二、目前的资源管理体制及其述评 ……………………………………………… 226
　　三、资源管理体制的改进(建议) ………………………………………………… 229
　第三节　自然资源政策:轨迹与完善 …………………………………………………… 231
　　一、20年来的资源政策发展轨迹 ………………………………………………… 231
　　二、资源政策的地位与序列性 …………………………………………………… 238
　　三、现行资源政策的宗旨与目的性 ……………………………………………… 239
　　四、现行资源政策的若干缺憾 …………………………………………………… 242
　　五、健全和完善资源政策的建议 ………………………………………………… 244
　第四节　自然资源立法管理:法制及其发展 …………………………………………… 245
　　一、资源立法管理的发展历程 …………………………………………………… 245
　　二、目前资源法规体系 …………………………………………………………… 247
　　三、目前资源立法管理中的主要问题 …………………………………………… 251
　　四、立法管理的改进与完善 ……………………………………………………… 252
　第五节　自然资源经济管理:机制及其变革 …………………………………………… 254
　　一、资源市场的发育与发展 ……………………………………………………… 254
　　二、资源有偿使用的法律依据 …………………………………………………… 256
　　三、资源价值形式 ………………………………………………………………… 258
　　四、资源核算研究与试点 ………………………………………………………… 260
　　五、资源产权交易 ………………………………………………………………… 262
　第六节　结论与建议 ……………………………………………………………………… 264

附录一　中国自然资源领域重大事件 …………………………………………………… 269

附录二　中国自然资源机构 …………………………………………………… 285

附录三　国际自然资源机构 …………………………………………………… 302

附录四　中国主要自然资源法规名录 ………………………………………… 324

附录五　中国主要自然资源基础数据 ………………………………………… 333

附录六　世界与中国主要的资源环境节日 …………………………………… 343

China Resources Report

Contents

Chapter 1 Macroscopic Situation of Resources Issues and Some Fundamental Strategies

1.1 Relationships and Their Evolutions between Resources, Population, Environment and Development

    1.1.1 Relationship between Resources and Population

    1.1.2 Relationship between Resources and Environment

    1.1.3 Relationship between Resources and Development

    1.1.4 Coordination between Resources, Population, Environment and Development Is the Essential Guaranteeing Condition for Sustainable Development

1.2 Fundamental Judgments of Resources Situation and Issues in China

    1.2.1 Limited Resources Bases but Dramatically Increasing Demand for Resources in Economic Development

    1.2.2 Bad Conditions in Resources Endowment and Fragile Exploitation Environment

    1.2.3 Lack of Valuing the Resources among the Public Citizen

1.3 Brief Review of Resources Policies and Prospects of China

    1.3.1 Perfect the Resources Legislation System and Strictly Implement Jurisdiction

    1.3.2 Scientific and Technologic Progress Is the Key to Solve the Resources Issues

    1.3.3 Actively Participate the WTO Rule and Establish National Resources Security System

    1.3.4 Rationalise Resources Management System and Enhance Integrated Resources Studies

Chapter 2 National Resources Security and Its Basic Situation

2.1 Implications and Classification of National Resources Security

    2.1.1 Resources Security Is the Balance between Resources Supply and Demand

    2.1.2 Resources Security Is a Multiple Dimension Concept

2. 2 Analyses on the Factors Affecting National Resources Security

   2. 2. 1 Major Factors Affecting National Resources Security

   2. 2. 2 Configuration and Development Prospects of International Resources Trade

   2. 2. 3 Strategies of Resources Security in Different Countries

2. 3 Situation of Strategic Resources Security of China

   2. 3. 1 Energy and Minerals Resources Faced the Shortage Crisis at the Peak Simultaneously

   2. 3. 2 Total Water Shortage and Irrational Utilisation Resulted in Serious Conflict between Supply and Demand of Water

   2. 3. 3 Resolving China's Food Security Depends not only on the Arable but Non-arable Lands

   2. 3. 4 The Shortages of Strategic Resources of China Are Widening but These Resources Have Further Development Potentials

   2. 3. 5 China's Resources Have More Opportunities Than Challenges in the Face of Economic Globalisation

   2. 3. 6 Internationalisation of Environmental Issues and Domestic Serious Environmental Conditions Have an Important Effects on China's Resources Security

2. 4 Rational Choice to Guarantee China's Resources Security

   2. 4. 1 Building up the Preservation System of Resources Security Base

   2. 4. 2 Constructing Feasible Resources Circulation System

   2. 4. 3 Encouraging Economically Consumed Resources System

   2. 4. 4 Establishing Deeply Exploited Utilisation System

   2. 4. 5 Building up the Recycling System of Waste Resources

   2. 4. 6 Establishing Technological System of Resources Development Innovation

   2. 4. 7 Improving Scientific System of Resources Management

2. 5 Conclusions and Suggestions

Chapter 3 Water Resources and Their Sustainable Use

3. 1 Situation of China's Water Resources and Evaluations

   3. 1. 1 Not Ideal Physical Distribution of Water Resources

   3. 1. 2 Irrational Development and Utilisation

   3. 1. 3 Increasingly Serious Conflict of Water Demand and Supply in the Foreseeable Future

3. 2 A Perspective of China's Water Issues

   3. 2. 1 Flood Disaster

3.2.2 Water Resources Shortage

3.2.3 Water Pollution

3.2.4 Deteriorating Water Ecology and Environment

3.3 Strategic Choice of China's Water Issues

3.3.1 Flood Prevention and Disaster Reduction Strategy

3.3.2 Water Balance Strategy of Demand and Supply

3.3.3 Pollution Prevention and Control Strategy

3.3.4 Construction and Preservation Strategy of Ecology and Environment

3.4 Conclusions and Suggestions

Chapter 4 Arable Land Resources and Their Sustainable Use

4.1 Basic Situation of Arable Land in China

4.1.1 Arable Land Has the Particular Function that Cannot Be Replaced

4.1.2 Quantity and Quality of Arable Land in China Are Not Optimistic

4.1.3 Some Difficult Problems Existed in the Utilisation of Arable Land

4.2 Review on the Related Policies of Arable Land in China

4.2.1 Historical Evolution of Arable Land Policies

4.2.2 Present Policy Is Dominated by the Total Balance of Land

4.3 Protectively Developing and Utilising the Arable Land

4.3.1 Rethinking the Role of Arable Land

4.3.2 Maintaining the Present Producing Capacity of Total Land

4.3.3 Adjusting Agricultural Structure to Utilise the Arable Land Efficiently and Effectively

4.3.4 Exploring the Potentials of Arable Land after Entry to WTO

4.3.5 Maintaining and Increasing the Area of Arable Land by Cleaning-up and Reclamation of Arable Land

4.3.6 Enhancing Promulgation, Education and Legislation on the Land Preservation

4.4 Conclusions and Suggestions

Chapter 5 Energy Resources and Energy Guaranteeing

5.1 Energy Resources and Industry

5.1.1 General Situation

5.1.2 Resources Situation of Ordinary Energy

5.1.3 Exploitation of Ordinary Energy Resources and Development of Energy Industry

5.1.4 New Energy Resources and Their Utilization

5.2 Energy Demand and Supply

5.2.1 Present Situation of Energy Demand and Supply

5.2.2 Energy Structure Issues

5.3 Building up a Sustainable Energy Guaranteeing System

5.3.1 Backgrounds

5.3.2 New Energy Strategy in the New Century

5.3.3 Sustainable Energy Guaranteeing System

5.4 Conclusions and Suggestions

Chapter 6 Mineral Resources and Their Sustainable Guaranteeing

6.1 Basic Situation of Mineral Resources in China

6.1.1 Most Mineral Resources Shifted from General Guaranteeing to Shortage Increasing

6.1.2 Key Mineral Resources Have Standing Conflict of Demand and Supply and Are Inevitable to Import at Large Scales

6.1.3 Market-oriented Exploration and Investment Mechanism Are Not Yet Established

6.1.4 Low Utilisation Rate and Serious Environmental Issues Because of Rough and Careless Mineral Development

6.1.5 Lack of Mineral Security Guaranteeing System Coping with Market Changes and Emergencies

6.1.6 Low Competition of China's Resources Industries Facing Globalisation

6.2 Constructing a Steady, Securable and Economical Guaranteeing System of Mineral Resources

6.2.1 Raising the Degrees of Geological Researches and Resources Security

6.2.2 Establishing Resources-intensive Economy by Ways of Economically Exploiting Mineral Resources

6.2.3 Improving Energy Structure by Ways of Actively Developing Oil and Natural Gas and Clean Coal Resources

6.2.4 Optimising General Allocation of Mineral Resources Development and Encouraging Developing Some Advantageous Mineral Resources in the West of China

6.2.5 Economically, Steadily and Safely Utilising Overseas Mineral Resources

6.3 Some Major Measures and Suggestions on the Development and Utilisation of Mineral Resources

    6.3.1 Enhancing the Construction of Public Services and Infrastructure System for Mineral Resources Exploration

    6.3.2 Implementing Active Financial Policies to Improve the Exploration and Exploitation of Mineral Resources

    6.3.3 Improving and Perfecting Mineral Taxation System

    6.3.4 Increasing Social Capital Investment and Build up Commercial Exploration Mechanism

    6.3.5 Improving Mineral Legislation System and Reforming Mineral Resources Management

6.4 Conclusions and Suggestions

Chapter 7 Resources Development in the Western China

7.1 Basic Situation of Mineral Resources in the Western China

    7.1.1 Vast Terrain and Complex and Various Physical Environments

    7.1.2 Rich Natural Resources But Bad Geological Conditions

    7.1.3 Scarcity of Social Resources, Especially of Human Resources

7.2 Natural and Social Background for Development of Resources in Western China

    7.2.1 Fragile Ecology and Difficulty of Resource Development

    7.2.2 Economic Underdevelopment and Severe Poverty

7.3 Issues and Policies of Resources Development in the Western China

    7.3.1 Resources Industry Still Plays an Important Role in the Regional Economic Development

    7.3.2 Main Problems of Resources Utilisation in the Western Region of China

    7.3.3 Major Countermeasures

Chapter 8 Strategies and Measures of Utilising Overseas Resources

8.1 Implementing An Opening Resources Strategy Is the Necessary Choice in the New Century

    8.1.1 China's Resources Have Many Disadvantages

    8.1.2 Utilising Overseas Resources Is the Necessary Choice To Deepen the Reform and Enlarge The Opening

8.2 Basic Framework of World Resources Trade

    8.2.1 Basic Characteristics of World Resources and Resource Products

    8.2.2 Resources Strategies of Major Countries and Their Impacts on China's Utilising

　　　　Overseas Resources
　　8.2.3 Position of China's Resources Trade in the World and Conditions of China's Utilising Overseas Resources
　8.3 **Historical Review of Utilising Overseas Resources**
　　8.3.1 Historical Analysis of China's Utilising Overseas Resources
　　8.3.2 Analysis on the Import and Export of China's Present Resources and Products
　8.4 **China's Strategic Policies For Utilising Overseas Resources**
　　8.4.1 Establishing Resources Stockpiles As Soon As Possible
　　8.4.2 Actively Implementing Resources Diplomacy
　　8.4.3 Establishing Long-Term and Steady Resources Trade Partnerships with Neighbouring Countries
　　8.4.4 Developing and Enlarging China's Trans-National Corporations
　　8.4.5 Diversifying Resources Supplies of China
　8.5 **Conclusions and Suggestions**

Chapter 9 Institutions, Legislations and Mechanism for Natural Resources Management

　9.1 **Natural Resources Management: Important Public Management**
　　9.1.1 Natural Resources: Nationality Subsistence Base and State Sovereignty
　　9.1.2 Natural Resources Management: Typical Public Management
　　9.1.3 Territorial Resources Management: a Kind of Natural Resources Management on a State Philosophy
　9.2 **Administration Management: Institution and Its Evolution**
　　9.2.1 Evolution of Natural Resources Management
　　9.2.2 Review on Present Natural Resources Management System
　　9.2.3 Some Suggestions on the Reform of Present Resources Management System
　9.3 **Natural Resources Policies: Evolution and Development**
　　9.3.1 Development Evolution of Resources Policies (1980~2001)
　　9.3.2 Position and Sequence of Key Resources Policies
　　9.3.3 Principle and Objectives of Present Resources Policies
　　9.3.4 Some Problems of Present Resources Policies
　　9.3.5 Suggestions for Improving and Perfecting Resource Policies
　9.4 **Legislation Management: Legal System and Its Development**
　　9.4.1 Development Evolution of Resources Legislation Management
　　9.4.2 Present Resources Legislation System

    9.4.3 Main Problems in Present Resources Legislation System

    9.4.4 Improvement and Perfection of Resources Legislation

9.5 Economic Management: Mechanism and Some Reforms

    9.5.1 Growth and Development of Resources Market

    9.5.2 Legal Foundations of Resources Utilisation with Compensation

    9.5.3 Forms of Resources Value

    9.5.4 Researches and Experiments on Resources Accounting in China

    9.5.5 Deals of Resources Ownerships

9.6 Conclusions and Suggestions

Appendix 1 Major Events of Natural Resources in China over the Past Decades

Appendix 2 Organisations and Institutes of Natural Resources in China

Appendix 3 International Organisations and Institutes of Natural Resources

Appendix 4 Major Laws and Rules of Natural Resources in China

Appendix 5 Basic Data of China's Natural Resources

Appendix 6 Major Festivals for Natural Resources and Environment in the World and China

前　言

中国资源报告,是中国科学院大力资助,在我国自然资源管理和研究领域高层专家和领导组成的顾问组指导下,由中国科学院地理科学与资源研究所、国土资源部政策法规司和办公厅的学者共同完成的。

报告的研究与撰写,旨在阐明我国主要自然资源的基本态势,分析主要自然资源开发、利用与保护中存在的问题,提出解决问题的思路与措施,并提供翔实的相关资料。

报告分为正文和附录。正文共九章,按照总体－分类－总体的设想,分成三大部分。

第一部分共两章,其中第一章(姚建华、谷树忠撰写),简要分析我国资源问题的宏观形势,阐明我国50年来,特别是20年来资源、人口、环境与发展的关系,对目前及今后的资源形势进行了总体判断,对资源基本策略进行简要的回顾和展望;第二章(沈镭、成升魁撰写),从保障国家资源安全的角度,就自然资源状况和问题进行系统分析,特别就国家资源安全的类型划分、影响因素进行了探讨,对我国战略性资源安全的基本态势进行了分析,对我国资源安全策略进行了描述。

第二部分共五章,旨在分类阐述资源的供需态势、保障对策和相关建议等,其中第三章(姚治君、王建华、高迎春撰写),就水资源的现状、问题,从可持续利用与水资源安全的角度进行分析,并就水问题的战略选择进行了分析与描述;第四章(王秀红、李秀彬撰写),就耕地资源的现状、问题进行了分析,对耕地及其相关政策进行了系统评介,明确提出耕地资源实行保护性开发利用策略;第五章(郎一环、耿浩、王礼茂撰写),分析能源资源及能源产业的现状、问题和潜力,分析能源保障体系及其运行态势,描述面向两种资源和两个市场的国家能源保障体系的基本要素;第六章(吕国平、吴太平、姚义川、沈镭撰写),系统分析矿产资源的供求基本态势,提出构建稳定、安全和经济的矿产资源保障体系,并就矿产资源开发的重大措施提出了相关建议;第七章(赵建安、成升魁撰写),分析西部地区的资源基本状况、开发利用前景,提出开发利用的基本指导思想及相关对策。

第三部分共两章,包括利用国外资源和资源管理等内容。其中,第八章(王礼茂撰写),分析实施开放式资源保障策略的必要性与可能性,分析世界资源贸易的基本格局及中国所处的地位,回顾中国利用国外资源的历史与贸易关系,提出利用国外资源的基本对策;第九章(谷树忠撰写),分析资源管理的体制、法制、机制基本框架,对资源管理体制、法制和机制的发展历史进行评析,提出建立、改革和健全资源体制、法制和机制的建议,特别就完善资源政策体系、改革资源管理体制提出意见和建议。

附录共有六个。附录一（王礼茂编写），较为详细地列出了50年来我国自然资源领域的重大事件；附录二（沈镭、谷树忠编写），详细地列出了我国自然资源的管理、研究与教育机构；附录三（谷树忠、沈镭、成升魁编写），详细地列出了国际自然资源机构；附录四（谷树忠编写），列出了中国主要自然资源法规名录；附录五（沈镭、王礼茂、姚治君、王秀红、谷树忠等编写），列出了中国主要自然资源的基础数据；附录六（谷树忠编写），列出了世界与我国主要的资源（环境）节日。

报告由成升魁、谷树忠、王礼茂、沈镭等统稿、定稿，并经项目顾问组审阅。

出于突出重点的考虑，以及由于时间、占有资料和研究基础等原因，报告没有涉及海洋、生物及气候资源；基于有限目标的考虑和要求，报告没有涉及非自然资源范畴的资源，如文化资源、人力资源、信息资源等，也基本未涉及融自然和社会要素于一体的旅游资源。这是本期报告的缺憾。这些缺憾，将在今后的研究中加以弥补。

在这里，我们要特别感谢顾问组的各位领导和专家，他们自始至终都给予热情的指导，提出了弥足珍贵的意见和建议。还要感谢研究组的各位同仁，正是大家的团结协作才保证了研究的顺利进行和报告的脱稿出版。最后，要感谢中国科学院资源环境科学技术局领导的大力支持和指导。

成升魁　谷树忠
2002年8月

第一章 资源问题的宏观形势与基本策略

　　控制人口增长，保护自然资源，保持良好的生态环境，既是我国根据国情和长远发展战略目标而确定的基本国策，又是我国促进和实现经济和社会可持续发展的必由之路。中共十五大指出，"社会主义是共产主义的初级阶段，而中国又处在社会主义的初级阶段"，这一阶段"社会的主要矛盾是人民日益增长的物质文化需要同落后的社会生产之间的矛盾，这个主要矛盾贯穿我国社会主义初级阶段的整个过程和社会生活的各个方面"。这实际是在社会主义制度下，社会总需求与社会总供给之间的不断协调和不断平衡的问题。"三个有利于"，即"一切以是否有利于发展社会主义社会的生产力、有利于增强社会主义国家的综合国力、有利于提高人民的生活水平"，就是为了不断解决上述主要矛盾而提出的。资源工作就是尽力搞好满足社会总需求与社会总供给之间不断协调平衡的资源保障；逐步建立和完善社会总需求与社会总供给之间不断协调平衡的资源保障体系。资源不仅要与经济相协调，保证供给，促进发展；还要与人口协调，约束人口的数量增长，促进人口质量的优化提高；资源还需与生态环境协调，在资源开发中保护生态环境，在生态环境的约束下开发利用资源，给人类以良好的生存空间。由于社会主义初级阶段的主要矛盾是长期存在的，社会总需求与社会总供给之间总处于"不平衡—平衡—新的不平衡—新的平衡……"的动态过程，所以资源保障体系的建立，资源与人口、环境和发展的协调研究也是长期的、不断深化、不断完善的。

　　50多年来，我国对国内资源的认识大致经历了3个阶段：一是20世纪50年代的盲目乐观、见喜不见忧阶段。该阶段一味宣扬地大物博、资源丰富、取之不完、用之不尽，忽视人均资源的不足、主要资源的短缺、资源质量的欠佳及资源地域赋存的严重不均，导致人口不控制（1959年与1949年相比，净增人口1.3亿多，人口出生率高达35‰左右）、资源不计价、使用无定额，造成资源的极大浪费。二是20世纪60年代至70年代末的片面开发、限制消费阶段。一方面没有认识到需求的多样性；另一方面又忽视了各种资源的总体性、系统性和综合性，结果为了解决"食为天"的问题就毁林、毁草、围湖、垦坡等来增加耕地面积，致使森林资源、草地资源、湖泊资源及相关的动植物资源遭到破坏，造成严重的生态失衡，环境恶化，灾害频繁。所提的"以粮为纲"方针，结果是纲未举起，目亦难张，1980年与1960年比，国内生产总值仅增加1.4倍，1960~1980年GDP年增长率只有4.7%，出现了全面的物资短缺，只得通过各种各样的票证来限制消费。三是改革开放以来的认识提高，开始善待资源阶段。

　　改革开放20多年来，特别是进入20世纪90年代以来，人们对资源的认识逐步具有了科学性和客观性：既强调资源的数量也注意资源的质量；既重视资源的总量，更重视人均量；既珍惜不可更新资源，更保护可更新资源；既重视国内资源，也开始重视国外资源；既重视资源的经济功能,又重视资源的生态功能;既重视开发的广度,也重视开发的深度,开始重视变一次开发为多次开发,变单项利用为综合利用和反复利用,并取得初步成效。

同时,重视加强和调适资源与人口、资源与环境、资源与经济的相互关系,使国家开始逐步走向可持续发展之路。

第一节 资源与人口、环境和发展间的关系及其演变

一、资源与人口的关系

资源是资财之源,是生产资料和生活资料的天然来源,是人类赖以生存和谋求发展的物质基础。人类是开发利用资源,使资源成为资财,成为生产资料和生活资料,实现资源自身价值的主体。同时,人类又是资源的直接享用者,把资源转化成各种产品进行消费。人类没有资源不能生存和发展,资源没有人类实现不了自身价值,所以,人类社会的发展进化史就是人类开发利用自然资源、培育自然资源并生产出为人类所用财富的发展史。所以,人类和资源相互依存,兴衰与共。正如古代庄子所说:"天地与我共生,而万物与我为一。"我国是资源种类和总量颇全颇丰、人均资源较少较缺的国家,所以,人口与资源的关系既重要又敏感,处理得好与坏直接影响着发展的全局和社会的稳定。从根本上说,构成中国资源问题的基本因素是全国庞大的人口基数,表现为人口与资源间的紧张关系。

1. 人口进入平衡增长期,但面临三大人口高峰期

【计划生育成效显著,人口增势明显趋缓】20世纪70年代,我国进入了人口有计划发展时期,逐步确定了计划生育为基本国策,《中华人民共和国宪法》第25条规定"国家推行计划生育,使人口的增长和社会发展计划相适应",实行了世界上最为严格、最为有效的计划生育政策,使人口的出生率和自然增长率逐年下降:1991年人口出生率首次降至20‰以下;1998年自然增长率首次降至10‰以下,进入了人口的平衡增长期。30年来少生人口3亿多,不仅有利于我国经济发展和人民生活水平的提高,也使"世界六十亿人口日"的到来推迟了4年。在控制人口、计划生育方面取得了举世瞩目的成效。但是,由于我国的人口基数大,每年净增的人口仍超过千万(表1-1)。

表1-1 中国人口出生率、自然增长率概况及净增人口　　　　　　(‰、万人)

年 份	1990	1991	1992	1993	1994	1995	1996	1997	1998	1999
出生率	21.06	19.68	18.24	18.09	17.70	17.12	16.98	16.57	16.03	15.23
自然增长率	14.39	12.98	11.60	11.45	11.21	10.55	10.42	10.06	9.53	8.77
总人口	114333	115823	117171	118517	119850	121121	122389	123606	124810	125909
比上年净增人口	1629	1490	1348	1346	1333	1271	1268	1217	1204	1099

资料来源:国家统计局:《新中国五十年1949~1999》,中国统计出版社,1999年,第533页;1999年数字来自《中国统计年鉴2001》,中国统计出版社,2001年,第91页。

【今后20~30年,须应对三大人口高峰叠加的效应】未来20~30年,我国将面临三大人口高峰的叠加问题:总人口最高峰约16亿人,人口与资源环境之间的矛盾将更加尖锐;劳动年

龄人口最高峰约10亿人,劳动适龄人口过多,就业压力必然增大,如果充分就业,将导致边际报酬率下降,生产效率低下,目前我国劳动年龄人口约8亿,农村沉淀剩余劳动力已达1~1.5亿个,未来10年内我国将有1.5~2亿个农村剩余劳动力需要转向城镇和非农产业,城镇失业登记率达3%,实际城镇失业率为8%[1],而且还有众多的下岗职工及隐性失业者,就业压力已经很大,若劳动年龄人口增至10亿,就业压力将更加突出;老年人口最高峰约3亿人,2000年我国60岁以上的老年人口已达1.3亿,占全国总人口的10%,当老年人口达3亿时,占总人口的比重将高达18%左右,将形成资源供给、经济发展与老龄化趋势不同步,综合国力与庞大老龄群体不适应的严重局面,如1992年政府用于养老金总额为622.4亿元,预计2030年将达73219亿元,目前城市职工对退休职工的赡养比为1:0.5,未来将上升为1:2。这对社会保障的压力是空前的。所以人口形势仍然严峻,计划生育的基本国策丝毫不能放松。

2. 虽为资源总量大国,但人均资源小国地位难以改变

【资源总量大国地位长期保持】从资源总量看,我国在世界上为资源大国。据联合国粮农组织1985年资料,中国土地面积占全球有人居住土地总面积的7.2%,仅次于当时的苏联、加拿大,居世界第三位;耕地和园地面积占世界6.8%,次于前苏联、美国、印度,居第四位;永久性草地占世界9%,次于澳大利亚、前苏联,居第三位;森林和林地占世界3.4%,次于前苏联、巴西、加拿大、美国,居第五位;可开发的水能资源占世界16.7%,居第一位;中国大陆架渔场约占世界优良渔场总面积的1/4;淡水鱼类种数居世界首位;中国是世界上矿产种类较为齐全的少数几个国家之一,到2001年已发现各类矿产171种,其中钨、锑、钛、钒、稀土等10多种,储量居世界首位;锡、锌、钒、煤、钼、萤石、滑石等居世界二、三位;按45种主要矿产储量计算的潜在价值占世界14.6%,仅次于前苏联、美国,居第三位。

【资源人均量小国的地位难以改变】由于人口基数大,人均资源量远落后于世界人均量,如人均土地面积和耕地面积均仅为世界平均水平的1/3;人均森林、草地面积分别为世界平均水平的1/6和1/3;人均水资源和矿产资源量分别为世界平均水平的1/4和1/2。人均资源量排在世界各国的第120位。随着人口的逐年增加,人均资源量将不断减少(可望在2030年左右,全国实现人口零增长时,方能改变这种减少趋势),人均资源小国的地位难以改变(表1-2)。

表1-2　1990~2000年人均保有资源量变化情况

年份	1990	2000
煤(吨)	843.75	794.97
铁矿石(吨)	43.84	36.19
磷矿石(吨)	13.75	10.47
海岸带面积(公顷)	0.031	0.022
水力资源蕴藏量(千瓦)	0.591	0.534
陆地国土面积(平方米)	7625	7584
水资源(立方米)	2640	2222
45种矿产潜在价值(元)	5102	4525

资料来源:主要根据国家统计局编《1991中国统计年鉴》和《2001中国统计年鉴》计算。

3. 人均消费逐年增长,对资源压力越来越大

20多年来,我国经济持续、高速、稳定发展,人均国民生产总值不断提高,1980年人均GDP为460元,1990年为1634元,2000年已达7078元。人民的物质生活和文化生活水平得到很大提高,消耗的资源量也随之增加,如人均消费粮食1987年为316.6公斤,1999年增至403.8公斤,增长27.5%;一次能源的人均消费量,1990年为0.863吨标准煤,2000年为1.011吨标准煤,增长17%,其中优质能源增长更快,人均用电量已由1990年的545千瓦小时增加为2000年的984千瓦小时,增长81%;1990~2000年人均消费石油增加66.5%,天然气增加39.8%。这样对资源供应的压力也相应增加,如我国石油的自给率20世纪80年代中期为134%(当时出口3300万吨),90年代后期自给率仅为80%(1993年成为石油及其制品的净进口国,1996年成为原油净进口国),预计在今后10~15年内自给率仅能达70%~60%。在未来50年左右,我国将达到世界中等发达国家水平,人均一次能源消费量将近3吨标准煤,资源压力将更大(表1-3)。

表1-3　人均一次能源消费及构成　　　　　　　　　　　(单位:公斤标准煤)

	总量	煤炭	石油	天然气	水电
1990	863.3	657.8	143.3	18.1	44.0
1995	1083.0	807.9	189.5	19.5	66.1
2000	1011.2	725.6	238.6	25.3	69.8

资料来源:据国家统计局:《中国统计年鉴2001》(中国统计出版社,2001年)第229页换算。

二、资源与环境的关系

1. 资源与环境间具有显著的互动关系

【资源开发利用的环境效应不容忽视】人类开发、加工、利用资源的整个过程都是在环境中进行的,所以必然对环境造成一定的负面影响。同时,由资源所制造出的各种产品,在被人们生产消费和生活消费的同时,又给环境留下沉重负担和造成严重伤害,如工业"三废"、城市垃圾、生产和生活污水等,均造成对环境(土地、水体、大气等)的污染。又如,每年我国产生工业固体废弃物7.8亿吨,生活垃圾超过10亿吨(每人每年"制造"的垃圾,发达国家为3吨,发展中国家为1吨),到目前为止,仅填埋这些废弃物和垃圾,就占用农田13.3万公顷;年排放污水800多亿吨,90%以上未经任何处理,直接排入江河湖库,使大部分水体受到不同程度的污染;工业废气排放11亿标准立方米,二氧化硫超过2000万吨,使温室效应加剧,酸雨危害地区越来越广。从中可以看出资源与环境存在因果关系,所谓环境问题多是因资源开发利用造成的,当资源开发利用不合理时,环境问题更加突出(表1-4)。

表1-4　矿产资源开发利用不同阶段对环境造成的危害[2]

开发利用阶段	对环境造成的破坏作用
勘查	土地占有、植被破坏、钻井废水造成地表及地下水污染
开采	占用、毁坏土地,破坏植被、地貌,造成水土流失及放射性污染;挖掘过程使地面沉降,形成地下漏斗,诱发地震;夹石和其他废物的处理等造成滑坡、泥石流;粉尘、噪音污染;酸性矿山水的排放污染地表水和地下水。
冶炼	造成粉尘、噪音污染,尾(泥、砂)的堆放诱发泥石流和滑坡;金属颗粒、有害气体、废水及有机化学物质的排放造成水、空气、土壤等的污染。

【环境对资源开发利用具有制约作用】环境对资源的反作用也是很大的,如由于对森林资源的乱砍滥伐,对生物资源的滥采乱杀,对草原的过牧乱垦,对耕地的只种不养等造成水土流失、草原退化、土地沙化、生物多样性减少、生态失衡等灾难,导致可再生资源难以再生,可利用资源日渐枯竭,人类赖以生存的物质基础发生动摇。所以,突出环境保护的约束作用,在环境保护与资源开发矛盾时让环境保护优先,坚持资源开发中的环境保护"一票否决"制度,在环境保护的前提下开发资源,在开发资源的过程中保护环境,才能真正合理地实现资源的价值和环境的价值。由于资源开发利用的不合理所造成的我国环境问题,具有全球的共性,亦具自己的个性,不少问题相当严重。

2. 二氧化硫排放居世界首位,酸雨污染范围扩大,对煤的消费产生制约

由于我国在一次能源消费结构中煤炭占 3/4 左右,是世界上能源消费以煤炭为主的少数几个国家之一,而我国的煤中一般含硫较高,故随着经济的快速发展燃煤排放的二氧化硫急剧增加。据有关监测计算,1995 年全国二氧化硫的排放量已达 2370 万吨,超过欧洲和美国,居世界首位[3]。目前全国近 2/3 的城市二氧化硫年平均浓度超过国家二级标准,日平均浓度超过三级标准。由此引起的酸雨(PH 值低于 5.6 的天然降水)范围不断扩大,已由 20 世纪 80 年代初的西南局部地区,扩大到西南、华南、华中和华东的大部分地区,年平均降水 PH 值低于 5.6 的地区已占全国陆地面积的 2/5 左右。我国已成为世界酸雨 3 个集中区(欧洲、北美、中国西南部)之一,严重危害居民健康,腐蚀建筑材料,破坏生态系统。

3. 二氧化碳排放所导致的温室效应加剧,为能源结构优化提出新的要求

温室效应是指透射阳光的密闭空间由于与外界缺乏乱流等热交换而产生的保温效应。在大气中能吸收红外辐射并对大气有加热效果的气体称为温室效应气体,主要有二氧化碳、氯氟烷烃、甲烷、氧化亚氮等,其中二氧化碳对大气温室效应的贡献率最大,约为 70%。化石燃料的使用是二氧化碳的主要来源,二者成正相关。1990 年我国一次能源消费 9.8 亿吨标准煤,产生 5.8 亿吨二氧化碳,2000 年消费一次能源 12.8 亿吨标准煤,产生二氧化碳 7.6 亿吨,超过全球化石燃料二氧化碳排放量的 1/10,成为仅次于美国的世界第二位排放大国。致使气温上升,气候变暖,海平面上升。近百年来全球平均地面气温已升高 0.3℃~0.6℃;20 世纪以来全球海平面平均上升了 10~15 厘米,我国沿海海平面也上升了 11.5 厘米。除过多的煤炭消耗外,秸秆燃烧、庞大的水稻种植面积、国民经济中重化工等能源密集型工业的高比重,我国二氧化碳排放量仍将继续增长,估计 2020 年前后,有可能超过美国,成为世界上二氧化碳第一排放大国[4](表 1-5)。

4. 水土资源开发不合理,荒漠化现象严重

由于长期实行"以粮为纲"的方针,忽视生态平衡,致使毁林开荒、毁草开荒、陡坡开荒、围湖造田、毁湿地种粮等不合理的资源开发现象非常普遍,使我国成为世界上荒漠化最严重的国家之一,全国荒漠化土地 262.2 万平方公里,占全国陆地面积的 27.3%,而且呈越来越严重的趋势,20 世纪 50~70 年代每年增加荒漠化面积 1560 平方公里,70~80 年代每年增加 2100 平方公里,90 年代以后每年增加约 2460 平方公里。50 年来,全国已有近 70 万公顷耕地、235 万公顷草地和 639 万公顷林地变为流沙。另外,沙尘暴、泥石流、旱涝灾害等频繁发生[5]。

表1-5　1995年世界温室气体排放量大的8个国家排放情况

排序	国家	百分数	1990～1995年增长
1	美国	22.9	6.2
2	中国	13.3	27.5
3	俄罗斯	7.2	-27.5
4	日本	5.0	8.7
5	印度	3.8	27.7
6	德国	3.8	-10.2
7	巴西	1.0	19.8
8	印度尼西亚	0.9	38.8
	合计	57.9	

资料来源：参考文献[5]。

生态系统脆弱的西部地区更为严重，国家环保总局最近发布的调查报告称，因不合理的资源开发和经济活动，西部地区生态系统正呈现出由结构性破坏到功能性紊乱演变的发展态势，正面临着水土流失、土地沙化、土壤盐渍化、石漠化、草场质量下降、湖泊绿洲萎缩等9大生态问题，20世纪90年代旱灾的发生频率比80年代增长7.5%，洪涝灾害发生频率增长49%。据有关估计，每生产1吨粮食，在贵州的乌江流域需流失47吨的土壤来换取；四川中部为53吨；陕北为107吨[6]。因生态破坏造成的直接经济损失相当于同期GDP的13%，而间接和潜在的经济损失更大。

5. 水体污染，加重水资源的非资源化嬗变

水是生命的源泉，是一切生命存在的第一要素，具有不可替代也无法替代的特性。但我国长期以来水价过低，甚至用水不计价，制度不严，管理粗放，水资源浪费严重，污水排放与日俱增，20世纪70年代初全国日均排放污水3000万～4000万吨，80年代达7500万吨，90年代末更超过1.7亿吨，占全球污水排放量的15%左右，不足30年净增近4倍。90%的污水未加任何处理，直接排放水域，造成江河湖库不同程度的水体污染，使水资源嬗变为非资源，甚至成为污染源。据水利部1999年对全国11.36万公里河长的监测评价，属Ⅰ类水质的河长仅占5.5%，Ⅱ类占24.5%，Ⅲ类占32.4%，Ⅳ类占12.6%，Ⅴ类占7.8%，劣于Ⅴ类占17.2%。Ⅳ类和劣于Ⅳ类的水已不能再用，这就意味着全国有近2/5河长中的水资源嬗变为非资源；Ⅲ类及劣于Ⅲ类水质为被污染水，则我国被污染的河段占70%，而全球为14%。同期水利部评价的24个湖泊中，水质符合或优于Ⅲ类的湖泊仅10个，14个均劣于Ⅲ类，其中9个污染严重，嬗变为非资源。致使不少居民"身居水乡无水喝"，沦为生态灾民[7]。世界银行报告称，水污染每年给中国造成的损失价值约39.3亿美元[8]。

三、资源与发展的关系

1. 资源保证了持续高速发展

改革开放20多年来，我国国民经济一直保持连续快速发展的势头，尽管遭遇到东南亚金融风波和整个世界经济不景气的影响，但我国国内生产总值年均增长率一直保持在7%左右，这得益于改革开放的总方针、果断启动内需的正确决策和及时调整制定适于形势变化的有关经济政策，当然也得益于资源的有力保障。统计表明，发达国家在经济增长中由于是靠综合要素生产力的提高,而不是靠大量生产要素的投入,所以,资本和劳动投入的贡献份额不到50%,而我国由于是粗放型经营方式,长期以来资本与劳动投入份额超过75%,说明我国经济增长对物质资源投入的依赖性极高[9]。20多年来为保证经济的快速发展,资源型产品均有大幅度的增产,如原煤已由1978年的6.18亿吨,增加到1999年的10.36亿吨,同期,原油10405万吨,增至20964.4万吨,生铁由3479万吨增至12539.24万吨,水泥由6562万吨增至57300万吨,充分发挥了资源对发展的物质基础作用[10]。同时由于经济的发展,综合国力的增强,又给资源的开发提供了较多的资金,以扩大资源开发规模,增加资源性产品产量,增加品种,提高质量,使之更好地保障发展。如国有能源工业的固定资产投资1990年为823.88亿元,1998年已增加到2862.10亿元;同期采掘业的基本建设投资由204.64亿元增加到540.52亿元;农、林、牧、渔业的基本建设投资也由25.78亿元增加到225.38亿元,这样就使资源与发展形成了互为保障相互促进的格局(表1-6)。

表1-6 1986~1996年中国主要金属矿产量

名称	单位	1986年	1996年	1996/1986
铁矿石	万吨	14954	25228	1.69
铝土矿	万吨	137.64	887.88	6.54
铜精矿	万吨(含铜量)	25.35	43.91	1.73
铅精矿	万吨(含铅量)	22.68	64.31	2.84
锌精矿	万吨(含锌量)	39.57	112.14	2.83
镍精矿	万吨(含镍量)	2.87	4.38	1.53
锡精矿	万吨(含锡量)	3.42	6.96	2.04
钼精矿	万吨(折纯钼45%)	2.34	6.58	2.81
锑	万吨	4.23	12.82	3.03
银	吨	656.75	1150.34	1.75

资料来源:参考文献[11]。

2. 高速发展的代价是资源的巨大牺牲

【高速度与高物耗高度相关】50年来,我国经济的增长一直是粗放型的,它不是靠生产要素的效率提高来促发展,而是靠要素(资源、资金、劳动力等)的扩张来实现。20世纪80年代是我国快速发展时期,年均速率9.3%,同时也是物耗大幅增长的时期,表现为全国物质生产部门的物质消耗占总产值的比重逐年增加,1990年与1980年比,比重提高5.2个百分点。其中,工业最为典型,同期工业物质消耗占工业总产值的比重提高7.4个百分点(表1-7和表1-8)。

表1-7 物质生产部门物质消耗占总产值的百分比重 (以总产值为100%)

年份	1980	1981	1982	1983	1984	1985	1986	1987	1988	1989	1990
物质生产部门合计	56.8	56.6	57.3	57.5	57.1	57.7	58.7	59.6	60.6	61.8	62.0
工业	65.0	65.9	66.5	66.9	67.0	67.4	68.1	69.1	70.3	71.7	72.4
农业	31.0	30.8	30.6	30.1	30.0	30.1	32.2	32.5	34.9	35.6	34.7

资料来源:国家统计局:《中国统计年鉴1991》,中国统计出版社,1991年,第60页。

表1-8　各地区物质生产部门物质消耗占总产值比重　　　（单位:%）

北 京	65.4	浙 江	64.0	24.5mm 海南	49.4
天 津	71.7	安 徽	56.4	四 川	57.6
河 北	60.0	福 建	57.8	贵 州	51.4
山 西	61.9	江 西	58.0	云 南	49.4
内蒙古	56.1	山 东	64.2	西 藏	44.4
辽 宁	63.9	河 南	59.6	陕 西	59.8
吉 林	62.0	湖 北	60.2	甘 肃	59.2
黑龙江	58.8	湖 南	56.3	青 海	55.2
上 海	68.9	广 东	62.6	宁 夏	57.8
江 苏	69.5	广 西	54.2	新 疆	54.6

资料来源:国家统计局:《中国统计年鉴1991》,中国统计出版社,1991年,第60页。

【沿海发展快于内地,内地物耗低于沿海】20世纪80年代,沿海地区的发展速度普遍高于内地,而物耗占总产值的比重也普遍高于内地,全国物耗高于60%的共有12个省、市,其中9个在沿海地区;广西、海南、福建虽地处沿海,但发展速度较慢,物耗比重并未达到60%。充分说明当时发展是与物耗成正比,高速是以牺牲资源为代价。资源的低效利用不仅使资源被浪费,还使发展与生态环境的关系恶化。据有关部门测算,我国工业生产由于资源利用效率过低,一年的损失达2000亿元,每年工业"三废"造成的环境污染损失也近2000亿元[9]。

【近年趋势有所改变】进入20世纪90年代中期,受可持续发展思想的影响和支配,资源效率的概念得以引进和应用,对资源的利用方式产生了重大影响,使得经济增长的质量得以提高。

3. 调整经济结构要求资源的基础作用更要加强

【经济结构变化,但物质生产的主要地位未变】随着改革开放的不断深入,20多年来我国的经济结构也在不断变化和调整,如GDP中一、二、三产业的结构已由1978年的28.1:48.2:23.7,变为2000年的15.9:50.9:33.2,第三产业年均增长率10.7%,高于同期GDP的增长速度。这与发达国家的发展规律基本相符,如目前第三产业占发达国家GDP的比重,美国为72%,法国为71%,澳大利亚为68%,日本为60%。今后,随着经济的发展,我国第三产业占GDP的比重还会有所增加。但是,由于我国正处于实现工业化和现代化阶段,物质性的生产仍占主要地位,20多年来第二产业占GDP的比重由48.2%变为50.9%,其中工业占GDP的比重虽然有些波动,但2000年与1978年持平,仍为44.3%,仍然占据重要地位;第一产业虽然在GDP中的比例在下降,但总量绝对值在增长,质量在提高(发达国家GDP中农业占7%左右)。

【物质生产在未来产业结构调整中仍居主要地位】随着知识化和经济全球化进程的加剧及加入WTO,我国经济的发展已进入更加深刻的结构性调整时期,将加速由资源约束型及资源型产业为主,向市场约束型和技术与知识型产业为主的方向发展,如我国的信息产业在今后5年将保持年均75%的发展速度,但由于我国正处在社会主义的初级阶段,在社会总需求中,物质方面的需求将在相当长的时期内大于文化方面的需求,况且满足文化需求也需有一定的物质支撑,所以资源的基础性作用不但未降低,反而升高了。在《对"十五"期间产业发展的设想》[12]中,选择了"十五"期间工业领域重点发展的12个产业,并将其归为四类:高技术产业(电子工业)、装备工业(电器机械和电器制造业、机械工业、汽车工业)、基础工业(电力、黑色冶金、化工、建筑材料和其他非金属材料、金属制品)、消费品工业(纺织、食品加工、饮品)。从中可以看出:(1)这12个重点产业增加值在工业增加值中占3/5以上,确系工业中的重点产业,且10年间地位还在加强(1995年到2005年,比重将由63.54%上升为64.10%);(2)12个产业中除属高技术产业的电子工业外,均属资源高消耗者,基础工业多属能源型和资源型工业,装备工业多属高耗能高耗材产业(表1-9)。

表1-9 "十五"末期12个重点产业增加值在工业中的比重变化 (%)

位次	产业	1995年	2000年	2005年
1	建筑材料和其他非金属材料	8.00	8.57	8.55
2	机械	7.57	7.53	7.16
3	汽车制造和维修	4.48	5.33	5.89
4	纺织	7.08	6.08	5.67
5	黑色冶金	7.00	6.42	5.62
6	化工	5.30	5.34	5.34
7	食品加工	3.93	4.09	4.54
8	电力	4.07	4.25	4.44
9	电器机械和器材制造	4.55	4.51	4.41
10	饮料	2.47	3.33	4.29
11	电子	5.07	4.58	4.27
12	金属制品	4.02	4.07	3.92
合计		63.54	64.10	64.10

资料来源:参考文献[12]。

据有关预测,在今后50年内工业增加值占GDP的比重:2001~2010年约45%左右,2011~2030年约38%~40%,2031~2050年约33%~35%[13],工业始终居国民经济的主力地位,而工业又是消耗资源的大户。所以,加强资源在国民经济中的基础作用是长期任务,不能因经济的结构性调整而放松。

四、人口、资源、环境、发展的协调是可持续发展的根本保证

可持续发展战略旨在促进人与人之间以及人与自然(资源和环境)之间的和谐,即发展是在资源的永续利用和良好的生态环境中进行的。自然资源的衰竭速率必须低于其再生速率,发展的速度和规模只能限制于生态环境的容限之内。要保障可持续发展战略的实施,就必须使人口、资源、环境、发展彼此协调和总体协调。四者之间关系密切,但职能不同,作用各异,既可互相制约,又可互相促进,处理得好可变制约为促进。我国面临着资源短缺、人口众多、环境恶化、发展高速的重大问题,只有妥善解决,才能实现可持续发展。

1. 人口是核心

【人是可持续发展的核心】没有人类的世界不能称其为世界。可持续发展所要解决的核心问题就是人类需求满足的代际矛盾;1992年联合国环境与发展大会通过的《里约环境与发展宣言》的第一条原则就是"人类处于普遍受关注的可持续发展问题的中心"[14];1994年开罗

国际人口与发展大会所通过的《国际人口与发展大会行动纲领》,也强调"可持续发展的中心是人"[15]。所以要使人口、资源、环境、发展协调,从而实现可持续发展,必须抓好人口问题。

【核心的核心是提高人口素质】我国人口的基本国情是:人口众多,素质偏低,善待自然的自觉性不高。人口过多,对资源的需求过大,从而加重资源危机;人口过多,人类活动频繁,在过多消耗资源的同时又污染环境,破坏生态,环境压力加大。人类既是发展的原动力又是发展成果的享用者,素质不高的人群"原动力"作用必然不强,而享用成果的作用不会减弱,这使发展本身不协调;同样素质不高,对资源环境不可能有高度的认识,在其行动中总是自觉和不自觉地浪费资源和损坏环境。合理开发资源,妥善保育生态环境,均需科技来支持,素质低的人群难以掌握和运用新的技术。所以要严格执行计划生育国策,控制人口过快增长,同时大办教育提高人口素质,从而使人口的"原动力"作用加强,"纯享用"因素比重降低,自觉地促进发展和善待自然。

2. 资源是基础

自然资源是自然界自然生成的多种有用物质和能量,是地球给予人类的最大财富,它养育了人类,不论是在原始的狩猎社会,还是在农业社会、工业社会,及未来的知识经济社会,资源都是人类不可须臾或缺的物质基础;资源又是社会经济发展不可缺少的支撑基础,物质生产在社会发展中居首位,而物质来源于资源;没有资源的支撑,任何国家和地区的经济和社会都不可能有相应的发展;资源还是构成环境和生态系统的物质基础,没有自然资源构不成自然环境,没有生物资源构不成生态系统,所以资源在人口、资源、环境、发展四者中是不可替代的基础。爱护资源就是爱护人类自己,珍惜资源就是珍惜人类的发展前途。

3. 环境是条件

所谓环境,总是相对于某一中心事物而言,在人口、资源、环境、发展中,人口是核心,环境就是以人类为主体的外部世界,它围绕着人类活动主体而存在,是保证人类的生存、繁衍、发展所必须的条件。由于人类活动的主要内容是对资源的不断开发、利用,从而推动社会的不断发展,所以环境就是资源得以成为财富、发挥社会作用、促进社会经济发展的条件。无此条件人类无法生存,资源无处储存,发展没有空间。但条件既是保障因素,也是制约因素,只有在约束范围内人口的良性繁衍,资源的科学开发,发展的有序实施,才能得到环境条件的保障;超越条件的范围,将受到环境制约作用的惩罚。

4. 发展是关键

【发展是硬道理】可持续发展的终极目的是满足一代又一代人对物质产品和精神产品的需求,只有发展,具有可持续性的发展,才能不断达到这一目的,所以发展是关键。"发展是硬道理",正点出了事物的关键和实质。只有发展才能充分展现人的主观能动作用,才能发挥资源的基础保障作用,才能体现环境的条件约束和保障的双重功效,才能使经济社会不断由小到大、由弱到强、由劣到优。提高了综合国力,方可发展教育,提高人口素质,有效控制人口;才能进一步发展科技,使资源开发和利用建立在更加科学的基础上;才能有更多的财力投入到环境治理和生态保育上,从而使人口、资源、环境、发展趋于协调。所以1972年的《联合国人类环境宣言》中指出:"在发展中国家,环境问题大多是由于发展不足造成的。发展中国家必须致力于发展工作,牢记它们的优先任务和保护及改善环境的必要。"《联合国人类环境宣言》,首次把人口、资源、环境、发展列为国际社会面临的需综合研究解决的四大问题[9]。

【我国可持续发展必须建立一个综合保障体系】我国要实现可持续发展,实现社会主义初级阶段社会主要矛盾的不断解决,促进社会总需求与社会总供给的不断平衡,不仅要分别建立起人口保障体系、资源保障体系、环境保障体系和发展保障体系,尤其要建立人口——资源——环境——发展的综合保障体系。在此体系中,要不断提高人口素质,以充分发挥人口的核心主导作用,强调珍惜和节约资源,以加强资源基础的保障作用,保护和强化环境条件,更突出其约束作用,才能使发展具有可持续性。只有在人口增长适量、资源开发适度、生态环境适宜、发展速度适当的状态下,才能逐步实现我国既定的发展目标。

第二节 对资源形势和问题的基本判断

一、资源家底有限,发展对资源的需求旺盛

1. 资源家底不厚,潜力不足

【资源家底较薄】我国虽然属世界上七个资源大国之一,但综合地看,仅优于印度,而远远落后于俄罗斯、美国、加拿大、澳大利亚和巴西;人均资源更远居大多数国家之后,如人均土地面积仅为世界人均的1/3;人均耕地面积,仅为世界人均的43%,不及俄罗斯人均的1/8、美国的1/6、加拿大的1/15,甚至只有印度的1/2;人均森林和林地,为世界人均的1/6。矿产资源是保证发展尤其是实现工业化的重要资源,我国现阶段95%以上的能源、80%以上的工业原材料和70%以上的农业生产资料均来自矿产资源,目前探明的矿产资源总量占世界12%,远低于人口占世界比重的21.2%,位居美国和独联体之后的第3位,但人均占有量仅为世界人均占有量的58%,居世界53位。作为人和一切生物生存必不可少而又无法替代的淡水资源,我国总量为2.8万亿立方米,人均2200立方米左右,仅为世界人均的1/4,居世界第109位,被列为全世界13个人均贫水的国家之一(图1-1)。

【资源潜力较小】我国是开发历史悠久的文明古国,资源开发早,开发时间长,总体开发程度深,前人将易开发和能开发的资源基本已经开发,不少资源还过采过伐,资源潜力相对较小。如:全国宜农荒地仅有3535万公顷,占现有耕地面积的27.18%,且多为缺水、边远、自然条件恶劣、适生条件差、开发成本高的地区,难以进行实质性的开发。

2. 需求旺盛,资源供给形势不容乐观

【能源需求增长迅速】新世纪我国进入全面建设小康社会、加快推进社会主义现代化的新的发展阶段,根据规划,2000~2010年我国年平均增长速度将保持在7.2%以上,相应的资源需求将进一步旺盛。据有关方面预测,到2030年一次商品能源的总需求量将为1995年的2.62倍;同期人均商品能源需求增加1倍以上,而到2015年前后大部分能源尤其是石油和天然气,国内产量仅能满足需求的一半左右,且时间愈长国内石油的自供率愈低[3](表1-10和表1-11)。

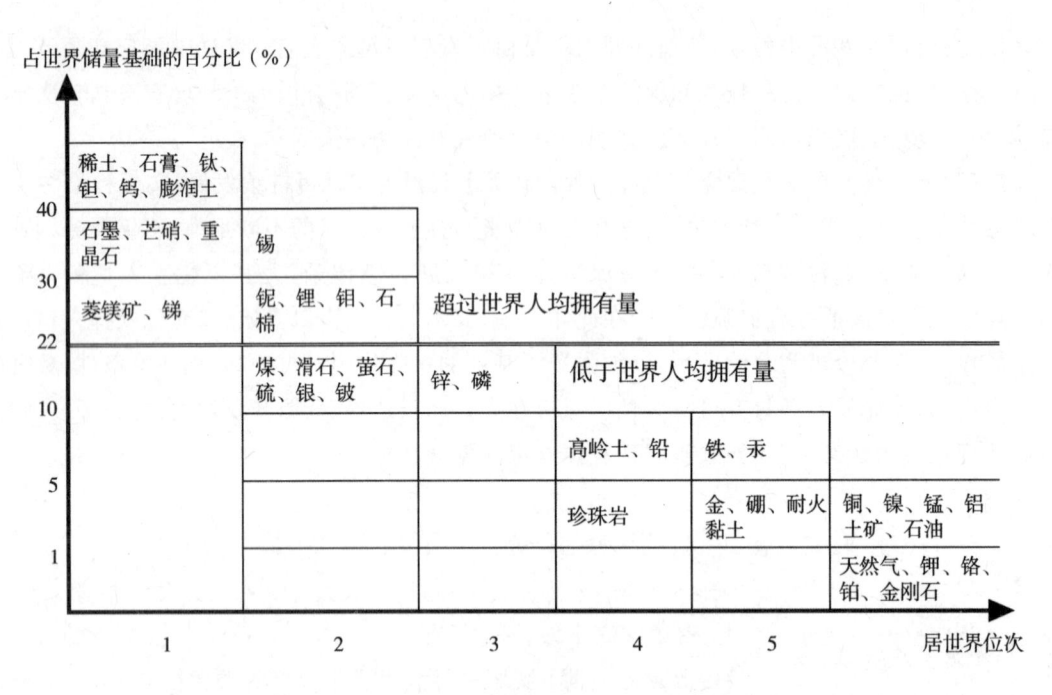

图 1-1 我国主要矿产储量在国际上的地位示意图

(资料来源:中华人民共和国国土资源部:《中国矿产资源报告'97/98》,地质出版社,1999年,第5页。)

表 1-10 我国商品能源需求量预测

年 份	GDP增长速度(%)	能源增长速度(%)	年 份	能源消费弹性系数	能源需求量(万吨标准煤)	人均需求量(公斤标准煤)
2001~2005	7.52	2.64	2005	0.380	177028	1294
2006~2010	7.00	2.78	2010	0.410	203077	1410
2011~2015	6.65	2.77	2015	0.420	232784	1553
2016~2020	6.50	2.71	2020	0.415	266089	1706
2021~2025	6.37	2.66	2025	0.420	303482	1897
2026~2030	6.25	2.55	2030	0.400	344195	2178

资料来源:参考文献[3]。

表 1-11 我国石油天然气中长期供求平衡状况

项 目		2000年	2010年	2020年	2050年
石油(亿吨)	国内需求量	2.0	3.0	4.0	5.0
	国内产量	1.6	1.7	1.8	1.0
	供需缺口	0.4	1.3	2.2	4.0
天然气(亿立方米)	国内需求量	422	1000	2000	3000
	国内产量	300	700	1000	2000
	供需缺口	122	300	1000	1000

资料来源:参考文献[3]。

【由粮食问题引发的耕地不足问题长期存在】按照国务院新闻办公室1996年发布的《中国的粮食问题》预测,2010年全国人口14亿,按人均占有粮390公斤计,总需粮5.5亿吨;2030年,人口16亿,按人均400公斤计,总需粮6.4亿吨。将出现不小缺口,最大缺口在7000

万吨左右[16]。

【主要矿产资源缺口较大】按照已探明的储量计算,到2010年我国45种主要矿产资源中有1/3以上将不敷需求,2020年只有6种能满足需求。如铁矿砂进口量已由1990年的1500万吨,增加到1997年的5500万吨,2001年又达到8404万吨,未来将达上亿吨。

【缺水问题的影响是广泛而深远的】由于水资源的不足,目前我国600多座城市中,有400多座面临水危机,其中严重缺水的有108座,每年因缺水而损失的工业产值达2000亿元。据水利部《21世纪中国水供求》分析[17],2010年我国总需水量在中等干旱年为6988亿立方米,供水总量6670亿立方米,缺口318亿立方米。表明2010年后我国将开始进入严重的缺水期。2030年将缺水400～500亿立方米,出现缺水的高峰期。

二、资源赋存及开发的环境条件欠佳

1. 资源潜力大的地区多为生态环境脆弱区

由于我国资源开发历史悠久,自然条件好、生态环境较优地区资源的开发程度相当深,开发广度已相当宽,不少资源已开发殆尽。而资源潜力大、富集程度高的地区往往是自然条件差的高山峡谷、荒漠戈壁、干旱高寒、生态环境脆弱的地区,如自然条件不佳的西部地区拥有的45种主要矿产资源潜在价值占全国2/5;作为未来全国油气接续供应基地的塔里木、柴达木、吐哈、克拉玛依等盆地均是自然条件严酷、生态环境脆弱的干旱或高寒荒漠地区;我国耕地后备资源两大丰富地区之一的新疆和河西走廊也在典型的干旱区,生态脆弱环境承载能力差,稍有不慎,不仅给当地而且会给全国带来灾难性的后果,如沙尘暴等,实际是不能开垦的资源。

2. 不少资源富集区为经济发展滞后区

【资源潜力多集中在西部地区,开发条件差】现有的资源潜力多分布在中西部地区,尤其是西部地区,但这些地区经济发展滞后,社会发育程度低,如西部地区的GDP仅占全国的14.8%,人均GDP仅为全国人均的63.4%;西部地区的文盲半文盲率高,15岁以上的文盲半文盲人数占15岁以上总人口的20.86%。文盲半文盲率比全国平均值高5.08个百分点。值得强调的是即使在西部地区内部,一些自然条件好、经济较为发达的地区,资源开发程度也相当高,资源潜力的优势已不明显,如四川盆地、关中平原、新疆绿洲等;真正资源潜力大的是区域内自然条件更差、发展更滞后的地方,如大西南水能资源占全国70%,西藏、川西、滇西等就占全国的一半,但这里山高水险人稀,交通不便,泥石流等灾害频繁,开发难度大,开发成本高。

【后备资源开发成本高】开发成本的高低主要受自然要素、经济要素和社会要素的影响,一般经济能力越高,成本系数越低;社会进步程度越高,成本系数越低。自然要素是影响发展成本本质性的基础要素,以海拔高度为例,根据"生态环境应力指数",在世界大陆海拔平均高度(830米)的基础上,每增加100米的平均海拔高度,开发成本将在原来基础上平均高出2.2%～2.4%。中国陆地平均海拔为1495米,为世界均值的1.8倍,开发成本为世界平均成本的1.25倍[18]。我国资源潜力较大的西部地区,均位于我国地势的第二和第三台阶上,海拔多高于全国大陆海拔平均值,如面积250万平方公里的青藏高原平均海拔超过4000米,分别是世界和全国平均海拔的4.8倍和2.7倍,其开发成本分别是世界和全国均值的

3.3倍和2.3倍。所以我国西部地区不论经济要素、社会要素还是自然要素,对挖掘资源潜力都不太有利。

三、公民对资源的认识尚未提到"基本国策"的高度

1. 资源意识虽不断提高,但尚未上升到基本国策的高度

【保护和合理利用资源上升到基本国策尚需时日】发展是硬道理,计划生育和环境保护是基本国策,这已为广大人民所认识,并逐步变为自觉行动,改革开放20多年来取得了很明显的成就。相比之下,尽管《中华人民共和国宪法》第9条中明确规定"国家保护自然资源的合理利用,保护珍贵的动物和植物。禁止任何组织或者个人用任何手段侵占或者破坏自然资源。"[19]尽管江泽民同志1999年3月13日在中央人口资源环境工作座谈会上的讲话中明确指出,"促进我国经济和社会的可持续发展,必须在保护经济增长的同时,控制人口增长,保护自然资源,保持良好的生态环境。这是根据我国国情和长远发展的战略目标而确定的基本国策。"[20]但事实上,保护和合理开发利用资源上升到基本国策尚需时日。

【公民资源意识薄弱所造成的资源破坏和浪费现象严重】公民的资源国策意识并未很好树立起来,公民对资源的重要性、珍贵性、稀缺性认识不清,没有资源忧患意识,在实践中根本没有很好贯彻把资源"在保护中开发,在开发中保护"及"开发和节约并举,把节约放在首位,努力提高资源利用效率"的原则。有三类破坏和浪费现象:一是保护和合理开发利用在强调速度时,对减少物质投入强调不够,如1995年火电厂每发1千瓦小时的电,中国要用412克标准煤,而日本只用330克标准煤,比日本多用1/4,目前仍多用1/5左右;我国单位GDP的资源消耗远远高于世界的平均值,如能源为世界的4.8倍,钢材为3.6倍,有色金属为2.5倍。二是在收入增加、生活水平提高后,对生活资源的节约强调不够,如我国人均GDP仅为日本的1/40,而人均能源消费已超过日本的1/5;每年浪费粮食在600万~1000万吨。三是节约资源的意识未纳入国民教育范畴,公民尚未普遍将浪费资源视为可耻的行为。

2. 资源的开发过度与开发不足现象并存

【资源开发过度普遍存在】所谓开发过度是指超越资源本身的承载能力和生态环境的承载能力的掠夺性开发,如森林的过伐,草场的过牧,生物的过采和过捕等,这多是仅从资源的经济功能出发单纯追求经济效益和眼前效益所造成的,忽视了资源的生态功能所带给人类的巨大好处,从而破坏了生态平衡。

【资源开发不足问题存在于劣质资源及流失性资源】所谓开发不足是指资源的潜力未能很好开发利用,如耕地的中低产田比重高(全国中低产田面积占耕地总量的3/4);能源的效率低(包括能源开采以后的加工转换、终端利用等的效率仅为29.0%);矿产资源总回收率仅30%;共生、伴生矿的综合开发利用率仅20%。目前我国农业灌溉用水至少有20%~30%的潜力,工业用水有30%~40%的潜力,矿产资源尚有10%~20%的潜力未能发掘出来。资源开发不足,造成资源的浪费,使资源的经济功能不能充分发挥,减弱了资源对发展的保障作用。为满足发展的需求,必然要加大开发量,又将产生对生态环境的干扰。

第三节　资源策略的简要评析与构想

目前,我国政府和公民不仅认识到资源总量多,更认识到人均量少、质量不佳和地域分布不均;不仅认识到资源的经济功能,也认识到了资源的生态功能;由资源开发仅为快速发展经济服务,走到了资源要与环境协调、与人口协调的可持续发展上来;由只开发、过开发、不保护,进到了既开发,又保护,又培育,某些方面保护和培育已重于开发;由闭门只看国内忽视国外,转到开发利用国内外两种资源、两个市场上来;由无法可依、无章可循的人治状态,踏入了严肃立法、有法可依的法制社会。上述变化还是初步的,虽然是良好的开端,但长期存在的问题并未根本解决,并不断有新的问题出现。为此,面对高速发展对资源需求的压力(世界发达国家的发展经验证明,人均GDP800美元是资源需求的旺盛时期),面对生态环境总体恶化(同样证明,人均GDP1500美元,才是经济发展与环境恶化由正相关变为负向关的转折点,而我国尚不足1000美元)的压力,面对人口总量居高不下的严峻形势,资源工作必须不断地认真研究动态,寻求对策,方可适应可持续发展的需要。

一、健全资源法规体系,严格执法才能保护资源

法规,通常指法律、法令、条令、规则、章程等法律文件的总称,它是由国家制定或认可,由国家强制力保证执行的规则。要想使自然资源的开发、利用、保护、管理走出开发过度、利用不当、保护不力、管理粗放的误区,踏上合理、科学的轨道,就必须建立、健全自然资源的法规体系,且在法律面前人人平等,严格执法。

1. 加强资源综合法规体系建设,制定自然资源基本法

目前,资源方面的法规建设不如人口、环境和发展等方面的法规健全。我国近20年来制定了许多有关资源的法律,如《中华人民共和国森林法》、《中华人民共和国草原法》、《中华人民共和国矿产资源法》、《中华人民共和国土地管理法》、《中华人民共和国水法》、《中华人民共和国渔业法》等。有些法规还在执行中不断修改和完善,如《中华人民共和国矿产资源法》,1986年颁布执行,经过10年实践,于1996年根据新的形势进行了修改,并于1997年1月1日起执行;《中华人民共和国森林法》,1984年制定,1985年1月1日起执行,1998年又进行了修正。但总的看来,有关资源方面的法规,针对单项资源的多,缺乏资源的综合性法规。其实自然资源是一个由大气圈(气候资源)、水圈(地表水资源)、生物圈(生物资源)、地圈(土地资源)、岩石圈(地下水资源和矿产资源)等有机组成的大系统,各圈层之间、各圈层内部都存在着不停的物质交换、能量交流和信息传递,相互影响、相互依存、互为存在条件、互为运动因果。正是由于自然资源的这种整体性和系统性、不同单项资源的相关性、资源与环境之间联系的紧密性,要求要有一部关于自然资源的综合性的法规,如制定《中华人民共和国资源法》。该法相当于"资源宪法",是资源工作的根本大法,一切单项资源的法规都以它为准。这可避免单项资源法规的片面性和资源与环境的割裂,使资源之间、资源与环境之间逐步达到协调与和谐。

2. 依法管理资源、依法用好资源

由于目前我国正处于由社会主义计划经济体制向社会主义市场经济体制过渡时期,计划体制尚未完全打破,市场体制尚未完全建立,中央、地方、部门、行业、个人之间,即条条之间、条块之间、块块之间、集体与个人之间,往往产生许多复杂的经济利益冲突,而政府行为尚未完全成为规范的市场经济下的政府行为,执法者往往又是执法结果的直接受益者,加之执法者自身素质不高,与市场经济下的执法要求距离较大,难以正确依法行政;广大群众的文化程度不高,又习惯于几十年计划经济的老路子,主动在新形势下学法懂法的意识差,所以,违法蛮干、破坏资源、执法不公、地方保护主义的事件时有发生,给资源、环境和经济发展造成很大损失。为此,一方面要立法严谨,执法公正,有法必依,违法必纠;另一方面要花大力气进行普法教育,提高广大公民的资源意识,法律意识,自觉守法,人人护法,以实际行动落实各项资源法规。

二、科技进步是解决资源问题的根本出路

随着人类对资源不断的开发利用,非再生资源会越来越少;随着开发不当,利用不科学,可再生资源也会数量减少,质量下降。即资源具有有限性,而人类的繁衍却是无限的。要解决资源的有限性与人类发展的无限性矛盾,最根本的出路就是发展科技。实际上人类生存和发展的历史,就是不断利用科学技术来开发利用资源的历史,资源因科学技术而不断实现和提高自身的价值;科学技术因人类对资源需求的不断升级而得到不断发展和进步,科学技术是通过开发利用资源而实现"第一生产力"地位的。

1. 依靠科技开发新资源

科技进步可以拓宽资源领域,开发利用新资源。利用未来科学技术的发展可以发现和开采新资源,如多金属结核、天然气水合物等新海底资源,大大缓解陆地资源的不足;技术进步能使太阳能的收集、转换、使用达到经济、方便、简单、实用的程度,给人类带来极大的好处。

2. 依靠科技替代资源

科技进步可以促使资源替代。如以可更新资源替代不可更新资源,利用水土资源生产粮食,以我国的现行汽油水平,若拿出不足3%的粮食总量作原料生产燃料乙醇,汽油中加入10%的燃料乙醇,全国每年即可替代近400万吨汽油[21];以丰富资源替代稀缺资源,铜和铝都是支柱型矿产,但我国铜资源匮乏,自给率仅60%左右,铝资源较富,自给有余,铜由于良好的导电性,耗量近一半用在电器上,铝的导电性也较好,以铝代铜,每年用于电力上的铝达40多万吨;以优势资源替代劣势资源,我国多煤炭少油气,在常规能源资源中,煤炭占89%,石油和天然气分别占3.5%和1.5%,但煤炭属劣质能源,油气属优质能源,若采用洁净煤技术,就可使煤炭以劣变优,替代油气。资源的合理替代可以满足发展对资源的综合需求并有利于资源的持续利用。

3. 依靠科技提高资源效率

【依靠科技提高资源开发的深度和广度】科技进步可以加大对资源开发利用的深度和广度,对共生和伴生的资源可开发利用;对单一开发利用的资源可多层次开发,综合性利用;对难开发的低品位的资源,可经济方便地开发。

【依靠科技提高资源效率】科技进步可使资源的加工、转换和使用过程达到转换效率高、无废料、少排放和零排放,不仅物尽其用,同时保护环境。目前我国矿产资源开发利用的总回收率只有30%～50%,比工业发达国家低10～20个百分点;共生、伴生矿的资源回收率不到一半,发达国家已达80%以上;城市垃圾以每年8%以上的速度增加,但基本未使之资源化而加以开发利用,这些均有待于进行科学性开发。总之,科技进步对资源来说既可开源,又可节流;对环境来说既可减轻压力,又可提高质量。西方工业化国家在经济起飞时及发展中国家在现阶段的经济增长因素中,技术进步对经济增长的贡献率达到35%左右,目前发达国家已达60%,而我国还不到25%。所以必须加大对科技的投入,用先进技术来改造和装备传统的资源行业和工业企业。

三、积极参与WTO运作,建立国家资源安全体系

资源安全是指一个国家或地区可以持续、稳定、及时和足量地获取所需自然资源的状态,或指一国或一地区自然资源保障的充裕度、稳定性和均衡性。大致可以从6方面测度:国家资源的自然丰度;距资源安全警戒线的相对水平;国内资源自给率;资源的空间均衡度;国际资源贸易集中度与稳定度;出口对资源品的依赖程度等。

1. 以加入WTO为契机,切实用好两种资源、两个市场

根据我国资源数量和类型颇多,但多数资源质量不佳,人均量小,资源需求增长快、供应增长慢、供需矛盾突出,资源不足与严重浪费并存,过多依赖国内资源等基本态势,要想使我国的资源安全提高到适应发展需要的水平,必须从国内和国外两方面同时着手:国内,大力培育资源市场,以经济杠杆来实现资源的真实价值;以先进的科学技术来提高资源的开发、加工、利用效率;培育现代管理人才,最合理地配备资源和管理资源,尽最大可能提高国内资源的自给率。世界资源是人类的共同财富,对此,我们认识较晚,利用较少;长期走入惟用本国资源才是自力更生、才安全可靠的误区,不能放开手脚来利用国外资源,往往认为国外资源是个不安全因素,易受制于人,用的越多越不安全。实际上,世界上至今难以找出一个国家不利用国外资源而建立起自己的资源安全体系的。我国近些年也在不断加大对国外资源的利用程度,如从1993年中国成为石油净进口国以后,1999年的石油净进口量已达4000万吨,2000年达6800万吨,2001年超过7000万吨。因此,我国要想建立自己的资源安全体系,决不能排除国外资源的因素,尤其在我们加入WTO以后,这个因素愈显重要。WTO的宗旨之一就是"充分利用世界资源促进各国生产"。我们应充分利用加入WTO的条件,积极主动参与世界资源及资源品的贸易,独资或合资、合作开发国外资源,从而尽快建立起适应自己发展需要的资源供应和安全体系。

2. 用好两种资源、两个市场,建立高效、经济的资源储备体系

资源安全必须有资源储备,资源储备分常规储备和战略储备两种,前者为包括商业库存在内的经营性储备,用以回避价值风险,属经济安全范畴,是完全市场化的运作;后者则用于战争、自然灾害等突发事件,为非市场化运作,属于国防安全范畴,必须由国家统筹规划和运作。从时间上讲,前者一般属流转型短期行为,后者属相对稳定型长期行为。冷战时期,世界两大

阵营摩擦不断,战争危险时时出现,资源安全成了国防安全、阵营安全、军备竞赛的重要内容,各大国都作了诸如粮食、能源、钢铁、重要矿产等的资源储备,力争做到有备无患、或先发制人、或制患有力。一些主要国家的资源储备实践和资源安全体系多是在这一时期形成的。我们应长短结合,经济安全与国防安全兼顾,两种储备同时建造,但在世界冷战结束、和平与发展为主流的今天,前者应有所侧重。

四、理顺资源管理体制,加强资源综合研究

国土资源,首先是指一个国家主权管辖下全部疆域范围内从空中到地下的自然资源,主要包括土地资源、气候资源、水资源、生物资源、矿产资源、海洋资源6大类。在国土上除有自然资源外,还有被称为社会资源的人力资源,以及人通过开发利用自然资源所创造出来,并且作为进一步开发利用自然资源重要条件的各种设施,如工厂、矿山、交通线路、水利工程等经济资源。

1. 加强资源统一管理

1998年成立的中华人民共和国国土资源部,是我国加强国土资源管理,规划开发和合理利用国土资源的重大措施,改变了长期存在的资源管理分散、政出多门、难以协调的局面,促进了我国国土资源的科学规划和合理开发。但目前国土资源部管理的范围还太窄,不仅经济资源和社会资源未在其管理范畴之内,自然资源也管理不全,六大自然资源中的气候资源、水资源(地表水资源)、生物资源等未列其中,这不利于自然资源整体效益的发挥和资源系统的统筹管理,也不利于资源系统与生态环境的协调。各自为政、政出多门的现象并未得到根本性改变。建议从自然资源的整体性出发,在适当的时候调整有关机构,理顺行政关系,以利更好地开发利用资源,充分发挥资源系统的整体效益。

2. 加强资源综合研究

资源科学研究工作是推动资源合理开发利用和实现可持续发展的保证,但目前我国资源科研的工作存在着单项资源科研强、综合资源科研弱的情况:单项资源都有自己系统的科研机构和庞大的科研队伍,人才辈出,成果累累,在各自资源的开发利用、培育、保护中发挥着重要作用。而综合资源研究显得严重不足:现有专门的综合资源研究机构仅有中国国土资源研究院,为国土资源部所属,该院为原地矿部所属的中国地质矿产经济研究院,主要从事矿产资源经济、地质勘察经济、矿产开发管理等方面的研究,缺乏其他资源方面的人才,也无非矿资源方面的科研积累,加之国土资源部自身有一半的自然资源未能管辖,所以该院的专业配备急需加强,以适应资源综合研究之需。

3. 既有的资源综合研究力量需焕发新的活力

原中国科学院自然资源综合考察委员会,是成立于1956年的全国惟一综合资源研究机构,除海洋资源外的5大自然资源领域研究齐备,先后组织了黑龙江流域自然资源、黄河中游水土保持、西部地区南水北调、黄土高原、青藏高原、亚热带东部丘陵山区、西南地区、青甘地区、宁蒙地区、新疆等30多次大型多学科综合科学考察,对全国和大部分地区的自然资源作了较详细的调查和研究,提出了开发方案和保护措施,为国家和有关地方提供了发展规划的科学依据和参考资料,对国家和有关地方的发展做出了重大贡献;在理论探讨和资源科学的学科建

设上做出了很大努力,牵头建立了中国自然资源学会,出版《自然资源学报》、《资源科学》等学术期刊和《资源科学论纲》、《中国资源态势与开发方略》、《全球资源态势与中国对策》、《2000年的中国自然资源》等专著;并开展对全球资源的研究,与世界上30多个国家和地区有关资源的科研机构、学术团体和高等院校建立了学术交流和合作研究,为具有中国特色的我国资源科学的建立和不断完善打下了坚实的基础。但是,正当国家把保护资源定为基本国策,强调实施可持续发展战略,全国高度重视资源工作时,这一全国惟一综合资源研究单位却被撤并,直接影响了这方面的研究。世界上除设有全球性的世界资源研究所外,不少国家均设有资源方面的综合研究机构,我们作为发展中的大国,又具有自己的鲜明特色,更应有自己的专门科研机构,加强综合资源研究。

参考文献

[1] 胡鞍钢:《中国走向》,浙江人民出版社,2000年,第50页。
[2] 王琦:"矿产资源的开发利用对自然环境的影响",载北京大学中国持续发展研究中心主编:《可持续发展之路》第143页,北京大学出版社,1995年。
[3] 周凤起、周大地:《中国中长期能源战略》,中国计划出版社,1999年,第64页。
[4] 世界银行:《迈进21世纪1999/2000年世界发展报告》,中国财政经济出版社,2000年,第37页。
[5] 刘燕华、周宏春:《中国资源环境形势与可持续发展》,经济科学出版社,2001年。
[6] 郑易生、钱薏红:《深度忧患——当代中国的可持续发展问题》,今日中国出版社,1998年,第119页。
[7] 中华人民共和国水利部:《中国水资源公报1999》,第18页。
[8] 曲格平:《环境保护知识读本》,红旗出版社,1999年,第99页。
[9] 李光玉、宋子良:《经济、环境、法律》,科学出版社,2000年,第101页。
[10] 国家统计局:《中国统计年鉴2000》,中国统计出版社,2000年,第654页。
[11] 陈大夫:《环境与资源经济学》,经济科学出版社,2001年,第217页。
[12] 史清琪、赵经彻:《中国产业发展报告1999》,中国致公出版社,1999年,第3~9页。
[13] 李成勋主编:《1996~2050年中国经济社会发展战略》,北京出版社,1997年,第170~171页。
[14] 中国环境年鉴编辑委员会:《中国环境年鉴1993》,中国环境科学出版社,1993年,第41页。
[15] 国家计划生育委员会外事司:《人口与发展国际文献汇编》,中国人口出版社,1995年,第176页。
[16] 孔祥智等:《谁来养活我们》,中国社会出版社,1999年,第9页。
[17] 水利部南京水文水资源研究所等:《21世纪中国水供求》,中国水利水电出版社,1999年,第113页。
[18] 中国科学院可持续发展研究组:《2002中国可持续发展战略报告》,科学出版社,2002年,第20页。
[19] 第五届全国人民代表大会第五次会议(1982年12月4日通过)、第七届全国人民代表大会第一次会议(1988年4月12日修订)、第八届全国人民代表大会第一次会议(1993年3月29日修订)、第九届全国人民代表大会第二次会议(1999年3月15日修订):《中华人民共和国宪法》,北京法律出版社,1999年,第8页。
[20] "(1999年)中央人口资源环境工作座谈会",人民日报,1999年3月15日,第1版。
[21] 刘铁男:"中国燃料乙醇产业发展",《中国能源》,2002年第3期。

第二章 国家资源安全及其基本态势

资源是一个国家综合国力的重要体现。国家资源安全是国家安全的重要组成部分。经济全球化迅速发展和我国加入 WTO，既为我国合理利用两种资源、两个市场提供了更为有利的契机和条件，也要求我们必须清醒地认识到：我国人口压力大，人均资源少，人口继续增长和社会经济快速发展对资源的需求，至少在 21 世纪中期之前将愈益强烈；同时，资源开发引发的生态环境危机，全球一体化和资源全球化，以及当前正在发生的大国强权政治和国际政治经济格局的变化，使得我国的国家资源安全面临着严峻的挑战。当前，世界主要国家对战略性资源的争夺越来越激烈，自然资源的基础地位和对国家安全的保障作用越来越受到各国的重视。系统地探讨国家资源安全的基本内涵和全面地划分资源安全的不同类型，准确地把握国内外主要战略性资源的存量及其动态变化，摸清我国的资源家底，既是合理利用两种资源、两个市场的重要前提，也是审时度势地制定科学决策、确保国家资源安全的必然要求。

第一节 国家资源安全：内涵与类型

1. 资源安全内涵

> 一、资源安全是资源供给与需求相互均衡的状态

【资源安全是资源供给与需求相互均衡的产物】资源经济学认为，资源安全既要求保障资源稳定供给又要求资源足量地满足需求，它是资源供给与需求相互均衡的结果。由此，从供给和需求角度可以定义资源安全，是指在特定的时间和经济技术水平条件下满足国家或地区生存与发展的资源开发与供应保障程度，或者对资源使用与消耗的需求稳定程度，最终达到对人类的生存与发展不构成损害和威胁的理想状态。

【资源安全是一个内涵丰富的复合范畴】首先，资源安全必须是相对于一定的时间并受一定的经济技术水平所限制[1]，例如，当今世界石油安全绝不同于 20 世纪 60～70 年代的世界石油安全。其次，对于资源生产国和资源消费国而言，资源安全的目标和内容大不相同[2]。资源生产国主要侧重于本国所开发出来的资源如何足量地供给自己或稳定地供给别国而获利，因而这些国家的资源安全实质上是资源供给安全；相反，资源消费国如美国、日本等发达国家则主要是寻求如何持续、稳定、及时和足量地满足资源需求，因而这些国家的资源安全实质上是资源需求安全。中国既是资源生产大国又是资源消费大国，因而必须保障资源供给和需求两方面的资源安全。第三，只有资源的供应保障程度或需求稳定程度低于某种状态(亦称之为"资源安全线")，从而对人类生存与发展造成一定程度的损害和威胁，才谈得上"资源安全"问题。

2. 资源安全类型的划分

【资源安全类型多种多样】从不同的侧面可以反映出不同的资源安全内涵并做出不同的

划分。从空间看,资源安全可以划分为:全球性(global)安全、区域性(regional)安全和地方性(local)安全。全球性资源安全是指因全球资源供给短缺而对人类造成生命攸关的、制约社会经济进一步发展的威胁,如全球资源枯竭、能源危机、土地锐减、粮食短缺、水资源污染和短缺、生物多样性减少等,这些问题从本质上体现了人与自然的矛盾与冲突,并由此影响到人与社会、社会与社会、人与人之间的相互关系。区域性资源安全是指那些产生于某些大陆、世界上大的社会经济地区或独立的社会体系中的各种资源矛盾与冲突,如非洲的水资源短缺和中东地区石油资源冲突最引人瞩目。地方性资源安全是指涉及单个国家、民族和地区所面临的资源供应安全,它包括一个国家内部的资源分布与消费错位所引起的资源短缺矛盾,也包括不同地方之间、不同部门之间的资源利益对抗和冲突。

【各类型资源安全间相互影响】总体上讲,一切全球性资源安全同时也影响着区域性和地方性的资源安全,但是,区域性、地方性资源安全并不都是直接地表现为全球性安全。从性质和意义上讲,全球性安全带有普遍性,区域性安全则表现出特殊性,而地方安全只具有个别意义。从安全的数量看,全球性安全的数量相对较少,区域性安全相对较多,而地方性安全最多。国家资源安全是一种地方性资源安全,其核心是国家内部资源供应不稳定、资源价格不合理所造成的对国家社会经济发展和人民生活带来的严重威胁和各种损害。

【资源安全亦可按主体性质进行划分】资源安全又可按时间序列和资源生产与消费等进行划分,如将资源安全划分为短期资源安全、中期资源安全和长期资源安全,以及资源生产国的资源安全和资源消费国的资源安全。

| 二、国家资源安全是多维的概念 |

1. 资源安全问题的由来

【资源安全是由资源短缺演变的产物】资源短缺是一个与社会经济发展水平,与人类对自然、环境和客观世界的认识及利用相关的经济范畴。在一定时空范围和一定经济技术条件下,因资源需求量大与供给量小而产生明显的资源供需缺口。随着人口的急剧增加和社会经济的快速发展,资源供给已越来越不能满足日益增长的资源需求,并由此导致人们对资源安全的担忧。

【资源稀缺也可能诱发资源不安全】资源稀缺与资源短缺既有相似性又有差异性。它们在一定时空范围内都可能造成资源供不应求。但是,两者有时空上的差异,一般说来资源短缺所造成的影响时间较短,空间影响范围较小;资源稀缺所影响的时空范围较大,相应造成中长期影响。

【资源安全首先表现为石油危机】20世纪70年代初,国际上发生的一系列事件把整个资源安全问题推向政治关注的前沿。一是在1971年美国石油出现缺口,进口石油急剧上升;二是利比亚和后来的欧佩克国家在1970~1972年间把世界油价提高50%,农产品价格也急剧上升,至1974年多数价格上涨为200%;三是为了报复以色列的军备扩张,阿拉伯国家削减25%的石油产量,并禁止原油销售给美国和其他包括日、英、法等"非友好国家"。由此,世界上爆发了第一次石油危机。欧佩克成功地削减原油供给,从而导致实际原油价格大幅度上升。从此资源短缺成为一种严重的政治问题,特别是非再生资源的短缺被看作是经济发展的最主要威胁。资源生产国通过取消战略资源的供给,从而对资源消费国实现政治和经济影响,这种可能性促使人们对资源安全的广泛担忧。

2. 何谓国家资源安全

【国家资源安全是国家安全的重要组成部分】所谓国家资源安全是指一个国家因其社会经济发展所需要的自然资源受到某些因素(如资源枯竭、资源价格变动、军事入侵、职工罢工、生态环境破坏等)的干扰而不能获得持续、稳定、及时、足量的供给并导致一定程度的威胁或损害的状态。显然,国家资源安全比资源安全更多一个层次,它体现了国家的主权性、资源系统的整体性、资源开发利用的持续性和资源与生态环境的协调性,是一个多维的综合概念,它至少涉及到经济、社会、政治、军事,乃至资源和环境等多方面的安全;与此同时,国家资源安全也是全方位的。世界各国不断面临因资源短缺而出现的资源安全威胁,如水资源短缺、石油危机、木材短缺、粮食供应不足等。从世界发展历史看,西方发达国家曾经为了本国的资源安全,大规模地开拓海外殖民地,发动殖民地战争和掠夺殖民地国家的资源。20世纪上半叶发生的第一次世界大战和第二次世界大战,都是对世界资源的不平等争夺;20世纪70年代和80年代的两次石油危机等等,都说明国家资源安全对国家经济的持续增长与国家的安全是何等的重要[9]。

【国家资源安全影响着国民经济和社会的发展】"国以民为本,民以食为天","万物土中生",能源是国民经济的动脉,石油是工业的"血液",矿产原料是现代工业的食粮。有人估计,人类食物的88%由耕地提供,10%由草地提供,人类消费95%以上的蛋白质取自土地。世界上95%以上的能源、80%以上的工业原材料和70%以上的农业生产资料来自矿产资源,还有30%的地下水供农业生产灌溉用水,40%以上纺织品材料是由矿产加工而成的化纤尼龙材料供人类穿用[4]。这些说明了资源(包括资源加工产品)是国民经济和社会发展的重要能源及原材料来源。

【国家资源安全是国家战争的重要导火索】世界观察研究所在其研究报告《全球预警》中指出,在整个人类历史进程中,获取和控制自然资源(包括土地、水、能源和矿产)的战争,一直是国际紧张和武装冲突的根源。由于资源是保障国家经济社会发展与安全的重要战略物资,而世界资源分布不均并有相对稀缺性,使获得和控制足够的资源成为国家安全战略的重要目标之一,因此,世界范围内资源之争往往是一系列战争的直接导火索。1999年,世界上约有1/3的国家发生了与资源特别是石油相关的战争和冲突。以美国为首的北约发动的科索沃战争摧毁了南斯拉夫的石油供给设施,海湾战争及其结局都与石油资源密切相关,美、英打击伊拉克旨在防止萨达姆利用石油资源重新崛起,印度尼西亚的东帝汶和亚齐特区闹分裂,俄罗斯的车臣战争等,都与控制石油资源有着直接关系。世界上围绕资源的争端不仅发生在发达国家之间、发达国家与第三世界国家之间,而且也发生在工业化国家之间或发展中国家之间,演变成全球一系列新、老"热点"问题[2]。究其根源,除了大国势力、政治派别、民族及部落等斗争外,主要在于对各种自然资源的争夺,特别是对土地(领土)、水及油气等战略性资源的控制和争夺(表2-1)。

【国家资源安全是国家外交斗争的重要筹码】国家的政治战略和经济发展战略都离不开有利的外交政策来支撑,但是,对资源的争夺往往是国家之间外交斗争的重要筹码,一些西方发达国家如美、日、欧等,有时在一些重要区域或敏感地区的政治军事战略都要服从于资源战略或石油战略。国际上对中国石油外向开发战略表现出特别的担忧。美国能源部能源情报署预测中国2015年对石油的需求将达到4亿多吨。英国有人认为中国石油需求的增长将导致中国与美国围绕中东的石油展开新的一轮竞争。西方国家普遍认为中国油气需求的剧增将使世界油气价格上升,在未来20～30年内中国(包括台湾地区和香港特区)的石油需求将接近日本,中国油气需求的上升将威胁到全球油气地缘政治的平衡。西方国家害怕中国成为21世纪的经济大国,担心中国经济力量的发展将改变世界经济实力的对比。为此,它们一方面纷纷制造"中国威胁论"和"中国油气威胁论",另一方面广泛地开展资源外交,如美国的石油外交和能源战略,日本的"阳光经济"及与之配合的能源外交。

表2-1 一些典型的资源争夺与冲突

资源类型	冲突国家或地区	原因
石油及天然气	伊拉克与科威特	领土及石油
	伊朗与阿联酋	关于阿布穆萨三岛石油
	沙特阿拉伯与也门	边界石油
	巴林与卡塔尔	边界石油
水资源	埃及、苏丹和埃塞俄比亚	尼罗河饮水
	伊拉克与叙利亚	幼发拉底河上游大坝截流
	印度与巴基斯坦	印度河及苏特里杰河的引水灌溉
	泰国、老挝、柬埔寨和越南	湄公河流量问题
	阿根廷与巴西	巴拉那河上游的大坝
	玻利维亚与智利	劳卡河之争
水环境破坏	以色列与约旦	约旦河之水源保护地——戈兰高地之争
	美国与墨西哥	格兰德河农业灌溉的污染
	捷克与德国	易北河
	匈牙利与罗马尼亚	索莫什河
	法国、荷兰和德国	莱茵河
	印度与孟加拉国	恒河泥沙淤积

资料来源:参考文献[9]。

3. 国家资源安全总体态势日趋复杂

进入21世纪,世界各国之间不仅存在着对水、石油等自然资源的掠夺,也存在对人才、信息与科技等社会资源和对资本、设备等经济资源的竞争,国家资源安全问题出现了新的视角。

【国界是相对于资源而存在,而对于资源型加工产品如货物,则不存在国界】既然资源贸易是跨国界交换,就必然存在着国家资源安全问题。美苏冷战结束和经济全球化的加速发展,使得国家安全概念也从军事安全扩展到包括政治、经济、社会、资源与环境等广泛内涵的立体安全。在全球化时代,一个国家的主权和独立是十分重要的。一旦丧失了某种独立而完全依附于西方发达国家,就无国家和民族的安全和自由可言。同样地,若国家资源供给长期受制于人,最终会如军事失败、经济危机一样,危及国家安全和民族生存。

【国家资源安全不仅体现在占有的资源数量上,更重要的是反映在资源质量和资源开发技术方面】1840年鸦片战争前后,中国在世界上还是一个经济繁荣的国家,其国民生产总值仅次于当时的英国,位居世界第二,远超德、法、俄等国。旧中国在经济产出上虽然占有世界领先地位,但在决定性的资源利用技术方面则极为落后,因为当时欧洲拥有先进的资源开发技术,包括蒸汽机和工作母机等,而中国反而在军事上遭受失败,经济崩溃,大量的资源被列强瓜分和掠夺。

【资源下游产品加工和技术尖端领域的竞争日趋复杂】国际资源贸易是按比较优势原则

进行的,但除了少数资源禀赋"特别优越"的国家(如中东石油国家),可以依靠出卖资源致富外,任何国家要跨入富国行列,必须参与资源下游产品加工和技术尖端领域的竞争,并取得优势。因为资源初级产品在未来整个经济产出中的比重日趋下降,况且中国现有的优势资源初级产品,在人均资源占有量方面却为劣势。面对世界资源产业上下游一体化的角逐,中国却面临资源生产能力庞大、需求弹性小、资源附加值低的窘境。因此,从国家资源安全角度考虑,选择资源开发利用的多样性,建立独立、完整的资源开发利用体系,不仅可以加强中国短期内经济的适应性,而且符合中国中长期资源安全战略目标的要求。

第二节　国家资源安全因素分析

一、影响国家资源安全的主要因素

影响资源安全的因素很多,归纳起来主要有以下几个方面:资源本身的因素、经济因素、政治因素、运输因素、军事因素等。

1. 资源条件是影响资源安全的最基本和最重要的因素之一

【国内资源禀赋决定了国家资源安全程度的高低】一般来说,一个国家自身的资源越丰富,对经济发展的保障程度越高,资源供应的安全性就越高。如果我们不考虑其他因素,利用本国资源受外界不安全因素影响的可能性就小,国内资源相对就比较安全。许多国家,特别是一些大国,都在经济合理的前提下,尽量提高本国资源自给率,就有资源安全方面的考虑。美国计划开采阿拉斯加保护区内的石油,除了考虑大石油财团的利益,稳定国内石油产量也是重要考虑因素之一。

【资源因素对国家资源安全的影响是最直接的,也是最重要的】日本对能源安全问题的高度重视,就是因为日本能源的极度匮乏。当然,资源因素对资源安全影响巨大,但并不是说资源贫乏国家的资源安全问题就最严重。事实上,日本在经历了第一次石油危机的沉重打击后,通过建立庞大的战略石油储备系统和其他一系列风险防范机制,其资源供应的风险得到了有效的控制。

2. 国家经济实力间接地影响资源安全

经济因素对资源安全的影响是一种间接的影响。对资源进口国来讲,最主要的影响就是经济实力能否支持进口资源所需要的外汇。如果没有出口的强有力支持,就很难保障有充足的外汇用于资源产品的进口。我国近年来资源产品进口额占总进口额的比重一直很低,粮食进口额占总进口额的比重还呈下降的趋势。

经济因素还涉及另一个重要问题就是资源价格的变动。对进口国来说,主要是资源价格上涨对资源进口能力和进出口平衡的影响。在和平时期,资源价格的剧烈波动间接地影响国家资源安全。

3. 政治因素是影响资源安全的最重要的外部因素

近几十年的石油危机、石油供应中断、石油价格的大幅度波动等无不与政治因素有关。政治因素对资源安全的影响主要有两个方面,一是资源进口国与资源出口国之间政治关系恶化,而造成的对资源安全供应的影响,如第一次石油危机的产生就是因为阿拉伯国家与西方国家政治关系紧张所导致的结果;二是由于资源生产国国内的政治因素对资源安全供应的影响,如第二次石油危机就是由于伊朗国内政治和宗教因素所造成。政治因素依据其影响范围的大小,可以分为宏观影响和微观影响。宏观政治影响主要由政权变化、动乱、战争和民族宗教冲突等造成;微观影响主要是对某个或某几个特定部门或企业的影响。

4. 运输因素直接影响资源供应的保障能力

运输安全也是影响资源安全的主要因素之一。运输的安全程度与运输的距离、运输线的安全状况、运输方式以及运输国对资源运输线的保卫能力的强弱有关。

一般来说,距离越远,影响资源安全的因素越多,资源的安全性越低;反之距离越近,资源的安全性就越高。也就是说,资源的安全性与生产国和消费国之间的距离成反比关系。

运输安全还与诸如有没有海盗的侵扰、通过的海峡多少和海峡受控制与封锁的可能性大小、海峡运输事故的多少等等有关。美国能源部确定了世界上六个重要的制约石油运输的咽喉要塞:霍尔木兹海峡、马六甲海峡、苏伊士运河及苏伊士—地中海运输管线、俄罗斯石油出口管线及港口、博斯普鲁斯海峡、巴拿马运河。通过这些咽喉地区运输的石油约占世界石油运输总量的40%,其中仅霍尔木兹海峡每天的运输量就超过1200万桶,相当于世界石油贸易的1/3。而这些石油运输的咽喉,很容易遭到封锁。

5. 军事因素主要在于其威胁作用和军事干预能力

【在和平年代军事因素对资源安全的影响,主要是作为威慑力量在背后起作用】军事因素对资源安全的作用是多方面的,对运输安全来说,拥有强大、反应快速的海上军事力量,海上资源运输线就会受到很好的保护。对重要海峡的控制能力也是保障资源运输安全的重要方面。按照马汉的海权论,对重要海峡的控制不仅是关系到资源运输的安全,而且还关系到国家的强盛。这一传统的地缘政治战略思想至今对西方国家仍然有很强的影响力。美国和西方国家都力图将重要的运输通道控制在自己或盟国手中。美国能源部所列的六个石油运输咽喉,除了俄罗斯的出口管线及港口外,其余全部被美国及其盟国控制。

【军事对资源安全的影响还表现在对主要资源生产地的军事干预能力上】一国对资源产地的军事干预能力越强资源就越有保障。伊拉克对科威特的入侵,严重影响美国和主要西方国家的石油安全,以美国为首的多国部队击败了伊拉克的入侵,防止了伊拉克对国际石油资源的控制,避免石油供应受制于伊拉克,有效地保障了美国及其盟国本国石油的安全供应。现在美国在海湾驻有大量的军队,随时准备应对海湾局势的变化。美国拥有的对海湾的军事控制和军事干预能力,保证了美国及其盟国的石油供应安全。

总之,国家资源安全从本质上表现为资源供给的脆弱性,决定这种脆弱性的因素涉及到上述资源、经济、政治、交通及军事等五大方面,包括现实或潜在的资源状况、国际和国内政治局势和经济稳定性、国家之间空间距离、国际政治关系、国内资源开发的基础设施状况,以及资源开发历史等。具体地讲,影响国家资源安全的其他因素还有:一是国际资源进口依赖度;二是国内资源产量和储量的空间集中度;三是资源供给国的政治倾向以及对别国政治或军事的依赖度；四是资源生产国对资源出口换取的资本和外汇的依赖度；五是资源生产国对资源消费国的资金、技术或制造业的依赖度；六是资源替代成本和可供性，这决定并影响着资源的需求价格弹性。对依赖于资源进口的国家，一旦中断资源生产（如矿工罢工）或禁止贸易甚至关闭资源贸易通道，都会造成潜在的资源供给短缺。

二、国际资源贸易安全格局和发展前景

1. 国际资源贸易垂直分工形成了极不公平的资源垄断

在资源与经济全球化过程中，当代国际分工体系也在不断形成和演变。在国际分工与资源交换中，资源垂直分工特征十分明显，即发达国家主要生产高附加值资源下游产品，发展中国家主要开发资源及生产上游低附加值产品，并进行不平等的交换。20世纪60～70年代，第三世界国家向发达国家输出了大量的原油、农矿原料及其他初级资源产品，如1968～1972年间，在85个发展中国家和地区中，有69个国家的50%以上的出口额依赖于一种或较少数几种初级产品的出口，有37个国家或地区的上述比重高达70%～90%，有11个国家或地区的初级产品出口比重在90%以上。与此同时，发达国家向发展中国家出口大量高附加值的资源加工产品，如电子、机械设备、精密仪器、民用飞机、汽车等。

2. 发达国家与第三世界国家之间资源贸易形成了巨大的"剪刀差"

长期以来，由于发达国家与第三世界国家之间进行着高、低附加值资源产品不平等交换，形成了巨大的"剪刀差"。在经济全球化条件下，西方国家的资本发生大规模的跨国流动，资金、劳动力、信息和商品在世界范围内循环，而"资源流"也发生相应变化。总体上讲，西方资本流向世界，第三世界资源流向西方，西方资源产品流入第三世界，全球利润流向西方。目前，西方国家约占世界人口15%，却集中了世界上绝大部分财富，消耗全世界约75%的资源，并向全球排放出同样多的污染物。

3. 发达国家采取多种方式影响并控制着发展中国家的资源

【发达国家运用多种方式控制发展中国家资源】发达国家往往通过以下几种生产要素的经济流动（资源流、资金流、产品流和人才流）来影响并控制着发展中国家：一是改变资源产品价格，影响世界资源市场价格波动，引起发展中国家中开放部门的资源价格变动并波及非开放部门的资源价格，甚而影响发展中国家的经济；二是投放或抽回资金，调整利率等引起国际金融波动，导致发展中国家缺少资金、发生金融危机，并影响发展中国家的经济；三是采取贸易保护手段，抑制进口，控制着发展中国家的贸易出口；四是提高工资吸引发展中国家专业技术人才，导致发展中国家人才外流。

【资源不平等交换与战后世界劳动分工体系的演变密不可分】20世纪50～60年代发达国家与发展中国家之间垂直分工表现为两者分别拥有"资源链"的上、下游产品，形成资源链的上下游垂直分工；至70年代发达国家以资金、技术优势与发展中国家廉价劳动力相交换，形成生产要素的垂直分工；而80年代以后上述生产要素的垂直分工进一步在不同资源产业之间和同一产业内部分化，发达国家仍占有先进的技术和大量的资金，而发展中国家仍提供一定的资源和劳动力。正如世界银行所指出："中心（指西方发达资本主义国家）获得外围（指欠发达的第

三世界国家)的自然资源对中心的积累来说,比它早期向北美和大洋洲的地理扩张更有利。而外围的社会结构没有发生变化,劳动力更廉价,开发自然资源成了剥削当地劳动力的手段。"

4. 发达国家对资源生产链的上下游实行双向垄断

发达国家在世界资源贸易中往往采取垄断资源低价买入和资源产品高价卖出的手段。在上述世界经济体系中,一方面,发达国家向发展中国家购买资源链前端的低附加值初级产品时形成了一种买方垄断,即"垄断低价";另一方面,他们通过出售高技术、高附加值的终端资源产品,实行"卖方垄断",使得发展中国家无法从技术上实施进口替代,进而建立起一种技术依附型的经济依赖关系。买方垄断表现在战后西方国家实施的"粮食战略"和"石油战略"之中,西方主要发达资本主义国家选择发展战略农业,从而控制了整个世界粮食市场,同时采取政治、经济等手段控制了世界石油市场。西方国家通过压低两种战略性资源——粮食和石油在世界市场上价格的手段,从而控制世界资源市场价格总水平,使得广大发展中国家的贸易条件不断恶化。卖方垄断是二战后,特别是20世纪80年代以来西方国家向发展中国家推行下游性资源产业与技术梯次转移的结果,他们一方面向发展中国家转移一般性资源开发技术和产业,抑制甚至摧毁发展中国家自主性的技术开发和产业升级,使发展中国家永远处在国际垂直分工的底部,另一方面封锁某些高新技术,或者只出口制成品而不进行技术转让。

5. 国际贸易环境恶化使得资源贸易在安全方面面临着新的威胁和挑战

【资源经济地位不断下降】在第三世界工业化初期,许多发展中国家凭借其丰富的自然与人力资源的"比较优势"加入了国际贸易及经济分工体系。但整个第三世界变成西方国家廉价资源及原材料的供应地,同时也是西方国家转移资本和商品的接纳地和有毒、有害垃圾的堆放站。随着某些发展中国家出口导向增强,其资源开发能力和产品档次逐步得以提高,资源开发与加工技术含量有了一定的增长,对发达国家形成了压力,南北关系中互补作用下降,竞争性日益加强,从而迫使西方国家打着贸易保护的牌子干预国际贸易和经济秩序。第三世界作为西方发达国家的投资场所和产品市场的作用不断下降,使西方国家的资源下游加工业产量普遍减少,而经济总量增长得益于对非自然资源(主要是资本和信息资源)的控制。自20世纪70年代以来,美国主要资源产品产量均大幅下降,以1967~1990年的人均产出量比较,化肥下降了21%,水泥下降了73%,粗钢下降了43%,硫磺下降了89%,铜、镍、铝土矿分别下降了95%、98%和98.5%。

【传统资源经济面临新的挑战】与资源经济地位下降形成鲜明对比的是西方国家的虚拟资本的急剧扩张,这种"泡沫经济"必将带来金融风险,引发大范围的经济危机。亚洲金融危机和西方国家资本货币市场的虚假繁荣,暴露出"没有资源经济支撑的透支经济"迟早要发生信用危机,金融危机又将最终反馈到资源经济领域,造成资源经济的衰退。

三、不同类型国家的资源安全战略取向

1. 资源消费国与资源生产国的资源安全战略重点迥异

按照资源生产和消费来讲,全球不同类型国家大致可以划分为资源生产国家和资源消费国家两大类。从资源安全角度看,资源消费国的资源安全比资源生产国的资源安全显得更为突出、更为重要。资源生产国

的安全战略主要是确保资源需求的稳定、足量供应,具体采取的对策:一是动用剩余生产能力,调节生产配额来恢复资源供应并提高资源价格。二是建立资源现有产业和资源产品销售网络。而资源消费国的安全战略主要是以可以接受的资源价格,从多渠道获取足量的资源来保证本国经济的持续发展,因此,资源消费国往往认为国家资源安全不仅要保障资源进口数量的相对稳定,而且还要保证控制资源市场和资源低价。这些国家所采取的具体策略有两种,其一,通过建立和利用资源的战略储备,对短期资源安全的威胁(如中断资源供应)做出快速反应;国际能源机构(IEA)认为,当石油供应中断量达到石油需求量的7%时,能源安全就处于警戒线状态。其二,从长期目标看,通过增加国内供应,开发替代资源,提高资源利用效率,增加资源贸易和资源勘查开发投资,加强资源领域的技术开发与研究,从而减轻对资源进口的依赖度,即千方百计地从资源消费国内的资源供应方面"开源",从资源消费需求方面"节流"。

2. 发达国家与发展中国家的资源安全战略的侧重点不同

世界各国因其资源赋存的差异、社会经济发展程度和发展阶段等的不同,它们各自所面临的资源安全威胁及所采取的战略也就各不相同。

【西方发达国家多数是资源消费国家,它们的资源安全战略也有所差异】一类是以美国为代表的资源丰富的国家,在其经济发展的不同阶段采取了不同的资源安全战略。以石油为例,20世纪30年代,美国的石油政策是反对垄断策略,50年代中期以前,采取资源保护,50年代至70年代,实行石油进口管制,70年代至80年代,实行价格管制,80年代初至今,主要实行市场调节。总体上看,美国的石油安全战略,一是调整能源结构,减轻对石油的高度依赖;二是调整石油进口来源,减少从非安全地区进口石油;三是提高能源使用效率,加强节能;四是增加国内石油战略储备和商业石油储备;五是利用资源价格、资源税等政策进行诱导,促进国内石油的生产;六是鼓励海外石油勘探;七是加强国际能源合作。另一类是以日本为代表的资源贫乏国家。日本的石油安全战略包括建立战略石油储备,大力扩展海外石油勘探开发,调整石油进口策略(重点是分散石油进口风险,实行油气进口多元化),以及提高利用效率,大力开展节能和节油。

【广大的发展中国家多数是资源生产国家,这些国家主要是利用价格手段来保障其资源生产国的资源安全】世界上最不发达国家(LDC)通常采取增加出口税、构建资源卡特尔、削减产量和提高价格(如OPEC)等措施,对资源供给实行垄断,这对资源消费国的资源安全无疑会造成直接的威胁。

第三节 中国战略性资源安全基本态势

中国既是发展中国家,又是资源生产与消费大国。从资源供给看,资源具有双重性。一方面中国整体资源总量大,种类齐全,存量丰富;另一方面,中国是人口大国,人均占有各类资源量少,资源相对紧缺,生存空间狭小[9]。从资源需求看,中国资源安全不是资源总量的短缺,而是资源质量欠佳、空间匹配错位以及资源消费的严重浪费。

在工业化和城市化发展不断加速的现阶段,中国需要消耗大量的各种资源。从现在开始,中国在胜利完成前两步战略目标后,正向第三步战略目标迈进。未来中国战略目标的实现必须以战略资源的安全作为根本保障。但是,中国一些战略性资源特别是水、粮、油的安全形势不容乐观。2000年是中国水和石油出现危机信号的一年。在这一年里,从北向南,从乡村到城市,严重的旱灾几乎影响了半个中国;7000万亩粮田绝收,100多座城市被迫限制供水;全年原油进口量高达7000万吨,已经占到中国原油加工总量的30%以上。

> 一、能矿资源供需面临"峰极相逼"的威胁

1. 资源型风险造成资源供需的经济成本上升和紧缺风险

人口数量、经济高速发展与资源需求量相联系,构成资源数量短缺的风险。中国人口目前已超过12亿,未来20年,可能达15亿,按人口平均,中国资源相对量小,主要资源按人均计算都低于世界人均资源占有量水平。中国处于工业化的成长期,国民经济高速增长,近20年GNP以近10%的速度递增,人口的膨胀,经济的高速增长,使得对矿产品的需求量迅速上升。因此,资源保证程度不断下降与持续增加的人口和高速发展的经济相联系,形成资源相对不足,资源供需的经济成本上升和紧缺风险(表2-2、表2-3和表2-4)。

表2-2 中国经济增长与能源消费预测

	1995	2000	2010	2020	2030	2050
国内生产总值(亿元)	57734	88830	200844	305688	707704	1680000
折美元(亿美元)	7019	10575	23810	36500	84337	200000
人均国内生产总值(元)	4757	6995	14286	20938	45000	113514
人均GDP折美元(美元)	568	833	1694	2500	5363	13513
人均能耗(公斤标煤)	1066	1164	1474	—	2031	—
人均耗电(千瓦小时)	800	1102	1929	—	4575	—
能源消费总量(亿吨标煤)	12.90	14.78	20.63	—	31.08	38.26
耗电总量(亿千瓦小时)	9681	14000	27000	—	70000	125000
折每亿元耗标煤(万吨)	2.23	1.66	1.02	—	0.44	0.24
耗电(万千瓦小时)	1708	15.76	1344	—	989	776

资料来源:参考文献[3]。

表2-3 中国21世纪中叶钢和铁矿需求预测

	2000	2010	2020	2030	2050
人均GNP(元)折美元	>800	>1500	>2500	>5000	>8000
钢材消费系数		1.32	1.22	0.80	0.24
钢消费总量(亿吨)		2.4	4.0	3.2	2.88
人均钢消费量(公斤)		171.4	274.0	209.2	194.6
铁矿石消费总量(亿吨)		8.4	14.0	11.2	10.1
备注		按国产铁矿石计,吨钢消耗铁矿石3.5吨			

资料来源:参考文献[6~7,10]。

表2-4 21世纪中国主要有色金属矿产品和水泥需求量预测

	2010	2020	2030	2050
钢(亿吨)	2.4	4.0	3.2	2.88
铜(金属量万吨)	360	600	480	432
铝(金属量万吨)	384	640	5112	461

(续表)

	2010	2020	2030	2050
铅(金属量万吨)	115	192	154	138
锌(金属量万吨)	175	292	234	210
水泥(亿吨)	8.4	14.0	11.2	10.1

资料来源:参考文献[6~7,10]。

2. 分布型风险加大了资源供给的运输成本和压力

资源分布不均衡,形成空间组合上的错位。中国资源分布的区域性特点造成了资源空间组合上的劣势。东部沿海地区国土面积只占全国的14%,各种资源均占全国1/3以下,GDP却占全国的60%,资源产地与经济中心在空间上的错位,导致资源型产品的长距离运输,对资源开发利用和经济发展均带来不利影响和风险,加大了资源供给的运输成本和压力。

3. 质量型风险造成了资源开发技术成本高和资源供给困难

资源类型多、利用难度大与科学技术水平低、财力投入不足相联系,构成质量上的风险。中国不同地区与不同种类的资源,由于区域和赋存条件的差异,资源质量相差悬殊。就矿产资源而言,除煤、钨、稀土矿及某些非金属矿质量较好外,多数矿种贫矿多、富矿少;综合矿多,单一矿少;中小型矿多,大型及超大型矿少;零星矿多,整装矿少。许多矿采选难度大,特别是在国民经济中具有重要地位的关键矿种,如铁、铝、铜、磷、钾、石油及天然气等质量不高,开发利用难度大,要求科技含量高,资金投入大,与我国科技水平较低、财力投入不足相联系,造成了中国资源开发技术成本升高和资源供给困难。

4. 环境型风险使资源短缺问题更加严重

生态环境恶化造成资源破坏或再生能力下降,使资源短缺问题更加严重。中国处于工业化与城市化高速发展时期,虽然中国政府对环境问题十分重视,在环境保护方面取得了明显的成就,部分地区环境质量有所改善,但由于大多数污染物的排放总量仍在增加,而治理能力有限,环境质量总体上还在恶化。除工业污染之外,资源开发工程中造成的水土流失、土地荒漠化程度加重,使生态环境恶化范围也在扩大。生态环境的恶化,使土地质量下降,水质变坏,空气中二氧化碳含量增加,酸雨的面积扩大、频率增加,引起耕地质量下降,草场退化,森林面积缩小,使中国本来就短缺的资源形势雪上加霜,并造成资源供给的生态环境成本急剧上升。

5. 多项资源短缺共同逼近最高峰值容易产生更大、更强的资源"不安全"

单项资源供需短缺的威胁也许并不可怕,因为我们可以集中力量"围而攻之",用别的优势资源来替代;最可怕的是,当多项资源供需同时逼近最高峰值,将造成诸多非安全要素的共振叠加,进而产生更大、更强的"不安全"[5]。此外,中国选择外向资源战略将面临两种不利因素的制约,一是21世纪初中国对世界的粮食、石油、铁矿石和其他有色金属的进口需求量如此之大,已经引起国外有关人士的不安[8];由于中国对粮食的巨大需求导致美国布朗先生提出了"谁来养活中国"的质疑;斯米尔(Smil)在其《中国的环境危机》一书中,也不无忧虑地说,中国大陆和香港特区、韩国是无法相比的。别的国家和地区能够做到以自己的制造业从国外来换取自己需要的大部分粮食和资源,而此办法在中国大陆则行不通,因为中国大陆人口众多,购买量巨大,即使以很小的人均消费量计算,也不可能进口所需要的三分之一的大米或木材[①]。二是中国多项重要资源短缺,又需要中国用别的资源去国际市场中交换。而世界资源市场的竞争越来越激烈,中国将为此付出巨大的代价;三是以资源消耗支持中国经济的高速增长将导致西方国家对中国施加更大的压力,特别是要接受一种国际间"强制性环境成本",此外,国际贸易"绿色壁垒"必将使我国资源性出口产品因不符合西方的环境标准而被拒之门外(专栏2-1)。

专栏2-1

中国的石油问题

中国石油供小于求的态势在进一步发展,若没有重大发现或技术突破,中国进口大量石油的局面仍将维持。

中国是世界产油大国,石油产量已连续10多年位居世界第5位。但中国又是石油消费大国,1993年中国由石油出口国转为净进口国。近年来中国石油产量一直在1.6亿吨水平徘徊,而需求量则达到了2亿吨,并以每年约4%的速度递增。预计2010年中国石油进口量将可能高达消费总量的40%。

中国的石油资源丰富。截至1999年底,中国累计探明石油地质储量203亿吨。然而,目前中国石油资源的探明程度只有20%,增产还有较大的余地。据分析,为加快中国石油天然气资源在21世纪的开发生产,到2010年中国石油天然气集团将在国内建设一批大型油气田,使中国油气年产量达到3亿吨油当量。这些油气田将分布在东北的松辽盆地、沿渤海湾盆地、西部和西北部地区。与此同时,中国将加强国际合作,使在国外合作开发生产所获得的份额油达到5000万吨,从国外引进的天然气达到500亿立方米(折合油气当量5000万吨)。为达到此目的,需加强油气资源勘查。

> 二、水资源总量短缺及利用不合理导致水资源供需矛盾突出

1. 中国是世界上耗水大国

中国是世界上淡水资源严重不足的国家之一。预计2030年中国人均水资源量将下降为1760立方米,与国际上人均水资源量1700立方米为用水紧张的标准相比,中国水资源形势是相当严峻的。然而,目前中国年取水量已超过5000亿立方米,约占多年平均水资源总量的18%,是世界水资源平均利用程度的2.6倍。随着中国工农业和人民生活用水量的增加,水资源的供需矛盾也将更加突出。其中农业用水量所占比例最大。根据中国工程院研究预测,中国2030年和2050年的用水量分别是7200亿立方米和7550立方米。

[①] 据全国人口资源环境委员会矿产资源与可持续发展专题组预测,未来我国矿产品缺口将从2010年2亿吨扩大到2020年的2.5~3亿吨,资源保证程度不断下降。见:《资源·产业》2000年第1期,第9页。

2. 需水量大但供水不足

地表水的供应难度大。到2050年,中国的总需水量为8323亿立方米,将占全国水资源总量的1/4左右,在同期的总供水量中,地下水增加的潜力不大(已开采量达可开采量的85%),因此,从现在至2050年所增加的2000多亿立方米供水量中,主要依靠地表水,可见难度相当大。如果在这新增加的2000多亿立方米供水量中,其中500亿立方米直接由河道引水,尚有1500亿立方米需要兴建各种蓄水工程(主要是各类水库),其工程规模和工程量也是可想而知的。届时即使财力允许,其他限制因素尚难预料。

3. 水资源分布空间与消费空间错位

水资源的地区差异明显。在全国水资源预测中,还要充分考虑南方与北方、东部与西部的地区差异。如在黄、淮河流域,其多年平均水资源总量为2125.6亿立方米,仅占全国水资源总量的7.5%,而1993年人口为40731万人,占全国总人口的34.9%,工业总产值为15940亿元,占全国工业总产值的33.35%。在这样的地区,水资源对未来社会经济发展的制约作用十分明显。如果在21世纪中叶前,该地区人口、工业及其需水量按全国同样的速度增长,那么届时就在很大程度上超过当地的水资源承载能力。

4. 水资源与生态环境密切相关

局部生态环境恶化加剧。由于水资源自然条件和人类开发利用所引起的生态环境问题在全球范围许多地区非常严重,已经引起了人们的广泛关注。我国也不例外,由于水资源的先天不足,加上传统的不合理的水资源开发利用方式以及其他人为活动的影响,生态环境问题在很大范围内暴露出来,突出表现在长江、黄河等大江大河源头地区生态环境恶化呈加剧趋势;每年直接排入各种水体的污水约450亿立方米,全国7大江河水系监测断面约有59%为五类或劣五类水质。沿江、沿河的重要湖泊和湿地日益萎缩,特别是北方地区河流断流、湖泊干涸、地下水位下降严重,加剧了旱涝灾害的危害和植被退化、土地沙化;草原地区超载放牧、过渡开垦和樵采,有林地和林地的乱砍乱伐,致使林草植被遭到破坏,生态功能衰退,水土流失加剧等。

5. 水资源短缺与水资源浪费现象并存

我国水资源一方面存在着严重的短缺,另一方面由于观念、经济、技术、管理等方面的原因,水资源浪费现象还很严重,造成缺水和浪费水两种现象并存。在这里所说的水资源浪费是一种广义上的浪费,它包括农业上输水和用水低效率的浪费和工业上万元产值用水量定额过高造成的浪费,也包括因为管理和使用观念上的错误而造成的浪费,含有技术、工程、管理、使用和观念等多方面的因素。在农业用水方面,由于全国农业水资源管理不善,灌溉技术落后,多沿用传统的灌溉工艺,大部分灌区渠系利用系数低,灌溉定额偏大,造成水资源的大量浪费。

6. 节水潜力巨大

全方位节水可以缓解中国的水资源压力。受自然条件的限制,中国水资源总量不可能有明显的增加,但通过各种有效措施挖掘水资源潜力,基本上可以满足经济发展的需要。例如,目前农业用水超过了农作物合理用水的1/3以上,如果采取措施使现有的灌溉用水扩大有效灌溉面积1/3~1倍,初步估计西北、华北地区的农业节水潜力可达150亿立方米。工业和城市的节水潜力同样也很大。2000年的城市污水排放总量为474亿立方米,通过完善城市下水道,使进入城市下水道的污水量占总量的80%,为379亿立方米,城市污水处理率达20%～30%,处理量为75.89亿立方米。如果城市污水重复利用率平均达到处理量的10%,则中国城市污水年回用量可达7.6亿立方米,如果提高污水处理率,则年回用量还可增加(专栏2-2)。

专栏2-2

中国的水问题

水在地球上无所不在,是国家社会经济发展的重要物质基础,是影响生态环境的关键因素,人体的60%～70%也是水。水问题不仅仅是科学技术问题、工程问题,还是关系到经济的增长、区域的发展、综合国力提高的问题,并具有很深的文化内涵。目前中国存在的水问题,从现象上看,就是水多、水少、水脏、水浑的问题。

水多:洪涝灾害多,仍是部分地区发展的心腹大患。世界银行估计,中国每年在洪涝灾害上的损失平均为100亿美元,其中洪水占三、四成,涝灾占五、六成。

水少:供给和需求不平衡。河道外用水较多,造成了河水断流,地下水位下降等。

水脏:水环境污染、水质下降等。

水浑:包括水土流失、地下水下降所引发的一系列生态环境问题。也包括沙尘暴问题。

三、解决我国的粮食安全问题不仅要靠耕地,同时要靠非耕地

1. 粮食安全与土地问题密切相关

【我国粮食供给一直是最基本问题,也是政府长期优先考虑的重点】众所周知,半个世纪以来,中国以占世界8%左右的耕地供养着占世界22%的人口。这既是一个伟大的成就,也是一个深刻的资源问题。自20世纪80年代我国进入经济改革时期,中国农业生产迅速发展。一方面中国粮食生产谷物单位面积产量已超过世界平均水平,但仍明显低于几个工业化国家,另一方面我国粮食需求仍在增大,而进一步增产的约束因素不可忽视,一是由于工业、基础设施和住房建设需求增加,以及一些生态环境和自然灾害原因,耕地面积持续减少。1979～1995年耕地减少约146万公顷。二是中国人均水资源只有世界平均水平的1/4且分布严重不均,北方地区缺水严重。三是中国长期以来实行"立足国内自给,适度进口调节"的粮食安全战略。中国在粮食的国际贸易问题上,主要坚持自给自足政策,但是,随着国内需求的增加和粮食生产成本以年均10%的速度增加,完全有必要从国际市场上增加小麦、玉米等品种的进口。

我国88%的食物源于耕地,但是,我国耕地总体质量差、人口多、人均耕地少、耕地后备资源不足。如何合理开发和切实保护耕地安全,事关重大。

【土地资源安全重点在于耕地安全】对中国土地资源保证程度的研究,是中国资源安全研

究最重要的内容。其中最重要的是对中国耕地保证程度的研究,研究的焦点又集中在以粮食为主的食物安全问题上,即21世纪中叶中国土地(耕地、园地、林地、牧草地)生产的粮、油、肉、蛋、奶、果、菜等食物能否养活15亿以上的中国人的问题。由于许多食物可以由粮食转化而来,因此,在土地问题上又以耕地问题最为重要。

2. 我国耕地资源安全形势不容乐观

【我国耕地资源可以基本保障农业需求】根据土地资源潜力分析,到21世纪30年代中国耕地可维持在18.7亿亩(表2-5),人均占有耕地将下降到1.1亩,按照联合国粮农组织的标准,人均占有耕地少于0.8亩为耕地的警戒线,尽管我国耕地基本可保证农用土地的需要,但仍接近耕地资源安全的临界值。然而,对国家基本建设用地的保证,要从提高耕地的复种指数,改造中低产田,以及充分利用近2亿亩的废弃地和开发利用沿海滩涂面积等方面充分挖掘潜力,才能使其适应国家基本建设用地的需要(专栏2-3)。

专栏2-3

中国的土地资源问题

土地是人类生存发展的基础,亦是定国安邦的基本保证。人多、人均耕地少和后备资源紧缺是我国的土地资源国情。查清土地资源状况,并做出科学评价,对认真贯彻"十分珍惜、合理利用土地和切实保护耕地"的基本国策,加强国土资源的规划、管理、保护与合理利用,保障整个国民经济的持续、快速、健康发展,具有十分重要的意义。

我国土地资源长期存在疏于管理,造成家底不清,土地数据不准,质量不明,权属混乱。拨乱反正后,在邓小平同志的关怀下,全国科学大会以"一号提案"方式提出了土地资源调查课题。土地调查作为国家任务,由国务院统一部署,省、地(市)和县级政府都成立了相应组织,具体负责调查工作。

全国土地资源调查是一项浩繁的系统工程。从1980年试点到2000年编著出版了《中国土地资源》,历时20年,全国总动员300多万人参加,耗资达10多亿元人民币,首次全面、翔实查清了我国土地资源的家底。他们对全国土地资源调查所做的历史性贡献,得到了中央的高度赞扬。本次调查在范围的广度上,一次完成除香港、澳门和台湾、金门、马祖等地区以外的31个省(区、市)的2843个县级单位、950多万平方公里的土地面积的调查。在调查的深度上,查到近117万个基层土地权属单位和国家后备土地的数亿个地块(图斑)。

【我国耕地资源的障碍性因素复杂】概括地讲,我国耕地资源存在许多障碍性限制因素,主要有中低产耕地比重大、耕地水土匹配条件差、耕地养分含量低、耕地污染加剧、耕地总体质量下降以及区域性耕地资源差异等。此外,耕地生态环境条件差、耕地利用程度难以进一步提高,耕地占用与闲置浪费严重等问题,十分复杂。

表 2-5 中国的土地利用变化

土地类型	1996年 人均面积（公顷）	总面积（万公顷）	占土地总面积的百分比（%）	未来（2030年）人均面积（公顷）	总面积（万公顷）	占土地总面积的百分比（%）
耕地	13004	13.5	0.106	12470	13.00	0.082
园地	1010	1.05	0.008	1000	1.04	0.006
林地	22778	23.7	0.186	25300	26.40	0.165
牧草地	26610	27.7	0.217	27600	28.80	0.180
居民	2095	2.2	0.017			
工矿用地	277	0.2	0.002			
交通用地	547	0.5	0.004			

【保障食物安全还要依赖于非耕地】据许多专家研究，按照中热量、高蛋白、低脂肪的食物营养模式，人均粮食大致维持在460～470公斤之间，中国土地能够养活15.71～16.05亿人。实际上，许多专家认为：必须在合理利用和有效保护耕地资源的同时，重视对非耕地资源的合理利用。也就是说，解决中国的食物安全问题不仅要靠耕地，同时还要靠非耕地。有的专家对21世纪上半叶解决中国人吃饭问题用形象化的语言概括为："靠耕地只能吃饱，加上非耕地才能吃好。"

【我国人均耕地面积少而且耕地总量逐年减少】根据国家土地管理局1996年10月土地详查资料，中国耕地面积13004万公顷（未包括台、港、澳地区，下同），垦殖指数13.5%。由于中国处于工业化、城市化过程中，工业建设占地规模将不断扩大，包括交通、能源、水利、原材料等产业基础设施用地数量均会增加，预计2030年中国人口达到峰值15.3亿，届时城镇人口将达到8.9亿，城市化水平为55%，根据中国耕地资源紧缺的国情，虽然在工业化城镇扩展中尽可能少占耕地，估计仍将占用160万公顷以上的耕地，加上其他使耕地减少的因素，估计到2030年耕地减少975万公顷。从现在到2030年由于垦荒、土地整理、复垦等因素，使土地增加445万公顷，减、增相抵消，净减少530万公顷。即到2030年中国耕地面积是12474万公顷（18.71亿亩），人均占有耕地0.08153公顷（1.22亩/人）。

四、中国战略性资源供需缺口不断扩大，但挖掘资源的潜力也大

1. 中国主要的战略性资源供需缺口加大

【中国多项战略性资源供应缺口明显】所谓战略性资源是指用量大且对国民经济和社会发展影响较大的自然资源。综合各方面的预测结果表明：自目前至21世纪中叶，中国主要的战略性资源特别是水、粮、油供需缺口不断扩大（表2-6），资源供给短缺的威胁是显而易见的。

【未来50年中国的多项战略性资源处于不安全警戒线】如果参考国际能源机构把石油警戒线确定为7%和我国部分学者把粮食警戒线确定为3%～5%的标准，那么可以大致将中国战略性资源的整体安全警戒线界定为10%以下。据此，从2000～2050年中国主要战略性资源供需短缺率变化趋势看（图2-1），2000年10种战略性资源短缺率在10%以下的有天然气、水资源和粮食产品，也就是说资源安全处在"绿灯区"；然而，2010年以后除了粮食外，其余资源的短缺率均在10%以上，基本处在"由绿变黄区"，至2050年，石油、铁矿、铬矿、钾盐等项资源的短缺率均在50%以上，可以说处在十分危险的"红灯区"。全国水资源短缺率总体在7%

~18%之间,局部地区水资源短缺危机还十分严重(图2-1)。

2. 挖掘中国资源供给潜力仍十分巨大

【中国资源开源的潜力十分巨大】尽管中国一些战略性资源的供需存在安全威胁,但中国的资源整体又具有巨大的潜力。仅以能源和水资源为例,中国能源丰富,待开发的能源潜力很大。煤炭现有工业储量仅占保有储量的1/3,而保有储量又仅占地质储量的1/3;石油探明储量仅占预测资源量的17%,天然气探明储量仅占预测资源量的1.5%。

【中国资源节流的潜力可观】受自然条件的限制,中国水资源总量不可能有明显的增加,但可通过各种有效措施挖掘水资源潜力,满足经济发展的需要。例如,目前农业用水超过了农作物合理用水的1/3以上,如果采取措施使现有的灌溉用水扩大有效灌溉面积1/3到1倍,初步估计西北和华北地区的农业节水潜力可达150亿立方米。工业和城市的节水潜力同样也很大。

表2-6 中国战略性资源2000~2050年的供需预测

资源种类	供需平衡	2000年	2010年	2020年	2050年
石油 (亿吨)	需求量	2.1	2.8	3.50	10
	供给量	1.6	1.8	2.10	5
	缺口	0.5	1.0	1.40	5
天然气 (亿立方米)	需求量	250	900	2000	3600
	供给量	250	800	1500	2700
	缺口	0	100	500	900
铁矿石 (亿吨)	需求量	3.40	3.99	10.0	24
	供给量	2.12	3.29	5.0	9
	缺口	1.28	0.70	5.0	15
铝土矿 (万吨)	需求量	720	1120	1655	3000
	供给量	445	805	1456	2000
	缺口	275	315	199	1000
铜矿 (金属万吨)	需求量	130	170	210	290
	供给量	70	90	115	134
	缺口	60	80	95	156
钾盐(KCl 吨)	需求量	485	640	802	1450
	供给量	80	100	125	160
	缺口	405	540	677	1290
粮食 (亿吨)	需求量	5.1	5.8	6.5	12
	供给量	5.0	5.5	6.0	8
	缺口	0.1	0.3	0.5	4
水(亿立方米)	需求量	5700	5850	7200	7550
	供给量	5400	5400	6640	6850
	缺口	300	450	560	700

五、经济全球化下的中国资源安全挑战大于机遇

1. 资源结构性短缺的威胁将长期存在:供不起

从满足我国经济建设与发展的长远需要看,中国资源在总体上具有较高的安全度,部分劣势资源完全有可能从周边或从友好国家进口。未来我国至少需进口10余种战略性或重要矿产品,主要是铁矿石、富锰矿石、铬铁矿、钴、氧化铝和铝土矿、铜、银、铂族、钾盐、硼、金刚石等。从世界资源供给市场潜力看,我国至少在30年内可以从国外进口到多数劣势矿产资源,而澳大利亚、俄罗斯、南非和南美及波斯湾产油国都是首选的贸易伙伴。从澳大利亚可以进口铁矿石、富锰矿石、金刚石、铜、氧化铝和铝土矿；从俄罗斯可进口钴、铂族、金刚石以及钾盐；南非矿产资源与我国具有较大的互补性，又是矿业发达国家，也有丰富的采矿技术和经验，在我国需进口的矿产品方面拥有丰富的资源和巨大的出口潜力。如果单纯从中国国内矿产储量的静态保证程度看，能源矿产中的油、气，黑色金属矿产中的铬矿和富铁、富锰矿，有色及贵重金属中的铜、镍、钴、铂族等矿，化工原料及非金属矿产中的钾盐、金刚石等，长期短缺性矛盾突出，必须依赖进口解决。

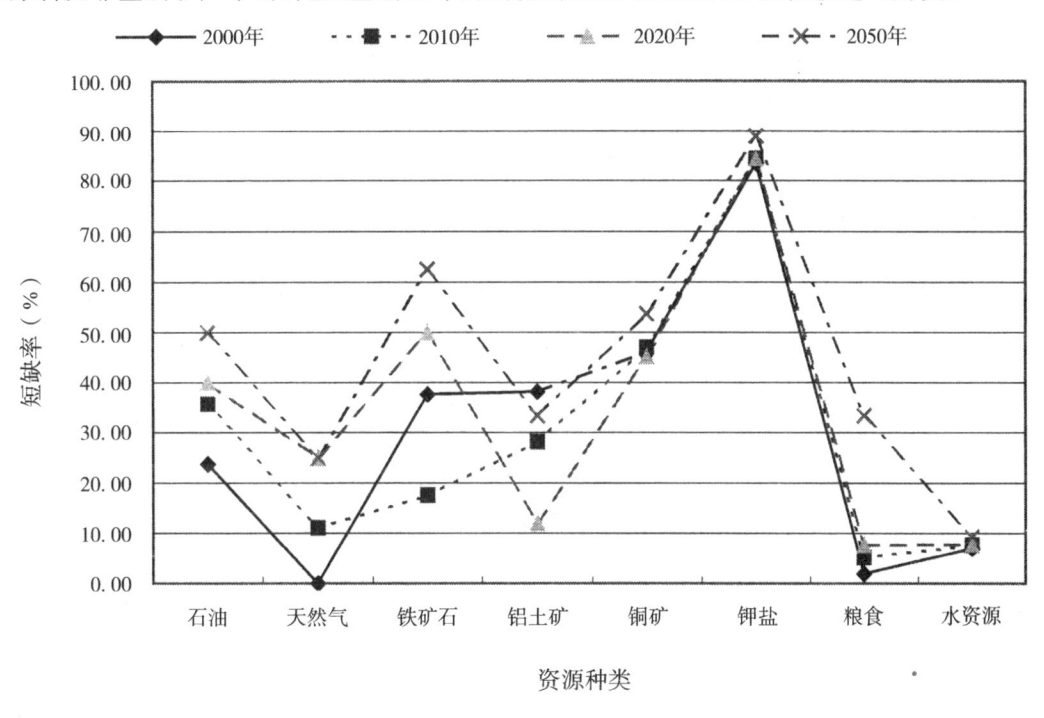

图 2-1 中国主要战略性资源供需短缺率变化趋势分布图

2. 进口国外资源的风险增大：经不起

中国进口国外资源必将承担较高的风险。20 世纪 90 年代中期以后世界矿产品供求基本达到平衡，矿产品价格略有上扬；进入 21 世纪，特别是加入 WTO 之后我国从国际矿产品市场上进口资源将需要更多的外汇。此外，我国需进口的矿产品将在世界贸易量中占据较大比重，如进口的铁矿石要占世界铁矿石出口贸易量的 15%，进口的铜可能占世界精炼铜出口贸易量的 14%。在消耗世界大部分资源的主要资本主义国家中，他们的资源保证程度不断趋于下降。因此，未来我国劣势资源的进口必将经不起激烈竞争的挑战。

3. 以优补劣、以出养进难度加大：买不起

用国内优势资源出口补进口所需已经是捉襟见肘[5]。有的学者认为，在国际资源贸易中可以用本国优势资源的出口换取进口劣势资源所需的外汇，以出口弥补进口的不足。但是，我国优势的矿产资源多为量小价低的小矿种，而劣势矿产又往往是量大价高的大矿种。因此，从矿产资源进出口的贸易额看，我国近年来矿产贸易一直是逆差。我国优势的小矿种在国际市场上一直处境不好,未来前景也不乐观。1995年我国出口的锌及锌合金、锡及锡合金、锑制品、钨矿砂等优势矿产换汇还不到5.3亿美元,而同年进口原油及成品油就花费了4.4亿多美元。

4. 国内资源产业改革步伐艰难、产业工人下岗就业压力大:对不起

对资源安全的挑战,还来自资源产业系统的内部。资源产业是国民经济和社会发展的最基础行业,在世界经济全球化和国内改革开放不断深入的形势下,资源产业的改革难度较大。如果国内矿山全部停工、资源全部依赖于从国外进口,大量的产业工人面临着下岗就业的挑战,这既对不起全国2100万矿工,也会造成严重的社会动荡。

5. 建立开放型的国家资源安全体系势在必行

【必须尽快建立自主和开放型的中国资源安全保障体系】未来世界资源供需市场的区域格局基本定型,保障中国资源的安全,必须优化调整资源结构,建立自主和开放型资源安全保障体系。

【积极开拓国际市场利用国外资源】从需求市场看,未来世界能源及矿产原料需求将主要集中在以下五大地区:一是美国,对资源进口的依赖度进一步增大,继续处于领先消费的地位;二是西欧,将成为世界第二个巨大的资源需求中心,并且其大部分需求依靠区外来满足;三是日本,其90%的资源仍需进口;四是独联体,但绝大部分资源需求将在内部解决;五是环太平洋地区,特别是新兴工业化和正在实行工业化的国家或地区,其资源需求增长速度为世界之最。从供给市场看,未来世界资源供给将集中在美国、加拿大、墨西哥以及巴西等南美资源生产中心,澳大利亚和南非,独联体及东欧国家,以及亚、非、拉等广大发展中国家。

【优先开发利用周边毗邻国家和广大发展中国家的资源】从资源安全空间看,由于发达国家不仅是资源消费大国,其自身的资源保证程度低,而且他们往往还从资源的战略高度,进口并储备大量发展中国家的资源,因而中国要合理利用国内外两种资源和两个市场,不可能较多地享有发达国家的资源市场,只能把目光放在广大的发展中国家,其中优先考虑的应是周边国家如中亚、北亚地区和东南亚、南亚及太平洋地区国家,其次是与我国有着长期历史交往和资源开发环境较好的拉丁美洲、非洲地区等国家。

【区别对待周边国家的资源】与中国毗邻的周边国家"疆域"博大,自北至南有22个国家。按照国土面积、资源丰富程度和经济发展水平,大致可分为三大类:一是疆域广阔、资源丰富的国家,如俄罗斯、哈萨克斯坦、印度、越南和印尼等;二是资源缺少,但经济发展水平较高的国家,如日本、韩国、新加坡等;三是介于两大类之间的国家。据此,中国应针对上述周边国家分别采取不同的资源开发战略,优先在第一类资源丰富的周边国家建立大宗原料基地,积极开发第三类国家具有优势的战略性资源,借鉴和吸收第二类国家在资源开发与加工方面的先进经验、技术和资金。

【采取不同战略开发利用广大发展中国家的资源】广大发展中国家的资源丰富程度及其开发利用程度差别较大。在拉丁美洲、非洲和原中央计划经济国家,由于他们在改善资源开发投资环境方面采取的步骤、措施及力度不一,中国要争取这些发展中国家的资源市场,必须针对其不同的资源开发环境作出相应的战略决策。一是以积极的姿态向投资环境较好的国家靠拢,旨在从这些国家争取较多的资源市场,如阿根廷、智利、墨西哥、秘鲁、印尼、津巴布韦、博茨瓦纳、加纳等;二是努力开拓投资环境有明显改善的国家,如巴西、玻利维亚、厄瓜多尔、菲律宾、越南、马来西亚、泰国、缅甸、哈萨克斯坦、蒙古、南非、赞比亚等;三是主动适应资源开发投资环境不太明显的国家,如俄罗斯、乌兹别克斯坦、吉尔吉斯斯坦、塔吉克斯坦、印度、刚果民主共和国(原扎伊尔)等,这些国家的资源尤其是矿产资源的潜力较大,改革开放时间不长,在吸引外资、政局稳定、资源管理、政策法规、基础设施等方面存在诸多弊端。但鉴于这类国家资源市场大,应尽量使其优势资源为我所用,补我所需。

六、环境问题的国际化和国内环境状况对中国资源安全的影响

1. 环境国际化新因素包含着机遇也包含着挑战

外部的环境压力加大。自巴西里约大会后的10年间,"21世纪议程"、生物多样性公约和一些国际环境公约的执行,关于京都协定书温室气体减排的争论,不断要求中国遵照世界上新的、越来越严格的环境义务和标准,形成了一种持续强化的来自外部的环境压力。此外,中国加入WTO后的世界贸易规则和国际分工格局,又将使中国面临进一步的自我调整,并压迫中国资源安全的空间。中国的资源经济将更加国际化。从资源环境角度考虑,某些发达国家的环境标准将可能成为对我国的新资源贸易壁垒;在引进海外直接投资中,可能有些是"污染转移"而不是更清洁的生产;资源产品进出口过程中的资源环境交换和转移,将对中国资源安全产生更大的负面影响;对于人均资源很少的中国而言,这些环境国际化新因素既包含着机遇也包含着挑战。然而,可以肯定的是未来的中国资源开发与经济发展,不可能再忽视环境因素,中国经济的比较利益优势也必须加上环境因素而重新审势。同时,中国的资源环境与发展状态对世界的资源环境压力也在不断增大。

2. 我国资源开发利用所带来的自身生态环境风险扩大

【中国是世界上污染程度最严重的国家之一】中国主要流域和湖泊的水质检测表明,1998年只有26.9%的断面达到地面水三类标准,符合人体接触或饮用水源标准。37.7%的断面超出了五类水质标准,失去了可利用价值。全国七大水系(长江、黄河、珠江、海河、辽河、淮河、松花江)的水质,淮河、松花江没有好转,长江个别地段恶化,而黄河、珠江、海河、辽河则正在恶化。20世纪90年代后期,城市工业废水排放呈下降趋势,但生活污水排放量迅速增加,并上升为主要污染源(已占50%左右)。城市饮用水源破坏严重,水污染还有向农村的转移趋势。全国城市大气污染程度有减缓之势,但还不稳定,污染面有所扩大,这表现在超过国家二级标准的城市数量上升,酸雨区则由南向北缓慢推进,面积逐渐扩大。工业固体废弃物污染由于城市生活垃圾迅速增加而日益严重。

【与资源开发利用相关的生态环境破坏加剧】主要表现在:一是土地退化速度加快。50年来,我国治理沙漠的速度远远落后于沙漠化的速度,沙漠化治理的面积和沙漠化扩展的面积之比为1∶1,每年沙害损失为540亿元。从20世纪50年代到90年代,每年土地沙化扩大面积从560平方公里扩展到2460平方公里,而我国强沙尘暴每十年发生的次数也由8次增加到23次,2000年一年发生了12次。二是我国已成为世界上水土流失最严重的国家之一,水土流失一直呈发展趋势,面积不断扩大,程度加剧。全国每年流失土壤50多亿吨,占世界陆地剥离

泥沙总量的8.3%。随着土地减少和土地利用强度加大，土地肥力衰退，我国的中低产田比例由20世纪50～60年代的2/3增加到90年代的4/5。此外，我国土地酸化过程加速。三是水生态平衡失调不断加重。河流断流，许多河川径流量严重衰减，全国中小河流数量减少，断流情况不仅出现在降水量少的北部、西部地区，而且出现在雨量充沛的南方地区；不仅是小河小溪断流，而且大江大河也存在断流。湖泊萎缩，湿地破坏加剧。地下水位持续下降，冰川后退，雪线上升。近海环境持续恶化，特别是20世纪90年代末，中国沿海大面积的赤潮发生频率增加，2000年中国赤潮创历史最高记录。在许多地方人工植被建设始终赶不上天然植被被破坏的速度，生物多样性破坏加剧的势头尚未遏制（专栏2-4）。

专栏2-4

中国的沙尘暴日益猖獗

资料记载，特大沙尘暴在20世纪60年代发生过8次，70年代13次，80年代14次，而90年代至今已达30多次，并且波及的范围越来越广，造成的损失越来越重。

据国家林业局第二次全国沙化、荒漠化监测结果显示，到1999年，全国沙化土地总面积占国土总面积的18.2%。中国北方地区分布着8大沙漠、4大沙地，地表植被稀疏，可以说中国北方存在着丰富的沙尘源；另外，中国北方春季受蒙古气旋的影响，南下冷空气活动频繁，很容易出现扬沙和沙尘暴天气。

专家认为，环境演变是一个漫长的过程，生态系统一旦破坏后很难恢复，即使恢复也要付出沉重的代价。为减少沙尘暴造成的损失，中国在防沙治沙方面采取一系列措施，包括《防沙治沙法》自2002年1月1日起正式实施，中国治沙工作步入法制化轨道；实施重点防沙治沙工程，以大工程带动治沙工作的大发展。近两年来，国家先后启动实施了京津风沙源治理工程和以防沙治沙为主攻方向的"三北"四期工程。这两大工程覆盖了中国90%以上的沙化土地，加上西藏一江两河治沙工程、黄河故道沙化土地治理、南方湿润沙地治理和南方石漠化治理等项目，构筑了全国防沙治沙的骨架。此外，完善防沙治沙政策，活化机制，建立和完善沙化监测体系，对土地沙化实行监控，并将监测结果定期向社会公布。

第四节 保障国家资源安全的理性选择

国家资源安全是一项系统工程，从资源开发利用的全过程来系统地考察，资源系统涉及到从资源采掘、资源产品生产、加工、贸易直到终端利用，是一个完整的复杂体系。从国家高度来分析，要保障国家资源安全必须构建资源完全系列的安全保障体系，即从资源保护、流通、消费、回收、利用、创新、管理等全系列经济活动过程中进行综合考察，其核心是建立7大子体系，即资源保护体系、资源流通体系、资源消费体系、资源利用体系、资源回收体系、资源创新体系、资源管理体系,形成完整的资源安全复合保障体系。

从时间尺度看,国家资源安全还有短期、中期和长期风险之分,所采取的对策也应截然不同。在上述复合保障体系中,每一个子体系都应有短期、中期和长期的战略对策。但是,概略地讲,资源流通(重点是资源贸易)体系、资源消费体系和资源利用体系等更多地保障资源近中期安全,而资源保护体系、资源回收体系、资源创新体系和资源管理体系等更强调维持资源中长期安全性。

一、建立资源安全基础保护体系

资源是全人类生存与发展的物质基础,资源的开发利用必须兼顾全球范围内的资源效益、环境效益、社会效益和经济效益,有效地保护全球资源。从国家角度看,资源安全保护的核心是保护资源宗主国的开发主权、资源的多样性和资源的持久性。世界各国既有保护和开发本土自然资源的主权权利,又有不损害别国环境资源的责任。按照《世界自然资源保护大纲》要求,各国在实现资源持续发展的国际活动中,都负有保护地球生命支持系统、确保物种多样性和生态系统持久性的责任。中国既是现在的资源存量大国和资源开采大国,也是未来的资源消费大国,在全球资源保护中应该发挥日益重要的作用。

系统地构建国家资源保护体系的核心目标是保障国内资源基础,使得本国在遭遇国际供给风险之时,有较稳定的国内资源保障,使国家经济发展免遭资源供应中断的威胁和损害。为此,必须采取以下具体措施:

【建立国家资源安全补偿机制】包括资源系统的自然补偿、国家机制的行政补偿和利益机制的市场补偿。自然补偿是保持资源系统自身的自然补偿能力,如定期的封山、休渔、休牧、休耕等。行政补偿是以国家作为社会长期利益的代表,征收资源产业链下游的部分收益,保持该资源效用的可持续性和补偿所失去的该资源的其他效用,在流域水资源的开发利用过程中,国家应采取从下游地区收益以转移支付的形式,补偿上游地区进行资源保护的投入;此外,通过矿产品链下游产品的加工增值过程中的税收,可以补偿上游资源勘查的部分费用。市场补偿是通过利益调节机制,鼓励资源经营企业和个人从长期获益考虑,定期对自身经营的资源基础加以补偿。

【树立资源可持续利用的社会意识】资源可持续利用的核心是保持人与资源环境的和谐发展,这是人类社会文明与进步的重要标志。人类必须对其子孙后代的资源基础承担起历史责任,对全人类自然财富共享及人地关系和谐担负起社会责任。要做到这一点,必须大力开展资源社会意识的国民教育、灾害教育和危机教育,促使资源可持续利用贯彻于国民自身行动之中。

【开展国家重大资源保护工程】我国正在开展或计划着手建设的一系列工程如三北防护林体系工程、国土资源大调查、重要流域的上下游水资源合理分配、跨流域调水、重大水利工程、水土保持建设,以及特别地质找矿计划等,对于保护水、土、林、矿等资源,将起到重大的作用(专栏2-5)。

专栏 2-5

林业生态防护林保护工程

三北防护林体系工程是一项正在我国北方实施的宏伟生态建设工程,它是我国林业发展史上的一大壮举,开创了我国林业生态工程建设的先河。地跨东北西部、华北北部和西北大部分地区,包括我国北方13个省(自治区、直辖市)的551个县(旗、市、区),建设范围东起黑龙江省的宾县,西至新疆维吾尔族自治区乌孜别里山口,东西长4480公里,南北宽560~1460公里,总面积406.9万平方公里,占国土面积的42.4%,接近我国的半壁河山。

1978年11月25日,国务院批准了在三北地区建设大型防护林工程,并特别强调:我国西北、华北及东北西部,风沙危害和水土流失十分严重,木料、燃料、肥料、饲料俱缺,农业生产低而不稳。按照工程建设总体规划,从1978年开始到2050年结束,分三个阶段,八期工程,建设期限73年,共需造林3560万公顷。在保护现有森林植被的基础上,采取人工造林、封山封沙育林和飞机播种造林等措施,实行乔、灌、草结合,带、片、网结合,多树种、多林种结合,建设一个功能完备、结构合理、系统稳定的大型防护林体系,明显地提高三北地区的森林覆盖率,使沙漠化土地得到有效治理,水土流失得到基本控制,生态环境和人民群众的生产生活条件从根本上得到改善。

三北防护林体系建设工程是一项利在当代、功在千秋的宏伟工程,不仅是中国生态环境建设的重大工程,也是全球生态环境建设的重要组成部分。其建设规模之大、速度之快、效益之高均超过美国的"罗斯福大草原林业工程"、前苏联的"斯大林改善大自然计划"和北非五国的"绿色坝工程",在国际上被誉为"中国的绿色长城"、"世界生态工程之最"。

二、建立合理的资源流通体系

中国加入WTO既是适应经济全球化发展趋势的需要,也是中国经济融入世界经济潮流、使中国经济在社会主义市场经济条件下走上良性循环轨道的必然选择。在平等条件下世界各国共享全球资源,参与资源领域的国际竞争。为此,中国要充分利用各缔约国在资源领域内对我国开放市场的大好时机,要根据比较优势的原则,充分利用两种资源、两个市场的资源优化配置给我国带来经济收益,构建合理的资源国际贸易安全体系,这是中国未来的资源安全战略核心。

资源在国际之间的流动包括各国资源的国际贸易和环境资本的国际转嫁。也就是说,一国在对外进行资源贸易的同时,也可能将其不利的环境资本输出到别国。前者体现在正常的国际资源贸易之中,后者则反映当前国际上对可持续发展的关注(专栏2-6)。

专栏 2-6

国土资源大调查

1999年8月,国家设专项资金120亿元,实施新一轮国土资源大调查,工程将历时12年,由国土资源部具体组织实施。新一轮国土资源大调查旨在"围绕填补和更新一批基础地质图件,查明土地后备资源,评价全国矿产资源潜力和重点区域矿产资源远景,评价干旱半干旱区地下水资源远景,评价重点地区地质环境、发展地质科学理论,开发新的探测分析技术和信息技术等战略目标,调查成果为国土资源管理和规划服务,为资源、环境和经济、社会的协调发展服务。"该专项分为:基础调查计划、土地资源监测调查工程、矿产资源调查评价工程、地质灾害预警工程、数字国土工程和资源调查与利用技术发展工程。中国地质调查局经国家批准于1999年7月成立,具体承担组织实施其中的地质调查工作,约占整个专项的75%。

从国际上看,各国一般采取三种不同的具体对策来保障国家资源贸易安全。

【应对短期资源贸易安全的威胁必须依赖于资源储备】短期资源安全威胁是指在几周或几个月内发生的资源供给或贸易中断。通常的应急措施是采用资源储备,或压缩资源特别是能源资源的消费需求。西方主要工业化国家对战略性能源和矿产资源都进行了紧急储备。长期以来,美国政府在《1946年战略与矿产储备法》的影响下进行了资源储备,其中一部分用于军事应急储备,其余部分应付和平时期资源贸易的中断。此外,私人和公共产业部门也进行了必要的资源储备,跨国公司在进行贸易时也考虑储备大量的资源。20世纪50年代以来,多数资源消费国都有应付6～12个月消费的资源储备。自1976年开始,美国政府(不包括私人)储备了93种战略物资,可以应付3年军事紧急所需。一般说来,资源储备有利也有弊。有利之处在于它可以有力阻止资源贸易制裁,或利用储备的资源平衡国际资源交易,稳定世界资源市场和价格;不利之处在于资源储备需要花费大量的成本代价和管理开支。尤其是中国正在进入工业化快速发展时期,经济发展需要有大量的资源消耗作为支撑,现阶段中国经济实力有限。但是,从资源安全和中国国力考虑,中国必须尽快和尽可能多地储备一些战略性资源(专栏2-7)。

【对付中期资源贸易破裂,必须尽早地建立多元化的资源市场和资源产业】如果一个国家资源供给来源单一,那么中期资源贸易破裂必然诱发资源安全的危险。因为中长期资源供给短缺,需要靠中长期的积累,特别是开展中长期替代进口或开发替代资源或改变资源消费方式。1951年就发生了这种情况。当时伊朗的默萨德(Mossadegh)政府对盎格鲁-伊朗石油公司实行国有化,而英国是该公司的绝对持股者。伊朗减少原油供给甚至关闭炼油厂意味着英国要突然减少75%的原油供应,导致燃料供应短缺,并且因原油价格上涨使得英国每年多花3亿英镑支付原油进口。英国对此次危机的直接反应是千方百计恢复石油公司的原有地位,并没

> 专栏 2-7
>
> **建立国家战略性资源储备的必要性**
>
> 在经济一体化、矿业全球化的今天,国际上有一种观点认为:随着冷战的结束,将不再需要以资源可供性为核心的资源政策,所需要的仅仅是以可持续性为核心的发展战略,因为所有资源都可以从"市场"上买到,并且国防安全将不再是一个问题,经济安全本身需要政府干预到何种程度也不清楚,从而不再需要进行资源产品战略储备。
>
> 国土资源部全球资源战略研究组认为,就我国而言,矿业目前已凸现出过剩型经济的某些特征,并且加入WTO将更有利于我国利用国际、国内两种资源和两个市场,利用国际矿产品市场的贸易壁垒也会日益缩小。在这种大的背景下,之所以还要提建立矿产战略储备的问题,其必要性在于:一是矿产资源安全关乎国家安全;对矿产资源的争夺,过去是、现在是、将来仍将是国际间冲突的重要导火索之一。矿产资源实力在一定程度上决定了战争的胜负,矿产资源实力是综合国力的一项重要内容,战略矿产储备本身可以作为一种威慑力量。二是我国矿业目前所凸现的某些过剩型经济的特征,可能只是一个表象,或者是一种低水平的过剩。三是我国矿产供应的脆弱性问题不容小视。

有采取军事手段与伊朗对抗,因为这将招致前苏联干预的危险。随之,世界各大石油公司纷纷抵制伊朗石油出口,取消运油船只,对进口伊朗石油的国家施加外交压力,最后迫使默萨德于1953年下台。继而沙赫(Shah)政府赢得国外主要石油公司的支持,参与伊朗石油的开发和生产。目前,石油跨国公司广泛拓展其资源勘查活动,以规避原油依赖单一的风险。更为重要的是,跨国公司还纷纷把炼油能力从资源生产国转移出来。同样,一些金属矿产公司也不断减少其投资风险和绕开贸易壁垒,积极扩展资源下游的加工。

无论资源市场还是资源生产的多元化,都可以减轻对资源进口依赖的安全风险。因为资源供给短缺既可以通过资源储备和价格调节得以缓解,又可以充分地重组资源进口结构和调整资源加工产业结构,化解危机。中国在立足国内资源和开放世界市场的前提下,只有在加快资源产业多元化和一体化的同时,争取资源进口市场多元化,才能有效地对付中期资源安全的威胁。因为即使资源卡特尔限制资源产量,现货资源市场短缺只能是引起资源价格上升,从而减少资源的需求;同时,只要分散资源进口市场,出于经济利益的驱动(资金和外汇的需求),资源生产国最终愿意提供资源弥补世界资源市场缺口,从而避免资源贸易的中断和安全风险的发生。

【增加资源研究及开发(R&D)方面的投资】缓解长期资源安全的威胁和压力,最根本的对策还是在于大力开展节约资源和增加研究及开发(R&D)方面的投资。从长远看,资源安全还存在对两种情况的担忧。一是在全球范围内某些资源成为绝对稀缺;二是资源供给高度集中于少数国家或地区。前者所采取的对策只能通过节约资源来节减消费,或实行"零增长发展战略"和降低生活标准,增加对可再生资源的投资,鼓励资源开发利用的技术创新,开发替代的非再生资源和回收利用非再生资源。对于后者,发达资本主义国家通常采取保持经济和军事实力,确保或控制其外部资源供应的手段。也就是说,尽量保留自己的资源,尽可能多地利用别国资源。

三、倡导适度消费的资源节约型体系

无论从资源消费的总量还是人均量看,世界各国明显存在不均衡。众所周知,发达国家在长达200年的工业化过程中过度消耗自然资源,大量排放污染物。发达国家仅占20%的世界总人口,却长期消耗着占世界70%以上的能源和资源,这不仅掠夺了本应由更多人消费的资源,还导致了大气变暖、臭氧层出现空洞等全球性生态危机。因此,发达国家在检讨和反省其过度消费资源污染环境的同时,应利用其科技和经济的优势,帮助发展中国家建立起最大限度地节约资源的生产体系、生活体系和消费体系。

中国是人口大国和处在工业化过程中的发展中国家,应正确处理好经济发展与环境保护的关系,提倡资源的适度消费。同时,应努力控制人口过快增长和解决贫困人口的脱贫问题,减轻人口对资源的压力。

资源节约型体系是资源安全体系建设的内在动力,因为节约资源本身就是为了建立一个低度消耗资源、杜绝资源浪费、提高资源利用效率和单位资源产出率的节约型国民经济体系,增强资源对国民经济发展的保证程度,缓解资源供需的紧张状态,提高资源安全保证程度。

中国资源安全的威胁在很大程度上是由于资源浪费造成的。因此,降低资源的无效消费是保证资源安全的重要措施之一。资源的无效消费受到人的资源消费意识和资源利用技术水平的双重限制。前者表现为资源无价、乱采滥挖、无节制地开发利用资源等具体行为,后者表现为资源利用技术水平粗放低下、资源综合利用水平低等特点。为此,必须建立资源节约型的国民经济体系[9],即倡导以建立节地、节水为中心的集约化农业生产体系;建立以节能、节材为中心的节约型工业生产体系;建立以节省运力为中心的节约型综合运输体系,以及建立适度消费、勤俭节约的生活服务体系。

四、建立深度资源开发的利用体系

重点是开发新能源、新材料和新资源,不断提高资源利用的深度和广度,促进能源和资源(包括材料)的革命。中国目前是以煤炭为主体能源结构的国家,未来应形成以水能、太阳能、核能、生物质能等为主的多元化能源结构。在新材料方面,应大力发展高性能、新型的金属材料、陶瓷材料、高分子材料、先进的复合材料和光电子材料,拓展资源利用的空间,推进资源领域的革命。从传统资源结构看,新能源和新材料的开发利用将带动新资源的开发,引起资源利用结构的全面革新。其中传统金属特别是铁、铜、铝、锌等大宗金属矿产原料的用量将逐步减少,稀有、稀土、分散元素矿产原料需求急剧增加,新兴非金属矿产原料的需求不断扩大,天然气的开发利用规模将逐步扩大并替代煤炭等传统能源资源。

五、建立废弃物资源化的回收体系

废弃物资源化实际上是资源二次开发利用过程,包括生产过程中尾矿(砂)、废弃物的再利用,资源产品的直接再处理和回收利用等。国际上废弃资源化已逐步发展成为重要的资源产业,发达国家在20世纪70年代经历了以能源危机为标志的资源短缺之后,加快了在资源二次利用方面的步伐。日本已能够对26%～39%的垃圾进行回收利用,前西德对1/3的纸张、铝和玻璃进行了回收,欧洲其他国家对50%的玻璃进行了再利用,美国的废金属利用量已占其消费量的一半。废弃物资源化在节能、节材、节水方面的经济效益和在保护土地、减轻大气污染等方面的环境效益,是不言而喻的。未来应大力开展玻璃、金属材料和纸张等回收利用,促使城镇居民和工业用水的循环利用。在资源生产过程中的废弃物再利用,重点是金属矿产中共、伴生组分或低品位矿石及脉石,煤矿开采中的煤矸石和粉煤灰等。总之,建立废弃物资源化的回收体系,必须以最小机会成本为经济效益指标,走无尾矿、无废料和无污染的最低熵途径,实现资源利用的良性闭合循环。

六、建立资源创新的技术体系

资源安全的科技保障体系就是人类为获取更大效益所采取的一系列方法与手段,包括研究与开发体系、技术创新体系、技术推广体系。美国曾经执行战略贸易政策,通过政府的积极干预,采取更多措施扶植和帮助美国具有战略意义的资源和产业打开国外市场,特别是发展高科技及其产业。可以说,美国依靠科技与知识成为全球资源的霸主。长期以来,中国经济运行的基础是粗放式的资源消耗和要素(资金和劳动)投入,同时还极大地破坏和浪费人均数量极少的各种资源。因此,未来要改变粗放式经济发展模式为集约型发展模式,根本在于节约资源,而节约资源的动力在于科技进步。在当今知识经济时代,未来国家竞争关键是科技与知识资源的竞争,其核心是创新,并且关键是增加国家对基础科学研究项目的投入。我国曾有集中倾国之力搞两弹一星的成功经验,但近年来在落实基础科学研究力度上已远落后于别国。从研究与开发投入占GDP之比看,韩国为2.1%,埃及为1.0%,印度为0.90%,巴西为0.80%,而中国仅0.5%。总之,节约资源和提高研究与开发的投入应是保障中国长期资源安全的战略举措。

目前,中国资源开发面临前所未有的发展机遇,因为许多现代高新技术越来越多地被应用于资源开发利用领域。在新能源技术中,除了太阳能、生物能、潮汐能、地热能、风能等技术外,受控热核聚变技术将"海水变汽油",被认为是彻底改变世界能源问题的重大技术。生物技术用于低品位矿石的开采,将极大地解决贫矿利用的技术难题;新材料技术也将极大地改变人们对传统矿产品和木材原材料的依赖程度,可以代替金属材料、机械材料和建筑材料的大量新材料,将为节约矿产资源提供巨大的保障(专栏2-8和专栏2-9)。

未来中国资源安全的科技保障体系,必须以科技进步为导向,明晰资源产权,建立国家、科研、企业一体化的资源技术创新模式,加强资源综合研究,开发重大资源工程技术和开展资源工程学科的深入研究。

专栏 2-8

全国环保产业"十五"发展规划将资源综合利用列为发展重点

我国环保产业规划重点确定了包括环保产品的生产与经营、资源综合利用、环境服务等三大领域,并认为资源综合利用指利用废弃资源回收的各种产品、废渣综合利用、废液(水)综合利用、废气综合利用、废旧物资回收利用。2000年全国环保产业总产值为1080亿元,资源综合利用年产值约680亿元。

《中共中央关于制定国民经济和社会发展第十个五年计划的建议》中明确指出"实施可持续发展战略,是关系中华民族生存和发展的长远大计",要"合理使用、节约和保护资源","加强生态建设,遏制生态恶化"和"加大环境保护和治理力度","大力发展环保产业,加强环境保护关键技术和工艺设备的研究开发"。今后五年,我国环保产业的资源综合利用重点包括:酒精糟粕生产蛋白饲料成套设备和工程;工业废水回用工程;城市工业有毒有害废弃物处理中心;5000辆/年规模以上废汽车综合加工处理生产线;废旧电器回收处理生产线;2000吨/年以下规模废塑料回收处理工程;5~20万吨/年粉煤灰、煤矸石制建筑砌块生产线;2000~10000吨/年废橡胶、废轮胎制再生胶粉处理工程;污水厂污泥制肥料生产线;铅、铜、铝、锌等有色金属回收加工;多金属共伴生矿产综合利用工程;稀有金属矿产综合利用;低品位铜矿利用工程;冶金、水泥炉窑余热回收工程;煤矸石发电工程;油气伴生资源综合利用;放射性废物处理处置工程。

专栏 2-9

我国"十五"时期资源综合利用重点确定

国家经贸委副主任张志刚在中国资源综合利用协会第二届会员代表大会上透露:"十五"时期我国资源综合利用工作的重点一要组织修订《资源综合利用目录》,进一步完善国家对资源综合利用的优惠政策;二要加快研究制定《再生资源回收利用法》、《金属尾矿综合利用管理办法》和《废旧家电、废旧电脑管理办法》;三要组织实施资源综合利用重大示范工程;四要加大宣传、培训力度,提高全民"资源意识"、"节约意识"和"环境意识"。

谈到2002年我国资源节约与综合利用重点时认为,2002年是我国加入世界贸易组织的第一年,资源节约和综合利用面临新的机遇和挑战。应按照"转变职能、改进作风、强化服务、开拓创新、扎实工作、提高效率"的要求,综合运用法律的、经济的和必要的行政手段,突出重点,积极推进资源节约综合利用和工业污染防治工作,促进经济与资源、环境的协调发展。其工作重点是加快建立与社会主义市场经济体制相适应的资源节约综合利用管理体系和运行机制,突出抓好工业节水、节能、资源综合利用、墙体材料革新、散装水泥推广和环境保护等六个领域的重点工作。

七、建立科学的资源管理体系

资源安全管理是对国家资源利用的现实目标与未来目标的调控,是保障我国政治与经济安全和可持续发展的重要手段,包括建立资源安全预警系统,规范资源产权管理、市场管理、资产管理,以及开展资源法制教育、国情教育和国际合作(专栏2-10)。

专栏 2-10

我国正式启动"国土资源科技创新计划"

国土资源部部长田凤山在2002年4月2日召开的国土资源部科技创新报告会上说,"国土资源科技创新计划"正式启动,目的是推动科技创新、机制创新和管理体制创新,促进项目研究与基地建设、人才培养相结合,为提高我国国土资源管理与利用水平提供科技支撑。

"国土资源科技创新计划"是国土资源部《科技发展"十五"计划及2015年远景计划》的核心内容,主要包括两大部分。一是开展8大领域的科技创新。即针对土地资源可持续利用、基础地质调查、矿产资源评价和资源安全、矿产资源集约利用、地质环境和地质灾害、西部大开发、国土资源信息化及国土资源管理等8大领域中的关键性、战略性、综合性的重大科学技术问题,进行攻关。二是通过开发或引进,建立完善的对地观测、地下深部探测、灾害监测与治理、分析测试与试验、信息及矿产资源综合利用等6大技术体系,开发研制国土资源工作所需的新技术和新方法。

建立资源安全预警系统,必须定量地界定资源安全的合理界限和资源供给的区域安全结构。仿照国际惯例,确定我国的资源安全警戒线,大致可以界定为资源缺口到达或超过资源总需求的7%～10%时,可以认为资源供给不安全。此外,保障我国社会经济发展的资源供给来源于三大方面,即我国大陆、海洋和海外。未来我国资源供给的区域安全结构应大致保持在陆上资源占60%,海洋资源占20%,海外资源占20%的水平。

资源既体现人类的共同财富,又是一个国家的主权所在。在国际上,必须加强对公共资源的统一管理,发挥政府的宏观调控职能,以及非政府组织和公众的参与和监督作用。对国内资源,必须在明晰产权的基础上,加强产权管理,确立资源所有者、开发者、管理者的各自责权利关系,协调各方利益,保证资源合理和高效利用。坚持"污染者和使用者付费"原则,引入市场管理机制。对资源开发者征收资源税,对污染者征收环境税(费),取消对资源使用者的不合理补贴,建立资源、原材料、加工产品之间的合理价格体系,理顺价格扭曲关系。研究并完善资源价格理论及定价方法,以及资源核算理论体系,加强资源资产管理和核算管理。把资源的实物账户和价值账户作为国民经济核算体系的卫星账户,完善国民经济核算体系。

大力开展资源国情教育和法制教育,提高全民资源安全忧患意识,促使人们自觉地加入保护资源的各种活动之中,依法行事。此外,能源及矿业是最易于影响我国在国际战略格局中地位的资源产业,在当前以科技为先导的技术和经济形势下,充分利用国外的资金、技术和管理经验,开展跨国之间和国际组织之间的协作,有利于增强我国的综合竞争能力,也有利于确保我国的战略性能矿资源安全供给。

第五节 结论与建议

本章首先从理论上分析了国家资源安全的内涵和类型划分,认为资源安全既要求保障资源稳定供给又要求足量满足资源需求,是资源供给与需求相互均衡的产物。资源安全是一个内涵丰富的复合范畴,它受时间、技术水平的限制,在空间上还表现为全球性、区域性和国家层面上的资源安全。尽管资源安全主要是由于资源短缺演变而来,但资源稀缺也可能导致资源不安全。全球对资源安全的关注源自石油能源危机。

国家资源安全是指一个国家因其社会经济发展所需要的自然资源不能获得持续、稳定、及时、足量的供给而受到威胁或损害的状态,是一个涉及到经济、社会、军事、政治,乃至资源和环境等多方面安全的综合范畴。21世纪的国家资源安全出现了新的变化趋势,因为世界各国之间不仅存在着对水、石油等传统自然资源的掠夺,对资源下游产品加工和资源开发技术尖端领域的竞争日趋复杂和尖锐,也存在对人才、信息与科技等社会资源和对资本、设备等经济资源的竞争。

影响国家资源安全的主要因素包括国内资源赋存条件、国家经济实力、政治因素、运输状况、军事干预能力等。在经济全球化条件下,国际资源贸易垂直分工形成了极不公平的资源垄断,发达国家采取多种方式影响并控制着发展中国家的资源,与广大第三世界国家资源贸易形成了巨大的"剪刀差",控制了资源链前端的初级资源原材料,也垄断着资源终端的高附加值产品。在传统自然资源经济地位不断下降的形势下,发达国家又利用虚拟资本的扩张,抢占社会、经济等资源,巩固其在世界知识与经济领域的先导地位。

不同类型国家对国家资源安全采取了不同的战略。资源生产国的安全战略主要是确保资源需求的稳定、足量供应,资源消费国则不仅要保障资源进口数量的相对稳定,而且还要保证控制资源市场和资源低价。发达国家与发展中国家在它们的经济发展阶段,不断地针对其资源状况调整相应的资源安全战略。

中国资源安全的总体形势是喜中有忧。从供给看,资源种类齐全、总量丰富;但质量差,人均量少;从需求看,资源空间匹配与消费错位,浪费严重。一些战略性资源特别是水、粮、油的安全形势不容乐观。多项关键能源及矿产资源的供需缺口同时面临逼近峰值的威胁,水资源总量短缺及利用不合理导致供需矛盾突出,土地资源安全重点在于耕地安全,但保障粮食安全不仅要靠耕地还要依赖非耕地资源。未来30~50年内,中国主要的战略性资源供需缺口将继续扩大,但挖掘资源供给的潜力也很可观。

经济全球化下中国资源安全面临的挑战,主要表现在国内资源供不起、从国外市场买不起、国内企业经不起、产业工人对不起。此外,环境问题国际化和国内环境状况对中国资源安全造成了一定的影响。为此，建立开放型的资源安全保障体系势在必行，但这是一项复杂的系统工程，必须从资源开发利用的全过程来系统地考察，即从资源保护、流通、消费、回收、利用、创新、管理等全系列经济活动中进行综合考察，构建资源完全系列的安全保障体系，其核心是建立7大子体系，即资源保护体系、资源流通体系、资源消费体系、资源利用体系、资源回收体系、资源创新体系、资源管理体系，形成完整的中国资源安全复合保障体系。

参考文献

[1] 成升魁、沈镭："世纪聚焦：国家资源安全"，《科学时报》，1999年7月29日第2版。
[2] 成升魁、沈镭："国家资源安全透视"，《人民日报（内部参阅）》，1999年9月8日第35期。
[3] 李成勋主编：《1996～2050中国经济社会发展战略》，北京出版社，1997年，第246～273页。
[4] 沈镭、魏秀鸿编著：《区域矿产资源开发概论》，气象出版社，1998年。
[5] 沈镭、赵建安："中国矿产资源安全态势"，《科学时报》，1999年10月23日第2版。
[6] 宋瑞祥：《96中国矿产资源报告》，地质出版社，1997年。
[7] 阎长乐：《中国能源发展报告(1997)》，经济管理出版社，1997年。
[8] 郑易生，钱薏红：《深度忧虑：当代中国的可持续发展问题》，今日中国出版社，1998年，第159页。
[9] 中国科学院国情分析小组：《〈国情研究第八号报告〉两种资源两个市场》，天津人民出版社，2001年。
[10] 中国能源战略研究课题组：《中国能源战略研究(2000～2050年)分报告》，中国电力出版社，1997年。

第三章 水资源及其可持续利用

水是世间万物生命之源,与人类的生存、发展和一切社会活动密切相关。从资源的角度来说,水资源既是最重要的自然资源之一,也是最主要的社会发展战略性经济资源。另外,由于水资源的特殊性,它还是生态环境的有机组成部分和控制性因素。水资源的稀缺、时空变异和易受破坏等特性使得水资源问题正在全球范围日益激化,并严重影响全球的环境与发展。1997年8月,在联合国水资源大会上,传出了一个震惊世界的信息:"水不久将成为一场深刻的危机!"。水资源可持续利用已经成为社会可持续发展最根本的支撑条件之一。

几乎所有的人类文明史都是一部关于水的开发利用和人类与旱涝灾害做斗争的历史,我国亦不例外。发展到今天,我国正以占全球6%的水资源,供养着22%的人口,仅此一点就足以说明我国水资源开发利用的伟大成就。但与此同时,由于不恰当的开发利用模式所带来的一系列问题也不断出现,如黄河频频断流、海河污染严重、华北平原大面积地下水超采、沿海地区海水入侵等等,加上固有的旱涝灾害,使得我国所面临的水资源形势极为严峻。因此,全面深入地透视和分析现今和将来我国水资源态势,寻找出水问题根源所在,进而探索出一条人口、社会与水资源之间相互协调发展的途径是我国社会经济可持续发展的重要先决条件。

第一节 中国水资源态势分析与评判

水资源包含水量与水质两个方面,是人类生产、生活及生命存在与发展不可替代的自然资源。水资源一般是指在一定的经济技术条件下,能够为人类社会与生态环境所利用,参与自然界水分循环、可以逐年恢复的淡水资源,包括它的水量、水质、水域和水能功能。水资源具有多功能性的特点,其补给来源主要为大气降水,赋存形式主要为地表水、地下水与土壤水,可通过水循环逐年得到恢复与更新。水作为物质循环与能量交换的载体而无处不在,正是由于水的存在,才构成了色彩斑斓、不断进步的大千世界。

一、水资源自然分布极不理想

我国幅原辽阔,地貌类型多样、复杂,区域间的气候条件差异较大,以降水为主要补给的水资源自然分布状况极不理想。

1. 降水的地带性显著,区域间差异较大

【降水随地势条件的变化显著】我国位于欧亚大陆面向太平洋的东南斜面上,地势西高东低,按高度从西到东可以划分为三个阶梯,第一阶梯主要为青藏高原,海拔一般在4000米以上,高原上岭谷并立,雪峰连绵。高原内地因地势很高,西南气流受阻难以到达,降雨稀少;而高原东部边缘气流上升强烈,形成相对多雨带;第二阶梯由内蒙古高原、黄土高原、云贵高原和天山、秦岭等组成,其间有巨大盆地如准噶尔盆地、塔里木盆地、四川盆地等。这一阶梯海拔多在1000~2000米,夏季风北缘可以深入二级阶梯上空,大部分地区为多雨带;第三阶梯为中国东部平原和丘陵地带,自南向北有珠江三角洲、长江中下游平原、华北平原和松辽平原。这一阶梯上空夏季风活动频繁,降雨量丰沛。

【受山地格局的影响降水具有大尺度带状分布的特点】我国是一个多山的国家,山脉格局使得我国降水具有大尺度带状分布的特点,其中东西走向的秦岭挡住了南来暖湿气流和北来干冷气流,形成我国南北气候的分界线;东北、西南走向的山脉主要是大兴安岭、太行山一线,大致和我国400毫米雨量线吻合,成为干湿区域的界限。另外地形对小气候的影响在我国体现的也很明显。山脉不仅阻滞气流,增加水平降雨,还控制水汽的走向和汇聚,其中秦岭山脉是我国南北降水差异的分界线。

【距海洋远近及水汽来源直接影响降水的形成与特点】海陆分布、大气环流和地形的综合作用,使得大陆型季风气候成为中国最主要的气候特征。我国大陆的水汽主要来自印度洋的西南季风和太平洋的东南季风、西伯利亚的干冷气团,距海洋水平距离的远近及这几种水汽来源等构成了我国境内降水的三个显著特点:东南多雨,西北干旱;降雨量从东南向西北递减;山区多于平原,迎风面多于背风坡。

【降水的地带性显著,区域间差异较大】我国降雨量总的趋势是自东南向西北递减,多年平均降雨量400毫米等值线从东北向西南斜贯全国,成为湿润区和干旱区的分界线。根据干旱指数和平均降雨量的多少,可将我国大致划分为五个地带,即年均降雨量大于1600毫米的十分湿润带,包括浙江、福建、台湾、广东、海南和江西、湖南的部分山区;1600~800毫米之间的湿润带,包括东北山地、淮河以南长江中下游地区和云南、广西大部等;800~400毫米之间的半湿润带,包括三江平原、松辽平原的部分、华北平原、山西、陕西大部、祁连山区、青藏高原中部等地;400~200毫米之间的半干旱带,包括黄土高原大部、辽河上游松辽平原中部、内蒙古高原南缘、青藏高原北部等,以及年均降雨量小于200毫米的干旱带,包括内蒙古高原、河西走廊、准噶尔盆地、塔里木盆地、柴达木盆地、吐鲁番盆地等。年均降雨量的区域分布大致呈东北－西南向带状排列。另外,降雨量的年际变化和年内变化大致与区域降水量的多寡成负相关关系。

2. 水资源特点鲜明、总量居世界前列,但属贫水国家

我国水资源总量在很大程度上取决于大气降水,受气候特征与地形等条件控制,我国水资源的自然状况及其分布特点鲜明。

【水资源总量上的大国】我国大体上多年平均降水量为61889亿立方米,折合降水深648毫米,其中56%,即3.4万亿立方米通过土壤并返回大气中;44%,即2.7万亿立方米通过江河注入海洋。根据全国水资源评价数据,我国多年平均水资源总量为28124亿立方米。国外许多国家均系以河川径流量作动态的水资源量进行估算,用多年平均河川径流量近似代表水资源总量,按河川径流量计算,我国为27115亿立方米,居世界第六位,仅次于巴西、俄罗斯、加拿大、美国和印度尼西亚(表3－1)。

表 3-1　全球水资源总量前六位的国家

	国土面积 （万平方公里）	人口 （万人）	水资源总量 （亿立方米）	单位公顷耕地水资 源量（立方米/公顷）	人均水资源量 （立方米/人）
巴西	851.2	16179	69500	129006.45	42957
俄罗斯	1707.5	14700	42700	32602.80	29047.6
美国	936.4	26325	30560	16452.90	11608.7
印度尼西亚	190.5	19575.6	29860	174315.00	15253.6
加拿大	997.1	2946.3	29010	63870.00	98462
中国	959.7	121121	27115	29480.10	2238.6

注：按水资源总量排序。表中数据是1995年的统计数。
资料来源：参考文献[10]。

【水资源人均占有量低，属贫水国之一】从总量上讲，我国的水资源，不可谓不丰富，使占世界人口五分之一的国家得以发展，但因人口众多，人均占有量按2000年人口计算，约为2200立方米，仅为世界人均占有量的27%，按现有缺水程度标准划分（表3-2），我国现已处于由轻度缺水向中度缺水方向发展的过渡期。根据世界上149个国家的统计排位，按1990年人口统计的人均占有量计算，中国排在第110位，在主要国家中是最少的，属于贫水国家。

表 3-2　水资源紧缺指标界定

人均水资源量（立方米/年）	紧缺度	表现主要问题
1700～3000	轻度缺水	局部地区、个别时段出现水问题
1000～1700	中度缺水	将出现周期性和规律性用水紧张
500～1000	重度缺水	将经受持续性缺水，经济发展受到损失，人体健康受影响
<500	极度缺水	将经受极其严重的缺水，需要调水

注：本指标体系由水利部水资源司综合联合国组织著名专家看法，结合中国具体情况而定，公布于《2000年中国水资源公报》。

【水资源时空分布上极不均衡】由于降水量在地区和时空上的分异特性，使得我国水资源呈现出强烈的时空分布不均衡性，在地区分布上形成了东多西少，南多北少，南涝北旱的地域格局；在时间分布上存在冬春少雨，夏秋多雨的时空差异。从地域上来说，我国水资源平均产水模数29.46万立方米/平方公里。北方的黑龙江、辽河、海滦河、黄河、淮河和西北流域片水资源量为5358亿立方米，占全国总量的19%，而流域面积占总面积的63.5%，平均产水模数仅为8.8万立方米/平方公里；南方的长江、珠江、浙闽、西南四片水资源量为22766亿立方米，占全国总量的81%，而流域面积占全国总面积的36.5%，平均产水模数达65.4万立方米/平方公里，是北方的7.4倍，水资源相对较丰沛（表3-3）。如果按各省（市）对比，问题更为严重。全国有15个省（市、区）属于中度或重度缺水区，其中有10个省（市）属于重度缺水地区。

表 3-3　2000年流域分区水资源量　　　　　　　　　　　　　　（亿立方米）

流域片	降水量	地表水 资源量	地下水 资源量	重复 计算量	水资源 总量
松辽河	5415.68	1122.74	577.78	305.47	1395.05
海河	1559.36	125.18	221.95	77.57	269.56
黄河	3043.46	456.07	351.56	241.78	565.85

(续表)

流域片	降水量	地表水资源量	地下水资源量	重复计算量	水资源总量
淮 河	3062.29	877.09	498.77	142.99	1232.87
长 江	19561.45	9924.09	2516.30	2407.97	10032.42
珠 江	8548.94	4401.16	1110.60	1082.37	4429.40
东南诸河	3723.67	2117.04	546.80	534.92	2128.92
西南诸河	9517.54	6122.46	1690.54	1689.75	6123.25
内陆河	5659.95	1416.11	987.56	880.17	1523.50
全 国	60092.34	26561.94	8501.86	7362.00	27700.82

资料来源：参考文献[3]。

【雨热同期，年际分布不均】现有资料表明，我国径流极值比 Km 值（系列中的最大值与最小值之比）多在 2~8 之间，且有由东南向西北增大的总趋势。不仅如此，在同一个地区的河流中河流越小，其 Km 值往往越大。Km 值越大，调节径流的难度越大，可利用的资源量就越小。另外径流年内分配差别更悬殊，一般与降水同期，与主要农作物灌溉期反相，每年 6~9 月或 5~8 月为汛期，径流量一般占全年的 60%~80%（表 3-4），特别是 7~8 月，径流量往往占全年的 40% 左右。径流在时间上集中的程度反映了水源条件的好坏，通常我们用最大月径流率(Kn)和连续最大 4 个月径流率 KL（连续最大 4 个月径流量与年径流量之比）表示径流集中的程度。通过大量统计发现，全国大致分为三类地区：最集中型地区，KL 一般在 70% 以上，Kn 一般大于 25%，最大超过 30%；次最集中型地区，KL 一般在 65% 以上，Kn 一般大于 20%；集中型地区，KL 一般在 65% 以下，Kn 一般小于 20%。

表 3-4　中国河川径流年际与年内分配

分区	Km 值	Cv 值	雨季（月）	雨季 4 个月占全年(%)
长江流域	2~5	0.15~0.45	4~7,6~9	50~60
黄河流域	3~6	0.25~0.50	5~8,6~9	60~70
珠江流域	2~3	0.13~0.40	3~6,4~7	50~60
海滦河流域	5~7	0.50~0.70	6~9	80~90
淮河流域	4~6	0.50~0.60	5~8	80~90
东北诸河	3~5	0.20~0.30	6~9	60~70
东南沿海诸河	2~3	0.27~0.30	3~6	50~60
华南诸河	2~4	0.15~0.30	3~6	50~60
西南国际诸河	2~3	0.13~0.30	6~9	80~90
内陆及新疆诸河	1~2	0.40~0.60	7~10	70~80

资料来源：参考文献[3]。

【部分河流含沙量高，湖泊淤积严重】我国许多河流属于多沙河流，特别是北方河流一般含沙量较大，虽然南方的河流一般含沙量较小，但由于水量大，输沙量也较大。全国每年被流水带走的泥沙 35 亿吨，其中 60% 入海和出境，40% 淤积在江河中下游。黄河是全球泥沙最多的河流(表3-5),多年平均含沙量37公斤/立方米,输沙量16亿吨,为美国密苏里河含沙量的12倍,为印度布拉马普特拉河年输沙量7.35亿吨的2.2倍。它的沙量3/4送入渤海,使河口三角洲平均每年增长21平方公里,海岸线每年向外延伸0.4公里;1/4淤积在下游河床内,平均每年抬高河床3~5厘米,致使黄河下游河床普遍高出两岸3~5米,最高处达10余米。长江的泥沙仅次于黄河,在世界多沙河流中居第四位,每年约2.2亿吨泥沙淤积在中下游河床内,4.68亿吨泥沙输入海洋。特别严重的是洞庭湖平均每年约有1.06亿吨泥沙残留在湖内,使湖底每年淤高3~5厘米。昔日的八百里洞庭,已被若干沙洲分割,湖水面已从6000多平方公里减少到2740平方公里,平均每年减少湖容积4.11亿立方米。

表3-5 黄河长时期天然沙量(龙门、华县、河津、状头四站) (单位:亿吨)

时 段	1919~1949	1950~1959	1960~1969	1970~1979	1980~1989	1990~1997	1919~1969	1919~1997
实测沙量	15.8	17.8	17.1	13.5	8.0	8.9	16.4	14.3
天然沙量	15.8	17.8	17.1	17.5	12.2	12.8	16.4	15.7

资料来源:参考文献[9]。

【河川枯水径流有不断减少的趋势】人们对我国水资源的演化趋势有迥然不同的看法:有的人认为它正在不断减少;有的人则认为它正在不断增加。对局部地区来说,上述情况都可能存在。例如局部小流域,由于大面积的开垦,来水量减少,用水量增加,水资源可能减少;局部小流域,由于大面积的森林采伐,陆面蒸发(指蒸腾蒸发)降低,水资源可能增加。对于大范围地区分析后发现,北方径流减少的趋势明显;南方很难看出规律。但不管南方还是北方枯水径流减少确实是存在的。造成我国河川径流减少的原因主要是用水量的不断增加和地表植被的调蓄作用减弱形成的,而并非降水量变化引起,应当千方百计保护好地表植被的调蓄功能,使径流尽可能分配均匀。据在我国水资源丰富区的长江上游华坪县调查,近20年来常流水河沟减少了近40%。为了证实这种现象,有人采用不同方法重点分析了长江中游支流岷江紫坪铺站和拉萨河拉萨站,其结果近似一致。长江上游紫坪铺站以上,人类活动比较频繁,特别是该地区植被破坏严重,在长江上游属于较典型的地区。紫坪铺站有50多年径流资料,如果按10年一级作统计,不同时代枯水期月平均径流减少趋势非常明显。20世纪80年代11、12月份水量只相当于20世纪30年代的77%~78%,1、2、3月份水量只相当于20世纪30年代的68%~69%。雅鲁藏布江支流拉萨河有26年实测最枯流量资料。从1956~1965年阶段到1976~1985年阶段的十年滑动平均值逐渐减少的趋势非常明显。从第一个十年均值到最后一个十年均值,最枯流量减少的幅度也比较大。

二、水资源及其开发利用的状况不尽合理

1. 水资源分布与资源分布、经济发展格局很不匹配

从社会对水资源的需求来看,我国水资源与经济发展格局极不匹配,主要表现在水资源与人口、土地资源、矿产资源、工业布局等方面的适配性较差。

【长江及其以南地区水资源丰富】全国80.4%的水资源集中分布在长江及其以南地区,而该地区人口占全国的53.5%,耕地仅占全国的35.2%,45种矿产资源价值占全国41%,工业总产值占全国的56.4%,人均水资源占有量为3487立方米,单位公顷水资源量为64755立方米(4317立方米/亩,表3-6),属人多、地少、经济发达、水资源丰富地区。南方地区,尤其是西南地区,尽管单位公顷耕地拥有水资源量高达34.5万立方米(2.3万立方米/亩),但受利用条件的限制,水资源利用率极低,存在区域和季节性农业缺水问题。此外,南方部分地区河流污染与湖泊等水体富营养化现象十分明显,亦存在着水质性缺水等问题。

【北方地区水资源紧缺】长江以北(不含内陆河流域区)的广大地区人口占全国的44.5%,耕地占全国的59.2%,工业总产值占全国的42.7%,而水资源总量却仅占全国的14.7%,人均和单位公顷耕地水资源占有量分别仅为770立方米和7065立方米(471立方米/亩,表3-6),属人多、地多、经济相对发达、水资源紧缺地区。北方地区的黄河、淮河及海河流域水资源紧缺态势更为严重,人均水资源占有量仅约500立方米,单位公顷耕地水资源量更是不足6000立方米(400立方米/亩),是我国水资源最为缺乏的地区。

表3-6 我国水资源及其与人口、土地、耕地、经济发展分布

	占全国比例(%)				人均水资源	单位耕地水量
	水资源	人口	工业产值	耕地	(立方米/人)	(立方米/公顷)
东北诸河	7.0	9.6	9.8	20.1	1690	9900
海滦河	1.5	10.1	13.2	11.2	351	3870
黄　河	2.7	8.5	6.1	12.8	742	6015
淮河及山东诸河	3.5	16.2	13.6	15.1	500	6555
小　计	14.7	44.5	42.7	59.2	770	7065
长　江	35.0	34.4	36.4	23.8	2356	41745
东南沿海诸河	7.0	5.6	7.7	2.5	2918	80160
珠江及华南诸河	17.1	11.8	12.1	7.2	3370	67515
西南诸河	21.3	1.7	0.2	1.7	29177	346350
小　计	80.4	53.5	56.4	35.2	3487	64755
内陆河	4.9	2.0	0.9	5.6	5191	23835
全　国	100	100	100	100	2217	28320

资料来源:参考文献[25]。

【内陆河流域生态环境的改善仍受水资源的制约】内陆河流域区人口占全国的2.1%,耕地占全国的5.6%,工业总产值仅占全国的0.9%,水资源总量占全国的4.8%,人均和单位公顷耕地水资源占有量分别为5191立方米和23835立方米(1589立方米/亩,表3-6),属地广、人稀、经济欠发达地区。内陆河流域区多属干旱气候区,生态环境脆弱,单位土地面积水资源占有量少,区域内河流具有极强的生态属性。经济耗水与生态耗水的比例关系,直接反映流域的生态环境状况,内陆河流域区经济用水大量挤占生态环境用水,是造成该区域生态环境问题突出的重要原因之一(表3-7)。由此可见,内陆河流域区生态环境的改善与建设除受制于水资源量的紧缺外,更受制于水资源开发利用的环境与条件。

表 3-7 经济耗水与人工绿洲和天然生态耗水比例关系

分区	河流	经济耗水	生态耗水	人工绿洲耗水	天然生态耗水	人工绿洲经济耗水	人工绿洲生态耗水
北疆	博尔塔拉	0.41	0.59	0.48	0.52	0.85	0.15
	奎屯河	0.5	0.5	0.68	0.32	0.74	0.26
	玛纳斯河	0.65	0.35	0.86	0.14	0.75	0.25
	呼图壁河	0.64	0.36	0.8	0.2	0.8	0.2
河西	疏勒河	0.41	0.59	0.63	0.37	0.81	0.19
	黑河	0.6	0.45	0.75	0.25	0.8	0.2
	石羊河	0.84	0.16	0.95	0.05	0.89	0.11

资料来源:参考文献[8]。

2. 水资源开发程度较高,缺水地区进一步开源余地小

【水资源开发与利用应有阈值限制】水是组成人类生态环境的重要因子,过量利用和开采势必破坏生态系统平衡,导致水环境恶化,因此无论是河流水还是地下水,都存在一定的取用阈值。我国属季风气候,一般来说,汛期河流来水大约占全年的70%,枯水期占30%左右。因此全年维持河流枯水期水位的那部分水量,是参与组成生态环境用水的最低值。如果此要求得不到满足,就必然对生态系统造成不可逆转的影响。由此可见,我国河川径流量的开采限度不能超过河道年来水量的40%(国外一般小于此值)。

【水资源开发利用程度与技术明显提高,供水能力持续增长】社会经济的发展总是伴随着水资源开发利用程度与技术的提高,对于我国生产力大解放的今天更是这样。据统计,1980年我国中等干旱年(P=75%)水利设施可供水总量为4735亿立方米,其中河川径流利用量为4144亿立方米,地下水开采量为591亿立方米;至1988年,全国实际供水量4986亿立方米;1990年,全国供水量增至5050亿立方米,1993年为5192亿立方米,其中地表水占83%,地下取水量占17%。到2000年我国供水量增至5530亿立方米,各流域水资源的开发利用状况如表所示(表3-8)。

表 3-8 2000年流域分区水资源供用状况 (亿立方米)

	供水量				用水量			
	地表水	地下水	其他	总供水	农业	工业	生活	总用水
松辽河	347.78	269.92	—	617.70	421.64	145.33	50.68	617.65
海河	135.92	262.62	0.96	399.50	280.74	65.80	51.81	398.35
黄河	256.04	134.76	2.82	393.62	302.35	56.49	32.54	391.38
淮河	373.46	178.06	2.92	554.44	387.84	99.56	64.26	551.66
长江	1640.48	85.00	10.00	1735.48	1021.62	505.76	197.54	1724.92
珠江	792.72	41.44	2.12	836.28	554.02	159.22	111.45	824.69
东南诸河	304.41	9.87	1.34	315.62	188.75	83.80	38.37	310.92
西南诸河	95.92	2.67	0.69	99.28	83.79	6.71	8.77	99.27
内陆河	493.69	84.83	0.29	578.81	542.79	16.46	19.50	578.75
全国	4440.42	1069.17	21.14	5530.73	3783.54	1139.13	574.92	5497.59

资料来源:中华人民共和国水利部,《2000年中国水资源公报》;其他供水量指污水处理再利用和集雨工程供水量。

【受水资源供需关系影响,区域间开发利用程度差异较大】由于不同流域的水资源自然分布状况不同,加之水资源利用条件及供需情况各异,我国不同流域水资源开发利用程度差别很大(表3-9),呈现出单位社会与环境容量下水资源量越低,水资源开发利用程度越高的特点。我国缺水的北方地区除松辽河流域外,其他流域片地表水开发利用程度都在56%以上,其中海河片地表水控制开发率高达78%,平原浅层地下水开采率几乎为100%,已经远远超过水资源合理开发阈值,这些地区多属资源型缺水地区,水资源进一步开源的潜力较小。

表3-9 2000年我国各流域水资源开发程度概况

流域片	地表水利用率(%)	地下水开采率(%)	水资源消耗率(%)
松辽河片	31	47	23
(其中 辽河)	(87)	(93)	(66)
海河片	78	100	100
黄河片	56	38	69
淮河片	43	36	28
长江片	17	3	8
珠江片	18	4	9
东南诸河片	14	2	8
西南诸河片	2	—	1
内陆河片	35	9	25

资料来源:由参考文献[3]整理计算得出。

3. 水资源利用效率不高,有较大的节水潜力

【水资源利用效率虽呈日趋提高的态势,但总体水平仍然不高】伴随社会经济和科技水平等的提高与进步,以及日趋严峻的水资源供需形势,在供水能力持续扩大的同时,我国水资源的利用效率亦呈提高的趋势。但因经济、技术、观念、管理等仍然存在着诸多不尽理想的问题,我国水资源利用效率的总体水平至今尚处于一个较低的水平。根据《中国统计摘要》以及各省市有关社会经济状况分析,2000年我国人均用水量为430立方米,万元GDP用水量为610立方米,单位农田灌溉用水量为7185立方米/公顷(479立方米/亩),万元工业产值用水量为78立方米,城镇人均生活用水量219升/天。各流域分区用水指标如表3-10。

表3-10 2000年流域分区主要用水指标

流域	人均GDP(万元)	人均用水量(立方米/人)	万元GDP用水量(立方米/万元)	单位灌溉用水量(立方米/公顷)	生活用水定额(升/日) 城镇	生活用水定额(升/日) 农村	工业用水定额(立方米/万元)
松辽河	0.88	530	600	7995	152	90	91
海 河	0.90	310	350	3915	224	68	41
黄 河	0.53	360	680	6180	167	53	75
淮 河	0.70	270	390	4065	168	67	46

(续表)

流域	人均GDP（万元）	人均用水量（立方米/人）	万元GDP用水量（立方米/万元）	单位灌溉用水量（立方米/公顷）	生活用水定额（升/日）城镇	生活用水定额（升/日）农村	工业用水定额（立方米/万元）
长江	0.74	410	550	7335	256	87	109
太湖流域	2.66	800	300	7590	362	108	79
珠江	0.79	510	640	13740	256	146	80
东南诸河	1.22	450	370	9975	274	112	52
西南诸河	0.40	510	1280	9240	208	109	161
内陆河	0.68	1980	2910	11850	216	166	110

资料来源：参考文献[3]。

【用水结构发生变化，用耗水大户仍具一定节水潜力】20世纪80年代以来，我国各行业用水结构变化加剧，在供水量大幅度增加的前提下，农业用水虽有所增加，但所占比例却呈下降趋势。值得注意的是，农业用水总量在近年来的变幅缩小，趋于较为稳定的量值。2000年我国用水总量为5497.59亿立方米，其中农业用水量3783.54亿立方米，占68.8%；工业用水量为1139.13亿立方米，占20.7%；城镇与农村生活用水量为574.2亿立方米，占10.5%。农田灌溉用水是农业用水中的大户，平均比例约为92%，是实现节水的主要潜力所在。2000年我国农田灌溉平均用水量为7185立方米/公顷，而美国1995年就已经降至3195立方米/公顷。根据中国农业气候专家通过试验研究确定的中国各地农作物最大蒸散量，大致估算各地农作物的实际需要补充水量与节水率等结果见表3-11。除海滦河流域接近计算值外，其余各片计算的预期节水率均介于15%～50%。目前我国工业万元取水定额为78立方米，相当于美国20世纪80年代初、中期的水平。由此可以看出，我国尚有一定的节水潜力。

表3-11 作物合理灌溉定额与节水率

区域	农作物需水量（毫米）	降水量P=75%（毫米）	有效降水量（毫米）	作物亏缺水量（毫米）	实际需水定额（立方米/公顷）	调整合理定额（立方米/公顷）	现状灌溉定额（立方米/公顷）	节水率（%）
东北诸河	810	419	315	495	4950.0	4950	7755	36.2
海滦河流域	855	426	364	492	4915.5	4800	4425	-7.8
黄河流域	810	329	258	552	5521.5	5550	6540	15.1
淮河	900	671	520	380	3802.5	3900	4485	13.3
西北内陆河	810	101	69	741	7411.5	7500	11820	36.5
长江流域	990	877	398	592	5916.0	6000	7290	17.7
东南诸河	1200	1443	569	631	6307.5	6750	9645	30.0
珠江	1320	1328	617	703	7032.0	7500	12405	39.5
西南诸河	720	944	312	408	4077.0	4500	9210	51.4

资料来源：参考文献[7]。

通过上述分析可以对我国水资源现今态势下一个清晰的结论:我国水资源量约为28000亿立方米,总量不算贫乏。但由于人口众多,水资源自然时空分布不均衡且与经济发展格局极不匹配等原因,造成水资源形势相当严峻,缺水地区水资源进一步开源余地不大,但有一定的节水潜力。

三、未来水资源供需矛盾仍较为紧张

我国是世界上人口最多的大国,又是发展中国家,实现社会与经济持续发展的必要条件之一是必须有足够的水源。那么30～50年后,我国人口达到16亿高峰值,社会经济发展达到中等发达国家水平时,需要多少水才能满足粮食自给和实现四个现代化呢?有没有那么多水供开发利用呢?这是在制定社会和国民经济发展规划之前必须考虑的问题。

1. 关于我国用水前景预测问题的必要讨论

20世纪80年代以来,针对前述问题,不少国内外的专家进行了深入细致的分析,提出了一系列数字。《中国21世纪议程》[21]预测2010年全国总需水量为7200亿立方米。刘昌明、何希吾等[11]预测:2030年中国生活用水约900亿立方米,工业用水2000亿立方米,农业用水5000亿立方米,总用水量7900亿立方米;汪党献等[20]分析认为:本世纪中叶中国人口达到16亿高峰值时,总用水量为9600～10400亿立方米;陈志恺[11]预测2040年全国总用水量将要增加到8000亿立方米。

这些预测从不同的角度、用不同的方法和指标体系进行了分析,所得结果从总体上讲都说明了下列问题:(1)本世纪中叶前后,我国用水总量必然要增加,幅度在2500～6000亿立方米;(2)推算时,重点是解决16亿人口的吃饭问题,工业按一定比例发展用水,人口按计划生育指标的人口增长率来计算;(3)在预测中都重点考虑了节水措施和合理用水,但对环境用水涉及很少。

目标是预测的根据。《中国21世纪议程》中指出,本世纪中叶以前,我国人口将达到高峰值16亿,经济发展要求达到中等发达国家水平,城镇人口可能接近总人口的一半。届时供水将主要满足16亿人口吃粮所需的生产用水、工业现代化用水和城乡居民生活用水。环境则含于可持续发展概念中。

2. 农业用水需求增长主要依靠提高用水效率来解决

参照国家计划生育委员会、国家发展计划委员会和国家统计局的人口预测数据,并根据近年的人口自然增长率和育龄妇女的总体生育率下降趋势,进行必要的调整,2010年和2030年我国人口增长预测数据分别达到13.9～14.2亿人和15.1～16.1亿人。通过对农产品消费需求变化分析,预测今后总的趋势为:粮食消费水平趋于稳定,食油、食糖消费将会有很大程度的增加,棉花消费需求有所增长。我国种植业结构优化的目标是"二元结构三元化",即把目前种植业生产以粮食为主兼顾经济作物的二元结构,逐步发展成节水高效的"粮经饲"三元结构,根据这个目标,得到今后一个时期我国种植业结构优化方案(表3-12)。

表 3-12　种植业结构优化方案　　　　　　　　　　　　　　　（%）

	粮食作物 2010年	粮食作物 2030年	经济作物 2010年	经济作物 2030年	饲料作物 2010年	饲料作物 2030年
东北区	36.8	30.8	15.2	16.2	48.0	53.0
华北区	35.9	29.4	29.6	30.6	34.5	40.0
长江中下游区	48.8	35.8	29.2	30.2	22.0	34.0
华南地区	44.5	42.5	32.5	33.5	23.0	24.0
蒙宁地区	50.1	46.6	19.9	20.4	30.0	33.0
晋陕甘地区	48.5	39.5	20.5	21.5	31.0	39.0
四川盆地	38.1	32.1	24.9	25.9	37.0	42.0
云贵地区	40.6	33.6	31.4	32.4	28.0	34.0
新疆	27.7	24.7	54.3	55.3	18.0	20.0
青藏地区	59.2	56.2	31.8	32.8	9.0	11.0
全国	41.4~45.4	30.4~35.4	28.6	29.6	30.0~26.0	40.0~35.0

注：经济作物包括蔬菜，饲料作物包括粮饲兼用作物、肥饲兼用作物。

资料来源：参考文献[7]。

根据主要农产品需求预测、主要农作物单产预测和种植业结构预测结果分析。1996年，我国耕地面积为1.3亿公顷，其中灌溉耕地面积为0.52亿公顷。根据对未来各省（市、区）耕地占用和开垦发展趋势的分析，在比较分析多种方案的基础上，推算2010年全国耕地面积为1.27亿公顷，2030年为1.23亿公顷。另外依据土地评价结果，分析不同区域耕地的热量、水分、地形等限制因素，结合当地轮作倒茬制度的调整，综合分析各区域不同类型耕地的复种潜力，初步确定2010年全国复种指数为1.62，2030年可达到1.65。由此推算出2010年和2030年我国农作物总播面积将保持在2亿公顷水平，有效灌溉面积可发展到0.53~0.60亿公顷左右，最大灌溉面积可达到0.67亿公顷左右。灌溉定额的确定采用综合估算法，即在计算单元内，以试验站点的数据为背景，据以往理论计算结果和经验估算数据作为验证与补充，结合近年农田灌溉的实际用水情况来预测今后时期各种作物的灌溉定额。全国农田灌溉面积和平均灌溉定额预测结果如表3-13。

表 3-13　全国农田灌溉面积与平均灌溉定额　　　（单位：万公顷、立方米/公顷）

年份	方案	灌溉播种面积	播面灌溉定额	灌溉耕地面积	耕地灌溉定额
2010	低方案	11021.65	3585	5498.09	7200
	高方案		3660		7350
2030	低方案	12196.28	2955	6095.67	5925
	高方案		3045		6105

资料来源：参考文献[7]。

根据上述各项预测结果，以省为单位初步框算灌溉需水量和主要农产品产量的基础方案，再按农产品需求的高、低方案进行全国和区域的平衡，根据单位面积灌溉用水和粮食作物单产的关系，分别调整基础方案，形成与需求相应的农田灌溉需水的高、低方案（表3-14）。

表 3-14　全国农田灌溉用水供需关系　　　　　　　　　　（单位：亿立方米）

年份	方案	农田灌溉可用水量	供需平衡 余水量	供需平衡 缺水量	农田灌溉毛用水量	灌溉水利用系数	农田灌溉净用水量
2010	低方案	3982	419.87	-397.90	3959.43	0.59	2331.44
	高方案		382.12	-440.89	4040.16		2378.11
2030	低方案	4011	680.07	-277.55	3608.38	0.655	2362.07
	高方案		598.16	-306.34	3719.08		2431.70

资料来源：参考文献[7]。

从表中预测结果可以看出，由于农业用水效率的提高，粮食增长所引起的农田灌溉需水量的增长主要靠内部挖潜来消化，毛灌溉水量不仅没有增长，反而有所下降。另一方面，由于区域水资源分布及供需关系，虽然农业用水总量供需相当，但北方一些地区农业用水短缺现象仍较为严重。

3. 工业用水需求有较大增长

工业用水取决于国民经济增长和工业用水水平。我国经济要在30～40年内进入中等发达国家的水平，就必须保持较高的发展速度。中国科学院国情研究小组第四号报告《挑战与机遇》中分析：我国1990～2000年GDP平均增长率为9.3%，2000～2010年为8%，2010～2020年为7%，2020～2030年为6.3%。按此预测，我国2030年GDP将达到50万亿元，人均GDP为3.125万元，折合3600美元，为1993年全国GDP的14倍。另外，为了保证我国经济可持续发展，今后的工业用水必须严格执行节水措施，把用水定额降下来，使之达到合理的程度。从世界工业化国家发展历史可以了解到，一般在工业发展的初期，因基础、原材料、化工等高耗水工业比重大，工业用水量较多。当初步实现工业化后，受供水能力、经济效益和市场的影响，工业生产要求全面实施节水技术，同时工业向高精尖高产值门类转移，工业用水量不但不会继续增加，还必然出现零增长或负增长现象。美国20世纪50～60年代工业用水经历了快速增长时期，5年平均增长率都在15%以上，多数在20%以上，最高的达到37.9%；20世纪70年代增长速度放慢，到20世纪80年代上升到历史上最大值，工业用水2528亿立方米，或3523亿立方米（含咸水），GDP值为47270亿美元，每万元GDP（人民币）用水93立方米。1995年美国工业用水2171亿立方米（趋于稳定），GDP按1993年不变价约40余万亿元（折合人民币），每万元GDP用水量接近50立方米，根据我国工业发展速度，大约经过30年时间，全国万元GDP用水平均定额可参用美国1995年的指标。计算结果显示，2030～2040年我国工业用水将达2500亿立方米左右，比2000年工业用水多1361亿立方米。也就是说如果没有这么多水作保证，我国的GDP产值难以达到既定的目标。

4. 生活用水随着生活水平和城市化发展将持续增长

城乡居民生活用水：按《中国设市预测与规划》，2010年中国市镇人口占总人口比重将达到42%。按此趋势，2030年前后我国市镇人口比重无疑将达到50%左右，即8亿居民生活在城镇。根据我国国情并参考国际用水标准,2030年前后,我国城镇人口每人每天用水250升(包括市政用水),全国城镇用水730亿立方米;农村人均用水按城镇一半计,用水量为370亿立方米(包括农村林、牧、渔用水)。两项合计1100亿立方米。

5. 生态环境需水应给予充分保证

据估计全国生态环境用水总需求量大约为800~1000亿立方米(包括地下水超采量50~80亿立方米),其中黄淮海地区约500亿立方米左右,西北内陆河流域400多亿立方米。在这部分生态环境用水中,其中600亿立方米由各河流尚未控制利用的地表和地下水供给,约200亿立方米由工农业和生活用水退水量补给,大约仍有100亿立方米的缺口需要从外流域调水解决。

综上所述,到2030年前后,我国在大力节水及充分利用废污水等前提下,农业、工业和生活用水需求总量将在7400~7600亿立方米间,与现今供水能力间差值为1800~2000亿立方米,其中北方缺口约在1200~1300亿立方米间,这一部分水量需要通过开源途径来解决。

第二节　中国主要水资源问题透视

自新中国建立后的50余年来,我国水资源开发利用与保护工作取得了举世瞩目的成就,目前全国水利工程供水能力达到5600多亿立方米,全国水土流失初步治理面积61万平方公里,全国有效灌溉面积近7.84亿亩,全国防洪体系保护着3.5亿人口、3066.67万公顷(4.6亿亩)耕地和占全国2/3的工农业产值;3万多处各类水文站网遍布全国;水利科研已初步形成门类齐全、专业配套、布局合理的研究开发体系,防洪调度通讯技术日新月异。但是,随着社会经济快速发展,固有自然条件下的一些水资源老问题和原有粗放型的水利发展模式引发的一些新矛盾不断暴露出来,并严重阻碍我国社会经济持续稳定的前进步伐。最突出的问题包括以下几个方面:

一、洪水灾害　我国洪灾遍及全国,受威胁面积超过100万平方公里,人口、耕地、粮食产量均占全国80%以上,工农业产值超过90%,且大部分集中在江河中下游平原地区,给国民经济和人民生命财产带来巨大安全隐患。

1. 水灾害一直是中华民族的心腹大患

【自然条件决定了我国洪水灾害具有分布广泛、发生频率高的特点】气候特点及地貌、地形等自然条件决定了我国是一个多洪水的国家,且具有洪水灾害分布广泛、发生频率高等特点。夏季暴雨是洪水形成的主要原因。受季风影响,我国暴雨多集中于汛期,因雨带的移动变化,区域间汛期持续的时间略有差异,一般为5~8月份或6~9月份,其中7~8月份的降雨量最为集中,可占全年降水量的40%以上,暴雨形成的洪水具有分布广泛、发生频率高的特点,且经常发生区域间洪水交替出现的现象。因河流水系的特点,暴雨覆盖及汇流面较大,历时长、强度大的暴雨往往形成巨大的洪水总量。我国降雨年际变化大的特点及区域间地貌、地形、土壤、植被、河流含沙量等自然条件的不同,亦给洪水预测与防范造成了较大的影响。约

4000年前大禹治水,及后来的郑国渠、都江堰,都充分说明以农立国的中国在其5000年的历史中,治理水患是国家必办政务。中国七大江河,历史上均发生过大洪水,发生频率高低依次为黄河、淮河、长江、海滦河、辽河、松花江、珠江7大流域。从史书上看,仅清代的1644~1847年与1861~1900年间,全国发生洪水灾害669次,平均每年约3次,其中直隶[①]86次,山东55次,湖北51次,安徽74次,江苏82次,浙江46次。

【防洪减灾成就巨大,洪水灾害依然是主要的自然灾害之一】近50年来,尽管我国防洪减灾取得巨大成就,但我国洪涝面积年平均仍达893.33万公顷(1.34亿亩),成灾面积466.67万公顷(0.7亿亩)。从1949年至1998年受灾面积超过666.67万公顷(1亿亩)的年份有28年,成灾面积超过666.67万公顷(1亿亩)的年份有9年(表3-15),其中长江流域从1951~1998年,48年间有22年出现不同程度的涝灾,重涝年份7年。华北地区重涝年1年,即1956年。洪涝灾害具有范围广、发生频繁、突发性强、损失大等特点。

表3-15 大江大河主要洪水年份及受灾、成灾面积　　　　　　　　（单位:万公顷）

年份	受灾面积	成灾面积	备注
1950~1998平均	916.93	520.73	缺1967~1969年资料
1954	1613.13(1.8)	1130.53(2.2)	长江、淮河洪水
1956	1437.73(1.6)	1090.53(2.1)	海河、淮河洪水
1963	1407.13(1.5)	1047.93(2.0)	海河、辽河洪水
1985	1419.73(1.5)	894.93(1.7)	辽河洪水
1991	2459.60(2.7)	1461.14(2.8)	淮河、太湖流域洪水
1994	1885.87(2.1)	1148.93(2.2)	珠江洪水
1996	2100.00(2.4)	1200.00(2.3)	长江、淮河洪水
1998	2123.60(2.4)	1308.67(2.5)	长江嫩江洪水

注:括号内的数值为该年受灾面积与1950~1998年平均受灾面积的比值。
资料来源:参考文献[22]。

2. 我国的洪水与人类活动也有密切的关系

我国洪涝灾害的肆虐与人类活动也有密切的关系。人类活动主要从宏观和微观两方面加剧洪涝灾害的频次和深度。宏观上温室气体排放的增加使全球变暖,从而改变了大气环境,加剧了降水的不均匀程度;微观上不断改变了下垫面的属性,使天然地表植被急剧减少,降低了自然调蓄能力,同时水土流失面积增加,河道淤积加快,减少了行洪能力。后者表现得更为明显,具体体现在以下两方面:

【毁林开荒破坏大量森林植被,加剧了水土流失,降低了对暴雨的调蓄和缓冲作用,使洪涝灾害日趋严重】森林植被的破坏一方面使暴雨之后雨水不能蓄于山上,而是形成地表径流迅速汇集,使洪峰流量加大;另一方面加剧水土流失,降低河道行洪能力。例如黄河流域,随着人口增长,毁林造田,至1949年森林覆盖率降为3%,导致水土严重流失,使黄河河床每年不断抬高,加大洪灾的威胁。位于长江上游金沙江畔的德格县,全县60%~70%的财政收入竟来

---

① 当时的直隶包括现今河北省、北京市、天津市所辖地域范围,但不包括张家口和承德两地区。

自于砍伐的木材。1998年1~7月份,沿长江国有森林企业就至少砍伐了30万立方米的木材,四川宜宾市以上的金沙江、大渡河两岸的原始森林所剩无几。生态环境的破坏是导致我国水旱灾害的主要原因之一。

【围湖造田与水争地,使河道变窄,湖泊淤积,导致蓄洪、滞洪面积缩小,泄洪能力和湖泊调节洪水能力降低,也是造成洪涝灾害的重要原因】1998年湖北省湖泊总面积为22.3万公顷(355万亩),较明清年间减少近70%。洞庭湖由于围湖和泥沙淤积,其容量由1949年的293亿立方米降为1983年的174亿立方米(其中淤沙40亿立方米),使洞庭湖调节长江荆江河段洪水能力大为降低,在相同的洪峰流量下,20世纪90年代水位要较20世纪60年代高出2~3米。长江下游河道及太湖地区由于盲目围垦,已减少蓄洪面积520平方公里。近30年来,仅湘、赣、皖、鄂、苏五省因围湖造田而丧失的湖泊面积就达12000平方公里。

3. 我国目前尚未建立一个完整的防洪体系

总体看来,我国江河防洪体系尚未达到已经审批的规划标准,现代化的水利防洪体系,具体措施一般采取"上拦、中蓄、下泄"。而我国大多数江河一个普遍的问题是上游调蓄能力不够,如长江上游4500公里除葛州坝和正在修建的三峡工程以外,几乎没有其他大型水利工程,上游的各条支流如岷江、沱江及中游的汉水等大型水利工程也很少。另外,堤防工程除长江荆江河段和黄河主要堤防,在三峡和小浪底水利枢纽的配套下,可以达到防御100年一遇以上洪水标准外,淮河、海河、辽河、松花江和珠江等江河,除少数重点城市外,大部分只能防御20年一遇的常遇洪水(而美国主要江河防洪工程大多能抵御500年一遇的洪水)。在防洪工程的修建上,由于缺乏统一的规划和管理,全国各地竞相修建防洪工程,全国堤防长度由20世纪70年代的11万公里,20世纪80年代的16万公里,发展到目前的25万公里,堤线越修越长,堤防越加越高,洪水蓄泄空间也越来越小,从而形成了堤防加修和洪水水位抬升的恶性循环,造成防汛负担和防汛风险不断加大。

二、水资源短缺

1949年全国总用水量为1031亿立方米,2000年已增至5497亿立方米,净增长4.34倍;人均年用水量也由1949年的187立方米增至2000年的430立方米;农业用水量由1001亿立方米增加到3788.54亿立方米,工业用水量由24亿立方米增至1139亿立方米,城市与农村生活用水量从6亿立方米增加为574.2亿立方米。这些数据都清晰地表明,我国水资源的开发利用强有力地支撑了工农业经济发展和人们生活水平的提高。但是随着人口快速增长和经济的高速发展,农业、工业和生活等方面的需水量也在大幅度攀升,受自然和社会条件的限制,我国供水能力的增长明显跟不上需水增长速度,于是大面积区域出现了程度不同的缺水现象。据分析估计,目前全国按正常需要并在不超采地下水的前提下,年缺水总量大约在300~400亿立方米。干旱缺水造成的经济损失已经超过洪涝灾害。

1. 缺水特征明显,类型多样,浪费现象严重,缓解或解决途径不一

我国缺水现象总体表现为沿海发达城市经济型缺水、北方平原地区人口型缺水、西北干旱区生态环境型缺水和大型城市综合型缺水。即使在当前严峻的水资源形势下,我国水资源浪费现象仍较为严重,造成缺水和浪费水两种相悖现象并存。这里所说的水资源浪费是一种广义上的浪费,它包括农业上输水和用水低效率的浪费和工业上万元产值用水量定额过高造成的浪费,也包括因为管理和使用观念上的错误而造成的浪费,含有技术、工程、管理、使用和观念等多方面的因素。

【缺水特征明显、类型多样】水资源短缺现象从 20 世纪 80 年代就初见端倪,进入 20 世纪 90 年代,缺水现象向纵深蔓延,成为制约我国经济发展的一个"瓶颈",早已引起了国家和有关方面的重视。有关学者从造成水资源短缺的原因出发,将缺水类型主要划分为资源型缺水、工程型缺水和污染型缺水。事实上缺水是一个相对概念,是用以描述区域可供水资源的质和量不能满足区域人口、社会经济和生态环境对水资源需求的状况,因此从水资源利用的主客体出发,可能表现为人口型缺水、社会经济型缺水、生态环境型缺水或是综合型缺水。本着这一思路,就易于分析和回答北京地区平均年径流深为 242 毫米,新疆和青海人均水资源量分别高达 5350 和 11550 立方米,是否同属于缺水地区等类似的问题。因为前者属于人口、经济等综合型缺水地区,后者属于生态型缺水地区,在人口集中和生产发达地区缺水问题很容易暴露出来。

【缺水范围广,程度差异较大,缓解或解决途径不一】我国水资源短缺比较严重的地区主要有:西北地区、黄淮海平原、东南沿海地区和部分大中型城市。基于以上分析,我国水资源短缺整体态势为西北地区生态环境型缺水、黄淮海地区人均缺水、东南沿海城市的经济型缺水和大中型城市的综合型缺水。不同类型的缺水地区对于今后社会经济发展格局和方向所考虑的侧重点是不同的,但立足节水,在充分、有效地利用水资源及在有效治污的前提下实现废污水的充分利用,应是广大缺水地区的首要任务。对于西北地区,水资源利用不与生态环境保护相结合,其利用的结果必然是挤占生态环境用水;对于华北平原,区域缺水是由于人口密集,解决缺水问题的途径只能是在充分节流的前提下考虑从外流域引水;对于沿海发达城市由于经济发展引起缺水,解决方案除就地开源外,应重点提高工农业水资源利用效率。

【农业用水技术与管理落后,水资源浪费严重】就目前而言,我国农业水资源仍存在着管理不善、灌溉技术落后等问题,农田灌溉多沿用传统的灌溉工艺,大部分灌区渠系水利用系数低,灌溉定额偏大,造成水资源的大量浪费。我国目前的农业灌溉水利用系数在 0.45 左右,也就是说,有一半的水白白浪费掉。全国粮食作物的水分利用率只有 5.0~7.5 公斤/毫米·公顷,而以色列现在的水分利用效率为 19.95 公斤/毫米·公顷。我国许多地区农田不平整,习惯于传统的大畦漫灌。据调查,我国地表水灌区每公顷次灌水量 1200~1500 立方米,高出适宜灌水量 1~2 倍。西北地区 1999 年田间灌水定额达 10770 立方米/公顷,高出作物实际需求的 3~5 倍,而全国平均灌水定额为 7260 立方米/公顷,大大超出世界平均水平。据估计,每年农业浪费用水量近千亿立方米。

【工业用水设备更新滞后,水重复利用率低,生活用水浪费也很严重】在工业方面,主要体现在水重复用率低和工艺、设备落后,单位产品耗水量大等方面。2000 年全国工业万元产值取水量为 78 立方米/万元,相当于美国 20 世纪 80 年代初、中期水平,是当前发达国家的 5~

10倍。工业化国家,生产吨钢耗淡水在10立方米以下,而中国一般在20立方米以上,不少企业高于50立方米;生产一吨纸浆,工业化国家仅耗水30立方米,而我国高达100立方米。不仅如此,我国工业用水重复利用率仅30%～40%,近40%的城市水重复利用率在30%以下,10%以上的城市水重复利用率不到10%,而发达国家一般在75%～85%。此外,城市居民生活用水浪费也很严重。据统计,全国城市现有便器水箱3500万套,其中约25%的器具漏水,每年损失水量达4亿立方米。目前,水费在企业产品成本中仅占0.3%～0.5%,占家庭生活支出比例不到1%。水费过低,相当于鼓励浪费,是造成浪费的重要原因之一。

2. 水资源短缺严重干扰社会经济发展和人们生活的正常秩序,引发一系列生态环境问题

【缺水严重影响着社会经济的发展和人们正常的生活秩序】据1950～1997年统计(表3-16),全国平均每年受灾面积3.32亿亩,相当于全国耕地面积的21%,其中成灾面积为1.31亿亩,全国每年因缺水而少产粮食700～800亿公斤。此外,在全国640个城市中,目前缺水城市已达300多个,其中严重缺水城市114个,每年因缺水造成的经济损失达2000多亿元,全国5万多个乡镇约有一半供水不足,严重影响了人们的正常生活秩序。

表3-16 建国以来重灾年份受旱、成灾面积统计　　　　(单位:万公顷)

年份	受旱面积	成灾面积	年份	受旱面积	成灾面积
1959	3380.66	1117.33	1988	3290.40	1530.33
1960	3812.46	1617.66	1989	2935.80	1526.20
1961	3784.66	1865.40	1992	3298.00	1704.86
1972	3069.93	1360.53	1994	3028.20	1704.86
1978	4016.86	1796.93	1995	2346.00	1040.00
1986	3104.20	1476.46	1996	2018.00	630.00

资料来源:参考文献[22]、[24]。

【近年来出现持续干旱的形势】1998～1999年是我国北方地区20世纪90年代以来的第二个严重干旱年。1998年9月至1999年3月,我国长江以北、西南东部和华南南部降雨量较常年偏少40%～90%,全国春旱面积达2266.67万公顷(3.4亿亩)。1999年6～8月份,长江以北广大地区汛期无雨,降雨量较常年同期偏少20%～50%,夏旱造成秋粮减产严重。1999年全国作物因旱受灾面积达3013.33万公顷(4.52亿亩),其中成灾面积1660万公顷(2.49亿亩),粮食减产333亿公斤。

【水资源短缺已引发了一系列生态环境问题】缺水除严重影响社会经济发展和人们生活的正常秩序以外,还带来一系列生态环境问题,其中生态问题主要包括对河道生态系统内部以及与河道来水直接相关的生态系统的破坏、天然人工林草地生态系统的萎缩等;环境问题包括水环境容量减少所引起的水环境破坏、地下水超采引发的工程环境的破坏等。前者如沿黄缺水地区过量引用黄河水造成黄河断流,不仅影响沿黄地区生态系统的正常发育,而且还因黄河入海口淡水补给衰减破坏了淡咸水混合区生态系统的平衡,造成许多洄游鱼类的死亡;后者以海河流域表现得最为明显,由于水量的减少造成水环境容量变小,海河水质恶化严重,成为一条变相的排污沟。另外地下水位下降引起地面沉降、塌陷,地裂缝等严重工程地质问题在我国广大缺水地区频频发生,沿海地区因地下水位下降破坏咸淡水天然平衡,引起海咸水入侵现象也屡见不鲜。

三、水污染

1. 水体污染严重,但进一步恶化的势头基本被遏制

【水污染波及范围日趋广泛,形势十分严峻】我国传统的社会经济发展模式以"高投入、高消耗、高污染"为特点,因此自20世纪80年代以来水环境形势不断恶化,到20世纪90年代,水污染形势已十分严峻。据1990~1996年的国家环境质量通报报道,全国江河水域普遍受到不同程度的污染,除部分内陆河流及大型水库外,污染呈加重趋势。从南北方对比来看,北方河段污染大多重于南方。我国七大水系污染轻重排序大致为:长江、珠江、松花江、淮河、黄河、辽河、海滦河。污染性质以有机污染和重金属污染为主,主要污染指标为COD、BOD_5、氨氮、挥发酚、亚硝酸盐、油类、高锰酸钾等。20世纪90年代前期我国河流污染情况如表3-17。

表3-17 1992~1995年全国各大流域水质状况

流域	符合Ⅰ、Ⅱ类标准(%)				符合Ⅲ类标准(%)				符合Ⅳ、Ⅴ类标准(%)			
	1992	1993	1994	1995	1992	1993	1994	1995	1992	1993	1994	1995
长江	58	37	42	45	22	31	29	31	20	32	29	24
黄河	24	13	7	5	6	18	27	35	70	69	66	60
珠江	47	29	39	31	6	40	43	47	47	31	18	22
淮河	13	18	16	27	20	16	40	22	67	66	44	51
松花江	0	0	0	4	26	38	23	29	74	62	71	67
辽河	0	0	6	4	14	13	23	29	86	87	71	67
海河	16	0	32	42	10	50	24	17	74	50	44	41
内陆河	67	60	66	61	1	30	13	29	32	10	21	10

资料来源:参考文献[11]。

【调查显示,近期河流、湖泊、水库等水体污染状况仍不乐观】2000年我国流域分区河流水质符合和优于Ⅲ类的河长占总评价河长的58.7%(表3-18);在重点评价的24个湖泊中,水质达到Ⅲ类以上的有9个,4个湖泊部分水体受到污染,11个湖泊水污染严重;141座主要水库中,有119个水库水质为Ⅱ类或Ⅲ类,水质良好。在受到污染的22座水库当中,只有河南的宿鸭湖水库和漳武水库、新疆猛进水库和黑龙江的东方红水库水质在Ⅴ类以上。

【水污染已引起全社会高度警觉与普遍重视,进一步恶化的势头正被有效遏制】面对不断加剧的水污染形势,我国政府迅速作出反应,开展了以"三湖两河"为代表的一系列重点防污治污措施,例如淮河治理工程于1994年开始,太湖污染防治工程于1998年全面启动等,至今许多工作取得了较大成效。现在的水污染状况可以概括为"污染形势依然严峻,恶化势头基本遏制"。2000年我国流域分区河流水质符合和优于Ⅲ类的河长占总评价河长的58.7%,比1999年减少3.7%,比1998年减少4.1%,但1998年为丰水年,2000年为平水年,因此总体上水质状况稍有好转,但局部地区污染有所加重,南方地区水污染呈明显上升趋势(表3-18)。

表 3-18 2000 年全国流域分区河流水质状况

	评价河长（公里）	分类河长占评价河长百分比（%）					
		I 类	II 类	III 类	IV 类	V 类	劣 V 类
全国	114042.9	4.9	24.0	29.8	16.1	8.1	17.1
松辽河片	15421.4	1.3	8.2	24.2	33.1	16.9	16.3
其中：松花江	8869.8	1.4	6.5	32.9	36.1	15.6	7.5
辽河	2957.6	0.0	23.0	6.2	23.8	11.5	35.5
海河片	10620.6	0.2	15.8	18.9	4.6	4.7	55.8
其中：海河	8314.5	0.0	16.9	15.2	2.9	5.3	59.5
黄河片	11095.0	8.3	8.1	30.3	17.5	13.7	22.1
淮河片	9980.8	0.4	4.5	21.3	16.4	9.0	48.4
其中：淮河	8911.1	0.4	4.0	23.0	17.8	10.1	44.7
长江片	30312.3	5.6	32.8	35.6	16.6	4.4	5.0
其中：太湖	1598.2	0.0	0.7	18.7	27.2	30.3	23.1
珠江片	13792.0	1.0	36.2	25.9	21.8	8.3	6.8
其中：珠江	9611.0	0.1	34.2	21.7	26.0	10.8	7.2
东南诸河片	5172.0	5.4	27.0	41.7	13.9	4.4	7.6
西南诸河片	8869.0	4.0	40.6	38.6	2.9	10.5	3.4
内陆河片	7741.3	22.5	36.3	31.9	2.3	0.4	6.6

资料来源：参考文献[3]、[23]。

2. 未来水污染形势严峻，防污治污任重道远

按"九五"计划，2000 年废污水排放指标为 480 亿立方米，工业废水处理率为 74%。实际上，2000 年我国工业废水（不包括火电直流冷却水）和城镇生活污水排放总量为 620 亿立方米，其中工业废水占 2/3，生活污水占 1/3。《中国 21 世纪议程》中明确提出了我国今后发展的目标，即到下世纪中叶把我国建设成一个中等发达水平国家，总人口达到约 16 亿左右。据民政部规划，中国城市人口到 2010 年占总人口的 42%；预计到本世纪中叶前后，比重将会增至 50%，即城市供水人口达到 8 亿左右。届时城市用水和农业用水还将大幅度上升，排污量也必然增加，考虑回用技术和污水处理水平的进展，2010 年废污水排放量仍将达到 700 亿立方米左右，随后递增的速度还可能加快。另外，本世纪中叶前后，我国灌溉面积将发展到 6393.33 万公顷（9.59 亿亩），比现状增加 1400 万公顷（2.1 亿亩）。如果化肥施用量维持目前水平，届时增加量将接近现状的 130%。由此可见，无论是点源污染还是面源污染，在数量上都还会加大。相对来说，面源污染的治理具有投资大、周期长等特点，将是我国今后水污染防治与治理的重点与难点，我国防污治污前景不容乐观，任重而道远。

四、生态环境恶化

1998 年，在联合国各组织和斯德哥尔摩环境研究所共同完成的世界淡水资源评价报告中写到："……保留足够的清洁水用于保护水生和陆生生态系统是至关重要的。"弗兰克·斯佩尔曼（Frank R. Spellman）也在世界水资源会议上指出："……最引起关注的供水问题是水对植物、动物和人的影响，占世界人口 40% 的干旱、半干旱地区国家面临缺水以及由缺水引起的生态环境问题。"可以看出,由于水资源自然条件和人类开发利用所引起的生态环境问题在全球范围许多地区非常严重,已经引起了人们的广泛关注。

"三北"地区是我国目前区域尺度上生态环境安全最受威胁的地区,本次报告就以生态环境问题最严重、成因最复杂、类型最多样、范围最广泛的西北地区为例,深入分析水资源系统与生态环境系统间的相互依存、相互制约的规律。

1. 区域生态环境本底差,抗扰动能力弱

【人为活动影响及水资源条件变化等是生态环境趋于恶化的主要动力因素】我国由于水资源的先天不足,加上传统不合理的水资源开发利用方式以及其他人为活动的影响,生态环境问题在很大范围内暴露出来,突出表现为长江、黄河等大江大河源头地区生态环境恶化呈加剧趋势;沿江沿河的重要湖泊和湿地日益萎缩,特别是北方地区河流断流、湖泊干涸、地下水位下降严重,加剧了旱涝灾害的危害和植被退化、土地沙化;草原地区超载放牧、过渡开垦和樵采,有林地和林地的乱砍乱伐,致使林草植被遭到破坏,生态功能衰退,加剧水土流失等。

【西北地区的生态环境格局先天不足】从行政区划分上,西北地区分属新疆、青海、甘肃、宁夏、陕西、内蒙古等省区,国土面积约334.43万平方公里,占全国的1/3以上,地处内陆腹地,远离海洋,加上高山峻岭的阻隔,气候十分干旱,大型盆地中央覆盖大面积沙漠,直观生态环境十分恶劣。从景观上看,西北地区难利用土地面积占总面积的一半,远高于全国33%的平均水平,虽然草地面积所占比重较高,但大部分属于荒漠地带的稀疏草地,二者构成了西北地区以荒漠为主导地位的基本环境格局,生态环境本底差。

【水资源及其利用条件是决定与影响西北地区生态环境状况的主要原因之一】西北地区独特的自然地理与气候条件,决定了该区域水资源具有极为突出的生态属性。西北地区6省区区域多年平均降水量为235毫米,若按省区划分陕西最高,为677毫米;新疆最低,仅为157毫米,是全国惟一降雨量少于农田作物需水量的地区,但蒸发量高达1000~2800毫米,降水少而蒸发大,使得区域水分稀缺程度远高于其他地区。此外,近20年来人类活动影响的加剧对区域产流及水资源变化亦有一定影响。根据1994~1999年水文资料分析,这一阶段该区域平均降雨230毫米,年径流深仅为62毫米,较1956~1979年偏少5%,但地表水资源量和地下水资源量减少了近12%。西北地区降水与水资源分布亦不均衡,利用条件不一,因山地冰川发育,山地降水量远高于平原与盆地;其次,冰雪资源在该区域占有极为重要的地位,融水是河川径流的重要补给来源。水资源的这种特点及区域自然条件的特殊性,使得该区域水资源及其利用条件成为决定与影响其生态环境状况的主要原因之一。首先,对局部水资源条件较好、需求较高的地区,存在着水资源开发利用过度等问题,尤其是在人口较集中或生产较发达的地区水资源十分紧缺;其次,分布广大的无人区区域则存在着水资源难以利用或无法利用等问题。因此,合理开发与配置水资源,对该区域生态环境的恢复及改善极为重要。

【内陆河流域的生态环境格局主要由河川径流耗散规律所决定】内陆河生态系统分布特点是以河流为中心,向两岸依次发育林、草,盖度由高到低渐变,形成绿洲、过渡带和荒漠等生态景观,这是由河川径流耗散规律所决定的。为荒漠所包围并依存于稀缺水资源的绿洲生态系统,其稳定性非常脆弱,抗干扰能力差,区域水资源一旦被开发,必然打破原生生态平衡,造成生态环境的劣变。

2. 区域生态环境问题多样,影响程度严重

西北干旱区与水资源开发利用相关的生态环境问题突出反映在以下几个方面:

【水资源分配不合理,引起一系列生态环境问题】流域系统内部多缺乏有效的统一调控与管理,因河流中上游大量用水,在内流区导致尾闾湖泊干涸,下游湖区周围天然生态退化,生物多样性受损,湿地景观被破坏,植被防护作用减弱。如20世纪60年代罗布泊干涸,20世纪70年代末民勤盆地湖区植被退化和新疆玛那斯湖的干枯,20世纪80年代至今塔里木下游台特马湖退化,绿色走廊消失,黑河下游额济那绿洲和疏勒河下游的安西西湖植被退化等都属于这一类情况。天然植被和水体的退化,不仅使区域生态系统直接遭到破坏,而且还引起土地荒漠化,使绿洲失去天然屏障。

【农田灌、排方式落后,造成大面积次生盐渍化】西北干旱半干旱区单位农田灌水量高,灌溉水利用率低,在广大农田灌溉区,传统的大水漫灌方式仍被广泛使用,加上不完善的排水设施,已引起地下水位持续上升,形成大面积的次生盐渍化,是该地区又一个因区域水资源开发利用不当带来的典型生态环境问题。目前西北地区土地盐渍化面积已达200万公顷(3000万亩),占全国盐渍化面积的15%以上。以省区为单位,盐渍化面积一般占有效灌溉面积的15%～30%。

【用水集中区地下水开发过度,产生大面积下降漏斗并影响植被正常生长】在区域大型城市或灌区等用水集中区,因地下水的过度开发而形成大面积降落漏斗并引发相应的生态环境问题也日益严重。在干旱地区,由于降雨较少,因此地下水位直接影响植被的生长。石羊河下游民勤盆地20世纪70年代地下水位平均下降3～4米,到20世纪90年代初最深降落漏斗超过15米,使盆地2.33万公顷的沙枣和梭梭林大面积衰退枯死。

【河湖生态、水生生态系统亦面临威胁】流域中上游过度开荒、放牧等加剧了水土流失和土地沙化,破坏了植被的天然恢复能力和上游融水区水源涵养能力;同时,造成泥沙在江河湖库中淤积,破坏了河湖生态。此外,局部城市河段废污水未经处理排放至河湖也破坏了水生生态系统。

3. 区域生态环境呈进一步恶化的趋势

【生态环境具有明显的"两扩大,一缩小"的演变趋势】西北干旱区近20年的区域生态环境各项指标表明该区域生态环境具有明显的"两扩大,一缩小"的演变趋势。即荒漠化面积扩大,人工绿洲面积扩大,荒漠绿洲过渡带面积缩小,生态环境总体上向恶化方向发展。从20世纪70年代以来,西北干旱区山区植被由于人为等因素综合作用,已累计减少植被面积12.8万平方公里,退化面积比率达到24%,主要集中在南疆、疏勒河流域和黑河流域,严重影响径流形成区的安全;平原生态结构呈现出两端(人工绿洲和荒漠)扩张、中间(天然绿洲和过渡带)萎缩的态势。其中全区人工绿洲面积累计增长1.53万平方公里,增加15%,天然绿洲萎缩了6800平方公里,减少8%,同时绿洲和荒漠间的过渡带减少4.44万平方公里,下降27%,难利用土地扩大 3.6 万平方公里,增长 5%,荒漠增加 2.59 万平方公里(表 3-19)。

表 3-19 20 世纪 70~90 年代西北干旱区生态环境变化状况　　　(万平方公里)

区域	山区植被面积变化	变化率(%)	人工绿洲面积变化	变化率(%)	天然绿洲面积变化	变化率(%)	交错过渡带面积变化	变化率(%)	荒漠区面积变化	变化率(%)
北疆	-0.8	-7	1.28	54	-0.02	-1	-1.29	-9	0.03	0
南疆	-0.7	-21	0.03	13	-0.06	-31	-0.23	-12	0.26	2
东疆	-8.6	-32	0.15	5	-0.31	-10	-1.15	-16	1.32	3
新疆	-10.1	-24	1.46	27	-0.39	-7	-2.67	-12	1.61	3
疏勒河	-1.3	-40	0.02	19	-0.01	-11	-0.09	-6	0.07	2
黑河	-0.9	-28	-0.01	-1	-0.08	-29	-1.18	-37	1.27	26
石羊河	-0.1	-11	0.05	7	-0.08	-52	-0.32	-34	0.36	31
河西走廊	-2.3	-31	0.06	5	-0.17	-34	-1.59	-28	1.70	17
柴达木	-0.4	-9	0.02	28	-0.12	-10	-0.20	-8	0.30	3
西北内陆	-12.8	-24	1.54	23	-0.68	-9	-4.46	-14	3.61	5

资料来源:参考文献[26]。

【西北地区生态环境演变格局具有相对一致性的特点】整体看来,西北地区生态环境演变格局基本相同,即作为绿洲生命之源的山区生态系统恶化,植被锐减;不稳定的生态系统——人工绿洲面积扩大,而具有保护功能的天然绿洲,特别是绿洲荒漠交错过渡带大幅度萎缩,荒漠区不断扩大,使人工绿洲生态基础更加脆弱,生态环境系统不稳定性增加。

第三节　中国水问题的战略抉择

一、防洪减灾战略

1. 以"人水合一"的新防洪思想指导现代防洪减灾战略

【防洪减灾思路及措施随社会经济发展与科学技术进步而不断被赋予新的内涵】最早时期人类对洪水采取的惟一措施是逃而避之,受其摆布。随着社会的发展及科技水平的提高,人们逐渐修建各类工程设施用来控制洪水,以限制洪水进入洪泛平原,这是人类面对自然社会能动性提高的具体体现。但另一方面,我国江河洪水形成的原因主要由于夏季的季节性暴雨和沿海的风暴潮,是一种自然现象。洪灾的形成是由于人类在开发江河平原过程中,进入到洪泛高风险地区,缩小了洪水宣泄和调蓄的空间而产生的后果。因此对于所有具有一定设计标准的防洪工程来说,不可能消除由于稀有洪水引起的洪灾,客观上也扩大了洪水灾害的规模及其潜在的危险。

【协调好人—水—环境三者间的关系是实现防洪减灾战略的先决条件】人与洪水和洪灾间的关系及其规律对具体行为的规范要求一方面应该适当控制洪水,改造自然;另一方面又要主动适应洪水,协调人—水—环境三者的关系。从原来无序、无节制地与洪水争地转变为有序、可持续地与洪水正常相处的"人水合一"的良性状态。实施防洪减灾措施之前必须充分认识洪水和洪灾形成和发生的条件、灾害的发育过程以及削减规律,预见洪水灾害的规模、性质,走出传统惟"抗"的误区。

【"人水合一"新防洪思路下的防洪减灾总体目标】认识指导实践。在新型防洪减灾战略思想指导下,我国制定防洪减灾工作体系的总体目标是:在江河发生常遇和较大洪水时,防洪工程能够有效运用,国家经济活动和社会生活不受影响,保持正常运作;在江河遭遇大洪水或特大洪水时,有预定方案和切实措施,国家经济社会活动不致发生动荡,不致影响国家长远计划的完成或造成严重灾难。

2. 建立现代防洪减灾战略体系

在新型防洪减灾思想指导下的现代防洪减灾体系应当包括以下几个内容:

【总体防洪治理目标下的防洪工程体系的建设】现代化的水利防洪工程体系,具体措施一般采取"上拦、中蓄、下泄"。而我国大多数江河一个普遍的问题是上游调蓄能力不够,如长江上游4500公里除葛州坝和正在修建的三峡工程以外,几乎没有其他大型水利工程。上游的各条支流如岷江、沱江及中游的汉水等大型水利工程也很少,造成上游不拦,中游蓄不住,下游泄不及,洪水期蓄不住水,枯水期没有水用的局面。为此今后要在完成三峡工程的同时,继续兴建金沙江的溪落渡、嘉陵江的亭子口和澧水的皂市等干支流水库,完成重要堤防和重点围垸的加固,并加强干流的河道整治和分蓄洪区的配套工程。黄河上游由于小浪底水库的建设使流域防洪标准大大提高,今后可根据小浪底运行情况和发展需要,逐步兴建小浪底以上干流水库。在各大水系修建现代化的防洪体系是我国防治洪灾的重要措施。

【应做好配套工程设施建设,如水害的监测预报系统的建立与健全】现代防洪体系包括工程和非工程措施两大部分。其中非工程措施主要包括洪水的预测、预警、监测、评估等方面。我国非工程防洪措施相对较薄弱,今后不仅要加强洪水的监测、评估和预警系统,通过台站网络系统和采用现代化遥感技术实施大面积实时监测,还需要建立洪水监测、快速评估和早期预警系统,以便及时将洪水灾害的发生、发展、持续、缓解、灾情乃至对策向各级部门传递。实行洪水灾害全天候遥感监测是人类社会防灾、减灾技术设施体系的重要组成部分,符合社会经济发展的需要。把现代化空间遥感技术、信息系统及空间技术运用于灾害监测,可以将灾害信息的接收、处理、分析和发布全过程压缩到灾害发生的动态过程内,提高科学决策水平,为最大程度地减少洪灾损失提供了坚实的保证。

【洪水条件下,做好江河湖区各类蓄滞洪区的使用与补偿机制的建设】由于历史原因和自然条件的限制,我国江河冲积平原的土地资源已经过度开发,许多原来行洪、滞洪区域被占用。根据技术和经济的可行性,现代防洪工程都具有一定的设计标准,因此必须安排各类分洪、蓄洪和行洪区作为辅助措施,才能达到防御设计标准内乃至超标准洪水的目标。江河的各类分洪、蓄洪和行洪区是现代防洪体系的有机组成部分,过去的防洪工作常常着重建设防洪工程,而忽略或未能及时落实分洪、蓄洪与行洪区的补偿和社会保障工作,许多分洪、蓄洪和行洪区不能按规划运用,通常都是被动蓄洪,大大降低了江河实际防洪标准,使得分洪、蓄洪和行洪区损失更大。今后在现代防洪体系的建立过程中,要将分洪、蓄洪和行洪区的建设纳入防洪规划,建立健全社会补偿机制,实现被动蓄洪向主动蓄洪的转变。

【加强灾前规划和灾后重建机制的建设】洪水是一种可预见的自然现象,因此在灾前预见洪水灾害的发生并制定相应的规划和运行机制就显得尤为重要。对于超标准可能淹没的城镇和村庄,要制定洪水可能淹没的风险图,制定出保障人民生命财产安全的长远规划。另外灾后重建工作一直是我国政府非常重视的问题,但传统的灾后重建一般都是政府行为或是社会救助行为,尚未能形成一个高效运行的社会保障机制。实际上灾后重建也是防洪减灾体系的必要组成部分,今后应当逐渐建立社会防洪保险与政府、社会其他行为相结合的综合救灾重建机制,制定分蓄行洪区开发利用的管理办法。

3. 贯彻"标本兼治"的方针,大力加强治本建设

洪水及其形成过程与气候、生态及社会经济等各种因素有关,因此防洪减灾是一个系统工程。我国水旱灾害日益严重的一个主要原因是生态环境的破坏。因此,在治理旱涝灾害的问题上要将近期的治标工程和远期的治本工程结合起来。以往我国在对待旱涝问题上,一方面大量破坏森林植被和大面积围湖造田,造成水土流失和湖泊调节能力减小;另一方面,年年抢险护堤、抗洪救灾,其原因就是没有将防洪减灾的治标与治本结合起来。在建立现代防洪体系的开始阶段,可以因地制宜地修建一些治标工程以保障普通洪水下的安全,例如长江的荆江分洪工程,但如果从长计议,要根治水患,必须加强水土保持、植树造林、清淤蓄洪等治本工程。如黄河防洪减灾一方面要整治河道,利用小浪底等干流水库减少河道淤积,同时放淤抬高两岸大堤附近的地面,使黄河下游逐渐成为一条相对的地下河,但治理黄河洪水和泥沙淤积的根本方法是加强中上游产沙区的水土保持工作,改善生态环境,减少入黄泥沙量,最终消除由泥沙而增加的洪水威胁。

二、水资源供需平衡战略

1. 确立"以供定用"为主的新型水资源供需平衡机制

【"以需定供"的供需平衡机制难以适应未来水资源的变化形势】我国原有的水资源供需平衡机制是"以需定供"体制,即依据区域经济发展规划和用水水平发展预测将来某一时间断面地区用水需求量,而后根据需水量安排供水投资来保证用水需求。这种机制由于没有考虑水资源对经济发展的约束作用,常常造成预测的需水量大于实际用水,从而引发水资源利用不合理等现象。根据我国中远期水资源供需情景预测,在中等干旱年份,规划项目全部实施情况下,到2030年和2050年我国当地水资源供给能力为7220和7500亿立方米,即使实现低标准和低水平意义下的供需平衡(人均水资源利用量450～500立方米),仍然难以达到平衡(2030年缺水约130亿立方米)。因此在当今和未来的水资源形势下,沿用原有的"以需定供"的模式,一方面受区域水资源量的限制难以继续下去;另一方面也不符合经济规律。为保障社会经济的持续发展和生态环境的良性循环,今后水资源供用发展模式必须立足水资源可持续利用原则,实现供用模式由"需求导向、工程水利"向"供给导向、资源水利"的转变。

【以供定用为主的水资源配置模式的最终目标是实现区域需水量的"零增长"】以供定用为主的水资源供用配置模式,实质上就是控制区域用水管理以适应区域水资源形势,其中心内容主要是通过区域用水结构的调整,水资源利用效率的提高以及加强管理等手段,使区域用水

形势符合供水能力的要求,最终目标是实现区域需水量的"零增长"。对于特殊局部地区或时间阶段,也兼顾社会经济发展的用水需求,如经济发达地区或特殊增长时段,供用模式可以作适当调整。

【以供定用的水资源供用配置模式适宜于社会经济持续发展对水资源的需求】以供定用,这种新型的水资源供用配置模式是在流域内和流域间两个层次上展开的,具有较强的地域特征。从长远来看,我国在地域上将以"四横三纵"为水资源配置基本格局,即横向的长江、淮河、黄河和海河与纵向的南水北调三线为基本框架,进行水资源的统一调配,实现水资源对经济发展的持续支撑。

2. 节流为先

【面对未来的水资源供需形势,应积极倡导"节流为先"的原则】新中国建立50多年以来,伴随着城市化进程的推进,我国区域水资源开发利用先后经历了"开源为主、提倡节水"、"开源与节流并重"和"开源、节流与治污并重"的几次战略调整,由单纯重视开源逐渐转为开源节流并举,是为适应我国水资源形势而做出的选择。随着人口的增多和社会经济的发展,水资源的供需矛盾将继续加剧,因此对于开源和节流的关系也还要作适应性的调整,"节流为先,多渠道开源"将成为今后我国水资源的供需战略。

【节水的社会和生态环境效益以及经济效益显著】现代意义的节水主要是指水资源的高效利用,即通过工程、管理、技术、行政、经济、教育等手段把无效供水和水资源的浪费量减小到最低程度,而不影响和降低用水目标和用水效果。提倡"节水为先"一方面是依据我国今后水资源紧缺状况而提出的基本策略,另一方面也是为了降低供水投资、减少污水排放、提高水资源利用效率等而做出的最优选择。依据分析,预计到2010年供水设施单位投资平均约为8元/立方米,污水处理约为10元/立方米,而节水仅需3元/立方米,可以看出,节水不仅具有良好的社会和生态环境效益,还有较好的经济效益。

【以农业节水为核心,重视工业节水,提高全民节水意识】农业用水一直是我国的用水大户,2000年农业用水占总用水量的68.8%,农业耗水量为2398.03亿立方米,占总耗水量的79.6%。但是另一方面农业用水效率不高,全国渠系水利用系数平均不到0.5,农业节水潜力除海滦河流域,其余各片都超过15%～50%。因此今后农业用水要把发挥单位水量效益作为农业节水的核心,争取将目前单位公顷水资源平均粮食产量由16.5公斤(1.1公斤/亩)提高至22.5公斤(1.5公斤/亩),将节水高效农业列为国家重大基础建设项目。另外还要高度重视发展旱地农业建设,实行水旱互补。近年来我国工业用水增长很快,2000年工业用水占总用水量的20.7%,目前我国工业万元取水定额为78立方米,工业用水重复利用率仅为30%～40%,今后要高度重视工业节水,其核心是提高工业用水重复利用率。2000年我国城镇与农村生活用水占总用水量的10.5%,且上升趋势十分明显,在积极更新和改进民用供水、输水与用水等设施及工艺,以及运用管理和水价调控等实现节水的同时,应通过多方面的努力提高全民的自觉节水意识,建立节水型社会体系。

3. 多渠道开源,实施跨流域调水

【在立足于当地水资源的合理开发利用的前提下,实现多渠道开源】我国区域缺水按成因可以划分为资源型、工程型和污染型缺水,另外还有因管理原因造成的缺水,整体缺水主要原因是水资源的时空分布不均,因此解决不同区域不同类型的缺水问题应采取不同策略。总的来说,解决区域缺水问题首先应当立足于当地水资源的合理开发利用,增加区域水资源的时空调蓄能力,依据区域缺水的具体原因寻找开源途径,如一些非传统的水资源的利用,包括一些劣质水如微咸水、海水等,扩大和提高水资源集蓄范围和能力,包括增加汛尾的拦蓄、雨水集流工程、大气水的资源化等等。对于由污染引起的缺水应下大力气进行污水处理和污水回用。

【科学论证,逐步实现区域间水资源的合理配置】对于一些属资源型短缺的地区,在进行需水严格管理和其他开源措施后水资源供需矛盾仍非常尖锐的情况下,调水就是区域水资源空间调配的一种途径。调水分为流域内调水和跨流域调水两种,前者在我国许多地区都已经实施过,是实现流域内水资源空间优化的有机形式,如江苏"江水北调"、广东"东深引水"、天津"引滦入津"、河北"引滦入唐"、山东"引黄济青"、辽宁"引碧入大"、山西"引黄入晋"、甘肃"引大入秦"等,它们在我国现代化建设中发挥了巨大作用。为解决北方缺水问题,我国从20世纪50年代便开展了跨流域调水问题的研究,经过几十年的考察、论证,到目前为止,已构成了两种调水体系,即长江南水北调调水体系和"四江"(金沙江、澜沧江、怒江、雅鲁藏布江)调水体系。

【长江"南水北调"调水体系】该调水体系的研究工作,主要是由水利部淮河水利委员会、长江水利委员会、黄河水利委员会等有关单位或部门完成。先后提出东、中、西三条调水线路,调水入华北和黄河上中游。(1)东线工程:"东线"是在原"江水北调"的基础上,扩大延伸,即自江都由泵站抽长江水,入京杭大运河及与之平行的河道,经洪泽湖、骆马湖、南四湖和东平湖,在位山附近穿过黄河后可自流,经位临运河、南运河到天津。东线规划目标分三步实施:第一步抽水500立方米/秒,不过黄河,并向胶东送水;第二步加大抽水量,过黄河,同时向胶东供水;第三步实现规划目标;(2)中线工程:"中线"从汉江丹江口水库引水,沿南阳盆地北部和黄淮海平原西部边缘,跨江、淮、黄、海四大流域,自流输水到北京、天津。输水总干渠从陶岔渠首闸起,经江淮分水岭方城垭口,在郑州西穿过黄河,沿京广铁路西侧自流到北京,全长1000多公里。考虑调水和汉江中下游提高防洪标准的需要,推荐加高丹江口大坝至原设计规模,调水100多亿立方米方案。最终实施中下游全面治理和扩大调水量方案;(3)西线工程:"西线"主要是解决我国黄河上中游地区的缺水问题,包括西北的青、甘、宁、蒙、陕、晋六省部分地区。整个工程由三部分组成:在通天河加筑坝,并穿越长隧洞,把水引至雅砻江;在雅砻江筑高坝抬高水位,并通过长隧洞将水引入黄河;在大渡河上游建高坝抬高水位,然后提水并穿越长隧洞,把水调到黄河上游贾曲。

【大西线调水或"四江"调水体系】(1)应做好方案的预研究及各方案间的比较研究工作。大西线调水或"四江"调水体系,即把青藏高原的少部分水量调往北方的设想,迄今为止已有六

种方案,包括中科院原综考会"藏水北调"方案、黄委会低线和高线引水方案、长江水利委员会调水方案、贵阳水电设计院提出的中线引水方案和全自流低线方案等。总体上讲这些方案均处于超前期工作阶段,方案还均属一种设想,大部分是图上作业。由于是设想,目前还很不成熟,其中个别方案甚至有误导作用;(2)对未来我国的社会经济发展及生态环境将产生深刻的影响:大西线调水或"四江"调水工程是实现我国水资源优化配置的伟大构想,关系大半个中国国土整治问题,涉及社会、经济、生态环境、人文等方方面面,社会经济效益巨大,但投资和对生态环境影响也巨大,因此整体布局和前期工作要充分考虑和论证,以保障我国社会经济的持续稳定发展。

4. 建立以市场为导向的水资源管理机制,完善水价制度

【建立以市场为导向的水资源管理机制是必然趋势】在市场机制下,经济杠杆是协调社会行为的一种有效途径(专栏3-1)。因此在水资源供需平衡过程中必须建立以市场为导向的水资源管理机制,其首要问题是正确确定水价,然后使其进入市场,用经济杠杆来调节使用。

专栏3-1

建设和管理并重,安全与效益并重——水利管理将实现五个转变

水利部副部长张基尧日前在西安举行的全国水利管理工作会议上提出,必须通过改革,实现五个转变,建立符合社会主义市场经济要求的水利工程管理体制和良性运行机制。

水利管理工作实现五个转变的具体内容是:

从重建轻管向建管并重转变。在不断增加水利建设投资的同时,建立良性运行的水利管理投入机制,切实把加强工程运行管理作为提高投资效益和工程运行效益的重要手段。

从只重视技术管理向既重视技术管理又重视依法管理转变。要加强立法工作,完善配套法规,依法管理河道、水工程和水资源,实现水行政管理的法制化。

从只重视工程安全管理向既重视工程安全管理又重视发挥工程效益最大化转变。不仅要重视工程防洪安全和运行安全,还要通过提高运行管理水平,优化配置水资源,服务经济建设。

从建管分离向建管合一转变。今后有条件的地方和项目都要组建建管合一的项目法人机构,使建设与管理过程真正结合起来。

从传统管理向现代管理转变。通过信息化、网络化等手段对水资源及有关信息广泛收集、传输、分析和决策,由单纯的水量、时段管理转变为水量、水质、工程运行等全过程实时管理。

(摘自《人民日报》2001年5月16日第五版)

1996年江泽民同志在视察小浪底水利枢纽工程时,曾明确指出:"水利不单是工程建设,也要搞经营管理,也要进入市场,搞社会主义市场经济,要建立市场机制,良性循环。"我国原来的水资源使用,实行的是低偿使用甚至无偿使用,缺乏合理的水价,将供水部门的效益无偿转让给用水部门,从某种意义上来说,这是对浪费的一种鼓励,造成许多不良后果。例如,水价太低,使得水资源工程建设资金难以筹集而无法顺利进行;水价太低,使得节约用水难以开展下去,节水设施也难以投资。因此合理提高水价,弹性压缩和控制水资源需求,有利于水资源利用效率的提高,是水资源管理体制改革的主要步骤。

【水资源成本应是水资源价格的基点】水资源价格的确定首先要建立在水资源成本计算的基础上。水资源成本是指一定时期内社会为获得可用水在水文监测、水土保持、水源地涵养、防洪除涝、河道整治、水资源开发利用和水污染防护治理过程中所发生的一切费用,主要包括四个方面的支出:(1)保护和监测水资源的支出;(2)在开发利用过程中有关生产活动的支出;(3)预防水害的支出;(4)人为利用水资源所造成的损失。在成本核算的基础上,依据资源的多重功效原则、整体开发原则和资源的竞争作用原则,按照会计学或经济学口径进行定价。

【市场经济条件下的水价应具有多层次、多元化的特点】对于水价的调整,一方面力求使水资源价格真实体现水资源价值,同时也应当注意以下一些问题:(1)应当逐步提高水价,但必须注意调整的幅度;(2)水价要有区域、季节和水质的差别,应依据供水成本确定水价;(3)水价应体现行业、部门用水的差异,并考虑水资源用户的承受能力。

三、防污与治污战略

1. 实现从末端治理向综合治理的战略转变,做到"以防为主,综合治理"

【传统的治污方法不符合可持续发展战略需求】我国传统水污染治理战略采取的是末端治理、达标排放为主的工业污染控制战略,往往在由于水环境污染而严重影响正常的生产和生活秩序时,才开始治污,历经的是"先污染,后治理"的过程。因此,治污在时间上存在一定的滞后性。例如我国治污重点淮河、海河、太湖和滇池等都是发生了一系列水污染事故后才开始治理,而且治污的方式也属于治标方式,仅仅从排污口以后开始治理。这种末端治污方式实际上属于被动治污,治污速度往往赶不上污染速度,而且耗资大,效果差,不符合可持续发展战略需求。

【"以防为主,综合治理",实现从末端治理向综合治理的战略转变】为保障我国社会经济建设和人民生活有一个良好的外在环境,我国污染防治战略应逐步转向以提高资源利用效率为主要内涵的预防污染为主的方向,通过科学的监测评价和功能区划,不断规范和完善排污许可证制度和排污口管理制度,加快城市污水处理设施的建设,综合治理点源和面源污染,对于已被污染地区应加大治污力度,还后代子孙一个碧水蓝天。工业上,应当及时转向清洁生产为主的污染预防战略,逐步淘汰那些物耗能耗高、用水量大、技术落后的产品和工艺,在工业生产过程中大力提高资源利用率,降低工业污染排放量;农业上,应当将农业生产与生态农业和生态农村建设相结合,控制使用化肥、农药,充分利用农村各种废弃物和畜禽养殖业的排放物,将面源污染的控制与农业生产结合起来。生活上,一方面通过节水意识的增强减少生活污水排放量,另外亦应加强污水处理工艺的研究,降低污水处理成本。

2. 以市场为导向,建立新型防污机制

保护水资源,改善水环境,不仅涉及到管理体制和法制问题,而且也必然涉及到如何适应社会主义市场经济的需要等问题,应逐步把市场经济机制引入到水资源保护工作中来。其核心是通过经济手段防治污染,使水资源保护工作更有活力,逐步实现良性发展。建立以市场机制为协调的新型防污机制的核心是建立有偿占用水环境容量的意识,重点要开展以下几方面工作:

【依法征收排污费,调整其使用范围】我国从1982年就颁布了《征收排污费暂行办法》,但如何使用排污费则需要根据十多年的经验予以调整。征收的排污费应按一定的比例拨给水利部门用于改善水环境,征收排污费的范围除企业、事业单位外,居民也应缴纳排污费。另外,要研究改单因子收费为多因子收费办法。

【实行"核定限额,超额加征"的制度】在供水紧张的情况下,对企事业单位和居民个人都要核定用水定额,在此定额以内按国控价格征收水费,超额用水加价收取水费,这样既可鼓励节约用水和减少浪费,又可达到保护水资源和改善水环境的目的。

【应辅以技术手段和行政手段】治理水环境是一项复杂的系统工程,虽然经济杠杆是主要手段之一,但是还要辅以技术手段和行政手段。在工业生产中采用无污染、少污染、少用水等工艺,必须发展节水减污技术。在农业生产中,发展喷灌、滴灌、渗灌和管灌等节水灌溉措施及节水灌溉制度,以减少用水损失。此外,可以制定各行业节约用水奖励制度、工业企业无害化工艺奖励制度、工业生产物料流失最少奖励制度等等,促进工业、企业改革工艺。采用先进技术降低成本,减少排污,包括废污水中污染物的回收、废污水资源化和建立生态农业等。通过科学技术进步来促进竞争,通过竞争来带动科技发展。

3. 建立饮用水源地保护区,切实保障饮用水源安全

我国目前有近90%的城镇饮用水源受到污染,农村饮用水源的安全就更没有保障。水体中的各种有机物、重金属和病微生物等正严重威胁人民的身体健康甚至生命安全。社会发展的目的就是为了提高人们的生活水平,饮用水的优劣是衡量生活水平一个很重要的指标。因此饮用水的安全保障应当作为水污染防治工作的重中之重,要切实加强对饮用水源地的保护,特别是作为城市供水的水库和湖泊。对于一些重点地区的水源地,保障饮用水源地安全的一个最有效的措施是建立饮用水源地保护区。对保护区区域范围内的工业和其他生产力布局应统一进行规划,严格控制污染排放,以切实保障保护区水源安全,如北京的官厅水库。

四、生态环境建设与保护战略

1. 重新制定流域水资源规划,合理安排生态环境用水

【忽视生态环境用水是导致生态环境恶化的主要原因】广义来说,维持全球生物地理与生态系统水分平衡所需用的水都属于生态用水范畴,包括水热平衡、水盐平衡、水沙平衡等。由于评价生态用水的起点是生态环境现状,而不是以天然生态环境为尺度进行评价,因此,狭义的生态环境用水是指维护生态环境不再恶化,局部地区逐渐改善所需要消耗的水资源总量。对于我国目前来说,主要包括保护和恢复内陆河下游流域的天然植被及生态环境用水、水土保持及水保范围以外的林草植被建设用水、维持河流水沙平衡及湿地、水域等生态环境的基流用水、回补地下水超采用水。我国生态环境恶化的主要原因是由于工农业生产和社会活动挤占生态用水造成的,这一点在西北地区表现尤为突出,单从耗水的角度来说,西北地区每开发1平方公里的人工绿洲所需耗水,其当量将使天然绿洲面积减少约2平方公里左右。

【生态环境用水应成为水资源规划的重要内容】为防治生态环境整体进一步恶化,今后必须要重新制定区域水资源规划,退还所挤占的生态环境用水,这部分水量全国大约200亿立方米左右。而实现退水的途径只能通过区域产业结构和布局的调整、水资源利用效率的提高等途径来实现。

2. 加快水利基本建设进程,增加区域水资源调蓄能力

【增加区域水资源调蓄能力是满足生态环境用水的重要保障】前面已经提到,我国水资源时空分布极不均匀,这一点在我国北方表现更为尖锐。大部分雨量集中在汛期,由于区域调蓄能力不足,大部分汛期径流未能加以利用白白流失,而非汛期却无水可用。因此立足于当地水资源,修建水利工程,增加当地水资源的时空调蓄能力是改善区域生态环境的有效途径。另外,区域降水还表现为平原少、山区多,而我国西北地区对水资源开发利用仍停留在粗放型阶段,表现之一就是山区控制性水库不足,灌区配套建设落后,不仅大量水源渗漏蒸发,而且造成土地盐碱化。因此今后西北地区一方面应当建设山区水库代替平原水库,另外还要改善灌区的配套建设。

【在生态环境脆弱区,生态环境的保护应与生活保障有机结合】在生态环境脆弱区,如黄河水土流失严重区域等,应当将生态环境保护与生活保障结合起来,以农业保障促进生态环境建设,而农业保障的基础就是水利基本建设。在水土流失严重地区可以发现,凡是退耕还林(草)和生态环境建设较好的地区,其高标准基本农田平均水平相对较高,也是水利设施体系较完善的地区,具体体现在水坝地和沟地的建设上。如黄河中上游多沙粗沙区坝系淤田,其农作物产量是坡耕地的5~10倍,是梯田的2~4倍,建1亩坝田相当于退耕10亩。因此水利基础设施建设是我国许多地区生态环境建设的必要条件。

3. 以小流域为单元,支流为骨架,工程、生物和耕作相结合,建立起水土流失综合治理体系

小流域是水土流失的基本单元,不论是自然流失,还是人为破坏,都是从小流域进入支流,由支流进入干流,因此在水土流失治理过程中,必须建立以小流域为单元、支流为骨架的立体治理框架。另外,由于水土流失类型的多样和流失规律的复杂性,决定了在具体措施上必须采取工程措施、植物措施和耕作措施相结合,沟坡兼治的综合治理方案。因此在具体实施过程中各级政府和有关部门应当在水土流失区以小流域为单元进行统一规划,山水田林路综合治理,工程措施和生物措施结合,草灌乔结合,进行综合治理。实践证明,以小流域为单元的治理年进度达4%,比面上要快4~5倍。此外,在大力推广户包小流域治理的同时,还应在严重水土流失的地区,按大流域统一规划,以小流域为单元,实行有计划、有重点的大面积集中综合治理。集中有限的资金,用于重点治理,在国家重点治理项目的带动下,层层抓重点,通过以点带面,就可以形成点面结合、小集中大连片的治理局面。

第四节 结论与建议

水资源是最重要的自然资源之一,是社会经济发展的战略性资源。水资源可持续利用已经成为我国社会经济可持续发展最根本的支撑条件之一。此外,由于水资源的特殊性,它还是生态环境的有机组成部分和重要的控制性因素。

我国水资源总体态势是:区域间的气候条件差异较大,以降水为主要补给的水资源自然分布状况极不理想。主要表现为:降水的地带性显著,区域间差异较大,降水具有自东南向西北递减、呈大尺度带状分布的特点;总量居世界前列,但仍属贫水国家;具有强烈的时空分布不均衡性,东多西少,南多北少,南涝北旱和冬春少雨、夏秋多雨;雨热同期,年际分布不均,部分河流含沙量高,湖泊淤积严重;此外,河川枯水径流亦有不断减少之势。

我国水资源及其开发利用状况存在的主要问题是:水资源分布与社会经济格局错位,长江及其以南地区水资源丰富,而北方地区水资源紧缺,内陆河流域生态环境的改善仍受水资源的制约;不同流域水资源开发利用程度差别很大,单位社会与环境容量下水资源量越低的地区,其水资源开发利用程度越高,而缺水地区进一步开源余地小。

近年来,我国用水结构发生明显变化,利用效率亦呈提高的趋势,但因经济、技术、观念、管理等仍然存在着诸多不尽理想的问题,水资源利用效率总体上至今尚处于一个较低的水平,节水潜力较大。

未来我国水资源供需矛盾仍较为紧张,农业用水需求增长主要依靠提高用水效率来解决;工业用水需求有较大增长;生活用水随着生活水平和城市化发展将持续增长;生态环境需水应给予充分保证。

新中国成立后的50余年来,我国水资源开发利用与保护工作成就突出,但问题和矛盾也不断显露出来。我国洪水灾害分布广、发生频率高,一直是中华民族的心腹大患。人类不合理的经济活动又从宏观和微观两方面加剧了洪涝灾害的频次和深度,如毁林开荒、围湖造田等。此外,我国目前尚未建立一个完整的防洪体系。

我国总用水量增长较快,随着人口快速增长和经济的高速发展,农业、工业和生活等方面的需水量也在大幅度攀升,而供水能力的增长明显跟不上需水增长速度,大面积区域缺水现象严重。

我国水资源短缺可概括为:缺水特征明显、类型多样;缺水范围广,程度差异较大,缓解或解决途径不一;农业用水技术与管理落后,水资源浪费严重;工业用水设备更新滞后,水重复利用率低,生活用水浪费也很严重;水资源短缺严重干扰社会经济发展和人们生活正常秩序,引发一系列生态环境问题。

自20世纪80年代以来水环境形势不断恶化,河流、湖泊、水库等水污染形势已十分严峻。面对不断加剧的水污染形势,我国政府迅速做出了反应,但防污治污仍任重道远。

西北地区生态环境脆弱,本底差。因而,其水资源及其利用条件是决定与影响西北地区生态环境状况的主要因素之一。西北干旱区与水资源开发利用相关的生态环境问题突出表现在:水资源分配不合理;农田灌、排方式落后,造成大面积次生盐渍化;用水集中区地下水开发过度,产生大面积下降漏斗并影响植被正常生长;河湖生态、水生生态系统亦面临威胁。荒漠化和人工绿洲面积扩大,荒漠绿洲过渡带面积缩小,生态环境总体上不断恶化。

缓解未来我国水资源的矛盾,必须贯彻和实施切实可行的重大战略,包括防洪减灾战略、水资源供需平衡战略、防污与治污战略、生态环境建设与保护战略。

防洪减灾,必须坚持"人水合一"的新防洪思想,协调好人—水—环境三者间的相互关系,确保在江河发生常遇和较大洪水时,防洪工程能够有效运用,国家经济活动和社会生活不受影响,保持正常运转;在江河遭遇大洪水或特大洪水时,有预定方案和切实措施,国家经济社会活动不致发生动荡,不致影响国家长远计划的完成或造成严重灾难。在新型防洪减灾思想指导下,建立现代防洪减灾体系,即防洪工程体系、洪水条件下江河湖区各类蓄滞洪区的使用与补偿机制、灾前规划和灾后重建机制等。同时,应贯彻"标本兼治"的方针,大力加强治本建设。

在水资源供需平衡方面,应建立"以供定用"为主的新型水资源供需平衡机制,实现区域需水量的"零增长",推行以供定用的水资源供用配置模式;积极倡导"节流为先"的原则,多渠道节水,发挥节水的经济、社会和生态环境效益;以农业节水为核心,重视工业节水,提高全民节水意识。多渠道开源,实施跨流域调水,但应做好各调水方案的预研究及各方案间的比较研究工作,系统评估对我国未来的社会经济发展及生态环境产生的影响。建立以市场为导向的水资源管理机制,完善多层次和多元化的水价制度,提高水资源利用效率,改革水资源管理体制。

在防污与治污方面,实现从末端治理向综合治理的战略转变,做到"以防为主,综合治理"。以市场为导向,建立新型防污机制,辅以技术手段和行政手段,综合防治污染。依法征收排污费,调整其使用范围。实行"核定限额,超额加征"的制度。建立饮用水源地保护区,切实保障饮用水源安全。

在生态环境建设与保护方面,建议重新制定流域水资源规划,合理安排生态环境用水。加快水利基本建设进程,增加区域水资源调蓄能力。加强西北地区生态环境脆弱区生态环境的保护和生活保障的建设。建议以小流域为单元,支流为骨架,工程、生物和耕作相结合,建立起水土流失综合治理体系。

参考文献

[1] 钱正英:"中国可持续发展水资源战略研究综合报告",《中国政协报》,2000年10月24日,第1版。
[2] "全国生态保护纲要",《光明日报》,2000年12月22日。
[3] 中华人民共和国水利部:《中国水资源公报》,2000年。
[4] 中华人民共和国水利部:《中国水资源公报》,1999年。
[5] 中华人民共和国水利部:《中国水资源公报》,1998年。
[6] 中华人民共和国水利部:《中国水资源公报》,1997年。
[7] 石玉林、卢良恕:《中国农业需水与节水高效农业建设(中国可持续发展战略研究报告之三)》,中国水利水

电出版社,2000年。
[8] 刘昌明、陈志恺:《中国水资源现状评价和供需发展趋势分析》,中国水利水电出版社,2001年。
[9] 苏人琼等:《黄河流域灾害环境综合治理对策》,黄河水利出版社,1997年。
[10] 陈传友、王春元等:《中国水资源与可持续发展》,中国科学技术出版社,1999年。
[11] 刘昌明、何希吾等:《中国21世纪水问题方略》,科学出版社,1996年。
[12] 任光照:"关于水资源管理工作报告",《水问题论坛》,1998年第1期。
[13] 张启舜:"中国可持续发展中水的热点问题",《水问题论坛》,1998年第1期。
[14] 张翔伟:"中国水资源状况与社会经济持续发展",《水问题论坛》,1998年第1期。
[15] 王理先、张志强:"流域综合管理:水资源管理基础",《水问题论坛》,1999年第4期。
[16] 曾维华等:"洪灾、经济发展与生态环境的辩证关系",《水问题论坛》,1999年第4期。
[17] 陈志恺:"管好、用好、保护好有限的水资源",《水问题论坛》,1996年第2期。
[18] 韦尔特罗普(美)(J. A. Veltrop)著,张泽祯译:"水资源可持续利用的未来挑战",《水问题论坛》,1996年第2期。
[19] 庞进武:"实施水资源统一管理的问题及对策",《水问题论坛》,1998年第4期。
[20] 汪党献等:"中国社会经济发展与水资源需求状况分析",《水问题论坛》,1998年第4期。
[21] 《中国二十一世纪议程——中国21世纪人口、环境与发展白皮书》,中国环境科学出版社,1994年。
[22] 《1949~1995年中国灾情报告》,中国统计出版社,1995年。
[23] 国家环保局:《2000年国家环境状况公报》,2001年。
[24] 中国气象局国家气候中心:《'98中国大洪水与气候异常》,气象出版社,1998年。
[25] 沈振荣、苏人琼:《中国农业水危机及其对策》,中国林业科技出版社,1998年。
[26] 中国水利水电科学研究院:"国家95科技攻关报告——西北地区水资源合理配置与承载能力研究",2000年。

第四章　耕地资源及其可持续利用

耕地是土地资源的精华,是人类的衣食之源。它为人类提供了80%以上的热量,75%以上的蛋白质,88%的食物以及生活必需物质。耕地也是农业生产最基本的、不可替代的生产资料。我国耕地总体质量差、人均耕地少、耕地后备资源不足[1~2]。中国以占世界8.6%的耕地,生产出占世界22%的粮食,养活了占世界21%的人口,这被认为是人类历史上的一大奇迹。但人口的刚性增长和人们生活质量的不断提高,却预示着这一大奇迹后潜藏着重大的危机。如何合理开发、利用和切实保护耕地,已经是我们中华民族面临的有关生存和发展的重大问题,保护耕地就是保护我们中华民族的生命线。

第一节　耕地资源基本态势

耕地具体指经过人类开垦和培育,用于种植农作物的土地。具体包括:新开荒地、休闲地、轮歇地、草田轮作地,以种植农作物为主,间有零星果树、桑树或其他树木的土地,以及耕种三年以上的滩地和海涂。根据利用状况,耕地可分为灌溉水田、望天田、水浇地、旱地和菜地5个二级土地利用类型[1]。作为农业的基础,耕地的数量、质量、结构、布局及功能等方面的态势直接影响着农业乃至整个国民经济的发展。

一、耕地具有不可取代的功能

人类社会不论怎样高度发展,都改变不了"民以食为天"、"万物土中生"的古训。貌似远离耕地的农业科学技术,实际上与耕地发生着更为密切的关系[3]。耕地在国民经济发展、社会稳定、农业自然资源高效利用中的地位不可取代。

1. 耕地是国民经济的基础

【耕地在国民经济中的基础地位是由它的基本功能决定的】首先,耕地不仅提供了人类生命活动所必需的粮、油、棉、菜等主要农作物产品,而且95%以上的肉、蛋、奶产品也由耕地资源的主副产品转换而来;其次,耕地是轻工业尤其是纺织业原料的主要来源地,以农产品为原料的加工业产值占轻工业产值的50%~60%;第三,农业特别是其中的种植业为国民经济的发展已经积累而且还在积累资金,粗略估算从建国以来种植业的生产积累已占国民经济总积累的1/3~1/4,因此,没有种植业的支持就不可能有我国工业的发展[1~2]。

【粮食生产的战略地位决定了耕地的战略地位】粮食生产在我国具有不可替代的战略地位,而耕地资源的数量、质量、分布、利用状况与粮食生产直接相关。建国50余年来的历史证明,凡是受不利因素影响而使耕地数量与质量下降的时期,必然是导致粮食减产,进而制约我国农业和国民经济发展的时期,相关耕地政策被迫开始调整和紧缩;反之,凡是耕地得到合理保护和利用,粮食大幅度增长之后的年份,一般都是农业和国民经济迅速增长的时期[4~5]。近几年我国粮食增长缓慢的一个重要原因就是优质耕地面积锐减。

2. 耕地是社会稳定的基础

【耕地是解决内忧的基础】中国是农业大国,70%的人口生活在农村,耕地是农民维持生存最基本的物质基础,耕地直接、间接地为农民提供了40%～60%的经济收入和60%～80%的生活必需品;同时耕地也是城市居民基本生活资料的重要来源[1~2]。耕地是人地关系结合最紧密的部位。没有了耕地,人们就失去了最基本生活资料的生产场所,国家也就失去了社会稳定的基础。没有一定数量、质量和合理分布的耕地,很难抵御一些区域性或全球性的生态灾难或自然灾害,也不能缓解由探索性政策不可避免的失误所造成的人地矛盾。

【耕地是排除外患的保障】国际社会动荡不安,经济侵略和武力冲突时有发生。有霸权思想的粮食输出国往往利用粮食作为政治工具,干涉粮食进口国内政;不可避免的地区性武力冲突虽不到"深挖洞"的地步,但"广积粮"仍很现实,人、粮、地的战略关系十分明确。因此,耕地资源状况有关我们国家的国际地位,有关包括国防力量在内的排除外患能力的状况。

3. 耕地在自然资源中占有重要地位

【耕地是土地的精华】土地是由各种自然要素组成的综合体,气候资源、水资源、土壤养分都融合于耕地之中。耕地作为各种农业资源的载体,在人为因素的作用下,最终形成一定的综合生产能力。农、林、牧之间的关系十分密切,而且互相补充、协调发展。其中,耕地的利用水平和产值远高于林业和牧业。因此,耕地资源的数量、质量、分布及其利用状况直接影响着农业资源的总体格局及其变化[1~2]。

【耕地是人类利用化石能提高作物产量的转换器】传统农业的基本特征是外界系统的投入很少,相应的产出水平也低。而常规农业现代化,不论是发达国家的"工业化农业",还是部分发展中国家的"绿色革命农业",都以大量化石能的集约投入以求高产出为特征[6]。通过耕地资源,人与地之间关系的广度和深度进一步加强,人类的生存基础和发展潜力进一步巩固和加强。

二、耕地数量与质量不容乐观

1. 耕地相对数量不足的问题最明显

【耕地比重低,人均耕地少】绝对数量多往往给人以地大物博的错觉,使人有犯错误的余地,而相对数量少才是现实的写照,更是使人清醒的警钟。据土地利用现状调查,截至1996年10月31日全国耕地总面积为130039.2千公顷,占世界耕地总面积的9.5%,仅次于美国、印度和俄罗斯,居世界第4位。但从耕地面积占国土总面积的比重来看,中国却是一个耕地资源相对贫乏的国家,仅有13.7%,远低于印度(49.4%)、法国(33.2%)、英国(24.9%)、美国(18.7%)等国家。我国人口多,人均耕地1996年为0.106公顷,是世界人均耕地的1/2.5,印度的1/1.6,美国的1/6.3,俄罗斯的1/8.4,加拿大的1/14.5,澳大利亚的1/26[1]。近年来人均耕地继续下降,到2000年底,中国人均耕地仅为0.1公顷。我国耕地比重的区域性差异也较大(图4-1)。

【耕地后备资源短缺】加拿大、巴西、澳大利亚和俄罗斯等国目前耕地面积占国土总面积的比重尽管不大,但这些国家耕地后备资源丰富,开发潜力很大。而我国耕地后备资源的特点:一是人均数量少,即使将全国耕地后备资源全部开垦成耕地,人均耕地增加还不到0.007公顷;二是地区分布不平衡,耕地后备资源主要分布在北方和中西部地区(表4-1),集中分布在东北和西北的少数几个省份;三是质量差、开发难度大,因为质量高、开发难度低的土地早已被开发。据不完全统计,目前开发1公顷耕地所需成本为1.5~2.25万元,开发滩涂、围海造田成本为每公顷7.5~15万元。据有关研究,我国现有工矿待复垦的土地资源也仅约4000千公顷[7]。后备资源短缺,说明"开源"不是主要出路。

表4-1 耕地后备资源的区域分布 (单位:千公顷)

地区	数量	地区	数量	地区	数量
北京	17.9	山西	418.7	四川	516.0
天津	13.5	内蒙古	1027.9	贵州	85.7
河北	128.9	吉林	81.7	云南	511.4
辽宁	186.7	黑龙江	2002.9	西藏	133.3
上海	7.3	安徽	131.5	陕西	77.5
江苏	246.7	江西	132.2	甘肃	761.9
浙江	55.9	河南	214.7	宁夏	333.3
福建	130.0	湖北	188.8	青海	457.1
山东	382.0	湖南	281.9	新疆	4818.7
广西	66.9				
广东	102.3				
海南	0.2				
东部	**1338.2 (9.9%)**	**中部**	**4480.3 (33.2%)**	**西部**	**7694.9(56.9%)**
全国	**13513.4**	**北方**	**10922.8(80.8%)**	**南方**	**2590.6 (19.2%)**

注:四川省包括重庆市。
资料来源:参考文献[7]。

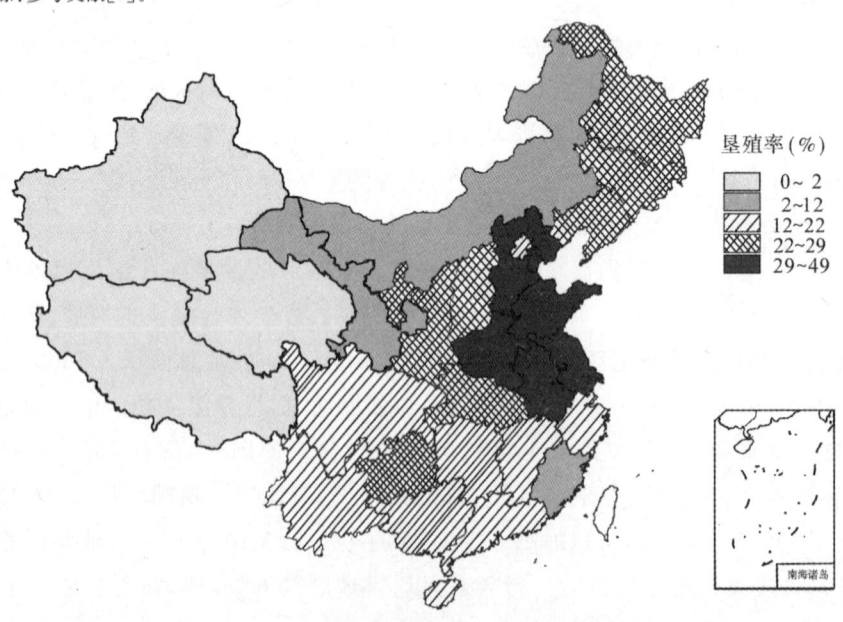

图4-1 我国不同地区土地的垦殖率

(根据参考文献[1],数据为1996年耕地详查数字,故四川省包括重庆市。)

【耕地不断减少是大势所趋】我国耕地"开源"有限,开发的难度大、效益低,而且垦荒还可能引起重大的生态问题;然而我国各项建设事业方兴未艾,人口的刚性增长客观上也需要更多的居住空间,加上管理方面的问题,"节流"的难度更大,因此,维持耕地数量动态平衡是非常艰难的工作。根据国家统计资料,建国以来我国耕地资源总量有一个持续增长的时期,即建国初期的1949~1957年,使1957年耕地面积达到111830千公顷;另外还有几个零散增长的年份,即1960、1964、1965、1978、1979、1990、1995和1996年。自1958年以来,我国耕地资源总量具有不断减少的总趋势,曾出现过几次大滑坡:第一次大滑坡的时段以1958~1963年为代表;第二次大滑坡为1966~1977年;第三次大滑坡为1980~1988年;第四次大滑坡始于1992年,但于1995年后得到一定控制,1997年后继续下降。根据进一步研究,从建国到20世纪80年代初期,除"大跃进"时期外,我国耕地增量大于耕地减量,80年代初耕地总面积达到历史最高值,约为132500千公顷~139700千公顷。20世纪80年代以后我国耕地总面积不断减少,到1996年实有耕地面积130039千公顷[8]。近几年耕地净减少数量增加,1997、1998、1999和2000年4年耕地面积净减量分别为135.3千公顷、261.3千公顷、436.6千公顷、962.4千公顷[9~10]。

2. 耕地总体质量差的潜在威胁大

【中低产耕地比重大】根据1992年农业部土肥总站依据全国农业后备资源调查确定的中低产田标准所作的分析,全国中产耕地为30207.0千公顷,占耕地总面积的30.3%,低产耕地50239.0千公顷,占耕地总面积的41.0%,中低产耕地合计占全国耕地总面积的71.3%。如此大的中低产耕地比重,基本上决定了我国耕地总体的生产力以及产投比状况。中低产田占耕地比重大于70%的有海南、安徽、广西、江西、黑龙江、宁夏、贵州、甘肃、河南、云南、内蒙古、西藏、新疆、河北、天津、湖北和青海17个省(市、区)[1~2]。

【耕地水土匹配条件差】我国长江流域及其以南地区,水资源量占全国的80%以上,但耕地仅占38%;淮河流域及其以北地区,水资源量不足全国的20%,而耕地却占全国的62%。全国有47%的耕地分布在山区丘陵区,缓坡耕地(6°~25°)和大于25°的陡坡地占全国耕地总面积的28.3%;受荒漠化的影响,我国干旱和半干旱地区耕地严重退化,这些地区存在不同程度的水土流失问题[1~2]。过于低平地区的耕地又有由水分过多带来的盐碱化倾向。

【耕地养分含量低】根据全国第二次土壤普查资料,全国约有1405.3千公顷耕地土壤有机质含量大于30克/千克,占被统计面积的15.06%;55026.0千公顷耕地土壤有机质大于10克/千克而小于30克/千克,占59.08%;24138.0千公顷耕地土壤有机质小于10克/千克,占25.86%。在被统计面积中,耕层土壤含氮量小于或等于0.75克/千克的土壤约有1/3;缺磷面积49%,含磷中等和缺乏磷的面积达80%以上;速效钾含量小于或等于100克/千克的面积达49%。其中,旱地缺磷少氮,而水田缺钾更为严重[1~2]。近十几年来我国注重耕地的养分投入量以提高耕地养分平衡指数,但片面强调提高化肥投入量来改变耕地养分的平衡状况,必然会影响粮食的品质、耕地土壤的物理性状和环境质量。

【障碍因素多】根据全国第二次土壤普查和全国农业综合开发后备资源调查,我国耕地中有60%~70%的面积存在某种主要限制因素,这些限制因素所影响的耕地面积从大到小为侵蚀、干旱缺水、瘠薄、渍涝、盐碱、板结、砾石、潜育层、砂浆层等。其中侵蚀耕地主要分布于西南、东北、华北、黄土高原4个区;干旱缺水地主要分布于华北、黄土高原、长江中下游、西南4个区;瘠薄耕地主要分布于长江中下游、华北、黄土高原、西南4个区;板结耕地主要分布于西南、华北、东北、长江中下游区;砾石耕地主要分布于西南、华北、东北、长江中下游、华南、黄土高原6个区;渍涝耕地主要分布于华北、长江中下游、东北3个区;盐碱耕地主要分布于华北、西北、东北3个区;潜育层耕地主要分布于长江中下游、华南、西南3区;砂浆层耕地主要分布于华北、黄土高原2区[1~2]。克服这些障碍因素需要很大的资金、技术和人力的投入。

【耕地污染加剧】伴随着经济的高速增长,我国的环境污染已由单纯的工业污染过渡到工业、农业和生活污染的并存。大气污染、水污染和固体污染,直接和间接地制约着耕地的现实生产力,并对耕地持续生产力的保持和提高构成潜在威胁。从这个角度看,不受污染的耕地根本就不存在。如果各行各业不通力协作对环境污染进行综合治理,耕地就不可能有"净土",人民的生命健康就会受到严重影响。据统计,全国受工业"三废"污染的耕地达4000千公顷,受乡镇企业污染的耕地1866.7千公顷。酸雨危害已遍及22个省份,耕地受害面积达2700多千公顷。耕地污染在城市、工矿区附近尤为严重。农药、化肥施用量的增加,对水体、土壤和大气都产生一定的污染。为改善作物生长条件而使用的地膜(增加土壤温度和湿度)和衬膜(防止水肥渗漏),也引起越来越多的耕地污染。全国每年因耕地污染造成的粮食减产达到12.5亿公斤,污染粮食25亿公斤以上,同时对蔬菜、水果、茶叶、烟叶和养殖业的产量和质量都有很大影响[1~2]。伴随着工业化和城市化的不断发展,城区周围的优质耕地面临越来越大的威胁,被严重污染的河流和空气会殃及更多的耕地。绿色产品的出产地与工业化、城市化高度发展地区"不共戴天"。

【耕地总体质量下降很难控制】耕地自然条件较好地区的土壤污染严重,农转非强度大,而自然条件较差地区的土壤养分含量低和土壤障碍因素多等,这些都是难以很快解决的问题。随着人们生活质量的不断提高,除关心耕地质量中的生产力以外,更加注重其收获物的品质、适口性以及无毒害化水平,而上述几方面才是真正意义上的耕地质量。伴随着人类征服自然能力的增强,如果不加强改善生态环境的力度,耕地质量下降的趋势很难控制。突如其来的生态灾难,诸如特大洪灾和沙尘暴可能使许多良田毁于一旦;不断弥漫的环境污染已经不是"隐形杀手"。

3. 区域性耕地资源的数量与质量难以维持平衡

【耕地数量南少北多、东西少中部多】我国耕地数量分布不平衡。在我国全部耕地中,南方不足40%,北方高于60%;东部28.4%,中部43.2%,西部28.4%。可见,从南北向看,耕地多在北方;从东西向看,耕地多在中部,而东西两端相当。我国耕地主要分布在北方和中部,如黑龙江、吉林、内蒙古、河南、湖北、湖南、江西等地[11~12]。

【耕地生产力南高北低、东高西低】我国耕地生产力分布不平衡。根据全国平均水平的播种面积、粮食单产以及农作物复种指数等指标计算的各地耕地标准面积折算系数推测,到我国南北方耕地生产力有相当大的差距,南方单位面积耕地的生产力大约是北方的2.5倍[11~12]。根据1996年东中西部单位面积耕地提供的粮食产量和产值分析,东部耕地生产力约为西部的2倍,中部耕地生产力略高于西部[13]。可见耕地生产力由东向西逐渐降低(图4-2,表4-2)。

表4-2 不同地区耕地的产出状况

地区	耕地面积 (公顷)	粮食总产量 (万吨)	粮食单产 (公斤/公顷)	耕地总产值 (亿元)	单位面积产值 (元/公顷)
东部	36955887.60	18944.60	5126	5955.27	16115
中部	56118889.55	21451.80	3823	4938.05	8799
西部	36964452.31	10057.10	2721	2653.83	7179

资料来源:参考文献[13]。

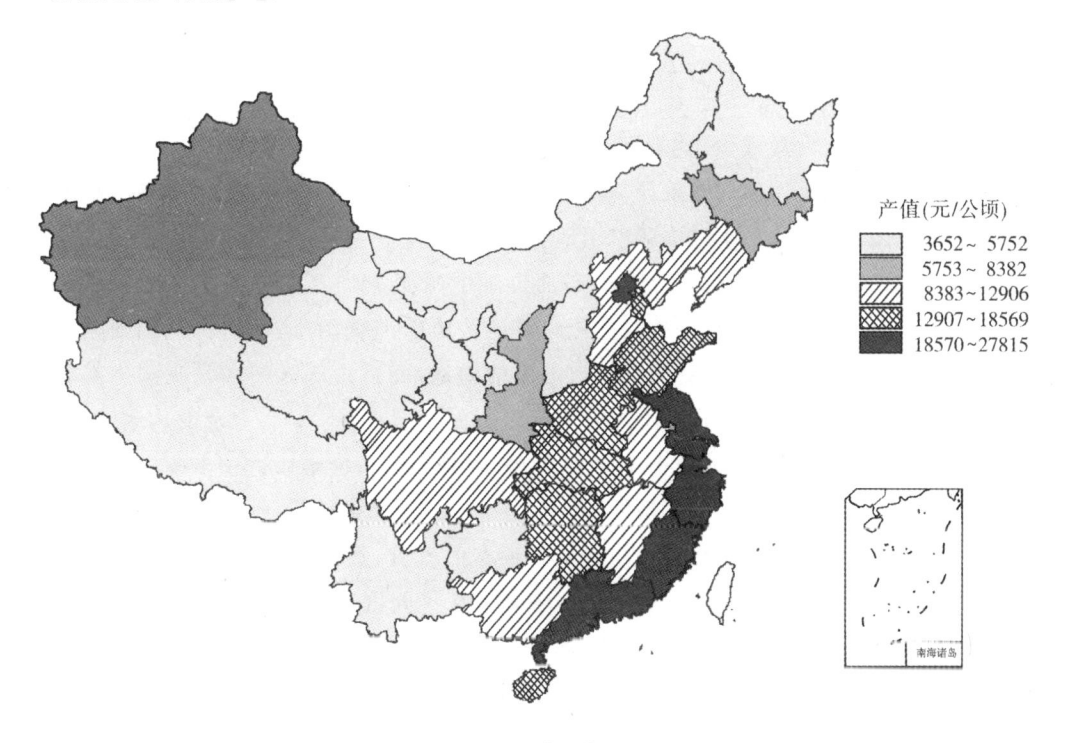

图4-2 单位面积耕地产值的区域差异

(根据参考文献[13],数据为1996年耕地详查数字,故四川包括重庆市。)

【东南部地区人均耕地极少】考虑到人口分布,我国的耕地资源分布更不平衡。根据1999年耕地面积调查数和1999年人口统计数,我国各省市区人均耕地面积(公顷/人)由高到低依次为内蒙古、黑龙江、宁夏、新疆、吉林、甘肃、云南、西藏、山西、陕西、青海、贵州、河北、海南、辽宁、安徽、广西、山东、河南、湖北、重庆、四川、江西、江苏、湖南、天津、浙江、广东、福建、北京、上海。人均耕地面积较高的省区主要在北方,较低的主要在南方,东南地区的人均耕地最少。其中天津、浙江、广东、福建、北京、上海6个省市的数值低于联合国粮农组织所规定的0.053公顷耕地警戒线(表4-3)。

表4-3 耕地资源的区域分布　　　　　　　　　　（单位：千公顷、公顷/人）

地区	耕地数量	人均耕地	地区	耕地数量	人均耕地	地区	耕地数量	人均耕地
北京	339.5	0.027	安徽	5961.2	0.096	四川	6590.4	0.077
天津	484.9	0.051	福建	1404.8	0.042	贵州	4795.4	0.129
河北	6848.9	0.104	江西	2973.6	0.070	云南	6404.8	0.153
山西	4562.8	0.142	山东	7666.6	0.086	西藏	366.7	0.143
内蒙古	7785.2	0.330	河南	8095.6	0.086	陕西	5044.2	0.139
辽宁	4169.6	0.100	湖北	4931.4	0.083	甘肃	5026.5	0.198
吉林	5579.7	0.210	湖南	3931.9	0.060	青海	687.5	0.135
黑龙江	11768.3	0.310	广东	3223.4	0.044	宁夏	1274.3	0.235
上海	302.6	0.021	广西	4408.7	0.094	新疆	4143.9	0.234
江苏	5033.4	0.070	海南	763.9	0.100	全国	129205.4	0.103
浙江	2105.8	0.047	重庆	2529.9	0.082			

资料来源：参考文献[9]。

【东南部优质耕地大量减少，边远区新垦耕地得不偿失】从耕地结构来看，耕地减少中水田所占比重较大；从耕地分布区域来看，耕地减少集中在水热条件较好的南方地区；从耕地减少的主要形式来看，不论是农业结构调整用地，还是非农建设占地，都是以牺牲大量优质耕地为代价，而且非农建设占地南方快于北方，东部快于中西部[1,11]。总之，我国东南部大量优质耕地在不断损失。如果考虑工业化和城市化对耕地构成的严重污染，优质耕地的损失更是令人惊讶。边远地区新垦耕地的质量远低于被占用的耕地，而且边远区一般是我国生态环境的脆弱区，开发的难度大、成本高，开发不当会引起较大的生态灾害[14~15]，殃及发达地区。

三、耕地利用中难以解决的问题

1. 耕地生态环境条件差，耕地利用程度难以进一步提高

【耕地生态条件差】我国耕地的生态条件差，抵御水旱等自然灾害的能力不强，而且长期得不到根本的改善，致使产量不稳、年际之间波动较大。据原国家土地管理局1986~1995年统计资料，10年间因灾毁损失耕地1154.2千公顷，占同期耕地总损失量的17%。耕地除受城市、工业发展和农药、化肥等污染以外，生态环境脆弱地区耕地的水土流失和沙化问题比较严重，而地势低平地区耕地的盐碱化问题比较严重。国家对农业基础设施建设的投资逐渐下降，从"一五"到"五五"期间占全国基本建设总投资的11.3%，下降到"六五"期间的5%，"七五"期间的3.6%，1991年的4%，1992年的3.7%，1993年的2.8%。我国自1980年以来全国耕地旱涝保收面积和比重尽管在逐年增加，但从农业产业化发展趋势而言，都需要加速江河的整治和农田水利的兴修[1~2]，没有健全和完善的农业基础设施，耕地的生态条件就不可能改善。

【耕地的利用程度较高】一方面表现为我国耕地的复种指数较高。1952年全国复种指数为130.9%，1995年为157.8%。南方大部分省区由于水热条件优越，农作物平均复种指数达200%以上，如福建为235.47%，浙江为242.50%，江西为257.78%；而东北和西北地区受气候的限制，复种指数较低，黑龙江、内蒙古、新疆、青海和西藏等省区的复种指数多在100%以下[1]。如果在改变或调节作物本身或其环境条件方面没有较大的技术突破,复种指数很难提高。另一方面表现为我国的单产水平较高。我国耕地总面积在不断减少,但粮食总产却逐渐上升,这主要靠粮食单产水平的不断提高。但就现有投入水平和耕地综合生产能力来看,单产水平进一步提高的难度比较大。

2. 耕地占用与闲置浪费严重

【非农建设用地进入快速增长阶段】改革开放的不断深入和市场经济的逐步建立,我国非农建设用地进入快速增长阶段。城市数目激增,由1985年的324个增加到1997年的668个,13年增加了一倍多;城市建成区面积不断扩大,由1985年的9386平方公里增加到1998年的23000平方公里,也增加一倍多,城市占地增长速度大大快于城市人口增长速度,导致城市人口人均占地面积扩大,有的城市已超过国家规定的人均100平方米的标准。特别是前几年大搞"开发区",以及有的地方为了引进外资项目,不惜以低价出让耕地,使大片良田快速丧失。农村建设用地不断增加,特别是20世纪80年代中期以来,随着农民收入的提高,农村逐渐注重改善居住条件,尤其是中西部地区,农民建房损失耕地所占比例高于东部地区。另外,村办和乡镇企业的快速发展,也占用不少耕地。国家基础设施建设进入快速发展阶段,能源、交通、水利和工矿建设用地大幅度增加,特别是为刺激内需而增加的基础设施投资,虽然拉动了国民经济的增长,但也加大了对土地的占用。与此同时,各种管理调整速度慢于建设速度,导致建设失控、乱占土地、土地闲置等问题。在东部发达地区,非农建设占地是耕地快速减少的第一原因[1,10~11]。

【农业结构调整占用大量耕地】在比较利益的驱动下,农业结构调整使大量耕地损失。据原国家土地管理局1986~1995年统计资料分析[1],10年间全国共减少耕地6789.6千公顷,其中农业结构调整占62%(表4-4)。在农业结构调整中,改园地占39%,改林地占33%,改牧草地占20%,改鱼塘占8%。又据1994年对全国东、中、西部294个农业资源经济信息动态监测网点的耕地监测数据分析,这一年耕地减少123275公顷,其中农业结构所占比重最大,共减少77128公顷,占减少总量的62.6%。农业结构调整减少的耕地所占比重由东向西逐渐增大,东部主要是改园和改鱼塘造成耕地减少,而西部主要是还林还牧造成耕地减少。

【土地闲置浪费严重】耕地用途管制失控,往往导致乱占耕地和土地的闲置浪费并存。目前中国乱占耕地的现象还比较普遍,城乡建设用地粗放浪费还十分严重。现有的城镇建设用地中,城市平均容积率仅为0.3左右,有40%左右为低效利用,5%处于闲置状态。农村居民点建设用地大致有50%左右为低效利用,10%~15%处于闲置状态,农村居民点建设布局分散,用地超标,一户多宅、空心村、闲散地大量存在。另外,我国相当部分耕地零碎不规整,闲散地、废沟塘、取土坑和田坎、田间道路面积过多。根据详查,田坎面积达1247万公顷,沟渠487万公顷,田间道路667万公顷,分别超过土地集约水平中等国家的1倍、1.5倍和2倍以上。一些省份在国家冻结非农建设项目占用耕地的情况下,一年批准重点工程上千个,占用大量耕地。个别省份在一个月内突击批地数比前一年的总数还多,有的甚至多几倍。有的市在市县级公路两侧大搞五十米绿化带,严重违背国情。脱离实际,追求"大办公楼、豪华别墅",热衷于建设"大都市、大马路、大广场",盲目扩大城市外延,片面强调"以地生财"滥设开发区等等严重人为浪费土地的现象依然存在[10]。

表4-4　1986～1995年全国耕地减少面积构成　　　　（千公顷）

年度	减少耕地面积	城乡建设占用 面积	%	农业结构调整占用 面积	%	灾害毁地 面积	%
1986	1108.3	252.6	22.8	684.6	61.8	171.1	15.4
1987	877.2	194.0	22.1	556.5	63.4	126.7	14.5
1988	676.3	122.2	18.1	394.7	58.4	159.4	23.5
1989	417.3	89.2	21.4	231.1	55.4	97.0	23.2
1990	346.4	82.7	23.9	207.7	60.0	56.0	16.1
1991	448.3	120.5	22.9	234.8	52.4	111.0	24.7
1992	707.3	155.5	22.0	452.9	64.0	98.9	14.0
1993	625.3	134.5	21.5	423.4	67.7	67.4	10.8
1994	785.1	133.1	17.0	511.1	65.0	140.9	18.0
1995	798.1	160.5	20.1	511.8	64.1	125.8	15.8
1986～1995合计	6789.6	1444.8	21.0	4208.6	62.0	1154.2	17.0
平均	679.0	144.5	21.0	420.9	62.0	115.4	17.0

资料来源:参考文献[1]。

第二节　耕地相关政策的评介

人口刚性增长和人们解决温饱与提高生活质量的要求,一方面需要增加耕地数量,提高耕地质量;另一方面却避免不了牺牲优质耕地,给耕地带来越来越多的潜在威胁。如何管理好作为土地资源精华的耕地,关系到中华民族的生存和发展,而耕地相关政策在解决上述矛盾与维系耕地动态平衡方面起着举足轻重的作用。耕地相关政策是影响耕地数量、质量、分布、利用与产出状况的重要因素,其变化主要决定于国内外政治、经济、社会状况的变换以及决策者对这些变换的认识。耕地相关政策有成功的经验也有失败的教训,客观历史地评价这些政策,是今后耕地政策调整与实施的重要基础。

一、不断变化的耕地政策

1. 从计划型逐渐向市场型过渡的耕地政策

【从分到合的耕地政策使农业生产迅速恢复发展】1949～1952年"恢复时期"进行的土地改革运动,属平均地权阶段,3亿多无地少地的农民实现了"耕者有其田"的梦想,耕地的生产力逐步提高,而且在"谁开谁有"的开垦政策鼓励下,耕地面积迅速扩大。农民除向政府纳税之外,不再受任何私人的剥削,每个农户成为独立的生产者和收获者,生产者的积极性被极大地调动起来,农业获得全面丰收,为战后国民经济的恢复创造了必要条件。1953～1957年进行的"农业合作化运动",消除了个体农民势单力薄的局面,建立了人与人之间新型的平等、互助和合作关系,产品分配实行"各尽所能,按劳分配"的分配原则,耕地的生产力进一步提高,垦荒事业继续发展,耕地面积继续增长,从而使我国农业继续腾飞,为工业发展打下坚实的基础[1~2,4~5]。但从互助组、初级社、高级社带来的农业大发展,以及为了迅速积累工业化资本,农民对土地的独立占有权被逐渐收回。

【计划型耕地政策有得有失】1958~1978年我国农村长期实行高度集中的人民公社管理体制,农民家庭没有农业经营的自主权,但国家坚持"以粮为纲、全面发展"的战略决策。此期间的耕地政策为解决11亿人民的温饱问题和综合国力的增强起到了重要的作用,但政治挂帅的计划型耕地政策或左或右,使农业生产跌荡起伏,最终不能使农民富裕起来,有时还影响农民的温饱。比如1958~1962年,由于国民经济"大跃进"和人民公社"一平二调"以及自然灾害的影响,全国城乡建设占用和因灾废弃大量耕地(14533.3千公顷),粮食减产。随后不得不进入1963~1965年的"调整时期",国家纠正"一平二调"等错误,调整国民经济,压缩基本建设,使被不合理占用的耕地得以复种,粮食总产量增加。但好景不长,1966~1976年为十年"文化大革命"时期,在较稳定的政治气候的影响下,农村实行"左"的政策,耕地开发速度减慢,粮食增长率减小[1~2,4~5]。计划型耕地政策的不断延续,使农民的生产积极性逐渐降低,客观上要求新的农村经营体制的出现。

【家庭联产承包责任制解决了农民与国家的矛盾】"文革"结束后,国家以经济建设为中心。1978~1991年,在计划经济的基础上于农村推行的各种形式的联产承包责任制,产品分配实行"保证国家的,留够集体的,剩下都是自己的",有效地克服了吃大锅饭、搞平均主义的弊端,同时注重提高农产品收购价格,使集体经济的优越性和个人的积极性同时得到发挥,农民有了土地就有了最重要的生活资料,我国农业有了质的飞跃。但实行家庭联产承包责任制后,农民不再是人民公社社员,而是独立的商品生产者,这就必然与市场发生越来越密切的联系。1985年后,农村各业继续发展,特别是乡镇企业迅速发展,使耕地减少,粮食生产徘徊不前,后来耕地减少有所控制,粮食产量有所回升[4~5,16]。但由于计划经济的影响,农产品供应紧张,农村市场萎缩,客观上要求市场型耕地相关政策的出现。

【土地商品化解决了农民与市场的矛盾】1992年后,我国实行社会主义市场经济体制,逐渐以商品经济的观念配置土地。除了必要的口粮外,其他耕地逐步纳入效益原则的轨道,把土地视为特殊的商品,改变过去单纯以人口和土地的原始结合,逐步向实现土地、资金、劳动力、技术等各种生产要素优化配置的方向迈进[16]。由于处于由计划经济体制向市场经济转型的伟大阶段,各项建设事业蓬勃发展,耕地保护面临严重问题,国家逐步采取了严格的耕地保护政策。长期坚持市场经济体制下的耕地保护,是我国农民富裕起来的希望,也是我国实现富强的基本保证。

2. 相互影响的耕地政策与粮食供需形势

【粮食供需平衡脆弱】由于人口的刚性增长以及生活质量的不断提高,对粮食的需求量、质量结构、适口性以及无毒害水平也在不断增长;同时由于粮食既是重要的战略物资又是重要的工业原料或源头产品,因此,每个国家都不敢轻视粮食生产的重要性。粮食供给实际上涉及粮食的供给量、质量结构、适口性和无毒害水平等。粮食供给量是基础部分,包括粮食生产量、进口量和储备量,而生产量又是供给量的主要部分,进口量和储备量主要是作为粮食生产丰收与歉收,以及特殊情况下的调剂粮。可见,粮食生产量基本上控制着粮食的供需平衡。而我国粮食生产,除受人为因素影响外,也深受自然因素的制约,故此粮食产量的波动大。从我国人均粮食状况分析,在1955年首次达到300公斤后一直处于徘徊阶段,直到1978年后才稳定超过300公斤;1984年首次突破390公斤,之后又处于355～391公斤的徘徊阶段[1,4],直到1996年才跨越400公斤的"鸿沟"。我国耕地整体数量和质量均不断下降,人口却不断增长,靠提高单产的潜力不大,同时片面追求粮食产量,必然影响粮食的质量、适口性以及无毒害水平。由于我国粮食处于微妙的低水平平衡状态,而粮食的供给量和社会对粮食的需求量弹性系数均很小,而且不确定不稳定,因此,粮食供需平衡极为脆弱,极易受自然和人为因素的干扰。2000年人均粮食下跌到365公斤[17~18],不能不引起人们的警觉。

【互动的耕地政策和粮食供需关系】由于对国际国内政治形势的错误估计,我国在很长时间执行错误的人口政策(不注重人口数量的控制),加上人口的惯性增长,解决不断增长的人口的温饱问题一直是我国耕地政策的首要任务。当耕地政策对粮食生产产生严重不良影响时,就必然被调整。纵观我国建国后的农业发展状况,凡是重视农业和农民利益、采取工农业协调发展的耕地政策,就有利于我国粮食生产和全国经济的发展,如1949～1952,1953～1957年,1963～1965年,1979～1984年;否则就不利于我国粮食生产和全国经济的发展,如1959～1961年,1966～1976年。即使工业一度增长较快,但由于农产品供应紧张,农村市场萎缩,各种矛盾尖锐,经济又会转向疲软,如1985～1991年。除去十年"文革"外,我国耕地相关政策变化周期一般为3～5年;除去解放初期的恢复时期,耕地政策一般为优劣相间。如以1949年的粮食产量为基础,以稳定增产粮食5000万吨为一个台阶[4],则从1949年到1998年我国粮食总产量共攀登8个台阶。从上台阶的间隔年数来看,最快的是1949～1952年的土地改革时期,其次是1979～1983年的家庭联产承包责任制开始阶段,第三为1990～1995年我国市场经济开始实施阶段。"大跃进"与"文革"期间,由于"左"的耕地政策影响,粮食产量上台阶的速度很慢;而1983～1990年期间,在计划经济基础上的家庭联产承包责任制政策已出现"报酬递减"的现象。除特殊年份,我国粮食每上一个台阶的间隔一般为4～7年。但近两年来粮食总产量的下滑,不能不引起人们的关注(表4-5)。可见耕地政策与粮食生产密切相关,耕地政策对粮食生产的影响有一定的滞后作用。

表4-5 中国粮食上台阶的状况

上台阶年份	1952	1966	1973	1979	1983	1990	1995	1998	2000
上台阶数	1.0	2.0	3.0	4.4	5.5	6.7	7.1	8.0	7.0
间隔年	3	14	7	6	4	7	5	3	2

资料来源:参考文献[1,17~18]。

3. 从历史看我国耕地政策变化的规律

我国幅员辽阔,各地的自然资源状况和社会经济发展水平各不相同,因此各地的耕地政策变化的速度也不相同。

【由粮食主导期到农业主导期,再到产业主导期,再到经济主导期,再到发展主导期】人对粮食的消费可区分为直接消费和间接消费两种形式。前者是指人们直接把粮食做成食品以供食用,或用粮食制成各种调味品;后者是指粮食经动物转化成动物产品再为人类所消费。以粮食直接消费为主的阶段,相应的耕地政策一般处于粮食主导期。我国由于经济落后、人多地少,解决人们的温饱问题一直是国家的主要任务,因此粮食主导期在我国经历了相对长的时间。随着经济水平的不断提高,人们的温饱问题解决以后,便开始考虑改变食物结构,注重粮食的营养结构和适口性,以及粮食的间接消费,客观上要求"数量型农业"向"质量型农业"转变,耕地相关政策必然调整到农业主导期。"七五"期间,我国粮食增产部分不再以口粮消费为主,而以间接消费为主,这可视为农业主导期的开始。随着农业生产的不断发展,计划型经济的问题越来越明显,以市场为导向的农业产业化发展势在必行。我国农业产业化萌动于20世纪80年代中后期,现在正处于蓬勃发展的时期。农业产业化实质上是多元相关利益主体在利益均沾基础上的经营一体化,其发展有利于解决小生产与大市场之间的矛盾,以及由此导致的农民利益的损失。农业产业化的不断深入发展,使农业内部、农业与其他各业之间的物质、能量、信息交换更加畅通,使农业最终改变弱质产业的地位,相应的耕地政策可能过渡到经济主导期。为了保持经济的持续增长,人们将注意力更多地集中到由经济高速发展而带来的生态平衡、环境污染等社会问题,相应的耕地政策过渡到发展主导期[4~6,16,19~20]。

【从国内主导期到两个市场、两种资源主导期】耕地政策的变化必然以提高耕地利用率和增加农民收入为目的,也只有不断提高耕地利用率、增加农民收入才能真正保护耕地。随着我国社会主义市场经济的不断发展,对外开放的广度和深度不断增强,我国农业与国际市场的联系将日益密切。这种联系将导致我国农产品进出口结构的调整以及相应耕地政策的变化。只有利用国内和国际两个市场、两种资源,才能充分发挥我国农业的比较优势,扩大农产品的对外贸易,也才能实现农业结构在较大范围内和较高层次上的不断调整和优化。根据我国劳动力丰富、土地资源相对短缺的现状,多出口劳动密集型的高价值产品(如畜产品、水产品、蔬菜、水果和农产品加工品),以换回土地密集型的产品(如谷物、油籽、棉花和烟草)。这样做实际上起到了出口劳务、增加就业,进口了我们紧缺的水土资源。有些地区可以根据具体实力,直接出国租赁土地进行生产经营。有国际竞争能力和竞争潜力的农产品应瞄准国际市场,而给其他农产品腾出国内市场。同时应推动"进口替代",因为国际竞争不仅仅在国外,在国内也非常激烈[11,20]。

二、现行政策的主体是总量动态平衡

1. 我国耕地资源面临严峻危机

【1.3亿公顷为我国耕地总量的最低线】改革开放以来,随着城市化和工业化的不断发展,耕地资源不断减少,人地矛盾日益突出。国家曾出台若干保护耕地的政策和法规,但在比较利益的驱动下,这些政策和法规的贯彻执行情况很差,乱占滥用耕地的事件屡禁不止。耕地资源面临的严重威胁,引起了中央领导的高度重视。为了遏制耕地面积不断减少的势头,国家制定了实现耕地总量动态平衡的

战略目标和具体措施,使耕地面积快速减少的现象得到了有效的控制,并于 1995、1996 年实现了全国耕地面积总数量的平衡。但这种平衡实质上意味着必须保障耕地产出能力的平衡,即保持耕地总体质量不下降情况下,始终使耕地总量不低于 1.3 亿公顷,坚持以 1.3 亿公顷为我国耕地总量的最低线。

【保护耕地的制约机制和措施尚未建立】现行的土地收益分配办法形成了多占耕地的机制。因为,土地收益全部留给地方,而又不能保证种植业较高的经济利益,极易使地方政府利用农转非的审批权,获得巨额的耕地占用税、土地出让金和城市增容费、交通建设基金、商业网点建设费等征地附加费;农民、农民集体或乡镇政府也为从农转非中获得更大利益,不惜牺牲大量耕地;因为城区和国家批准的开发区内土地利用成本过高,一些建设单位便大量地征占耕地;另外,有些地方管理部门靠土地收益维持正常工作。现行的用地"分级限额审批"制度不能控制土地供应总量,因为现行土地管理的绝大多数权力实际上已不归国家和省级机关,在比较利益的驱动下,地方政府往往采取"上有政策,下有对策"的做法。地方管理部门隶属于同级政府,很难依法行政,对地方土地违法行为很难查处。我国法律规定对农转非的限制无力,至今还没有将关系民族存亡的耕地纳入刑事保护范围[21](专栏 4-1)。

专栏 4-1

中国人均耕地不足世界一半,乱占滥用耕地屡禁不止

据国土资源部资料,2001 年中,对全国各省、自治区、直辖市上年度土地利用现状的变更调查:截至 2000 年 10 月 31 日,中国耕地面积为 1.28 亿公顷,年内净减少耕地面积 96.2 万公顷。中国人均耕地仅为 0.1 公顷,只占世界人均耕地的 45%。

另据国土资源部公布资料,2000 年全国发现土地违法案件 18.4961 万件,涉及土地面积 31667.14 公顷,其中耕地 9491.24 公顷;立案查处土地违法案件 17.1518 万件,涉及土地面积 30252.4 万公顷,其中耕地 8634.83 公顷,立案率为 92.73%。截至去年底,共处理结案 15.5315 万件,涉及土地面积 25619.8 公顷,其中耕地 7439.65 公顷,结案率为 90.55%。2000 年土地违法案件中,涉及政府及其部门违法案件数量虽比上年有所下降,但涉及的土地面积却大幅增加。其次,未经批准占地的违法案件数量和涉及的土地面积仍居各类违法案件的首位。此外,从发案区域看,仍呈现点多面广的特点。重点工程项目、公路建设用地、小城镇建设未批先用,开发区、工业园区非法占地或超过批准面积用地,城市周边、道路两侧和农村住宅乱占滥用耕地等现象仍屡禁不止。

2. 耕地总量平衡政策执行效果不容乐观

【耕地总量动态平衡面临新的干扰】为了缓解耕地总量减少和质量下降对粮食安全带来的威胁,从中央到地方采取了一系列以耕地总量动态平衡为主体的政策和措施,使耕地面积持续减少的现象得到控制,并于 1995 年和 1996 年实现了全国耕地面积总量的净增长。但由于

我国市场经济的不断发展,各项建设事业方兴未艾,1997、1998、1999、2000年我国耕地面积净减1796千公顷,平均每年净减449千公顷。从区域耕地面积变化情况来看,耕地面积增加在边缘地区,减少在东部沿海和内地,亦即增加的耕地面积主要来自水热匹配条件较差、生产水平较低的东北和西北地区,而水热匹配条件较好、生产水平较高、可实施多熟制的中部及南部大部分省区的耕地面积仍在减少。不言而喻,即使在全国耕地总面积增减数量基本平衡的前提下,耕地总体质量也在下降。

【1996年近2/3省区耕地总面积减少】根据农业部《中国农业统计资料》分析,1996年近2/3省区未实现耕地动态平衡的目标。全国耕地面积净增加的省区共11个,即黑龙江、吉林、内蒙古、甘肃、宁夏、青海、新疆、云南、广西、海南、西藏,共增加耕地714.5千公顷,而且90%以上来源于水热匹配条件差、一年仅一熟的黑龙江、内蒙古和新疆3个省区,其中内蒙古自治区净增耕地占了全国耕地净增加省区耕地净增总量的60.5%。其他8个耕地面积净增加的省区,也属于耕地生产能力较低的边缘省区。同年,全国耕地面积净减少的省区共19个,共净减耕地221.8千公顷,其中11个省区位于水热条件好、一年可2~3熟的南方,即上海、江苏、安徽、浙江、福建、江西、湖北、湖南、广东、四川、贵州,此11省区净减耕地面积占全国耕地净减少省区耕地净减少总量的45.9%;此外,农业生产条件较好、可一年2熟的华北5省市北京、天津、河北、山东和河南净减耕地占总减量的26.4%[22]。

【1998年近半数省区未实现耕地占补平衡的目标】据统计,1998年近半数省区未实现耕地动态平衡的目标。其中天津、辽宁、云南、西藏、宁夏、新疆等6省(区、市)实现了耕地净增加,共增加耕地5万公顷;江苏、黑龙江、吉林、内蒙古、山东、江西、浙江、湖北、广西、四川、甘肃等11个省份实现了建设占用耕地的占补平衡,但还有14个省(区、市)未实现占补平衡,其中上海、河南、安徽、福建、重庆、贵州和青海已连续两年未实现建设占用耕地的占补平衡[9~11]。

【1999年半数多省区耕地总面积减少】1999年有24个省(区、市)实现了耕地占补平衡,比1998年增加了7个。其中,河北、山西、安徽、河南、海南、陕西、青海7个省,由1998年耕地占补不平衡,转为耕地占补平衡;天津、内蒙古、辽宁、吉林、黑龙江、江苏、浙江、江西、山东、湖北、广西、四川、云南、西藏、甘肃、宁夏、新疆等17个省(区、市),连续2年以上实现耕地占补平衡。1999年未实现耕地占补平衡的只有7个省(区、市)(图4-3)。但1999年全国耕地面积减少8141.67千公顷,其中建设占用耕地205.27千公顷。年内共开发、整理、复垦增加耕地405.07千公顷,补充耕地比建设占用耕地多199.8千公顷。主要是黑龙江、四川和新疆等省区开发、复垦和整理增加耕地数量大,三省区补充耕地161.6千公顷。天津、吉林、辽宁、黑龙江、安徽、山东、河南、广西、海南、西藏、甘肃、青海、宁夏和新疆等14个省(区、市)的耕地面积是净增加,其余17个省(区、市)的耕地面积则为净减少[9]。

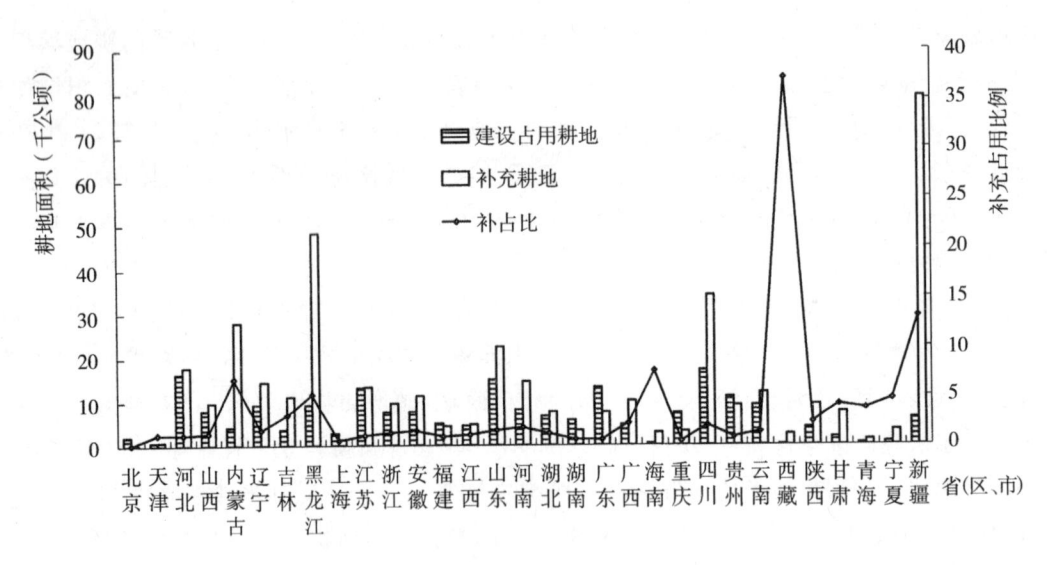

图 4-3 1999年全国各地耕地占补平衡状况

【2000年耕地总面积大幅度减少】2001年,国土资源部组织了对各省、自治区、直辖市2000年度土地利用现状的变更调查。结果显示:截至2000年10月31日,我国耕地面积为128243千公顷,年内净减少耕地面积962.4千公顷。全国土地开发整理还补充了耕地291.1千公顷,基本实现占补平衡。在减少的耕地中,全年建设占用耕地达163.3千公顷;当年灾毁耕地61.7千公顷;全国因农业结构调整减少耕地265.6千公顷;全国生态退耕762.8千公顷。其中,中西部14个重点生态退耕省(区、市)生态退耕面积708.4千公顷,占全国的93%。

3. 耕地总量动态平衡与工业化及城市化相互影响

【工业化及城市化发展必然占用耕地】随着社会经济的不断发展以及工业在国民经济中的主导地位,9亿农民搞农业的局面必然要被改变,工业化以及由此带来的城市化是历史的必然。一般情况下,工业化和城市化的发展都以一定的土地资源为条件,同时不断影响着土地利用水平和效益,提高土地的利用率。我国由于工业企业和城镇数量的不断增加,所占用的土地面积也不断增加,从而造成农用土地不断向非农建设用地转换,造成大量优质耕地的减少。改革开放以来,随着工业化和城市化进程的明显加快,工业用地和城镇用地的扩展与农村土地特别是耕地的急剧减少已成为我国土地利用变化的明显特征。

【城市化平面发展过快】前些年随着经济的不断发展,各地热衷于城镇升格,城市用地急剧扩张,大片良田、菜地被占,特别是长江三角洲、珠江三角洲等高速城市化地区,城市向外扩展,大量优质高产农田被占,吃饭和建设的矛盾非常尖锐。据测算,全国因城市建设每年占用耕地4万公顷以上,每年生产的近7000万吨城市垃圾也需占地上万公顷。1995年,640个设市城市建成区面积19264平方公里,人均用地101.6平方米,已超出我国城市人均用地的最高限度100平方米[23]。

【工业化和城市化主要占用并且污染优质耕地】适合于人类居住的地区一般也是优质耕

地的分布所在。我国城市的区域分布为南多北少、东多西少;非农建设用地方面为南方快于北方,东部快于西部,而且城市占地速度远远快于城市人口增长速度,并由此导致城市人均占地面积的扩大[11]。即使在水热条件较差的北部和中西部,城市的分布和扩展也主要占用生产能力较高的土地。同时,伴随着工业化和城市化而产生的污染物,通过各种形态污染城市周围的优质耕地,甚至殃及下风向与水流下游的优质耕地,造成对耕地收获物的毒害和污染。

【过度利用与闲置并存】我国大部分城市特别是城中老区,土地利用过度,表现为道路狭窄、环境质量差,而过度拥挤的空间环境严重影响城市居民的生活和社会经济的发展。盲目兴办开发区、实行工地无偿使用以及旧房改造缓慢,都使大量优质土地闲置未用。粗略推算,全国城市建成区内空闲土地占15%左右,还有容纳力40%左右。工业化和城市化对城镇周围的耕地产生的消极影响主要是,农民了解到其耕地不久被城市建设征用时,可能放弃一切保护耕地的措施,或者加大土地利用强度、耗尽地力,或者耕地利用越来越粗放,造成耕地资源的严重浪费。特别是东南沿海地区,闲置土地和耕地均占全国总数的80%以上。

【空间利用不充分】城市土地利用要充分规划各类建筑物的空间组合。我国城镇平均容积率较低,如1990年全国455个设市城市建成区总用地12858.7平方公里,实有房屋建筑总面积39.79亿平方米,平均整体容积率只有0.31。全国城镇房屋中的平房多,大城市建筑层数平均数低。这种势头的发展对保护耕地带来不利影响[11,23]。

【现行耕地政策将有利于工业化和城市化水平的提高】尽管以往和现阶段工业化和城市化对耕地总量动态平衡有不利的影响,或者现行耕地政策对粗放的工业化和城市化发展不利;但长远来看,在耕地总量动态平衡政策的约束下,我国集约型工业化和城市化水平将不断提高,其中主要涉及城区土地利用率和产出率的提高,以及城区及城市周围环境质量的不断改善,更好地协调城乡关系以及工、农、商之间的关系。

4. 耕地总量动态平衡与外资引进相互制约

【现行耕地政策影响发达地区外资引进规模及投资方向】由于耕地不断减少给食物安全带来的威胁越来越大,国家采取了世界上最严格的土地管理措施来保护耕地。但由于非农建设事业的蓬勃发展,全国各地都抱怨非农建设用地的供给不足,有些地区特别是东南沿海地区甚至将非农建设用地的供给不足视为影响境外投资到位率的主要因素之一[11]。尽管1997~1998年国家通过各种政策鼓励外资向中西部投入,但实际上83%的外商和港澳台投资仍然集中在沿海地区,其中北京、辽宁、上海、江苏、浙江、福建、广东7个省市就占70%。中西部地区的投资仅与广东一省相当,而且城市仍然是投资的重点地区[24]。现行耕地政策虽然会影响发达地区引进外资的总量,但可能导致外资的投资方向的改变,进而有利于发达地区其他各业,如服务业、环保业等的协调发展。

【现行政策的不断深入可能为中西部外资引进带来机遇】由于耕地保护政策主要限制东部发达地区优质耕地的进一步减少,进而影响东部外资引进的规模;而我国现阶段实施西部大开发战略,地上地下资源的合理开发和环境保护问题需要大批人才和资金,客观上为中西部外资的引进提供了机遇。只要其他配套政策出台和实施,必定能够既保持我国耕地总量的动态平衡,又不影响我国总体的外资引进。

5. 耕地总量动态平衡中的等量不等质

【耕地的质量不单指耕地的生产力】自1996年起中央实施耕地总量动态平衡以来,耕地减少的势头得到了控制。1999年多数地区实现了建设占用耕地的占补平衡。但这种总量平衡是一种动态平衡,耕地增加和减少两种过程仍在继续,整体的趋势是耕地总体质量不断下降,局部地区可能质量有所提高。在"数量型农业"为主,解决人们温饱问题的时代,耕地质量主要涉及耕地的生产力,但随着"质量型农业"的到来,在以提高人们生活质量为主的时代,耕地质量不单涉及耕地生产力,还应涉及耕地收获物的营养价值、适口性以及受污染的状况,特色产品和绿色产品是人们更多关心的问题。

【耕地生产力下降】就耕地生产力而言,我国南北方耕地生产力的差距较大,南方单位面积耕地生产力大致为北方的2.5倍。南方是我国耕地减少的主要地区,而北方是我国耕地增加的主要地区。因此,要使全国耕地生产能力保持不变,南方每减少1公顷耕地,需要在北方增加2.5公顷耕地。如果在江浙沪一带减少1公顷耕地,则需要在内蒙古增加5公顷以上的耕地才能弥补[11]。此外,在同一地区,新增耕地与占用耕地的生产能力之比,一般为1:2,即占用1公顷的耕地所损失的生产能力,需要新垦(包括开荒与复垦)2公顷的耕地才能得到补偿[22]。

【耕地收获物的品质和适口性可能提高】以上耕地的生产能力只考虑到粮食单产和农作物的复种指数,如果考虑粮食产品的质量(各种营养成分的含量和比例,以及受污染的情况)和适口性,各地区的差异也比较大。生产能力较高的耕地,其收获物的品质和适口性可能比较差。如南方的水稻产量高,但其品质和适口性不如东北水稻;位于青海省境内的柴达木盆地,尽管小麦的平均单产高于全国平均数,但品质与适口性较差。我国东南部地区地势低平、水热条件好,耕地的生产力可能较高,但一般施用化肥量和喷洒农药量较大,此外较高的工业化和城市化水平,使其周围耕地受污染的可能也比较大(东南部土壤,如赤红壤、红壤、砖红壤,除砷的临界含量和容量较高外,铬、铅、铜均较低[25])。因此,特色产品和绿色食品的发展可能主要在人少地多、工业化和城市化水平较低的地区。水土流失严重的陡坡耕地,以及排水不良的洼耕地,更适合还林、还牧、还草、还湖、还湿。从上述情况分析,新垦和复垦耕地并不一定都属质量低的耕地。

【垦荒对耕地总量动态平衡有利有弊】耕地后备资源是指根据各地不同的自然条件,从现阶段社会生产力水平出发,能够被开垦用于种植业的各类未利用土地或利用不充分的土地,包括各种荒地和废弃土地。整体上看,垦荒有利于耕地面积的增加,却不利于耕地质量的提高,也不利于耕地生态环境的保护。但局部地区垦荒可以弥补由不宜农耕地的还林、还牧、还草、还湖、还湿,以及严重污染耕地所造成的损失;同时可以因地制宜发展特色产品和绿色产品。我国耕地后备资源的垦殖率一般为60%,据此,我国耕地最大潜在增量为811万公顷。这些后备资源在纬向上主要分布在我国的北方(80.8%),在经向上主要分布在我国的中西部(90.1%),在行政区上主要集中在东北和西北的几个省区,其中以新疆、黑龙江、内蒙古和甘肃最为集中,其次在西南地区的四川和云南也有大面积分布[1,11]。

第三节 耕地资源的保护性开发利用

人多地少、耕地的生态环境恶化是耕地资源面临的巨大压力,保护耕地就是保护我们的生命线。实行更为严格的耕地保护政策,已经成为中国的一项基本国策。没有这项国策,中华民族的生存就面临威胁。然而,随着社会主义市场经济不断发展,国家力图富强、人民谋求富裕却是耕地资源面临的另一巨大压力。能否对耕地资源进行保护性开发,关系到中华民族的发展。在新的历史条件下,如何重新认识耕地资源,如何对耕地资源进行"节流、开源、挖潜",提高耕地利用率,改善耕地生态环境质量,增强耕地持续生产能力,已经是迫在眉睫的大问题。

一、耕地资源的重新确认

随着人口、资源、环境与发展之间矛盾的日益突出以及全球经济一体化和农业国际化趋势的进一步明朗,迫使人们重新思考耕地资源的许多新问题。

1. 耕地资源与耕地环境相互依存

【保护耕地环境是保护耕地资源的基础】耕地是人地关系结合最紧密的部位,与人工植被系统构成重要的人文景观或人工生态系统。在相对稳定的自然和人文条件下,耕地资源有其合理的分布范围,并与其周围环境(包括其他自然和人工生态系统),特别是毗邻的自然生态系统存在着广泛的空间相互作用,并有赖于这些自然生态系统,只有这种多样性才能维持平衡。耕地失去其天然的屏障,也就失去了其存在的基础和条件,换言之,耕地存在的先决条件是服从自然的真正"专制",不要"侵犯"自然界为耕地设置的"环境"。根据土地的适宜性而进行的退耕还林、还草、还湿、还湖,以及加强农田基础设施建设都是保护耕地环境的重要措施。综合防治耕地环境污染也是防止耕地资源污染的重要途径。

【合理利用耕地资源有利于保护耕地环境】耕地资源合理分布范围内的不合理利用,不仅会破坏耕地资源,而且会殃及耕地环境。许多耕地资源由于利用不当、投入不当(过量的农药、化肥和地膜等),造成水土流失、沙化、盐碱化、土壤板结、土壤污染等,这些不仅损害了耕地的生产能力,而且破坏了耕地的生态作用以及耕地与其环境之间的原有的动态平衡。只有合理利用耕地资源,注重耕地的生态作用,才能维持耕地与环境的动态平衡,做到耕地资源的持续利用。

2. 耕地资源的有限性与无限性

【耕地资源的有限性】由于自然条件的相对稳定性与人文条件改进的阶段性,以及农田生态系统的脆弱性及耕地与环境之间的动态平衡性,耕地资源的分布与数量是有限的。人们不可能大规模地将耕地覆盖到林区、草地,更不可能将耕地扩展到沙漠、戈壁、高山峡谷和水域。如果人们胆敢"冒天下之大不韪"而拓展耕地资源的数量,报复我们的将是更多更大的生态灾难。特别在我国,人口的基数大、惯性增长快,耕地资源的有限性更为明显。不了解这种有限性,我们的食物安全就会受到威胁。

【耕地资源的无限性】从不断改良农作物立地条件,改进农作物种植制度,稳步提高农作物产量,改良农作物品种、品质、适种性、适口性,强化农产品深加工而言,耕地资源的生产性能有无限的潜力可挖。信息化与全球经济一体化时代更加速了科学技术的有效集成、突飞猛进、推广应用。"人有多大胆,地有多大产"的观点是错误的,但不断进行体制创新和技术创新,进而注重从质量方面挖掘耕地资源的潜力是无止境的。不了解这种无限性,人的主观能动性的发挥就会受到抑制。

3. 耕地资源的民族性和世界性

【耕地资源的民族性】"一方水土养一方人",领土、土地、耕地对每一个国家都是非常重要的,特别是对人多地少的大国——中国,温饱问题始终是国家的头等大事,"保护耕地就是保护中华民族的生命线"。有足够的耕地我们才有生存的基础和发展的潜力;耕地不足就会影响我们的食物安全和国家安全,导致许多内忧外患。

【耕地资源的世界性】从自然角度分析,地球是一个有序的整体,耕地资源通过其连通的环境而具有世界性。简言之,此国的环境污染可能会导致彼国耕地资源的破坏。从基于耕地资源生产的各种产品的国际性流通来看,耕地资源更具有世界性。随着全球经济一体化、贸易自由化,特别是农业国际化进程的发展,农产品利用两个市场、两种资源的趋势越来越明显。

二、维持现有耕地总体持续生产能力

生态脆弱、环境污染和农业的基础设施差,实际上在不断地影响着耕地的持续生产能力,并进一步影响农业结构的调整和优化,只是没有引起人们更多的注意,直到1998年的特大洪灾和2000年的沙尘暴向世人敲响警钟,才让人们猛醒:我们的生态环境非常脆弱,自己赖以生存的耕地可能被突如其来的生态灾难毁于一旦。在政策、技术和意识等方面加强耕地生产能力建设,而非现实生产量的增长,即变农产品储备为农业综合生产能力建设和储备,是增强现有耕地总体持续生产能力的重要途径。

1. 耕地的生态环境条件需要改善

【退耕才能"保耕"】适当的耕地数量及分布,与其周围的生态系统"和平共处",维系区域生态共荣。耕地的盲目扩张,必然导致生态灾难。迫于生存压力或比较利益驱动而过度开垦、盲目开垦的土地,就应该有计划、分步骤地退耕还林、还草、还湖、还湿,逐步恢复生态的良性循环,创造更加适合于人民生存与发展的自然环境,实现可持续发展。生态建设要坚定不移地实施天然林资源保护工程,落实好国家对天然林禁伐地区、停伐企业和被关闭的小型木材加工企业的各项扶持政策;加大封山育林、飞播造林、人工造林力度,加快荒山绿化。在干旱风沙地区,加强草原保护,推进防沙治沙和防护林体系建设,控制土地荒漠化扩大的趋势。西部是我国生态环境最脆弱的地区,尽快恢复和扩大林草植被对经济社会发展具有重要意义,要作为生态环境建设的重点,结合实施西部大开发战略,采取"退耕还林(草)、封山绿化、以粮代赈、个体承包"等综合性措施,集中力量,加快治理。在相对低平的地区,进行还湿(地)、还湖建设,不仅有利于生物多样性的保护,而且对改善环境质量,保障整个地区农业的长远发展都至关重要。另外,采取紧急措施,遏制森林、草地和农田病虫害的蔓延,也是生态环境建设的重要方面。

【生态环境建设最忌形象工程】生态环境建设,特别是退耕还林、还草工作,政策性强,涉及农民切身利益。因此,首先要尊重农民意愿,以理服人,注意调动农民的积极性;其次要周密筹划、突出重点、先易后难、分步实施、注重实效;第三要避免在比较利益的驱动下,不讲科学,"上有政策,下有对策",这样的生态环境建设很可能是"一哄而起,一哄而散",最后的结果只能是生态环境没有建设好,而耕地,特别是适合于耕种的耕地大大损失。形象工程经不起大自然的检验,最终结果是祸国殃民。

【通力协作治理环境污染】环境污染已经不能单用"隐形杀手"来描述,其来源广泛,危害明显,后患无穷。"九五"期间环境污染治理所采取的"总量控制计划"、"跨世纪绿色工程规划"以及"33211"工程,以治理工业化和城市化发展所导致的大气污染和水体污染为重点,投资大,效果较好[12]。今后的环境污染治理:一要继续增加治理环境污染的投资强度,巩固和扩展已有成效;二要通过政策鼓励各行各业通力协作,全国环境污染治理一盘棋;三要加强对农业污染(主要是施用化肥和农药造成的污染)和各种原因造成的耕地污染的治理,减少由食品污染对人民生命健康造成的严重威胁,以及对生物多样性的破坏。

2. 建立健全农业和农村基础设施

【加强农业基础设施建设】我国旱涝灾害频繁,灾害性毁地在耕地减少中占一定比例,而灾害性减产现象更为多见,这些已构成限制我国农业生产发展的主要障碍因素。只有加强以大江大河和农田水利、水土保持为重点的农田基本建设,才能增强抗灾能力,使耕地免受洪、涝、旱等灾害的威胁。首先,水利建设要按照国家的统一规划和实施计划,继续抓好长江、黄河等大江大河大湖的治理,加快大型灌区水利设施的整修、改造和续建配套,搞好病险水库的除险加固。有水土流失的耕地,应搞好小流域综合治理,采取坡改梯等措施。其次,应改革水利工程的投资、建设和管理体制,鼓励集体、个人以多种方式建设和经营小型水利设施,调动各方面特别是农民群众投资兴修水利的积极性,还要进一步完善水利建设的监管机制,确保工程质量;同时根据调整农业结构和改善生态环境的新要求,继续开展群众性农田水利基本建设,积极发展节水灌溉和旱作农业。

【加强农村基础设施的建设】我国农村大部分地区的生产生活设施比较落后,不仅影响耕地的合理利用,阻碍了农村经济结构调整,也制约了农村经济社会协调发展。应切实加强农村电、路、水、通讯等基础设施建设,为扩大农民消费、开拓农村市场创造条件。国家一方面要继续增加这方面的投入,另一方面应鼓励各方面的力量参与投资。

3. 发挥现有耕地的生产潜力

【加强优质耕地的保护】改变"基本农田保护是保护贫穷和落后"的错误观念,树立"保护耕地就是保护我们的生命线"的正确思想。优质耕地一般都面临着非农建设用地的侵占、环境污染和不合理利用等问题。因此,首先应以法律的形式保证不使一定区域内优质耕地总面积进一步减少,实现区域优质耕地的动态平衡。一般而言,城镇化有利于节地[14~15],因为城镇化的合理发展虽会损失局部优质耕地,但同时也会释放更多的优质耕地。当然不合理的城镇化发展只能浪费土地。自然村的合并及城镇化的发展需要过程,应以农民有效方便利用自己的耕地为前提。其次,尽量改善耕地的环境质量,减少对优质耕地的污染。第三,根据耕地本身的特点和市场状况,调整耕地利用结构,提高耕地的利用率,同时注重耕地的用养结合。

【综合治理中低产田】我国中低产田的比例高,增产潜力大,应本着综合治理和流域治理的总体思路,针对低产的具体原因,因地制宜地采用工程、化学、生物、农业技术等具体措施,不断提高耕地的总体质量和综合生产能力。据实验,渍涝地、盐碱地和干旱缺水地经过改造后,平均每公顷可增产粮食 1500~2250 公斤;北方旱改水,平均每公顷可增产 2250~3000 公斤;改造坡耕地、风沙地、过黏或过沙的浅层瘠薄地,平均每公顷可增产 750~1500 公斤。由此推算,如果能将我国现有的中低产田改造一遍,可新增 1000 亿公斤的粮食生产能力[1~2]。

三、耕地的高效利用和有效保护:农业结构调整

农民是耕地保护利用的执行者。不解决农民的收入问题,就不能稳定农民队伍,耕地的保护和利用就会成为空话。农业结构调整是解决农民收入问题的主要措施,也是顺应农业国际化趋势必须采取的对策。

1. 农业结构调整的时机已经成熟

【农民增产不增收】在农业政策的目标方面,随着农产品的相对"供过于求",农民的收入问题日益突出。经过 20 年的改革开放,我国农业已经进入一个新的发展阶段。新阶段的主要标志是:农业的综合生产能力已经基本满足现阶段人民对农产品的要求,为全国的改革、发展、稳定做出了历史性的贡献。新的问题主要是:粮棉等多数农产品出现了阶段性供过于求,品质不完全适销对路,农民增产不能相应增收,影响农民种田的积极性。只有进行农业结构调整,才能缓和农民卖粮难、价格下跌的矛盾,提高农业自身的收益,扩大农民的就业增收领域,进而有效保护耕地,发挥我国农业的比较优势[19~20]。只有稳定了农民队伍,才能对其他各业产生强劲的拉力,通过扩大内需实现国民经济持续、快速、健康发展。因此,农业和农村经济发展的新阶段,实际上就是对农业和农村经济结构进行战略性调整的阶段。

【我国农业与国际市场的联系日益密切】在农业的外部环境方面,随着改革开放大环境的变化,我国农业与国际市场之间的相互影响日益显著。无论我国是否加入 WTO,国际农业政策环境与国际市场环境都对我国农业产生巨大影响。我国农业的突出优势主要表现为:第一,劳动力成本低,有利于一些劳动力密集型农产品的生产;第二,具有在特殊资源条件下的土特产品,有利于国际型特色产品的开发。而我国的农业劣势主要表现为:生产规模小、产品质量低、农产品价格增值程度低、市场体系落后,由此导致我国农产品在国际市场上的全方位竞争,即价格竞争、质量竞争和服务竞争处于不利地位[19]。只有进行农业结构调整,才能发挥我国农业的优势,克服我国农业的劣势,顺应农业国际化的大趋势。

2. 农业结构调整要通盘考虑[20]

【农业结构调整势在必行】粮食和其他主要农产品由长期供不应求转变为阶段性供大于求,人民生活总体上开始进入小康,我国经济社会发展进程中的这一历史性跨越,为农业和农村经济的发展创造了新的条件和机遇,也提出了新的要求。过去为解决温饱而主要追求产量增长的农业生产,就可以在保持总量平衡的基础上突出质量和效益,向多样化、高品质的方向发展,促进人民生活质量的提高;过去由于短缺而以提供初级产品为主的农业,可以将更多的农产品用于发展畜牧业和各类加工业,更大规模地实现转化增值,使农业成为有活力的现代产

业。

【调整种植业和其他农产品的结构】主要是使不同地区各施所长,充分发挥区域比较优势。在区域布局上,东部沿海地区和大中城市郊区要大力发展外向型、城郊型现代化农业,积极发展高价值经济作物,以及水产品和畜产品,形成优质农产品出口基地。中部和东北地区要发挥粮食生产优势,建立优质稳产高效的大型商品粮、加工专用粮和饲料粮生产基地。西部地区和生态脆弱地区要加快发展有利于保护生态环境的特色高效农业和旱作节水农业。在作物结构上,要适当调减棉花、糖料和烤烟面积,稳定粮棉糖基地及优质高产田面积,逐步形成专业化、规模化、集约化的经济作物产业带、产业区。在品种结构和品质上,要大力发展优质粮、加工专用粮和饲料粮,尽快淘汰南方早籼稻、江南冬小麦和东北春小麦中的劣质品种;大力发展东北优质大豆生产。棉花要加快发展优质棉,满足纺织业对多档次棉纤维的需求。

【调整农民的收入结构】主要是以发展合作制的龙头企业为重点来推进农业产业化经营,使农民分享农产品加工、流通环节的利润。我国农村人多地少,经营规模小,劳动生产率低,农民靠卖初级产品很难富起来。农民受益的产业链条太短是农民收入增长缓慢的一个重要原因。只有发展合作制的龙头企业,才能加快农业产业化的进程,让农民分享农产品加工、流通环节的利润,其收入才能实现持续增长。

【调整农村劳动力就业结构】主要是推动从事种植业的劳动力向农业服务业和非农产业分流,扩大农民就业增收的空间。农业劳动生产率低是农民收入低的根本原因;而农村人口对农产品的消费又大大低于城镇人口,导致目前全国人均农产品占有水平不太高的情况下出现农产品相对过剩。只有通过挖掘农业内部就业潜力和扩展农外就业增收空间,才能解决上述两个问题。

【调整农业经营方式】主要是通过发展"合同农业"、"订单农业",逐步做到以销定产,减少生产盲目性,提高经营效益。过去农产品供不应求,处于卖方市场,农业基本上以产定销;现在多数农产品供过于求,出现买方市场。农民只有通过加工、流通的龙头企业和其他中介组织,进行"合同农业"、"订单农业"生产,才能真正做到以销定产,也提高了自己进入市场的组织化程度。

【调整农村金融资本结构】主要是增加农村放贷额度,加强对农民个人、合作经济组织、私人企业的贷款支持。资金不足是农村扩大生产经营中遇到的最大困难,而目前国家银行存款大量增加,有钱贷不出去。调整农村金融资本结构,对国家和农民都有好处。调整措施:一是建议国家增加农村使用贷款额度,解决农村信贷资金长期不足的状况;二是当前农村使用贷款的方向主要是支持农民调整产业结构,放贷对象应为农民个人、合作经济组织和私人企业;三是加快农村信用合作社改革,使之成为农民自己真正的合作金融组织。

【调整农产品进出口结构】主要是利用国内国际两个市场、两种资源,为国家创汇,为农民创收。农产品进出口方针主要是出口我国劳动密集型的高价值产品,进口资源密集型,特别是土地密集型的农产品。农产品出口的重点地区定位于农业生产水平比较高,在参与国际农产品贸易竞争中,具有信息、技术、人才和区位优势的沿海地区[20]。但我国的粮食安全必须自己保障,这是更大的比较利益。

四、加入WTO有助于耕地资源潜力的进一步挖掘

农业国际化对每一个国家而言都是机遇与挑战并存。加入WTO符合我国改革开放的战略目标,符合中国农业发展的根本利益,将为21世纪中国农业带来巨大的发展机遇。我国耕地资源短缺,农业生产率低,加入WTO后的初始阶段耕地数量可能会进一步减少;但随着我国农业政策的不断适应、调整,最终使土地利用率和农业生产率不断提高,耕地数量减少得到控制。

1. 加入WTO初耕地可能会进一步减少

【农民收入下降导致耕地减少】为了早日加入WTO,我国在同美国等国谈判时对农产品市场问题作了重大政策调整与让步,使我国对农业的保护力度大大降低。在价格竞争、质量竞争和服务竞争方面,我国农产品总体上处于不利地位。加入WTO后,缔约国的一些成本低、质量高的农产品会乘虚而入,抢占国内的部分农产品市场,从而影响我国农业的发展和农民的收入。农民为了生存不得不弃耕而选择其他职业,这样不少耕地可能面临撂荒和被侵占的危险。特别是单产和复种指数都比较高的东南部地区,所面临的问题更为严重[26]。

【非农产业的快速发展使耕地面临严重威胁】在现代经济中,农业作为国民经济的弱质产业,其四大贡献(产品、要素、外汇、市场)的比重相对日趋缩小,而非农产业的比重相对越来越大。中国入关后,为迎接国际竞争,必须加强自己高新技术产业和高附加值产业的发展。非农产业的高速发展必然占有大量优质耕地,并对耕地造成污染。另外,外资引进的增多和国内相应投资环境的改善,也使大量耕地面临被侵占的危险[26]。

2. 加入WTO有利于增强我国农业的生存和发展能力

经济全球化和贸易自由化是世界经济发展的必然趋势,中国农业的国际化和中国耕地利用的国际化也是必然的趋势。加入WTO对我国农业有如下有利方面,进而有利于我国耕地的高效保护性利用[27]。

【改善我国农产品的出口环境】首先,使中国农产品能够享受WTO 135个成员国提供的多边、稳定、无条件的最惠国待遇;其次,可以化解国际农产品的贸易摩擦。随着农产品出口环境的改善,我国将避免一些歧视型的贸易限制,赢得更多的国际市场。

【进一步推动我国农业的对外开放】WTO已从管理传统贸易的关税和非关税措施,扩大到投资、服务贸易和知识产权等领域。入关后,中国将按照国际规则,通过完善政策法规,开放市场,给予国民待遇等措施,为国外投资者创造更为宽松、透明、稳定的投资环境,将有利于吸收更多的国外资金、技术和管理经验,促进我国与其他成员国在农业领域进行广泛的合作与交流。同时国际贸易环境的改善,将有利于我国农业充分发挥比较优势,更广泛地参与国际竞争,主动迎接农业国际化的挑战。

【促进我国农业产业结构的调整】加入WTO可扩大我国资源利用结构和农业经济结构调整的空间,有利于我国合理利用国际国内两种资源和两个市场,优化资源配置,发挥比较优势,提高资源的利用效率。

【使中国掌握参与和制定国际农业贸易新规则的主动权】只要参与国际竞争,WTO规则

就会影响我国的农业发展和农产品贸易。获得参与WTO新一轮贸易谈判权力和制定新规则的决策权,使我国与WTO的活动由"被动遵守纪律"转变为"主动制定规则",有利于维护我国的利益。

3. 加入WTO最终有利于耕地的高效保护性利用

【有利于树立"保护耕地,人人有责"的观念】参与国际竞争,使国内各行各业更紧密地联系起来,同样能使保护耕地、提高耕地的利用率与每个人或每个组织的直接或间接利益网络化连接起来。这样,保护耕地就不再是"口号",而是深入人心的"利益"。商场如战场,在国际舞台上权衡民族利益,更能与个人利益紧密相关。正是"国家兴旺,匹夫有责","保护耕地,人人有责"。

【加速政策创新和技术创新】政策创新和技术创新是耕地资源高效保护利用的重要驱动力。只有参与国际竞争、迎接挑战,才能更多地发现我们政策和技术上的问题和差距,也只有不断进行政策创新和技术创新,才能在有限的耕地资源上挖掘其无限的生产性能;否则只能是"闭门造车"、"瓮中养鳖"。

【造就和稳定高素质的农民队伍】农民的素质低,只顾眼前利益,是耕地高效保护利用中较大的问题。加入WTO后,农民可以在国际风云中不断学习实践,在痛苦中崛起,并最终成为受益者。随着农民素质的不断提高和利益的不断增加,耕地最直接、最可靠的保护和利用队伍就可以稳定下来。

五、维持和增加耕地面积:土地整理和开发复垦

城镇化、工业化要发展,国家基础设施建设要加强,以保护生态环境为重点的退耕还林、还草力度要加大,所有这些都反映出对耕地资源进行"开源、节流、挖潜"是实现耕地总量动态平衡的重要措施。而"开源、节流、挖潜"还应注重生态、经济和社会效益,做到以人为本、以持续发展为目标。

1. 土地整理是挖掘土地利用潜力的新方法

土地整理是改善土地生产和生态环境,提高土地集约利用程度,保障土地持续利用的有效措施。土地整理要在土地利用总体规划的指导下,因地制宜编制土地整理规划设计。

【提高非农建设用地利用率与改善居民生活环境相结合】非农建设用地潜力巨大。目前我国城镇和农村居民点人均用地分别高达133平方米和182平方米,如通过旧城改造、盘活存量土地、治理"空心村"等整理措施,分别将人均用地逐步降到国家规定上限120平方米和150平方米,可提供建设用地3733千公顷,相当于1996~2010年全国规划建设用地总量。通过内涵挖潜,多数地区可以做到10年内城镇和农村居民点占地面积不增加。国家基础设施建设也应尽量少占优质耕地。土地整理应充分考虑居民生活环境的改善,这样才能使居民安居乐业,从另一方面控制居民建设占地的进一步扩张。

【挖掘耕地开发整理潜力与提高耕地综合生产能力相结合】我国相当部分耕地零碎不规整,闲散地、废沟塘、取土坑及田坎、田间道路面积过多,而且农村居民点、乡镇企业、砖瓦窑等占地也较多。通过耕地开发整理,我国农村约有1333万公顷耕地的潜力可挖。挖掘耕地潜力

必须与农业和农村基础设施建设相结合,必须与必要的护田林、护田草的种植相结合;否则只会提高耕地个别年份现实生产力,而大大降低耕地的持续综合生产能力。

【土地整理要有重点】应本着先易后难、经济条件好、集约利用土地紧迫、治理潜力大、见效快的地区先行土地整理。当前土地整理的重点区域是:京津唐地区、河北冀中南平原区、山西汾涑河谷地区、山西雁北地区、内蒙古西辽河地区、内蒙古河套地区、黑龙江松嫩平原地区、吉林松嫩平原地区、辽宁辽河平原及辽东半岛西部地区、上海市、江苏省、浙江嘉湖平原区、浙江金衢盆地及萧绍宁地区、安徽淮河中游平原及皖中南山圩区、闽西北地区、福建沿海地区、江西鄱阳湖平原及赣中地区、山东沿黄平原及胶东丘陵区、河南沿黄平原及淮河中上游地区、河南南阳盆地、湖北江汉平原及鄂北地区、湖南洞庭湖平原及湘中南丘陵区、广东珠江三角洲及沿海地区、广西桂中南地区、海南沿海地区、四川川中地区、云南滇中地区、贵州黔中地区、陕西关中盆地、陕西关中渭北地区、甘肃河西地区、青海海东地区、宁夏银川平原、新疆天山山麓绿洲等区域[1]。

2. 土地复垦是变废为用的捷径

土地复垦主要指恢复工矿废弃土地的利用。我国现有待复垦的工矿废弃地约 400 万公顷,其中 200 万公顷左右可复垦成耕地。这些地区自然条件较好,通过整理复垦,耕地的生产潜力较大[1]。

【遵循土地适宜性和经济合理性原则】复垦土地不一定全部变为耕地,而要根据自然条件做到宜耕则耕、宜林则林、宜牧则牧、宜渔则渔、宜建则建。复垦工作不仅要与矿业生产建设统一规划、同步进行,而且要注重土地利用结构的优化和土地环境质量的改善。

【土地复垦要抓重点地区】目前土地整理的重点地区为:以山西为中心的能源、化工基地,山东、安徽、江苏、河南、陕西和内蒙古等煤炭基地,辽河油田及钢铁、煤炭基地,冀东煤炭、钢铁、电力、建材基地,黑龙江煤炭、采金和石油基地,西南冶金、化工、有色金属基地等[1]。

3. 垦荒是实现耕地资源数量动态平衡的重要措施

【垦荒必须与维护新垦耕地环境质量相结合】国家经济建设的步伐不能停止,耕地被占用的趋势就不可能被完全控制;生态环境建设势在必行,退耕而保护生态环境也是大势所趋。这样用垦荒来置换减少的耕地就显得十分必要。但一般而言荒地的生态环境都比较脆弱,因此,垦荒首先应注意的就是维护生态环境,不能再走先破坏后治理的老路。垦荒的步子不能太快,而应该在探索与试验的基础上逐步开垦;过快的开荒速度往往会造成不可弥补的损失。垦荒还要与农业和农村基础设施建设相结合,这样才能维持新垦耕地的综合生产能力。

【垦荒应该与绿色农业和特色农业紧密结合】荒地分布区一般自然条件特殊、受污染较少。新垦耕地的高效利用应该与绿色农业和特色农业紧密结合,在质量特色、区域特色、品味特色、季节性特色等方面下功夫;并注重农业产业化发展,延长绿色农业和特色农业链条,这样易使其农产品创名牌[28],做到领导国际潮流,而非步别人的后尘,更能使荒地利用者有较好的收入。如西部特色农业的发展,应突出其环境特色,打好绿色牌、珍奇牌和时差牌[29]。如果单考虑新垦耕地的生产力,而不考虑其他质量指标,垦荒的意义可能会很小。相信垦荒不仅是实现耕地占补平衡的重要措施,而且是发掘健康食品的重要途径;垦荒的效益不仅会影响发达地区的食品结构,而且会波及人们的营养价值观。

【垦荒先垦重点地区】耕地的开发要把重点放在条件好、投资效益高的地区。目前的重点是:三江平原区、辽河平原区、河套平原区、银川平原区、河西走廊区、共和盆地区、北疆山麓绿洲区、伊犁河谷地区、南疆山麓绿洲区、津冀沿海滩涂区、黄河三角洲区、苏北沿海滩涂区、海南沿海平原区、滇中地区、西藏一江两河地区等[1]。

> 六、宣传、教育、法规对耕地保护性利用至关重要

【转变观念,树立用地管地新思路】正确处理保护耕地与建设用地的关系,牢固树立"保护耕地就是保护我们的生命线"的思想,坚持在保护耕地的前提下进行建设。坚定不移地推行建设用地走内涵挖潜的路子,实行土地利用从粗放到集约的转变。强化土地法制观念,依法用地管地,坚决纠正乱批乱占耕地的行为(专栏 4-2)。

专栏 4-2

我国确立"十五"耕地保护目标

根据 2001 年全国耕地保护工作会议信息,"十五"期间我国耕地保护工作的目标已经确定:全国耕地保有量 2005 年不少于 1.3 亿公顷;基本农田面积不低于 1.1 亿公顷;新增建设占用耕地总规模不超过 70 万公顷;土地整理、复垦和开发等补充耕地不少于 130 万公顷。

国土资源部部长田凤山介绍说,坚持"一要吃饭,二要建设,兼顾生态"的原则,加大宏观调控、政策落实和制度创新力度,处理好耕地保护与经济发展的关系,确保耕地保护责任、措施、投入三到位,达到耕地数量、质量和生态保护三方面的协调统一,是我国制定"十五"期间耕地保护工作目标的指导思想。耕地保护工作目标还包括从法律、经济、行政、技术等方面建立健全耕地保护制度,形成适应市场经济发展需要的耕地保护机制、符合信息化要求的耕地保护技术保障系统和动态监测网络,不断增强对我国经济社会发展的保障能力。

为实现这一目标,全国耕地保护工作会议要求,进一步强化各级地方政府认真落实中央提出的"各级党政一把手负总责、亲自抓"的要求,完善以基本农田保护和耕地总量动态平衡为核心的各级政府国土资源管理目标责任制,建立目标考核体系和奖惩制度,严格执行土地用途管制制度,不断完善建设用地审批管理制度,积极主动地为国家重点建设项目服务,重点做好南水北调、西气东输、西电东送、青藏铁路等重点工程用地的审核报批工作。

在全面完成调整划定保护区的基础上,完善基本农田保护的各项制度。对优质耕地实行重点保护,加强对基本农田保护的动态监测和巡查,确保不被擅自占用。对粮食主产区,要重点加强基本农田保护区建设,增加保护区内耕地面积,逐步提高基本农田

质量,把基本农田建设成为优质高产良田,并建立县以上各级土地开发整理复垦项目库和新增耕地指标储备库,加快完成确保耕地总量动态平衡的补充耕地任务;进一步制定鼓励性政策,积极推进土地开发整理复垦产业化。拓展资金渠道,提高国家土地开发整理复垦资金的使用效益,形成补偿耕地的良性循环机制。

会议要求加强农村集体土地产权制度研究,规范集体土地使用权流转行为。积极推进土地收购储备制度,加强新建建设用地土地有偿使用费的收缴使用管理,完善有关政策和收缴标准。同时,坚持政府统一征地制度,加大耕地动态监测和执法监察力度,严肃查处土地违法行为。

【实施土地用途管制,严格控制新增建设用地】土地利用总体规划具有法律效力,今后建设项目用地审批、土地登记等都要严格遵循。凡没有完成规划修编审批的不得批地,不符合规划要求的不得批地。加强农用地转用审批管理,除国家大型基础设施工程和线性工程外,其他建设项目都应在城市规划建设区内选址安排。严格执行基本农田保护制度,严禁占用基本农田从事非农建设和栽果树、挖鱼塘等[1,7,21]。

【深化土地使用制度改革,建立和完善保护耕地与集约用地的新机制】积极推行国有土地有偿使用制度,进一步完善合理的土地供应机制。健全土地税费和地价管理体系,探索建立政府土地收购、储备制度和国有土地资产运营监管体制,促使建设用地由外延粗放向内涵集约转变[1,7,21](专栏4-3)。

专栏4-3

安徽省耕地保护列入各级政府年度考核目标[30]

安徽省紧紧围绕耕地总量平衡战略目标,一手抓耕地保护,确保耕地各项措施和既定目标的落实;一手抓建设用地保障,积极为经济建设和重点建设项目提供用地服务,耕地保护工作迈上新台阶。

作为一个农业大省,安徽省土地总面积14.01万平方公里,总人口6278.1万,据1996年土地资源变更调查统计,全省耕地面积为597万公顷。2001年初,省政府根据《安徽省实施〈中华人民共和国土地管理法〉办法》,与17个省辖市、省辖市与所属县市均层层签订了耕地保护目标责任制,把耕地保护各项指标列入各级政府年度考核目标,强化了各级政府耕地保护的意识和依法办事的自觉性,形成了政府重视、有关部门配合、社会各界支持、全系统齐抓共管的新局面。

根据国务院《基本农田保护条例》和经国务院批准的《安徽省土地利用总体规划(1996—2010)》,安徽省全面开展基本农田保护区的调整划定工作。截至2001年5月底,全省508万公顷基本农田保护区调整划定工作基本完成,保护率为85%。据统计,全省基本农田保护区调整划定工作共投入资金1300万元以上,设定保护标志3万余个。

为加大开发复垦整理工作力度,规范项目管理,确保实现年度耕地占补平衡,安徽省在全省范围内建立"两库三挂钩"制度(即土地开发复垦整理预备项目库与土地后备资源库相挂钩、建设用地审查报批与新增耕地储备库相挂钩、土地开发复垦整理项目审批与缴纳新增建设用地土地有偿使用费相挂钩),旨在规范管理,实现两库有台账、质数量达到标准、数据真实可靠、占补平衡心中有数。由于加强了土地开发复垦整理项目规范管理,严格执行耕地占补平衡制度,大力开发复垦整理土地,安徽省在1999年首次实现年度耕地占补平衡的基础上,2000年又实现耕地占补平衡有余,净增耕地0.5万余公顷。

【实行耕地总量动态平衡责任制度,加强耕地保护的预测预警】按行政区划实现耕地总量动态平衡,是法律赋予各省(区、市)的职责。国家将实施土地利用动态监测和对城市建设用地规模扩展的直接监测,并定期向全社会公告。对未实现耕地总量动态平衡的地区,将暂停下达该地区下一年度农用地转用计划指标,暂停农用地转用审批,督促限期补充。同时,要加大查处土地违法案件的力度。

【加强干部的教育培训,提高依法行政水平】要加快推进依法行政的进程,规范土地登记、用地审批、国有土地资产处置、行政处罚等行政行为。积极推行"窗口办文"、公开办事标准和程序、内部会审、错案追究等制度。

第四节 结论与建议

耕地是土地资源的精华,是人类的衣食之源。我国耕地总体质量差,人均耕地少,耕地后备资源不足。在"谁来养活中国人"的疑问下,我们必须更加明确保护耕地就是保护我们中华民族的生命线。

耕地数量与质量不容乐观。从耕地面积占国土总面积的比重来看,中国是一个耕地资源相对贫乏的国家。在有限的耕地资源中,中低产耕地比重大,水土匹配条件差,养分含量低,障碍因素多,污染严重。耕地数量南少北多、东西少中部多;耕地生产力南高北低、东高西低;东南部地区人均耕地极少。耕地后备资源的人均数量少、分布不平衡、质量差,说明"开源"不是主要出路。我国各项建设事业方兴未艾,人口的刚性增长客观上也需要更多的居住空间,加上管理方面的问题,"节流"的难度更大。伴随着人类征服自然能力的增强,如果不加强改善生态环境的力度,耕地数量和质量下降的趋势很难控制。突如其来的生态灾难可能使许多良田毁于一旦。

耕地利用中难以解决的问题。我国耕地的生态条件差,抵御水旱等自然灾害的能力不强,而且长期得不到根本的改善,致使产量不稳、年际之间的波动较大。耕地的利用程度较高,一方面表现为我国耕地的复种指数较高,另一方面表现为我国的单产水平较高。我国非农建设用地进入快速增长阶段,与此同时,各种管理调整速度慢于建设速度,导致建设失控、乱占土地、土地闲置等问题。在比较利益的驱动下,农业结构调整使大量耕地损失。农业结构调整减少的耕地所占比重由东向西逐渐增大,东部主要是改园和改鱼塘造成耕地减少,而西部主要是还林还牧造成耕地减少。

耕地相关政策直接影响耕地利用。由于我国粮食处于微妙的低水平平衡状态,而粮食的供给量和社会对粮食的需求量弹性系数均很小,而且不确定不稳定;因此,粮食供需平衡极为脆弱,极易受自然和人为因素的干扰。我国耕地相关政策逐渐从计划型向市场型过渡。纵观我国建国后的农业发展状况,凡是重视农业和农民利益、采取工农业协调发展的耕地政策,就有利于我国粮食生产和全国经济的发展。粮食主导期在我国经历了相对长的时间。随着经济水平的不断提高,客观上要求"数量型农业"向"质量型农业"转变,耕地相关政策必然调整到农业主导期。随着农业生产的不断发展,计划型经济的问题越来越明显,以市场为导向的农业产业化发展势在必行。农业产业化的不断深入发展,使农业最终改变弱质产业的地位,相应的耕地政策可能过渡到经济主导期。为了保持经济的持续增长,人们将注意力更多地集中到由经济高速发展而带来的生态平衡、环境污染等社会问题上,相应的耕地政策过渡到发展主导期。随着我国社会主义市场经济的不断发展,对外开放的广度和深度不断增强,我国农业与国际市场的联系将日益密切。这种联系将导致我国农产品进出口结构的调整以及相应耕地政策的变化。只有利用国内和国际两个市场、两种资源,才能充分发挥我国农业的比较优势,扩大农产品的对外贸易,也才能实现农业结构在较大范围内和较高层次上的不断调整和优化。

现行政策的主体是总量动态平衡。现行的土地收益分配办法形成了多占耕地的机制。现行的用地"分级限额审批"制度不能控制土地供应总量。地方管理部门隶属于同级政府,很难依法行政,对地方土地违法行为很难查处。我国法律规定对农转非的限制无力,至今还没有将关系民族存亡的耕地纳入刑事保护范围。由于我国市场经济的不断发展,各项建设事业方兴未艾,近年我国耕地面积仍在减少,耕地总量动态平衡面临新的干扰。为此必须解决耕地总量动态平衡与工业化及城市化和外资引进之间的矛盾,以及耕地总量动态平衡中的等量不等质问题。

综合促进耕地资源的可持续利用。在政策、技术和意识等方面加强耕地生产能力建设,而非现实生产量的增长,是增强现有耕地总体持续生产能力的重要途径。农民是耕地保护利用的执行者。农业结构调整是增加农民收入、稳定农民队伍的主要措施,也是顺应农业国际化趋势所必须采取的对策。我国耕地资源短缺,农业生产率低,加入WTO后的初始阶段耕地数量可能会进一步减少;但随着我国农业政策的不断适应、调整,最终使土地利用率和农业生产率不断提高,耕地数量减少得到控制。"开源、节流、挖潜"是实现耕地总量动态平衡的重要措施;而注重生态、经济和社会效益的土地整理和开发复垦,将对维持和增加耕地面积起重要作用。宣传、教育和法规建设对耕地的可持续利用至关重要。应牢固树立"保护耕地就是保护我们的生命线"的思想,增强土地利用总体规划的法律效力,积极推行国有土地有偿使用制度,进一步完善合理的土地供应机制。健全土地税费和地价管理体系,探索建立政府土地收购、储备制度和国有土地资产运营监管体制,促使建设用地由外延粗放向内涵集约转变。实行耕地总量动态平衡责任制度,加强耕地保护的预测预警,加强干部的教育培训,提高依法行政水平。

参考文献

[1] 李元:《中国土地资源》,中国大地出版社,2000年。
[2] 毕于运:《中国耕地》,中国农业科技出版社,1995年。
[3] 柳树滋:《大自然观》,人民出版社,1993年。
[4] 李荣生:《人与粮食概论》,湖北科学技术出版社,1998年。
[5] 高亮之:《农业系统学基础》,江苏科学技术出版社,1993年。
[6] 程序等:《可持续农业导论》,中国农业出版社,1997年。
[7] 李元等:"近年来我国耕地变化情况及中期发展趋势",《中国社会科学》,1998年第1期,第75~90页。
[8] 毕于运等:"建国以来中国实有耕地面积增减变化分析",《资源科学》,2000年第2期,第8~12页。
[9] 中华人民共和国国土资源部:《中国国土资源年鉴2000》,中国大地出版社,2001年。
[10] 中华人民共和国国土资源部:《中国国土资源年鉴1999》,中国大地出版社,2000年。
[11] 谷树忠,刘毅:"主要自然资源的利用和保护",《1999中国区域发展报告》,商务印书馆,2000年。
[12] 陆大道等:《1999中国区域发展报告》,商务印书馆,2000年。
[13] 刘育成:"中国土地资源调查数据集"(全国土地资源调查成果之三,内部资料),2000年。
[14] 贾绍凤等:"我国耕地变化趋势与对策再探讨",《地理科学进展》,1997年第1期,第24~29页。
[15] 李秀彬:"中国近20年来耕地面积的变化及其政策启示",《自然资源学报》,1999年第4期,第329~333页。
[16] 陈佰平,杨家容,张秀萍:"试论市场经济与农村土地制度改革接轨",《农村经济问题》,1994年第6期。
[17] 中华人民共和国国家统计局:《2001中国统计年鉴》,中国统计出版社,2001年。
[18] 中华人民共和国国家统计局:《中国发展报告——中国的"九五"》,中国统计出版社,2001年。
[19] 柯炳生:"国际农业环境与我国农业发展",《农业经济问题》,2000年第2期,第5~10页。
[20] 杨雍哲:"农业发展新阶段与结构调整",《农业经济问题》,2000年第1期,第3~8页。
[21] 李元:《生存与发展》,中国大地出版社,1997年。
[22] 陈印军等:"对中国耕地面积增减数量平衡的思考",《资源科学》,2000年第2期,第50~53页。
[23] 谭术魁:"耕地总量动态平衡目标下的城市土地利用策略",《资源科学》,1999年第2期,第24~29页。
[24] 金凤君:"基础设施体系建设",《1999中国区域发展报告》,商务印书馆,2000年。
[25] 夏增禄:"中国主要类型土壤若干重金属临界含量和环境容量的区域分异",《地理学报》,1993年第4期,第297~302页。
[26] 董积生:"加入WTO对我国农用耕地的影响",《农业经济问题》,2000年第4期,第58~59页。
[27] 程国强:《WTO农业规则与中国农业发展》,中国经济出版社,2000年。
[28] 曲大富:《WTO与国人》,人民日报出版社,1999年。
[29] 谷树忠:"特色农业发展的背景、基础与方向",《2000中国区域发展报告——西部开发的基础、政策与态势分析》,商务印书馆,2001年。
[30] "安徽省耕地保护列入各级政府年度考核目标",《安徽日报》,2001年7月12日。

第五章 能源资源与能源保障

能源、新材料和信息是近代社会发展的三大支柱,其中能源是最基本的物质基础,它作为经济和社会发展的动力因素,始终是一国发展的最重要战略资源之一。能源工业作为国民经济的基础,对于经济与社会的持续发展以及民生保障都极为重要。保证能源供应、确保经济安全以及能源消费中越来越严重的环境问题,已成为困扰世界各国的共同问题,也是中国在新世纪进行现代化建设必须妥善解决的重大问题。

我国作为世界第二大能源消费国和第三大能源生产国,能源工业面临着如何保障经济增长与保护环境的双重压力。未来相当长的时间内,随着经济的持续高速增长,优质能源的供需矛盾日趋突出,可持续发展所要求的环境保护与目前能源所带来的环境问题,将表现得越发尖锐。为此,需要分析我国能源资源、能源产业的现状和发展潜力,结合能源供需走势和能源产业自身发展规律,着眼于利用两种资源、两个市场,以最大限度满足国民经济与社会发展的能源需求为目标,构建适应我国经济发展的可持续的能源保障体系及其对策和措施。

第一节 能源资源与能源产业

一、总体态势

1. 资源总量丰富、种类齐全,人均占有量少

我国已探明常规商品能源资源总量,包括煤炭、石油、天然气及水能资源(按每千瓦时耗 350 克标煤折算 100 年)等折合标准煤合计是 36320 亿吨,占世界总量 10.7%,居第 3 位[1],其中水能资源居世界第 1 位,煤炭资源总量居世界第 3 位,石油探明可采储量居世界第 10 位[2],天然气探明资源量居世界第 14 位;此外,太阳能资源居世界第 2 位,铀矿资源、生物质能资源、海洋能、风能、地热能等都很丰富(表 5-1、表 5-2)。

表 5-1 中国常规能源资源及结构

能源种类	资源量	折标准煤(亿吨)	比重(%)
煤炭	45000 亿吨(2000 米以浅)	32143.5	88.5
石油	940 亿吨	1344.2	3.7
天然气	380000 亿立方米	505.4	1.39
水能	592 万千瓦小时	2326.6	6.41
合计	—	36319.7	100

资料来源:根据参考文献[3]及有关数据计算。标准煤折算比率为:煤炭为 0.714 吨/吨标准煤;石油为 1.43 吨/吨标准煤;天然气为 1.33 吨/立方公里;水电按发电 100 年计算储量,折算按 350 克标煤/千瓦小时计算。

表 5-2 中国新能源和可再生能源资源及结构

能源种类	资源量(万吨标准煤)	比重(%)
太阳能	39642137	99.43
风能	8015	0.02
地热能	200000	0.50
生物质能	17569	0.01
潮汐能	2358	0.04
合计	39870079	100

资料来源:根据参考文献[3]及有关数据计算。

然而巨大的资源量在庞大的人口基数面前就显得微不足道了。中国人口约13亿,人均能源资源探明储量为120吨标准煤左右,仅及世界平均水平的一半,其中煤炭不足世界人均值的1/2,石油不足1/8,天然气不足1/20,水能资源也只有世界人均值的2/3。

2. 能源资源分布不均,优质能源相对不足

我国能源资源分布广泛,但区域严重不平衡。煤炭资源北多南少,东欠西丰;石油及天然气资源,东、西部多,中部石油少,天然气有潜力;水能资源主要分布在长江、雅鲁藏布江及西南国际诸河上。东北、华东和华南作为经济较发达地区,能源资源较为贫乏,造成资源分布区与经济发达地区空间上的错位(图5-1)。

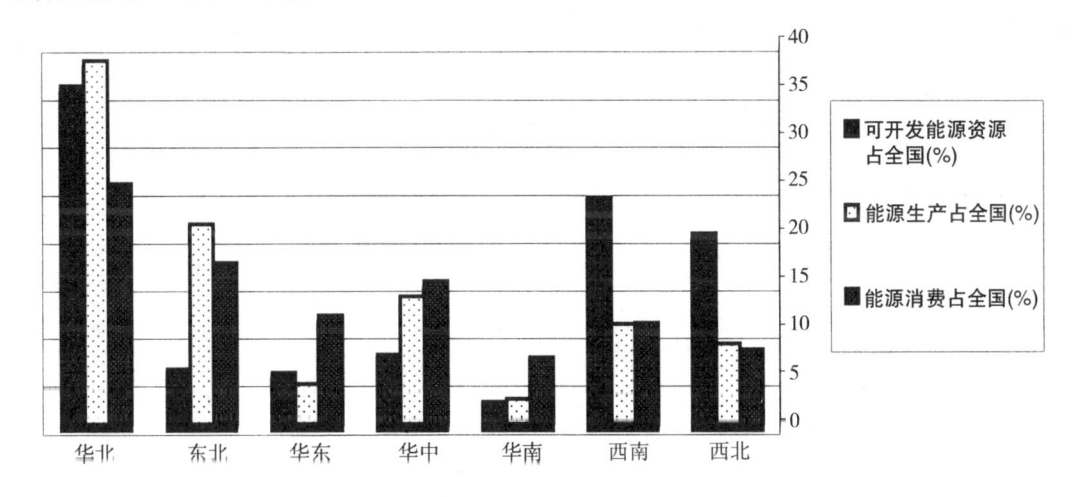

图 5-1 中国能源资源、生产、消费分布对比
(资料来源:参考文献[4]。)

我国能源资源结构以煤为主,占能源资源总量的88.5%,油气仅占5.09%,油、气资源比重比世界油气平均水平25.3%要低得多。虽然中国依靠现有的能源资源基础有力地支持了国民经济持续、稳定、高速发展,但油气等优质能源资源的相对不足已成为制约经济可持续发展的重要因素。

3. 能源工业发展迅速,产业体系完整

建国以来,中国在自身资源基础上建立了较完整的能源工业体系,基础建设投资力度不断加强,生产能力不断提高(表5-3)。

表5-3 基本建设新增主要产品生产能力

能力名称	1996	1997	1998	1999
原煤开采(万吨/年)	1694	3002	969	2347
原油开采(万吨/年)	903	1246	835	950
发电机组容量(万千瓦)	1741	1398	2194	2201
火电	1360	1026	1544	1275
水电	373	369	622	908
商业油库(万立方米)	10	76	14	44
物资储备石油库(万立方米)	19	9	5	2

资料来源:国家统计局,《中国统计年鉴2000》。

改革开放以来,我国能源生产保持了较快的增长速度,1997年一次能源的总产量达13.3亿吨标准煤,居世界第三位。其中原煤产量13.9亿吨,占世界煤炭总产量的29.5%,居世界第1位;发电量达11342亿千瓦小时,仅次于美国,居世界第2位;原油产量1.6亿吨,居世界第5位;天然气产量222.3亿立方米,居世界第18位。同1950年相比,煤炭增长32倍,原油801倍,天然气3157倍,水电302倍(表5-4)。

新能源的生产也取得显著成绩,1996年生物质能约合2.19亿吨标煤,风力发电8000万瓦,地热发电2860万瓦,光伏发电150万瓦[7]。

表5-4 中国历年来能源生产量

项目	1950	1957	1965	1970	1978	1980	1985	1990	1992	1995	1997
合计(亿吨标煤)	0.32	0.99	1.88	3.10	6.28	6.37	8.55	10.39	10.73	12.9	13.2
原煤(亿吨)	0.43	1.31	2.32	3.54	6.18	6.20	8.72	10.8	11.16	13.6	13.9
原油(百万吨)	0.20	1.46	11.31	30.65	104.05	105.95	124.49	138.31	142.04	148.79	160.34
天然气(亿立方米)	0.07	0.70	11.0	28.7	137.3	142.7	129.3	153.0	161.3	170.31	222.3
水电(亿千瓦小时)	7.8	48.2	104.1	204.6	446.32	582.11	923.74	1263.5	1324	2285	2361

资料来源:国家统计局,《中国能源统计年鉴1996》,《中国统计年鉴1998》。

4. 能源资源开发面临经济增长与环保双重压力

我国经济的持续快速增长,对能源的需求不断增加,国内资源以难以满足需要,每年要从国外进口大量的石油和天然气来弥补国内优质能源的不足。进入21世纪,能源供需矛盾更加突出,能源工业面临着严峻挑战。

中国能源总产量折标准煤近14亿吨,其中煤炭产量一直占3/4左右,石油、天然气、水电比重相对较小。随着对温室气体排放问题的日益重视,煤炭大量使用导致的生态环境变化已引起广泛的关注,我国以煤炭为主的能源生产和消费结构,面临着生态环境保护的巨大压力。

二、常规能源资源态势

1. 煤炭资源

【储量大,分布广,且相对集中】我国煤炭资源与石油、天然气、水能和核能等一次能源相比,在数量上占有绝对优势,将保有探明的一次能源折为标煤计算,煤炭接近90%。据全国第二次煤田预测资料,埋深在1000米以浅的煤炭资源总量为26000亿吨,分布在全国34个省(区、市)中的31个(上海、香港、澳门无煤炭)。其中大别山—秦岭—昆仑山一线以北地区资源量约24500亿吨,占全国总资源量的94%,以南的广大地区仅占6%左右。

【煤种齐全、煤质总体较好】煤炭资源中,从低变质的泥炭、褐煤到高变质的贫煤、无烟煤均有赋存。在现有探明储量中,烟煤占75%,无烟煤占12%,褐煤占13%。总体煤炭质量较好,已探明的煤炭储量中,灰分小于10%的特低灰煤占20%以上;硫分小于1%的低硫煤约占65%~70%。

【露天资源量较少,开采难度较大】我国煤炭资源赋存地质条件比较复杂,埋藏较深,可供露天开采的储量较少。初步统计,适宜露天开采的储量只有641亿吨,仅占煤炭保有储量的6.41%,分布在内蒙古、山西、云南、新疆、黑龙江和辽宁等6省区,其中内蒙古、山西、云南三省区约占全国的93%。

【精查储量不足,对生产建设保证程度低】目前中国可供开发利用的煤炭精查储量严重不足。现有精查储量中,生产矿井和在建井已占用68.37%,尚未利用的占31.63%,扣除因开采条件差等因素暂不能利用的以外,可供建设重点煤矿的储量只有220多亿吨。

2. 石油、天然气资源

【油气资源需要重新评价】截至1998年,中国31个省、市、自治区中,已有24个省、市、自治区发现了油气资源。累计探明石油地质储量197.7亿吨,天然气地质储量19453亿立方米。近几年,油气资源勘探取得了重大突破,1996~2000年5年间发现了8个亿吨以上、4个5000万吨以上的大油田。为了进一步摸清油气资源量,为今后制定油气工业发展规划提供更准确的资源基础数据,有必要对我国的油气资源进行重新评价,在全国开展第二次油气资源评价。

【陆上石油资源以常规油为主】就油气资源的质量分布而言,陆上石油资源以常规油为主,占陆上石油资源的65.3%,主要分布在东、西部油气区,占总常规油的93.5%。低渗油资源为127.2亿吨,占全国陆上资源量的18.3%,主要分布在东部含油气区的东北和渤海湾亚区,其次分布在中部的鄂尔多斯亚区及西部的准噶尔亚区。陆上重油(稠油)资源为113.5亿吨,占全国陆上资源的16.4%,主要分布在东部含油气区的松辽盆地、二连盆地、渤海湾盆地和西部准噶尔盆地等。天然气主要是油型气,占陆上天然气总资源量的81.5%,其次为煤型气,占17.7%。

【油气资源的埋深,大多分布在2000~3500米】中国陆上石油资源56%(387.3亿吨)分布在2000~3500米范围;24%(167.7亿吨)的资源埋深超过3500米。东部含油气区资源埋深浅,小于3500米;中部、南方及西藏含油气区资源埋深中等,主要分布在2000~3500米深度范围内;西部含油气区则以大于3500米深度为主,且大于4500米深度的资源占32.4%。

【陆上油气资源探明程度东高西低,剩余油气资源勘探难度大】目前全国陆上主要盆地的油气资源探明程度低,但在不同地区探明程度相差较大。东部地区石油资源探明程度最高,达40.6%,占陆上探明储量的83.5%,中部和西部地区探明程度仅占18.4%和10.4%。陆上天然气探明储量以中部地区最多,占陆上探明储量的58.6%,探明程度中部地区为5.9%,其次为东部和西部地区,分别为4.1%和2.3%。从剩余油气资源来看,石油还有220亿吨,占陆上资源的31.7%,天然气还有134200亿立方米,占45.1%的资源,分布在自然条件较复杂地区,勘探难度越来越大。

【煤层气资源丰富,分布相对集中,利于规模开发】煤层气的物理性质和化学性质与天然气相似,是近一二十年发展起来的一种新型清洁能源,可以作为化工原料,作为锅炉和取暖的燃料,并可用于汽轮机发电,已在世界上一些地区获得了成功的商业开发。中国埋深浅于2000米的资源量约为300000～350000亿立方米(相当450亿吨标准煤),与我国常规天然气资源量大致相当,列世界第3位。我国煤层气分布集中,有利于集中人力和财力进行规模生产,形成规模效益(表5-5)。

表5-5 中国煤层气资源的地区分布

地区	资源量(10亿立方米)	百分比(%)
东北	2479.8	7.6
华北	21125.4	61.7
西北	5063.6	15.5
南方	4967.8	15.2
总计	32636.6	100.0

资料来源:"联合国中国煤层气投资促进研讨会",1998年11月9日～11日,北京。

3. 水能资源

我国境内河流众多,水量丰沛,上下游落差大,水能资源十分丰富,水能资源蕴藏量居世界首位。据对全国水资源蕴藏量大于1万千瓦的3019条河流的普查统计,全国水能理论蕴藏量为6.76亿千瓦,其中可开发资源量为3.78亿千瓦,年可利用电能为19200亿千瓦小时。目前的开发利用率仅为11%。

中国水能资源分布偏于西南,主要分布在长江、雅鲁藏布江及西南国际诸河上,三者水能资源占全国的79.7%。西南地区的水能资源占全国的67.8%,其中川、藏、滇3省区占全国的64.4%。

三、常规能源资源开发与产业发展

1. 煤炭资源开发规模大,矿井平均规模小,面临市场开拓困难

【世界第一大产煤国,矿井平均规模小】我国常规能源资源量中近90%是煤炭资源,煤炭产业一直是我国能源产业中最重要的成分。经过近50年的重点投资建设,1997年煤炭的产量达到13.9亿吨,成为世界产煤第一大国。虽然煤炭产量很大,但煤矿数量多,平均生产规模小(表5-6)。经过关井压产,煤矿矿点数大量减少,单产水平明显提高,但是到1999年底,还有矿井4.11万处,平均每个矿井生产原煤仅2.55万吨。

表 5-6　1998 年全国煤炭生产结构

煤矿种类	煤矿个数（个）	生产规模（万吨/年）	原煤产量（万吨）	平均每处产量（万吨）	占全国总产量百分比（%）
年产 45 万吨及以上	448	54287	44863	100	36
年产 3~45 万吨	1794	20338	17154	9.6	14
年产 3 万吨以下	6.98 万	—	61234	0.88	50

资料来源：参考文献[11]。

【企业总体实力不强，职工素质偏低】1998 年，煤炭工业企业有 31565 个，总产值 1463.7 亿元，其中大型企业为 184 个，总产值 920.9 亿元；中型企业为 180 个，总产值 84.0 亿元；小型企业为 31201 个，总产值 458.8 亿元①。111 家国有重点煤矿企业的原煤产量为 50349 万吨，占全国原煤总产量的 40%；2270 家国有地方煤矿企业的原煤产量 21285 万吨，占全国原煤产量的 17.3%。1998 年煤炭行业从业人员约 660 万人，其中国有重点煤矿 264 万人，地方国有煤矿 146 万人，乡镇煤矿约 250 万人。在国有重点煤矿 264 万人中，高中及以上文化程度的占 46%，初中占 52%，文盲占 2%，工程技术人员占 3%。乡镇煤矿从业人员文化素质很低，文盲半文盲占半数以上，工程技术人员奇缺，与今后发展机械化和提高安全管理水平很不适应[11]。

【技术水平虽有显著提高，但小型乡镇煤矿技术落后】目前，我国煤炭工业已拥有世界先进水平的年产 300 万吨以上工作面。高效安全矿井生产人员工效达到 10 吨/工，相当于英、德等采煤先进国家井工煤矿水平。全国煤矿安全状况明显好转，百万吨死亡率由 1990 年的 6.16 人，下降到 1998 年 5.02 人，其中国有重点煤矿由 1.43 人下降到 1.02 人。煤炭工业科技进步贡献率由 1993 年的 23.28% 提高到 1998 年的 35%。但是，我国煤炭开采技术装备总体水平低，煤炭生产技术是现代化、机械化、部分机械化和手工作业并存的多层次结构。国有重点煤矿技术装备水平相对先进，采煤机械化程度为 73.63%，综采机械化程度达 49.32%。乡镇及个体煤矿采煤技术落后，大都是非机械化开采，其中一半是靠落后的生产方式开采，安全条件极差，重大事故迭出，资源浪费严重[11]。

【面临限产压库，产业发展困难】近年来，天然气的大量发现和进口能源的增加，使得国内能源消费结构发生重大变化，煤炭的消费量在一次能源消费构成中的比例下降。1999 年全国产煤 10.3 亿吨，比国家实行关井压产前减少近 3 亿吨，尽管如此，煤炭产量仍出现供大于求、销售不畅、煤价下滑的局面。煤炭在未来一次能源消费量中，比例总体趋向减少已是必然。煤炭工作发展面临严峻挑战，需要理智地分析当前现状和未来的发展趋势，寻求可持续发展的出路[12]。

2. 油气田开发业绩辉煌，近 20 年来产量增长趋缓

【中国已成为石油生产大国】截至 1998 年，我国建成了大庆、胜利、辽河、新疆、华北、大港、塔里木、中原、长庆、土哈、吉林、河南、青海、江苏、四川和南海、渤海等 24 个油气生产基地，建成输油管线 1.7 万公里，原油年产量达 1.6 亿吨，天然气年产量达到 222.8 亿立方米，分别居世界第 5 位和第 18 位。至 1998 年，累计为国家生产原油 33.5 亿吨，天然气 3910.5 亿立方米；总计出口原油 4.6 亿吨，成品油 1.2 亿吨，创汇 851 亿美元[10]，我国目前已成为年产原油

---

① 国家煤炭局：《煤炭工业统计年报 1998》，中国煤炭工业出版社，1999 年。

1.6亿吨以上的世界产油大国(专栏5-1)。

> 专栏5-1
>
> ### 石油工业体制的变革
>
> 石油工业管理体制先后经历了三次大的变革:1983年分离炼油化工部分,成立中国石油化工总公司;1988年,撤消石油工业部,成立中国石油天然气总公司,同时将所属海洋石油总公司分立,形成石油、石化、海洋三大公司分工明确、独立经营的格局。1998年3月,石油行业进行战略性重组和结构调整,按照上下游、内外贸和产销一体化的原则,分别组建了中国石油天然气、中国石油化工两大集团公司。石油、石化两大总公司及所属企业的交叉重组,打破了我国石油工业长期以来政企合一、上下游分割、产业结构不合理的格局,推动了企业结构的调整优化,成为石油、石化工业改革和发展的新的里程碑。
>
> 在世界50家大石油公司中,按油气储量、油气产量、石油炼制能力、油品销售量等六项综合指标,中国石油天然气集团公司名列第11位,中国石油化工集团公司名列第20位,两大集团均具有较强的规模优势和上下游一体化优势。重组改制实现了政企分离,打破了行业垄断,引入了竞争机制,特别是省市石油公司分别划入两大集团后,不仅增强了两大集团公司实力,加强了产销一体化优势,而且通过上下游生产自行调节,降低了市场的价格风险,增强了抵御市场波动和参与市场竞争的能力,为石油石化工业的健康持续发展奠定了基础。至此,中国石油工业形成了以中国石油天然气集团公司、中国石油化工集团公司、海洋石油总公司三大公司为主体共同发展的格局,三大公司发挥各自优势,成为发展中国石油工业的三支主力军。中国石油天然气、中国石油化工和中国海洋石油三大公司通过重组改制,先后创立了股份公司,不仅进一步突出了主业,而且拓宽了国际融资渠道,开始按国际石油公司经营模式运作,国际竞争力明显增强。中国已是WTO的成员,今后工作的重点,将是在更加市场化的环境中,更有效地开展油气的开发、加工和供应。(参考文献:国家经贸委行业规划司:《石油工业十五规划》,2001年。)

【近20年石油产量增长缓慢】原油生产在经过20世纪70年代的高速发展之后,从20世纪80年代中期开始,原油产量呈现出缓慢增长的态势,其特征是全国油田的主体进入高含水采油阶段(油田综合含水超过60%)。陆上石油生产与过去相比,生产条件发生了不利的变化。

【天然气产量增长迅速,但仍有差距】1949年中国天然气产量只有1000万立方米,1979年天然气产量突破100亿立方米,1990年超过150亿立方米,1995年达到174亿立方米,到1999年产量已经达到243.4亿立方米(表5-7)。虽然中国天然气产量在以很快的速度增长,但与世界领先水平相比,差距仍然很大。1997年中国产气量223亿立方米,仅占世界年产气总量22000亿立方米的1%;年产油气能量比,世界平均水平为1:0.7,我国仅为1:0.14。

表5-7 中国近10年天然气产量 （单位:亿立方米）

年份	1988	1989	1990	1991	1992	1993	1994	1995	1996	1997	1998	1999
产量	139.1	144.9	152.2	153.6	157	162.8	166.7	174	201.2	222.3	223.2	243.4
增长幅度(%)	—	4.17	5.04	0.91	2.21	3.69	2.4	4.38	15.63	10.8	0.40	9.05

资料来源:国家计委投资研究所,石油大学:"中国天然气工业投融资研究",1999年。

【资源勘探开发在一些领域达到世界先进水平】经过50年的发展,我国石油工业建立了完善配套的科研体系,形成一套具有自己特点的石油地质理论,基本掌握了世界上比较先进的各项常规油气勘探、开发和炼油化工工艺技术,并创造了一批具有特色、水平较高、效果显著的工艺技术系列。陆相石油地质理论居于世界前列,指导我国在陆相沉积盆地找到了50亿吨的石油可采储量;大型非均质砂岩油田开采技术达到世界先进水平,使大庆油田实现了连续23年稳产5000万吨以上;复杂油气藏开采技术,使过去不能动用的数十亿吨低渗透油藏、稠油油藏储量等经济有效地投入了开发,稠油年产量已从20世纪80年代初期的26万吨增加到目前的1200多万吨,居世界首位。目前,石油行业科技成果应用率达到80%以上,科技进步对石油经济增长的贡献率达到47.1%,高于中国工业界平均10个百分点[10]。

【油气开发仍有潜力,需要加大勘探力度】我国目前累计探明石油地质储量203亿吨,探明程度只有20%,按照世界油气生产规律来看,当探明程度为60%,储量动用系数达0.7时,原油产量才达到峰值。虽然我国石油理论增产空间还相当大,但全国各主力油田后备资源不足的现状不容忽视。应继续加大国内油气资源的勘探力度,增加探明可采储量。到1997年底,我国天然气的探明储量只有26400亿立方米,仅占总资源量的6.95%,我国许多地质学家相信,探明储量在今后的5~15年将会大幅度增加。在今后的20年内,我国将每年增加天然气探明储量1000亿立方米。2000年累计探明储量将超过30000~35000亿立方米;2001~2010年期间,又将增加到44000~49000亿立方米;2011~2020年将继续增加到56500~61500亿立方米。经初步论证,如加大勘探找气力度,到2020年中国天然气年产量将达到1000亿立方米,并使天然气在中国能源消费结构中由现在的2%提高到8%(表5-8)。

表5-8 中国天然气产量预测 （亿立方米）

	天然气		煤层气	合计
	气层气	溶解气		
2010年	620	90	30	740
2020年	850	100	80	1030

资料来源:中国国际工程咨询公司研究所:"中国天然气利用发展战略的研究",1997年。

3. 电力工业迅速发展

【电力装机和发电量逐年跃升】新中国成立以来的半个世纪中,中国一直把电力工业作为国民经济的先行工业,经过大规模经济建设,已形成一套比较完整并具有相当规模的电力工业体系[13]。1980~1995年,我国发电量增长了3.35倍,是世界主要电力生产大国中增长最快的国家。1987年中国发电装机容量超过1亿千瓦,1995年3月全国发电装机容量又跨上2亿千瓦的台阶[13]。到1997年底,我国电力工业总装机容量达25423万千瓦,总发电量达11342亿千瓦小时,均居世界第2位,分别是1978年的4.45倍和4.42倍。2000年3月中国发电装机容量再次跨上3亿千瓦的台阶,进入了世界电力生产和消费大国的行列[13]。持续多年的电力供应紧张状况基本消除,部分地区还出现了电力供大于求的现象。但是我国年人均发电量只有1025千瓦小时,不及世界平均水平的1/3[14]。

【电力结构不断改善】1978年,我国的电力结构比较单一,只有常规水电和火电两种。改革开放以来,在发展火电的同时,水电、核电和新能源发电都有长足的发展。20年来,水电装机容量增长了3.45倍,水能开发利用率从1978年的2.3%提高到了1997年的14%。到1997年底,我国水电总装机容量已达到6000万千瓦,继美国、加拿大之后居世界第3位。由我国自行设计、制造、施工的浙江秦山核电站和中外合作引进法国核反应堆建设的广东大亚湾核电站相继建成并投入商业化运行,结束了我国长期无核电的历史。我国在开发利用风能、地热能、潮汐能、太阳能等新能源方面也取得了较大进展。新能源发电从无到有,到1997年底,装机容量已达到21万千瓦。我国目前发电结构仍以燃煤发电为主,1998年的发电量中:火电占80.9%,其中燃煤发电占95%,燃油发电占4%,天然气发电占1%左右[10]。

【电网体系初步形成】目前,已形成了东北、华北、华中、华东、川渝、南方四省500千瓦电网及西北330千瓦电网,其中华东电网和南方四省联营电网发电装机容量超过4000万千瓦。随着三峡工程正式开工和与之配套的三峡输变电工程的逐步建设投产,将形成中部电网,成为全国电网的核心。1998年国家把城乡电网建设和改造作为加强基础设施建设的重要内容,计划用3年左右的时间共投入3000亿元,建设和改造全国2400多个县农村电网和280个地级以上城市电网,以改善城乡供电,开拓电力市场[13](专栏5-2)。

【技术装备水平和设计施工水平大大提高】20年的大规模建设,使电力工业的技术装备水平有了很大提高。1978年全国20万千瓦及以上机组只有18台共432万千瓦,占全部装机容量的7.6%,1997年达到424台共11320万千瓦,占全部装机容量的44.5%;1978年全国单厂容量百万千瓦的大电厂只有两座,装机容量为232.5万千瓦,占全国装机容量的4.1%,1997年则达到48座,总装机容量6033万千瓦,占全国装机容量的25.7%,大机组和大电厂已成为中国电力工业的主力。同时,全国各主要电网已普遍采用以计算机为主要手段的,具有20世纪80年代中期和90年代国际先进水平的调度自动化系统。由于大机组的成倍投产和超高压线路的成功投运,促进了电力工业经济效益的提高和能耗下降,供电煤耗从1978年的471克/千瓦小时下降到1997年的408克/千瓦小时,20年间共下降了63克/千瓦小时;设备事故率、电网事故率也稳定下降。我国已掌握了先进的30万千瓦、60万千瓦亚临界和超临界火电机组、55万千瓦混流式水电机组、100万千瓦级核电机组和550千伏交直流输变电工程的设计、施工、调试和运行技术,并形成了一定的生产规模和能力;掌握了180米级的各类大坝的筑坝技术,大型抽水蓄能电站的设计、施工技术,有能力建设像二滩、三峡水电站那样的巨型水电工程。

> **专栏 5-2**
>
> **电力体制的调整**
>
> 1985年后,多家办电体制基本形成。到1996年,全国独立核算电力工业企业由1985年的10504家增至12644家,增长20.37%,其中国有电力工业企业由1985年的3327家增至1996年的4781家,增长43.7%。1997年1月16日经国务院批准成立了国家电力公司,这是电力工业生产关系的一次重要的、积极的调整。
>
> 1998年全国最大的四家电力公司在销售收入、利税总额、固定资产净值等方面占国内市场的33%以上,最大的八家电力公司的相应指标超过50%,这说明中国电力资源在全国的分布仍是比较集中的。目前中国有六大区网分别是华东、华中、东北、华北、西北和南方互联电网,六个独立省网是山东省网、福建省网、海南省网、四川省网、新疆乌鲁木齐和西藏拉萨电网。各电网之间虽具有相对独立性,但各网省电力集团公司之间并不存在竞争。各网省电力集团公司仍是集全部电力输送、供应及相当一部分电力生产于一体的地区垄断性企业。
>
> 由此看出,中国电力行业经过十几年的改革,虽然投资主体和筹资途径发生了很大变化,但市场结构仍表现为高度的垄断性。同时,内部机制还没有完全实现由计划机制到市场机制的转变,高利润的背后是以高成本、低效率为代价的。(参考文献:国家经贸委行业规划司:《电力工业十五规划》。)

四、新能源资源及利用

当前世界能源发展的一个基本趋势是以油气燃料为主,但今后世界能源发展的总趋势是发展多元化结构能源系统和高效、清洁的能源技术,如洁净煤、核能、新能源和可再生能源、天然气等技术[15]。新能源和可再生能源具有储量大、污染小、可再生和便于分散利用的特点,将成为21世纪的主要能源之一。在中国能源系统中,新能源也占有重要地位,近20年来,各种新能源和可再生能源年利用总量达3亿吨标准煤,约占全国一次能源消耗总量14%,占农村能源消耗总量的50%[14]。

1. 核能发电从无到有

【我国铀矿资源可满足核电发展需要】我国属于铀矿资源较丰富的国家,资源总量约为200万吨,现在保有的工业储量大致为世界第八位,完全可以满足我国核电工业发展的需要[16]。西部一些地区(四川东部、新疆中部、青海南部)及内蒙古中部为铀矿资源富集地[17]。

【核电建设取得了突破性进展】"八五"期间,我国核电建设取得了突破性进展。秦山(30万千瓦)和大亚湾(2台90万千瓦机组)2座核电站,总装机容量210万千瓦,已于1994年上半年相继投入商业运行,运行情况良好。"九五"期间开工在建的有秦山二期、三期、广东岭澳、江苏连云港4座核电厂,共8套机组总装机容量660万千瓦。目前,我国核电占电力生产总量的比例只有1.27%,较世界平均21.9%的水平仍有较大差距[18]。据电力部门预测,我国2010年核电装机将达到2030万千瓦,2020年将达到4500万千瓦。核电的利用主要集中在东南沿海我国经济发达但能源相对短缺的地区(表5-9)。

表5-9 我国核电装机容量分区预测　　　　　　　　　　　　　(万千瓦)

地区	2000年	2010年	2020年
全国	210	2030	4500
华北	0	0	0
东北	0	400	600
华东	30	1050	2120
华中	0	0	400
华南	180	580	1200
西北	0	0	60
西南	0	0	120

资料来源:参考文献[19]。东北地区包括辽宁、吉林、黑龙江、内蒙古东部三省一区。

2. 太阳能资源丰富,利用方式多样

【太阳能资源丰富,主要分布在西部地区】我国是世界太阳能资源丰富的国家之一,西藏、青海、新疆、甘肃、宁夏、内蒙古等省(区)是我国总辐射量和日照时数较高的地区,年平均日照时间在3000小时左右,年辐射总量在1500～1800千瓦小时。除四川盆地、贵州资源稍差外,东部、南部及东北等其他地区为太阳能资源较富和中等区[20]。目前的太阳能利用技术主要分为两个方面,一是太阳能的热利用技术,主要有热水器、太阳灶和太阳能建筑;二是太阳能的光伏发电技术。

【太阳能热水器应用广泛,发展迅速】太阳能热水器是我国太阳能利用中应用最广泛、产业化发展最迅速的领域,1998年全国热水器产量约400万平方米,总安装量约1400万平方米,居世界第一位[21]。国产太阳能热水器平均每平方米每年可节约100～150公斤标准煤,据此计算,1998年利用太阳能热水器,全年可节约140万吨标准煤。

【光伏发电技术接近国际先进水平】我国太阳能电池的研究始于1958年,20世纪70年代开始应用,80年代中后期初步形成生产能力,达到450万瓦,其中单晶硅电池250万瓦,非晶硅电池200万瓦[21]。目前单晶硅电池是中国市场上的主体产品,效率已达到12%～14%,同国际水平14%～15%相比差距不大;组件成本已降至42～45元,与进口的同类产品价格基本持平。随着光伏发电技术不断改进,成本不断降低,太阳能发电的市场不断扩大,装机容量逐年增加,1999年底累计约1500万瓦。目前,西藏的9个无水力无电县中,已建成2个功率分别为10千瓦和20千瓦的光伏电站,其余7个已纳入国家计划正在兴建之中[15]。

3. 生物质能资源丰富多样,利用转化效率有待提高

我国生物质能主要包括薪材、秸秆、畜粪和垃圾,利用量约为2.6亿吨标准煤,提供了近50%的农村用能,占农村生活燃料的70%以上,是仅次于煤炭、石油和天然气的第4位能源资源。至20世纪90年代末,我国每年消耗的薪材约为2.1亿立方米,折1.2亿吨标准煤。目前,我国每年有6亿吨的秸秆实物量,用于燃料的占25%～30%,折0.75亿吨标准煤。现在我国每年饲养牛约1.1亿头,牲猪4.5亿头,可收集利用的畜粪约为8.2～8.4亿吨,折7000多万吨标准煤。

新型省柴节煤炉灶能够大大提高热效率,柴灶可达20%～30%,煤灶高达30%～40%,平均节能炉灶可节约燃料40%～50%,截至1996年,全国已推广节柴煤炉灶1.77亿户,占总农户的76%,已形成年节能能力3000万吨标准煤的规模。

近年来,为进一步改进生物质能利用技术,提高利用效率,我国成功研究开发出针对农村情况的生物质热解气化供气技术和气化发电技术,国家"九五"攻关计划的1000千瓦生物质气化发电项目已完成,并已投入商业运行[23]。

4. 风能资源丰富,风力发电迅速推广

【风能资源丰富】中国气象科学研究院估计,中国10米高度层实际可开发的风能储量为2.53亿千瓦。如果年满功率发电按2000～2500小时计,风电的年发电量可达5060～6325亿千瓦小时,但可供经济开发的风能储量有多少尚须进一步查明。中国风能丰富的地区主要分布在西北、华北和东北的草原或戈壁及东部、东南沿海及岛屿(图5-2),这些地区一般都缺少煤炭等常规能源。已进行的风能资源普查表明,内蒙古、新疆、黑龙江和甘肃的风能资源都在1000万千瓦以上,具有大规模开发风电的资源条件。

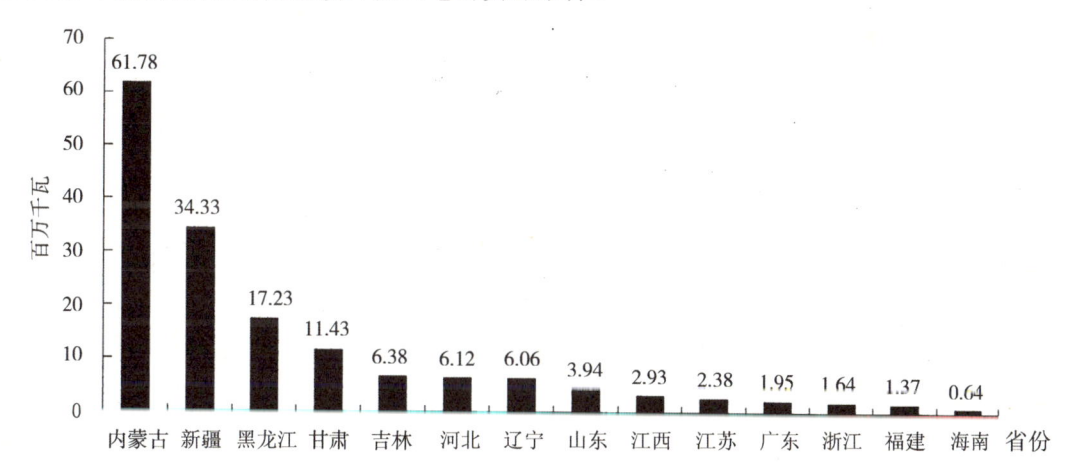

图5-2 我国风力资源分布

(资料来源:参考资料[13]。)

【风电场建设成绩显著,西北边疆风力发电已形成规模】我国风电场的建设,始于1986年。截至1999年底,全国11个省(区)先后建起了共24个风电场,风电机组达到594台,风电总装机容量268350千瓦(图5-3)。目前,在新疆达板城、内蒙古灰腾锡勒、河北张北等地,已建成了大规模的风力发电站。在内蒙古,已有60万居住在偏远地区的牧民,用风力发电解决了生活、生产用电。

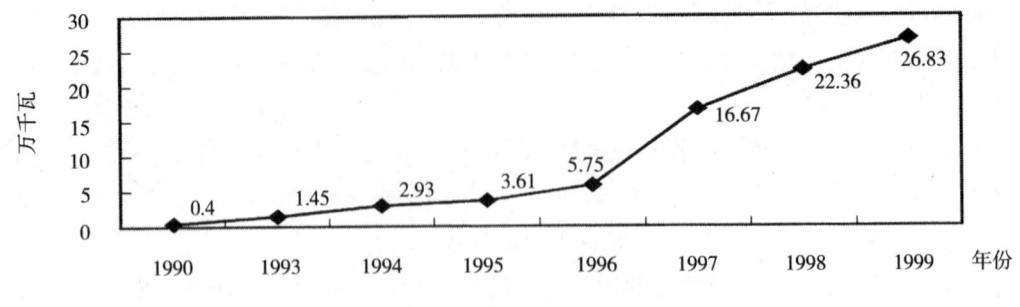

图 5-3　全国风电场装机容量

(资料来源:参考文献[14]。)

【风电技术迅速发展】我国从 20 世纪 70 年代末期自行开发了多种微型(100 瓦～1000 瓦)充电用的风电机组,而且初步形成产业,年产量超过 1 万多台,居世界第一,有的产品还销售到国外市场。我国已形成年产 30 万台 0.1 千瓦至 5 千瓦独立运行小型风力发电机组的能力。截至 1999 年底,我国风电场安装有国产机组共 29 台,总装机容量为 8350 千瓦。其机组台数和装机容量分别占全国风电的 4.9% 和 3.2%。

5. 地热能资源丰富、分布广泛,开发利用潜力大

【资源丰富,开发利用比例小】我国拥有世界四大地热带中的两条,即环太平洋地热带和地中海—喜马拉雅地热带,地热资源潜力占全球的 7.9%,为 1.1×10^7 艾焦/年,目前已探明的地热储量约为 4626 亿吨标准煤,现利用的仅约十万分之一(表 5-10)。我国地热资源的储存条件也较好,高、中、低温地热均有,已勘探的 40 多个地热田的查明热储量相当于 31.6 亿吨标准煤,远景储量达 1353.5 亿吨标准煤[21]。

表 5-10　中国地热资源总量

	面积(平方公里)	可采量(10^{21}焦耳)	折标煤(亿吨标煤)
总资源量	1050479	13.56	4626.6
远景资源量	990519	13.125	4478.3
推测资源量	49810	0.342	116.7
已探明资源量	10150	0.093	31.6

资料来源:参考文献[24]。

【地热利用形式多样,发展迅速】截至 1999 年底,包括台湾在内的我国地热电站的总装机容量达到 32080 千瓦,但目前实际运行的只有西藏羊八井、那曲、朗久、广东丰顺、湖南灰汤 5 座,实际生产电力的装机容量仅为 27780 千瓦(表 5-11)。近 10 年来我国地热开发利用以每年 12% 的速率增长,高于世界平均增长率,尤其是中低温地热资源的直接利用,已居世界首位。地热温室、地热采暖、干燥及孵化、地热水产养殖越冬繁育及高产等技术进步明显,地热能直接利用技术已达到新的水平。据统计,目前全国已利用的地热点达 1300 多处,总利用量为 8948.5 兆焦耳,约相当于 305 万吨标准煤。未来的 50 年,地热发电和地热采暖将会有更大的发展(表 5-12)。

表 5-11 地热发电装机情况

地点	名称	机组数	装机容量(千瓦)
西藏	羊八井	9	25180
	那曲	1	1000
	朗久	2	1000
广东	丰顺	1	300
湖南	灰汤	1	300
台湾	清水	1	3000
	土场	1	300
总计			31080

资料来源：参考文献[24]。

表 5-12 地热发电累计装机容量及地热供暖累计推广面积目标预测

类别	年份					
	2000	2005	2010	2015	2030	2050
地热发电(百万瓦)	30.0	45.0	87.5	110.0	150.0	250.0
地热采暖(万平方米)	950	1450	2250	3000	5000	1000

资料来源：参考文献[24]。

6. 潮汐能资源集中分布在浙闽两省，实验电站已经建成

我国潮汐能资源的理论蕴藏量为 1.9 亿千瓦，可开发利用的装机容量为 0.2175 亿千瓦，年发电量为 690 亿千瓦小时[24]，其中 90％集中分布在浙江、福建两省。到 1997 年已有 8 座潮汐能电站，总装机容量达 1.1 万千瓦，其中最大的潮汐实验电站是浙江江夏潮汐电站，其装机容量为 3200 千瓦。

第二节 能源供给与需求

一、能源供需状况

1. 建国以来我国能源生产量与消费量基本持平

【能源生产和消费年均增长率都在 8％以下】建国以来，我国能源产量逐年递增，一次能源生产量 1949 年只有 2374 万吨标准煤，1997 年达到 131989 万吨标准煤，年平均增长 8.7％；同时，随着经济的持续增长和人民生活水平的稳步提高，一次能源消费量也从 1949 年的 2397 万吨标准煤，达到 1997 年的 142000 万吨标准煤，年平均增长达到 8.8％（表 5-13）。

【我国已成为世界第三大能源生产国和第二大能源消费国】建国以来，我国能源生产量与消费量基本持平，大部分时间生产量略大于消费量（图 5-4），但进入 20 世纪 90 年代以来，我国的能源消费量逐渐超过国内的能源生产量，并且能源供需缺口有逐渐扩大的趋势。1985 年以来，能源消费增长的平均速度始终大于能源生产增长的平均速度，自 1995 年能源消费量超过能源生产量后，供需差距在逐渐加大（表 5-14）。我国已成为世界第三大能源生产国和第二大能源消费国。

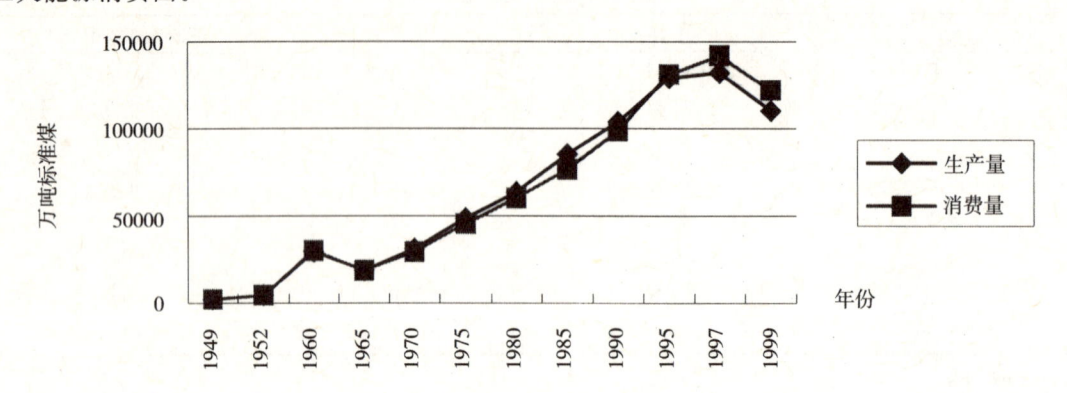

图 5-4 中国历年能源生产量与消费量

表 5-13 中国历年来能源生产量与消费量 　　　　　　（万吨标准煤）

年份	生产量	消费量
1949	2374	2397
1952	4871	4695
1960	29637	30188
1965	18824	18901
1970	30990	29291
1975	48754	45425
1980	63735	60275
1985	85546	76682
1990	103922	98703
1995	129034	131176
1997	131989	142000
1999	110000	122000

资料来源：国家统计局，《中国统计年鉴 2000》。

表 5-14 能源生产和消费的总量与速度指标

指标	总量指标（万吨标准煤）					速度指标（%）				
						指数（1999比以下各年）				平均增长速度（%）		
年份	1985	1990	1995	1998	1999	1985	1990	1995	1998	1986~1990	1991~1995	1991~1999
能源生产总量	85546	103922	129034	124250	110000	128.6	105.8	85.2	88.5	4.0	4.4	0.6
能源消费总量	76682	98703	131176	132214	122000	159.1	123.6	93.0	92.3	5.2	5.9	2.4
平衡差额	8864	5219	-2142	-7964	-12000							

资料来源：国家统计局，《中国统计年鉴 2000》。

2. 能源需求总量增速趋缓

【能源消费弹性系数呈下降趋势】20世纪80年代以前,中国能源消费增长速度很快,能源消费弹性系数大,经济发展是靠大量消耗能源来实现的。80年代后,能源消费增长速度大幅度减小,能源弹性系数逐步降低(表5-15)。由于国家加强了节能工作,节能率始终保持在3%~5.8%的较高水平。万元GDP能耗从1980年的13.34吨标准煤下降到1997年的1.9吨,但与发达国家相比还存在很大差距。

表5-15 能源消费弹性系数和生产弹性系数

年份	国内生产总值比上年增长%	能源消费弹性系数	能源生产弹性系数
1953	14.00	—	0.47
1960	-1.4	—	—
1965	17.00	0.8	0.54
1970	23.30	1.24	1.46
1975	8.30	1.60	2.06
1980	6.4	0.45	—
1985	13.5	0.60	0.73
1990	3.8	0.47	0.58
1991	9.3	0.55	0.10
1995	10.5	0.66	0.83
1996	9.6	0.62	0.29
1997	8.8	—	—
1998	7.8	—	—
1999	7.1	—	—

资料来源:国家统计局:《中国统计年鉴2000》。

【近年来能源生产与消费总量减少】中国近几年出现了能源生产与消费总量减少的情况,分析其主要原因是:(1)大量新技术与新设备的应用使得能源消耗减少;(2)经济结构向低耗能方向转化,低耗能的第三产业增长高于其他产业的增长;(3)近几年,受全球经济危机影响,主要能源用户需求减少。1997年以来居民用电保持了高增长,但全社会用电仅增长4.77%,其中占全社会用电73%的工业用电只增长了3.05%,比20世纪90年代前6年平均增幅低5.2个百分点。

3. 煤炭供给保证程度高于石油,天然气有较大潜力

到目前为止,我国煤炭的保有储量为10000亿吨,相当于7300亿吨标准煤,其中详查或精查的煤炭保有储量为2294亿吨,相当于1638亿吨标准煤。如果按我国每年需要20亿吨标准煤计算,仅煤炭资源一项就足够满足我国的能源需要。当前,我国煤炭可开采的保有储量是452亿吨,折合标准煤为322.8亿吨;石油的可采储量是24亿吨,折合标准煤是34.3亿吨;天然气的剩余可采储量是9616亿立方米,折合标准煤为12.8亿吨。我国近几年能源供需开始出现较大缺口,且能源短缺总量有扩大的趋势,不是资源总量不足,而是油气等优质能源供应不足造成的。

二、能源结构问题

1. 中国的能源结构是以煤为主的多元化能源结构

【以煤为主的多元化的能源结构由来已久】从1952至1999年的40余年间,煤炭生产由占一次能源总产量比重的96.7%下降到68.2%,石油、天然气的生产比重由1.3%上升至24.0%;同时,煤炭消费从占一次能源消费总量的95%下降到67.1%,石油、天然气消费比重则由3.39%跃升到26.2%(表5-16)。中国能源长期以来单一的煤炭结构已被多元化的能源结构所替代。

表5-16 能源生产和消费总量及构成 (%)

指标	1952	1978	1980	1985	1990	1995	1999
能源生产总量(万吨标煤)	4871	62770	63735	85546	103922	129034	110000
能源生产总量结构							
原煤	96.7	70.3	69.4	72.8	74.2	75.3	68.2
原油	1.3	23.7	23.8	20.9	19.0	16.6	20.9
天然气	—	2.9	3.0	2.0	2.0	1.9	3.1
水电	2	3.1	3.8	4.3	4.8	6.2	7.8
能源消费总量(万吨标煤)	4695	57144	60275	76682	98703	131176	122000
能源消费总量结构							
煤炭	95	70.7	72.2	75.8	76.2	74.6	67.1
石油	3.37	22.7	20.7	17.1	16.6	17.5	23.4
天然气	0.02	3.2	3.1	2.2	2.1	1.8	2.8
水电	1.61	3.4	4.0	4.9	5.1	6.1	6.7

资料来源:国家统计局:《中国统计年鉴2000》、《中国能源统计年鉴1996》。

【近年来终端能源消费优质化的进程加快】近几年,在能源总量供给压力减轻的同时,我国能源供需结构矛盾却越发突出。随着对环境问题的更加关注以及终端能源消费优质化的进程加快,油、气、电、热力等优质能源需求的增长,已经大大超过煤炭和生物质能需求的增长。相比发达国家而言,我国的油、气、电等优质能源的消费比例远远低于世界平均水平(表5-17)。随着交通运输业的迅猛发展和居民生活水准的不断提高,中国将面临在21世纪优质能源短缺的严峻局面。

表5-17 1997年部分国家能源消费构成比较

	总消费量(万吨油当量)	消费构成(%)				
		石油	天然气	煤炭	核电	水电
美国	214410	39	27	25	7.1	1.3
英国	22490	36	34	18	11	0.02
前苏联	89180	22	50	20	6	2
澳大利亚	10250	36	17	46	—	1
印度	26030	32	8.5	57	0.1	2.4
日本	50630	52.6	11.7	17.7	16.5	1.5
中国	90460	20.5	2	75.3	0.4	1.8
全世界	850920	40	23	27	7.3	2.7

资料来源:引自《国际石油经济》1998年第5期。

2. 能源供需结构性矛盾日趋突出

【煤炭市场供大于求,且需求持续走低】"八五"期间,煤炭年均增产5000万吨,1994年和1995年达到每年增长1亿吨左右。而近年来,受产业结构的变化、经济增长方式的转变等一系列因素的影响,国内煤炭消费量持续下降,从1997年的13.1亿吨,下降到1999年的11亿吨左右,煤炭产量也从1996年的13.9亿吨迅速下降到1999年的10.5亿吨。

【油气供给已无法满足国内需要,石油进口持续快速增长】进入20世纪90年代,石油和天然气的消费比重在缓慢上升,而1995年以后,油气消费增长明显加快,国内石油和天然气的供给面临越来越大的压力。国内石油产量的缓慢增长已无法满足国内对石油需求的激增(表5-18),在石油自给近30年之后,1993年中国重新成为石油净进口国,1996年进一步成为原油净进口国,对进口石油的依赖越来越严重,近几年的进口量接近1亿吨。相比较而言,天然气的产量增长迅速,且有加速趋势。

表5-18 1978~1998年我国石油和天然气产量

年份	石油产量(百万吨)	变化(%)	天然气产量(亿立方米)	变化(%)
1978	104.05	11.12	137.30	13.28
1980	105.95	-0.19	142.70	-1.65
1985	124.89	8.97	129.30	4.11
1990	138.31	0.48	153.00	5.57
1995	148.79	1.86	170.30	2.18
1997	159.42	1.35	211.76	5.19
1998	160.18	0.48	223.21	5.4

资料来源:1995年前数据来自国家统计局,1995年后数据来自CNPC。

【未来20年石油缺口将迅速扩大】就中国能源的供需态势来看,煤炭基本保持供大于求的态势,能源供需缺口主要由石油的供需缺口造成,而且,随着石油的缺口越来越大,能源总量的供需缺口也在加大。"八五"期间,我国石油产量年均增幅为1.7%,而消费需求增长了4.9%。专家预测,假设石油年均生产量增加1.9%,需求增加7.7%,未来20年中,中国石油供需缺口将越来越大(表5-19)。

表5-19 我国未来石油供需预测 (单位:亿吨)

	1998年实际产需量	假设年均增长率(%)	1999	2000	2005	2010	2015	2020
生产量	1.6	1.9	1.63	1.66	1.83	2.01	2.22	2.42
需求量	1.9	7.7	2.05	2.20	3.19	4.63	6.71	9.72
产需缺口	0.3		0.42	0.54	1.36	2.62	4.51	7.30
产需缺口率	15.8		20.5	24.1	42.6	56.6	67.2	75.1
产需自给率	84.2		79.5	75.0	57.4	43.4	32.8	24.9
净进口量	0.29		0.40	0.50	1.40	2.60	4.50	7.30
进口金额(亿美元)	32.8		51	63	178	330	571	926

注:按1999年我国进口石油总量和金额粗略计算,每吨价格126.8美元。

【天然气消费市场潜力很大,受到产量及供给设施限制】天然气作为21世纪的主力能源,被普遍看好,特别是越来越大的环保压力,使得天然气这种清洁能源的市场迅速扩大。我国天然气资源量丰富，近年的勘探获得很大突破，在1996～2000年5年间，新探明储量差不多相当于过去探明数量的总和，使现在的剩余可采储量达到近20000亿立方米，预计在本世纪初，中国天然气仍将保持储量快速增长的势头。但是由于我国输气管网的限制，对天然气的巨大需求在短期内无法完全满足。随着我国"西气东输"工程的正式启动（专栏5-3），预计每年东输天然气120亿立方米，稳定供气30年，将为越来越大的天然气消费市场提供充足的气源。

专栏5-3

西气东输工程

西气东输工程是"十五"期间国家安排建设的特大型基础设施，总投资预计超过1400亿元，其主要任务是将新疆塔里木盆地的天然气送往豫皖江浙沪地区，沿线经过新疆、甘肃、宁夏、陕西、山西、河南、安徽、江苏、上海、浙江十个省（区、市）。西气东输工程包括塔里木盆地天然气资源勘探开发、塔里木至上海天然气长输管道建设以及长江下游天然气利用配套设施建设。西气东输工程主干管道全长4000公里左右，输气规模设计为年输商品气120亿立方米，建成后将成为我国第一条大口径、长距离、高压力、多级加压、采用先进钢材并横跨长江下游宽阔江面的现代化、世界级的天然气干线管道。西气东输工程将作为我国进入新世纪后的第一个重大建设项目而载入史册。

截至去年底，西气东输主要供气源塔里木盆地库车—塔北地区已探明天然气储量5267亿立方米，可采储量3725亿立方米；启动气源长庆气区探明天然气地质储量7504亿立方米。另外，迪那2气田、迪那1气田等正在进行评价勘探。

西气东输工程将作为拉开我国西部大开发的一项规模宏大、标志性的序幕性工程。西气东输工程将把西部的资源优势变为经济优势，实现气能源供给与需求的衔接。同时，工程建设也将促进和加快西部及沿线地区的经济发展，增加财政收入和就业机会，有效治理大气污染，经济和社会效益十分显著。（资料来源：据国家计划发展委员会：《新世纪的伟大工程——西气东输工程简介》及其他有关资料编写。）

【电力生产与消费均有巨大发展空间】自1980年以来，我国发电量迅速提高，1997年总发电量居世界第2位，进入了世界电力生产和消费大国的行列（图5-5）。但我国目前用电水平较低，人均年用电量仅900千瓦时，还有六、七千万人口的农村用电市场尚待开发。"九五"初期，电力市场销量增长幅度下降，使发电量从每年增长8%～9%，降到目前的4%～5%。随着我国工业化水平和人民生活质量的进一步提高，以及电力市场消费政策的调整和城乡配电网改造的完成，预计在"十五"期间电力消费的增长会达到年均5%左右，电力弹性系数达0.7。"十五"末期发电量将达到17200亿千瓦时，发电装机总容量3.5亿千瓦，其中水电装机9000万千瓦，核电800万千瓦，风电等120万千瓦，液化天然气发电200～300万千瓦。未来的电源结构仍将以煤电为主，水电次之，核电有所发展，同时引进的液化天然气发电有可能在东南沿海地区建成发电。

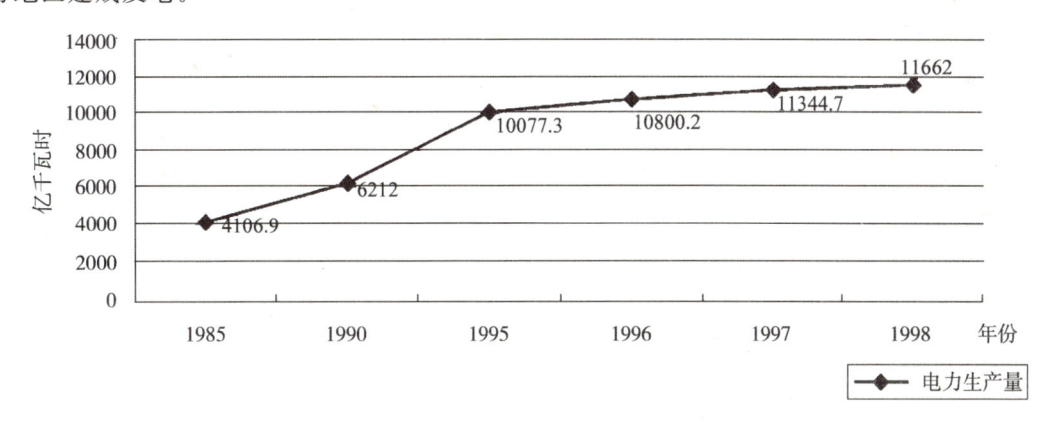

图 5-5 电力生产量增长(消费)趋势

(资料来源：参考文献[13]。)

【我国能源供需的根本问题是结构问题】我国能源生产和消费结构的不合理是由我国能源矿产资源在结构上的严重缺陷以及自给自足的能源战略造成的,这是中国能源问题的根本所在。我国的能源消费结构与发达国家正好相反,以煤为主的能源消费结构造成了严重的环境污染,影响了可持续发展战略的实施,而调整能源结构,增加油气消费比重,对石油天然气勘探与开发形成了巨大压力,油气资源的相对不足使得进口石油大量增加,能源对外依赖程度越来越高。

第三节 建立可持续的能源保障体系

建立可持续的能源保障体系不仅是能源资源开发、能源产业对自身发展提出的要求,更是新的时代背景下经济发展对能源发展提出的更高要求。

一、建立可持续能源保障体系的背景

当今世界,人类开始迈进知识经济的时代,在经济全球化、区域集团化的形势下,能源资源,特别是油气资源将更顺畅地在世界范围内流动。中国可以在更大范围内实施"比较优势战略"和"贸易自由化战略",有效利用"两种资源、两个市场、两种技术、两种资金",相应实现四个方面的政策转变：一是从主要利用国内资源、高度自给自足,转向充分利用全球资源、保持适度自给率;二是从封闭型、半开放市场、较高的准入限制,转向降低市场准入、加快能源市场开放;三是从主要利用国内资金,特别是政府环保与生态建设投资,转向利用国内国际两种资金,特别是利用国外资金和全社会投资;四是从较高的关税、较多的贸易壁垒、较高的引入技术成本转向零关税、低成本获取全球环保技术与设备。

加入 WTO 标志着中国在新的国际环境下,将加速对社会主义市场经济体系的完善,与国际市场规则接轨,使能源产业的发展环境以及能源产品的流通环境从根本上摆脱计划经济的影响。

正是在这样的时代背景下,中国制定了适应新世纪发展的能源战略,并建立适应自己国情的可持续能源保障体系。

二、新世纪的能源战略

中国的能源战略正在经历一个从保证总量供应,向保证总量供应的同时更注重能源合理结构和环境质量过渡的时期。

1. 能源战略的指导思想

中国能源战略的指导思想是:利用两种资源,面向两个市场;保证供给,合理消费;改善结构,提高效率;防治污染,有益环境;建立可持续发展的能源供需体系[26]。

可以进一步将该指导思想理解为:保障供应,效率优先,改善结构,有益环境,合理消费,持续发展。

【保障供应】保障能源供应要坚持以电力为中心,以煤炭为基础,加快石油天然气开发的方针。其战略重点,首先是确保石油和天然气的供应,必须在增产、节约、替代、进口方面采取有效措施,并建立战略石油储备;另外,解决晋陕蒙(西)煤炭大规模开发和外运问题;同时要进一步加快电力发展,提高发电能源占一次能源消费比例以及电力占终端能源消费的比例,并厉行节电。

【效益优先】从长期看,采用先进技术提高能效和节能,是在人均能耗增加不多的条件下,使全国人民过上富裕生活的优先选择。在近期内,应引导能源投资向节能倾斜。

【改善结构】改善能源结构,是优化资源配置,促使能源、经济与环境协调发展的核心问题。改善结构的重点是:加快水电和天然气开发,进口石油和LNG,积极发展核电、煤炭液化和新能源;提高优质能源占终端能源消费的比例。

【有益环境】能源战略与环境战略密不可分,并且在一定程度上环境战略取向支配着能源战略选择。保护和改善环境成为能源战略的基本出发点之一,为此清洁能源成为能源保障的重要发展方向之一。

【合理消费】要求在人均能耗适度增加的前提下,改善居民消费结构,促进社会消费多样化,实行公平分配,提供低能耗、少污染的民用产品和服务,反对奢侈浪费,抑制不利于健康的消费,从而形成可持续发展的生活方式和消费方式。

【持续发展】在充分考虑环境影响的前提下进行能源开发,延长煤、石油和天然气等非再生能源的利用年限;逐步实现以太阳能、风能、地热能和生物能等再生能源和新能源替代传统能源;最大程度地达到能源保障、环境保护和经济发展之间的和谐,最终实现社会经济系统的可持续发展。

2. 能源战略目标是提供经济、安全、高效、清洁的可持续能源供应

【以确保我国21世纪中叶达到中等发达国家水平为能源战略目标】中国能源工业的发展战略是:以电力为中心,以煤炭为基础,积极开发石油和天然气,大力发展水电和核电,从战略高度来发展新能源和可再生能源,加快农村能源和电气化建设[26]。我国新世纪能源工业战略目标是:提供经济、安全、高效、清洁、稳定的能源,以确保实现我国在21世纪中叶达到中等发达国家水平的社会经济发展目标。

【中国能源工业将解决一系列重大问题】到 2010 年实现能源供应基本满足国民经济发展的需要,逐步建立起可持续利用的能源体系,能源技术和装备达到或接近世界先进水平,使能源和环保协调发展。到 2010 年,中国能源工业将解决一系列重大问题:煤炭开发将着重解决好开发中心西移的问题,重点抓好神府、东胜矿区及其外运通道的建设;石油工业将加快新疆油气资源和海洋石油的勘探开发。这些目标的实现,将形成煤炭以山西、陕西、内蒙古西部、黑龙江、贵州为重点;水电以黄河上游、长江中上游为重点;石油以大庆、胜利和新疆等油田为重点的能源供应基地。

【煤炭仍将居于重要地位,以需定产并提高洁净利用的比例】"十五"期间,煤炭仍将维持以需定产的局面,今后能源结构的优质化对煤炭的开发和生产的制约会越来越大。煤炭的出路应是进一步提高煤转电的比例,以及积极进行煤炭的洁净利用和综合利用。预计煤炭生产在保证国内需求和有限增加出口的情况下,2005 年年产达 15.5~16 亿吨,即比 2000 年增产 2.5~3 亿吨,但要实现这样的生产目标,必须以提高煤炭的商品化率,即大大提高煤炭的入洗率,减少灰分和硫分来促进煤炭的销售。

【石油产量继续增加,自给率继续下降;天然气生产与消费将大幅增长】石油产量将继续缓慢增长,预计 2005 年达到 1.83 亿吨,2010 年 2.01 亿吨,2015 年 2.22 亿吨,2020 年 2.42 亿吨。但是由于需求量的快速增长,缺口将愈来愈大;石油的自给率由目前的 79.5%,扩大到 2020 年的 24.9%。2005 年天然气产量可达到 400~450 亿立方米,2010 年可望年产天然气 707.5~822.5 亿立方米。2020 年达 1000 亿立方米以上。

【继续发展火电,大力发展水电,积极发展核电和新能源发电】随着社会生产规模的扩大和国民经济整体水平的提高,以及环境保护压力的不断加大,电力作为能源清洁利用的重要方式,对其需求将不断增加。为了保证经济发展对电力的需求,同时兼顾未来发展的可持续性要求,电力发展要走电力构成多元并举的道路,在继续发展火电的基础上,要加大力度发展水电和核电,以及新能源发电。我国的水电资源居世界首位,但目前开发利用率很低,发展潜力巨大,特别是西南地区尤为丰富。核电作为一种高效清洁能源在发达国家已广泛采用,在正常运行条件下,核电对生态的危害比火电小得多,核电发电成本低,可节约大量煤和石油,核电对于经济发展速度较快、工业化程度较高而资源又相对缺乏的地区,解决电力短缺问题有十分重要的意义。随着技术的不断进步,太阳能、风能、潮汐能等新能源发电已逐渐成为电力构成的重要组成部分,对解决我国偏远、经济不发达地区的能源需求有极为重要的作用。

三、建立可持续能源保障体系

1. 积极引导能源消费高质化,促进能源结构优化

【新世纪需要改变煤炭比重过高的能源结构】为了保证国民经济的持续稳定增长,能源供需基本平衡无疑是非常重要的。然而,过去在能源平衡中我们却犯了"重数量平衡,轻质量平衡"的错误。这种错误的形成主要是历史原因,即在被迫封闭条件下的能源自给自足思想,使我国的能源平衡问题没有很好地考虑到能源结构的优质化问题,在能源利用中只注重经济成本的核算,忽视了对不同能源结构下的环境成本的比较,形成了今天这样一个以煤炭为主的能源供应体系。随着经济的发展,人们对环境的要求逐步提高,以煤为主的能源结构难以满足要求。纵观世界各国能源生产和消费结构,凡是经济发达的国家或地区,无论能源生产构成如何及资源短缺与否,其能源消费结构都毫无例外地实现了由煤向油气的转变,许多国家将煤转化为电力到终端消费。目前世界上煤炭比重超过70%的国家除中国之外,仅有南非、波兰和朝鲜3个。

【从改善终端能源消费结构入手,带动一次能源结构优化】改善能源结构,是优化资源配置,促使经济、能源与环境相协调的核心问题,应当建立以优质能源为主体的能源消费系统,并有意识地建立以优质能源为主体的能源供应体系。但是,长期历史形成的以煤为主的一次能源生产和消费结构既庞大又有很大惰性,难以在短期内改变;加之中国以煤为主的能源资源结构不可能改变,所以一次能源的生产结构和消费结构均较难改变。从优化终端能源消费结构入手,带动一次能源结构优化是一条可行的途径。

【煤炭的清洁开采、利用和转换等洁净煤技术面临挑战】尽管洁净煤技术有利于改变煤炭利用中的污染问题,但是目前的成本太高,据国外一般估计,煤的气化是天然气成本的2倍甚至更高,用煤炭发电驱动的取暖装置,效率仅为液体或气体燃料驱动的取暖装置的1/3。常规燃煤电站采用脱硫脱硝装置,总投资将增加1/3以上。因此,以煤发电这样成熟的煤炭清洁利用技术,目前其经济性还受到挑战,其他还处在研究、半工业性试验或者刚刚工业化的清洁技术短时间内也难与石油和天然气竞争。据专家估计,煤炭的清洁开采与洁净煤技术至少在近10年其经济性很难与油、气相比,煤代油、气技术进入大规模工业化生产还有较长的一段路要走。

【从中国能源资源的现实出发,大力发展水电】水电集一次能源开发和二次能源转换为一体,是当今世界可再生资源中利用最成熟、经济性能最好的一种,同时又具有运行成本低,并可兼获灌溉、航运、防洪等综合经济效益,是节约资源和可持续发展的发电方式。我国的水电资源居世界首位,但目前仅开发利用了15%,发展潜力巨大,同时又拥有进行当今世界最大水电站的勘测、设计、科研、监理和运行管理能力,因此有必要大力发展水电工业。据计算,多开发10亿千瓦小时水电,可替代3300万吨标准煤,可大大缓解煤炭资源紧张状况。预计2010年三峡工程建成后,将拥有26台单机容量为70万千瓦的发电机组,总装机容量为1820万千瓦,年发电量847亿千瓦小时。

2. 实施技术节能和结构节能,建立和健全能源节约体系

【改变人均能源消费水平与能源利用效率低下并存的局面】中国的能源利用效率很低,目前,中国能源国民经济效益系数仅为发达国家平均系数的1/10,单位国民生产总值消耗的能源是发达国家的4～10倍,能源综合利用率比欧洲国家平均值低26%。能源利用率如此之低,意味着生产过程对生态环境的压力和破坏力非常之大,每年因工业污染造成的经济损失在1000亿元以上。从国家能源安全的角度分析,减小对国外能源的依赖程度是非常重要的。节能不仅是加快经济增长方式转变的重要内容,同时是缓解能源短缺、保障能源安全、提高经济效益和减少环境污染的重要手段,是实现可持续发展能源战略的优先选择。改变这一局面只能靠科学技术和产业结构的调整。

【制定适合国情的节能规划】过去的节能规划,基本是根据未来能源供求关系确定节能

量,供不应求的那部分就是今后的节能量。通过行政手段自上而下将计划的节能量指标分配给各个地区和部门,由各地区和部门具体执行。同时,政府还通过资金、资源和运输能力的调配,企业评级和考核等手段,直接或间接地影响企业的用能行为[27]。新世纪、新体制下的节能规划将体现以下特点:一是粗线条的、弹性的、指导性的规划,将预测未来不同行业节能潜力及实现的可能性,提出政府需要制定的政策法规建议,为国家宏观经济政策的制定和国家决策提供信息;二是将设定预测性、导向性的节能目标,通过制定标准、标识等政策、法规、经济手段,引导全社会的节能工作;三是规划的制定要与产业发展规划结合,要体现行业发展目标,要为国家制定产业政策提供参考[27]。

【利用科技手段直接节能】今后随着直接节能的难度加大,必须增大技术和管理的投入力度。要推广在10多年节能工作中证明技术成熟、效益好、见效快的节能技术,要限制和淘汰效益低、落后的工艺技术设备,以及推广适合我国国情的国外先进技术。从国情出发,要强调煤炭的有效转换,发展电力和城市煤气是重要的节能途径。在电力发展中,应注意在有供热需要的地区,积极发展热电联产,提高热电联产的比例。同时,结合中小火电厂中低机组的改造和工业锅炉的改造,发展热电联产。要注意调整火电机组的结构,提高大型高效机组的比例,大力降低发电煤耗。此外,还要注意减少输电线路损耗,以提高电厂供电效率。我国的大气污染主要集中在城市,城市能源应向电气化、热化、煤气化方向发展,发展城市"三化"是提高能源利用率和改善大气环境质量的重要途径。

【通过产业结构调整间接节能】近几年,我国一、二、三产业之间的结构调整不理想。耗能少的第一产业增加值占国内生产总值的比例逐年下降,这是必然的,但是,耗能较少的第三产业增加值所占比例也趋于下降,造成耗能多的第二产业增加值所占比例上升较多,三次产业之间的结构节能量为负值,即多用了几千万吨标准煤的能源。为此,必须认真调整经济结构,包括产业结构、行业结构、产品结构和企业规模结构,同时,要提高资金利用效率,降低成本,大力促进经济节能。这方面的节能大有作为,应该作为今后较长时期内加强节能的重要方面。同发达国家差距最大的,也正是这个方面[28]。

3. 以国内资源为主,建立利用两种资源的安全供应体系

【建立能源安全供应体系必须立足于国内资源】中国作为世界上最大的发展中国家,其能源资源、生产和消费数量均占世界前列,由于中国地域辽阔、人口众多、经济落后等特点,建立安全的能源供应体系,必须首先立足于国内资源。由于国内能源资源的特点是煤多油少,与消费需求的世界潮流不一,但是从建立能源供应安全体系出发还必须把煤的供应放在重要地位。立足国内,就需充分利用国内的煤炭。建立在此基础上的能源供应体系不论从资源、产业及其分布上都是安全的。问题在于为了保障环境安全,必须解决煤炭的洁净利用。

【加大勘探力度,增加国内石油和天然气产量】立足自己,优先加强国内勘探,千方百计增加石油后备储量,保持必要的石油自给率,以站稳应对国际风云变幻的脚跟,这是制定我国石油安全战略的一个基本出发点[29]。当前,制约我国石油工业发展的瓶颈是资源接替紧张,稳产增产的难度较大。过去的探明储量比例过低主要是探明效率低,其原因很大程度上是原有

的体制造成的,缺乏竞争导致勘探效率较低。加强勘探,必须形成石油勘探领域的竞争机制,发挥各方面的人才、技术、资金优势,引导企业增加勘探投入。随着资源全球化的发展可以引入国外先进的勘探技术和勘探队伍,一方面可以增加自身的探明储量,另一方面可以锻炼自身的勘探队伍,提高素质和业务水平。可以说,随着市场化的不断深入和竞争机制的引入,在原有资源量的基础上,油气的可采资源量会有大幅度的提高,为新世纪的油气供应提供有力的保证。要利用我国天然气的开发潜力和开发条件比石油要好的有利条件,增大国内天然气的勘探和开发利用力度。1996和1997年每年新增产量20多亿立方米,预计2005年产量可比2000年增加100~150亿立方米,即生产400~450亿立方米的天然气。2010年,以"九五"末天然气产量为基础,以"九五"及2001~2010年不同的新增探明储量方案为依据,我国可望年产天然气707.5~822.5亿立方米。

【建立全面长期的国际能源合作,分享国际油气资源】从世界经济发展与油气(以前主要是石油)消费的变化情况看,利用国际油气资源加快经济发展是许多国家走过的道路。经过20多年的改革开放,我国的经济总量、进出口总量、外汇储备水平都已居世界前列,同世界主要大国和周边国家的关系大为改善,国际地位显著提高,扩大利用国际油气资源的条件已经基本具备。因此,在立足国内油气资源勘探开发的同时,要放眼世界,走出国门,分享国际油气资源,保证我国油气资源的中长期稳定供应。中国首先要在亚洲建立与各石油生产国稳定的长期合作的战略伙伴关系。中国经济发展对油气及其产品持续扩大的需求是亚洲各石油生产国稳定的贸易市场;中国油气资源潜力以及不断扩大的对外开放和日益完善的法律体系,也将使中国成为邻国国家的投资场所[29]。其次是参加国外油气资源的勘探和开发取得股权油气。1999年,海外获得份额油已超过350万吨,达到当年进口石油的8%~9%。在今后一个时期,我国应重点加强与中东、中亚、俄罗斯、非洲和南美地区的能源合作,除增加进口量外,还应加强合作开发并争取独立开发。前苏联地区具有丰富的油气资源,且具有明显的地缘优势,应是中国对外能源长期合作的首选地区之一。

4. 积极发展国际贸易,建立稳定的能源外贸体系

【积极发展能源国际贸易,调剂余缺】利用全球化的资源市场,加强能源贸易是保证能源供应的重要方面。加入WTO后必须调整中国现有的能源进出口结构,改进能源国际贸易方式及条件,充分利用两种资源、两个市场,形成国内与国外市场相结合的、多渠道的能源供应体系。通过国际贸易和风险采购等手段从国外进口油气;并要设法分散进口的来源以规避风险。"以市场为导向,以经济效益为中心,有进有出,优化进出口产品结构,以进带出,以出养进,力求进出口市场多元化"是能源国际贸易战略的指导方针。"以进带出"指以进口原油等初级品带动成品油等高科技含量产品的出口;"以出养进"指通过煤炭出口、本行业技术设备、劳务输出等的出口创汇来换取进口石油、天然气。随着经济全球化和贸易自由化进程的加快,特别是我国加入世界贸易组织,为煤炭工业发展带来机遇。我国具有煤炭资源丰富、品种齐全、靠近主要进口国家和地区的优势,特别是目前我国在亚洲煤炭贸易市场中仅占有20%的份额,煤炭出口增长潜力较大。

【建立多元化能源贸易体系】从国外直接进口油气资源,要采取进口来源地多元化、能源进口种类多元化、贸易方式多元化和运输方式多元化的策略。进口来源多样化就是要从多个国家和多个地区进口油气资源。由于国际石油市场十分复杂,不同国家或地区,不同公司或集团在油品品种、价格、风险等方面均有不同,我们必须以进口多元化来获得更多的主动性,应付局部战争、灾害及政治原因等带来的各种风险。能源进口种类多元化,即增加非石油能源的进口。贸易方式多元化,就是除了现货和期货外,还应进行转口贸易,贸易方式主要以长期合同为主。在国际油价低廉时,应该大量进口。运输方式多元化就是要船运、陆路管道输送和增加储存能力综合考虑,并将国际铁路作为补充运输方式[30]。

【建立风险采购体系】通过建立风险采购体系来进口石油。国家可以从石油进口总量中划出一定比例,由专门在国际市场上从事风险运作的大型国际贸易公司通过风险采购的方式组织进口;一方面用油企业按规定比例以固定价格向这些公司长期定货,另一方面这些公司通过在国际石油市场上"高抛低吸"、进行期货"套期保值"、和国际石油垄断资本建立战略联盟、收购和投资海外资源产地以及其他投机运作方式博取差价并获取风险收益。通过国际贸易和风险采购等手段从国外进口油气;并要设法分散进口的来源以规避风险。具体说可以达到以下目的:一是维护国家经济安全,为国民经济的能源供给设立可靠的保障线;二是部分锁定下游产业的原料成本,规避国际油价波动对国民经济运行的频繁冲击,促进石化企业大型装置的均衡生产;三是依靠市场化方式实现战略性目标,弥补战略储备等被动性高成本措施的不足;四是在维护经济安全上采取以市场对市场的措施,可以在特定条件下避免不必要的政治甚至军事对抗;五是其实际运作过程有利于不断开拓海外能源供给基地,并可在与国际大资本的周旋中建立起多样化的战略合作体系[31]。

5. 建立能源战略储备体系,提高应对供应中断的能力

【能源储备分为3个层次】可持续能源保障体系的战略储备单元分为3个层次:第一层次的储备是能源储备,它指的是能源产品的储备,我们常说的油气商业储备和油品战略储备就属于这个层次,这类储备应对短期和中期的能源供应中断;第二层次是资源储备,它指的是探明可采资源但不投入开发,此类储备应对的是中长期的能源供应中断;第三层是技术储备,指的是对先进能源技术的研究和储备,为未来的能源接替做准备,此类储备应对长期的能源供应中断和寻找能源的替代。

【要特别关注石油产品和石油资源的战略储备】我国能源战略储备的核心问题是石油的储备。目前,关注较多的是第一个层次的能源储备,因为短期的能源供应中断影响较为明显。能源供需结构性不平衡的结果使得我国石油、天然气进口逐渐增加,对国际能源市场的依赖性增强,因而能源供应风险加大,一旦国际石油市场动荡和国际环境发生变化,就可能对我国产生重大影响。为保障油气供应安全,应从战略上综合考虑建立适应我国油气资源开发利用步伐的油气储备制度和储备系统。近期我国的油气储备制度和储备系统应主要考虑建立和完善适应市场机制的商业储备制度和建立初步的国家战略储备制度和储备系统。我国建立国家战略石油储备的主要目的是在石油进口量增大的情况下,应付可能的因政治、局部战争等导致的供应中断,以及服务于巩固国防、维护国家主权和实现国家统一。建立国家石油战略储备要和扩大利用及分享国际油气资源统筹考虑,只有扩大分享世界油气资源,加快走出去的步伐,国家石油储备才有建立和完善的真正动力并发挥其功能。有了国家石油储备,扩大利用国际油气资源才有安全保障[30]。

【以煤炭气化、液化替代石油是具有战略意义的技术储备】作为技术储备层次,当前的任务是对可再生能源利用技术的研究、开发和进行技术储备。此外,作为世界上第一大煤炭生产和消费国,煤炭在未来几十年中仍将是我国的主要能源,无论采取何种能源供应路线,我国都应当加快清洁、高效的煤炭转换和应用技术的开发研制,如煤炭气化、液化的研究,尤其是发电转化技术的研究开发;加强国际合作,掌握最新的技术手段,走在煤炭洁净利用的前沿,并在一定范围和地区进行试点。总之,技术创新将在我国未来经济升级换代中起非常重要的作用[31]。

6. 加快新能源和可再生能源的研究开发,建立后备能源体系

【发展新能源和可再生能源是世界大趋势】1992年联合国环境与发展会议后,在中国政府制定的促进环境发展的十大政策中,提出要"因地制宜地开发和推广太阳能、风能、地热能、海洋能和生物质能等新能源"。面对传统能源资源的日益枯竭和对生态环境造成的巨大破坏,世界上一些国家和企业正在积极开发绿色能源和生物碳氢燃料以取代传统能源。近年来世界上可再生能源发展迅速,技术逐步趋于成熟,经济上也逐步被人们接受。

【我国发展新能源和可再生能源将会带来多方面效益】我国农村人口达8.6亿人,新能源技术能较好地满足广大农村和乡镇的需要,对于发展我国乡村经济,提高占总人口70%的农民生活水平,进而真正提高全国的经济发展水平有着无可替代的作用。发展新能源和多种再生能源既可满足国防事业、海洋采矿、海洋资源开发以及作为新的经济增长点的海岛旅游业发展的需要,也能满足生态保护的需求。从国家安全的角度考虑,发展多元化能源体系,优化能源结构,尤其是增加新能源在总能源中的比重,可保障战争时期能源的供给。另外,从事有关基础研究和技术开发有利于在新世纪的能源技术和市场竞争中取得优势,获取经济利益[14]。

【在已有的基础上加快新能源和可再生能源的研究与开发】新中国成立50年来,经过广大科研人员多年的研究和开发,我国可再生能源技术发展迅速,进步很大,整体水平大为提高,其标志是:已开发出一批实用化和商业化的产品;具备设计、建造某些现代化大型生产企业的能力;兴建了一批国家级试验基地,培养造就了一批科技人才;涌现了一批新的开发利用技术设备,技术水平逐步向国际水平靠拢。1994年3月公布的《中国21世纪议程》,再次强调了发展新能源和再生能源对保持可持续发展的重要作用。我国政府在1996～2010年"新能源和可再生能源发展纲要"中提出:今后15年,新能源和可再生能源实际使用数量要从目前的近3亿吨标准煤,增长到3.9亿吨标准煤。尽管目前和今后一段时间内开发新能源和可再生能源与使用煤炭相比费用较高,但是当前仍应抓住时机,扩大对替代能源供应技术研究的投资,加大研究开发的力度,为以后更多地使用与大规模开发奠定基础[31]。为加快再生能源的发展,政府应加大研究、开发和商业化的资金投入并提供减免税收、价格补贴、低息贷款等一系列经济

激励措施。这不仅是发达国家,也是发展中国家成功发展可再生能源的共同经验[30]。

7. 加大环境保护与治理力度,实现能源开发利用与环境和谐发展

【中国的能源结构与环境矛盾十分尖锐】我国面临的能源环境问题主要有两方面:一是燃煤过程中排放的二氧化硫造成严重的酸雨污染;二是化石燃料燃烧产生的二氧化碳排放引起的全球气候变化。能源引起的环境污染治理已成为我国国民经济发展中必须考虑的重大问题,也引起世界特别是周边国家的极大关注,并将制约未来我国的社会经济和能源发展[31]。我国能源使用排放的二氧化碳约占各种温室气体总排放量的80%,随着能源消费量的增加二氧化碳排放总量还要增加。虽然中国目前不承担二氧化碳减排义务,但减少温室气体排放是世界潮流。因此,未来中国能源消费结构与环境保护的矛盾会越来越突出。

【重视环境约束对能源战略的重大影响】综观世界各国经济社会发展的过程,环境问题的重要性及其对能源战略的影响均十分明显。随着经济发展水平的提高,人们对环境质量的价值越来越重视。环境外部性的内部化,使能源消费的平均费用明显上升,也改变了各种能源之间的比价。在不少情况下,环境因素比能源资源条件的因素对能源结构的选择影响更大。越来越严格的环境排放标准使污染大的能源使用成本升高,通过市场调节,推动能源替代;各地政府还可能从环保的角度出发考虑将某些污染环境较为严重的能源强行替代。除了当地的环境约束条件外,当前以及未来的全球环境即气候变化问题对世界和我国能源战略的影响将十分重要。特别是在1997年底《京都议定书》对发达国家减排温室气体的具体目标做出规定以后,我国今后的能源发展将必须考虑世界能源发展的新态势和对我国的具体压力,并体现到我国能源战略制定的过程之中。

【寻求能源发展与环境的和谐】可持续的能源发展战略的核心是追求能源发展与环境的和谐。因此能源发展的可持续性将依靠以下要素得到保证:一是节能计划的成功实施是从根本上限制污染源的保证,是实现可持续能源战略的优先选择。因此,提高能源效率,加大节能力度是追求能源与环境和谐的标志。二是加快能源结构优质化的转变,建立以优质能源为主体的能源消费结构。为此,我国应加速水能资源的开发,加快核电建设,以及对环境无害的新能源的开发建设。三是在未来要充分利用国内外资源,利用国外市场为国内提供优质的能源保障,以达到优化能源供应和消费结构的目的。这一点,在未来环境压力越来越大的情况下显得尤为重要。四是国家制定相关的环境政策,通过宏观调控促进节能战略和能源结构调整战略的实施。

第四节 结论与建议

我国作为世界能源第二消费大国和第三生产大国,在经济高速增长的形势下,能源供应面临着保障经济增长和保护生态环境的双重压力。

纵观我国能源资源与产业态势可以看出以下特点:(1)资源总量丰富、种类齐全,人均占有量少,仅为世界人均量的一半;(2)资源分布不均,经济发达的沿海地区资源贫乏,与区域经济发展错位;(3)石油、天然气等高质能源相对不足,增产潜力有限,而煤炭资源充足,产业庞大,中小煤矿技术落后,目前产大于需;(4)建国以来,我国能源生产量与消费量基本持平,但近年来高质能源供不应求;目前能源产业体系完整,且发展迅速;今后仍面临深化改革和结构调整两大问题。

经过近50年的发展和建设,我国煤炭、石油和电力工业均取得了长足的发展。我国是世界第一产煤大国;煤炭产量为13亿吨,在国内一次能源生产结构中约占70%左右。建立了完善配套的石油工业开发、加工和科研体系,油气产量分别为1.6亿吨和223亿立方米,居世界第5位和第18位。电力总装机容量25423万千瓦,年发电量达11342亿千瓦小时,均居世界第二位。各种新能源和再生能源年利用总量达3亿吨标准煤,约占全国一次能源消耗总量14%,占农村能源消耗总量的50%,在我国能源系统中也占愈来愈重要的地位。

从总体上看,我国能源资源保证程度较高。煤炭的保有储量为10000亿吨,相当于7300亿吨标准煤;石油天然气资源量分别是940亿吨和380000亿立方米,最终可采资源量分别是150亿吨(折标准煤215亿吨)和27000~32000亿立方米(折标准煤392亿吨)。如果按每年需要20亿吨标准煤计算,仅煤炭一项即可满足300年以上的需要。问题在于能源的结构。就矿物能源而言,煤炭与油气资源的比重是92.3∶7.7。我国能源生产结构和消费结构的不合理,是由于能源资源结构的严重缺陷以及自给自足的能源战略造成的,1999年我国能源消费结构为煤炭67.1%,油气26.2%,水电6.7%,与发达国家正好相反。以煤为主的能源消费结构成为建立可持续能源保障体系的主要障碍。

建立可持续的能源保障体系战略的指导思想是:利用两种资源,面向两个市场;保证供给,合理消费;改善结构,提高效率;防治污染,保护环境;建立可持续发展的能源供需体系。能源战略目标是提供经济、安全、高效、清洁的可持续能源供应。为实现能源保障体系的平稳、高效运行,需实施以下具体措施:

(1)积极引导能源消费高质化,促进能源结构优化;(2)实施技术节能和结构节能,建立和健全能源节约体系;(3)以国内资源为主,建立利用两种资源的安全供应体系;(4)积极发展国际贸易,建立稳定的能源外贸体系;(5)建立能源战略储备体系,提高应对供应中断的能力;(6)加快新能源和可再生能源的研究开发,建立后备能源体系;(7)加大环境保护与治理力度,实现能源与环境和谐发展。

参考文献

[1] 周凤起:"21世纪中国能源工业面临的挑战",《中国能源》,1999年第12期。
[2] 王涛:"建立亚洲石油全面长期合作",《中国石油》,2000年第11期。
[3] 何希吾、姚建华:《中国资源态势与开发方略》,湖北科学技术出版社,1997年。
[4] 吴传钧:《中国经济地理》,科学出版社,1998年。
[5] 国家统计局:《中国统计年鉴1997》,中国统计出版社,1998年。
[6] 国家统计局:《中国统计年鉴2000》,中国统计出版社,2001年。
[7] 安玉彬、刘旭东、田永春:"21世纪中国能源发展的总趋势",《能源工程》,1999年第1期。
[8] 国家统计局:《中国能源统计年鉴1996》,中国统计出版社,1998年。

[9] 国家统计局:《中国统计年鉴1998》,中国统计出版社,1999年。
[10] 中国石油天然气集团公司发展研究部:"中国石油工业辉煌50年",《中国能源》,1999年第9期。
[11] 严天科、张烁、李德波:"我国煤炭行业结构现状及与主要产煤国家的差距",《中国煤炭》,2000年第4期。
[12] 赵国浩、王浣尘:"煤炭工业可持续发展系统评价",《数量经济技术经济研究》,2000年第4期。
[13] 陆延昌、姜绍俊:"21世纪初期中国电力工业展望",《中国电力》,2000年第7期。
[14] 王亚欣:"电力工业与可持续发展:节约资源和环境保护",《世界地理研究》,2000年第1期。
[15] 陈勇、王利生、舒碧芬:"资源与新能源——生命之源——中国新能源的研究及资源预测",《中国石油》,2000年第5期。
[16] 朱岳年、刁顺、史卜庆等:"我国可持续能源工业发展思考",《中国人口·资源与环境》,1999年第1期。
[17] 邱大雄:《能源规划与系统分析》,清华大学出版社,1995年。
[18] 赵媛:"世界核电发展趋势与我国核电建设",《地域研究与开发》,2000年第1期。
[19] 徐国强、吕炳全、王红:"我国核电的可持续发展分析",《同济大学学报》(社科版),1999年第1期。
[20] 赵玉文:"21世纪我国太阳能利用发展趋势",《中国电力》,2000年第9期。
[21] 周德群、陈宝书:"优化能源结构,实现可持续发展",《能源研究与利用》,1999年第1期。
[22] 张正敏、朱俊生:"中国可再生能源技术攻关成就显著",《中国能源》,1999年第9期。
[23] 张无敌、宋洪川、钱卫芳等:"我国生物质能源转换技术开发利用现状",《能源研究与利用》,2000年第2期。
[24] 汪集、刘时彬、朱化周:"21世纪中国地热能发展战略",《中国电力》,2000年第3期。
[25] 蒋承崧:"中国能源结构与油气资源",《中国石油》,2000年第8期。
[26] 中国能源战略研究课题组:《中国能源战略研究(2000~2050年)》,中国电力出版社,1997年。
[27] 朱跃中、郁聪、刘志平:"'十五'及中长期节能规划的思路和方法初探",《中国能源》,1999年第7期。
[28] 徐寿波、王俊峰:"提高我国能源效率的政策建议",《中国经贸导刊》,2000年第8期。
[29] 谢钟毓:"经济全球化与我国石油安全战略",《理论前沿》,2000年第13期。
[30] 国家计委能源研究所课题组:"我国开发利用国际优质能源的战略与对策",《宏观经济研究》,2000年第8期。
[31] 王延春、陈军君:"不能让国际油价牵着鼻子走",《中国经济时报》,2000年8月21日第1版。
[32] 周凤起、周大地:《中国中长期能源战略》,中国计划出版社,1999年。

第六章　矿产资源及其可持续保障

在我国现代化建设中,矿产资源具有十分重要的战略地位。矿产资源是工业的粮食和血液。我国90%以上的一次能源、80%以上的原材料和30%以上的生产生活用水来自矿产资源。同时矿产资源是可耗竭的、不可再生的,在全球范围内分布极不均衡。从我国国情出发,站在全球的高度研究我国矿产资源供需形势,提出对策措施,对于保障国民经济及社会可持续发展和国家安全具有重要意义。

第一节　矿产资源基本态势

1. 矿产资源大国和矿业大国

> 一、矿产资源供需基本态势:由基本保障到缺口渐大

50余年来,我国矿产资源开发利用取得了巨大成就。截至2001年初,全国有探明储量的矿产共156种,其中,能源矿产9种(图6-1)[1],金属矿产54种(图6-2)[1],非金属矿产90种(图6-3)[1],其他水气矿产3种[2],是世界上矿产资源总量丰富、矿种比较齐全的少数几个资源大国和矿业大国之一。已建成国有矿山7560多座,集体及个体矿山近15万多个。2000年全国矿业总产值为4478亿元(图6-4)。矿产开发总规模居世界第三。矿业从业人员2100万人。近年矿业总产值约占全国工业总产值的5%~6%。矿业以及以矿产品为原料的加工工业产值占全国工业总产值的25%以上。煤炭、水泥、钢、磷、硫铁矿、十种有色金属及原油产量居世界第一位至第五位。

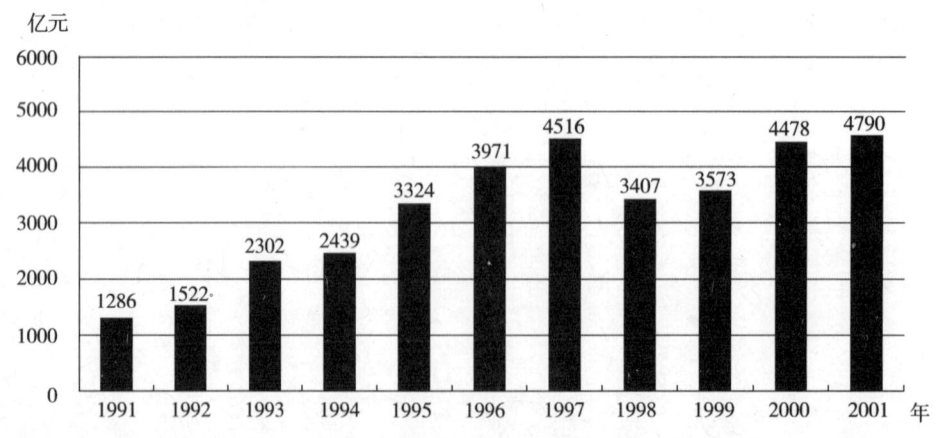

图6-4　全国矿业产值近年变化趋势

(资料来源:参考文献[2],第11页。)

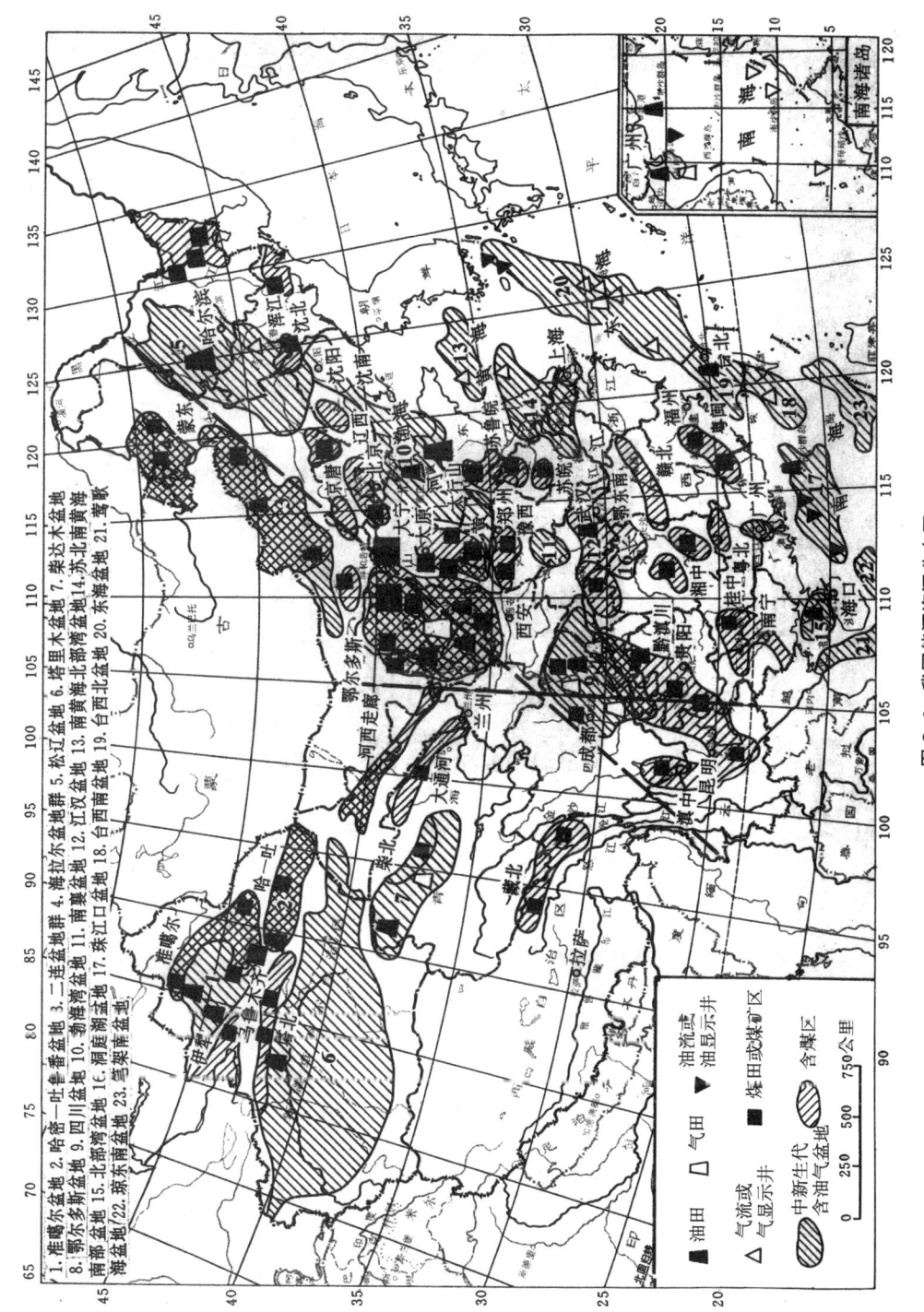

图 6-1 我国能源资源分布图
（资料来源：参考文献[1]。）

图 6-2 我国主要金属矿产资源分布图
（资料来源：参考文献[1]。）

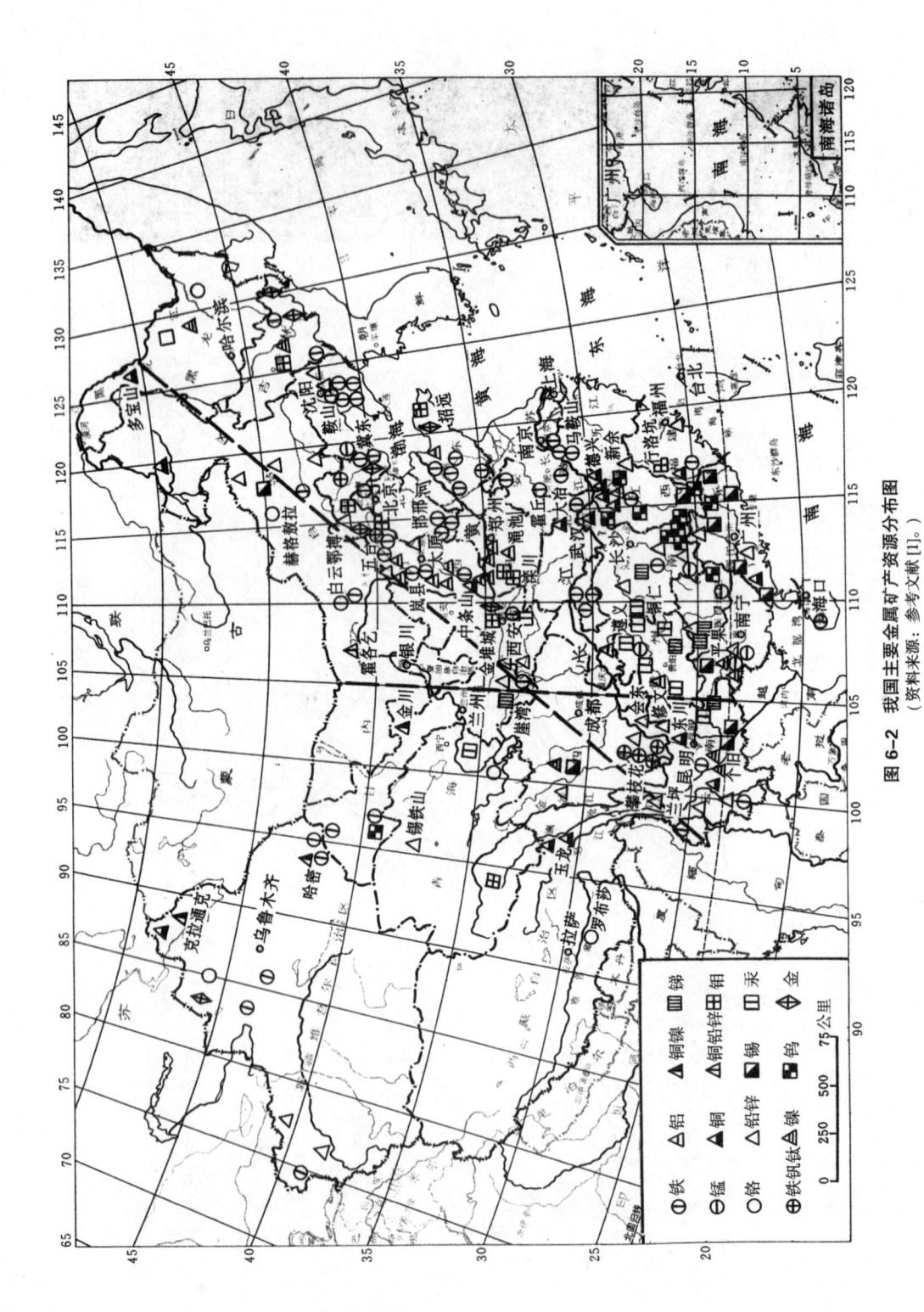

图 6-3 我国主要非金属矿产资源分布图
（资料来源：参考文献[1]）

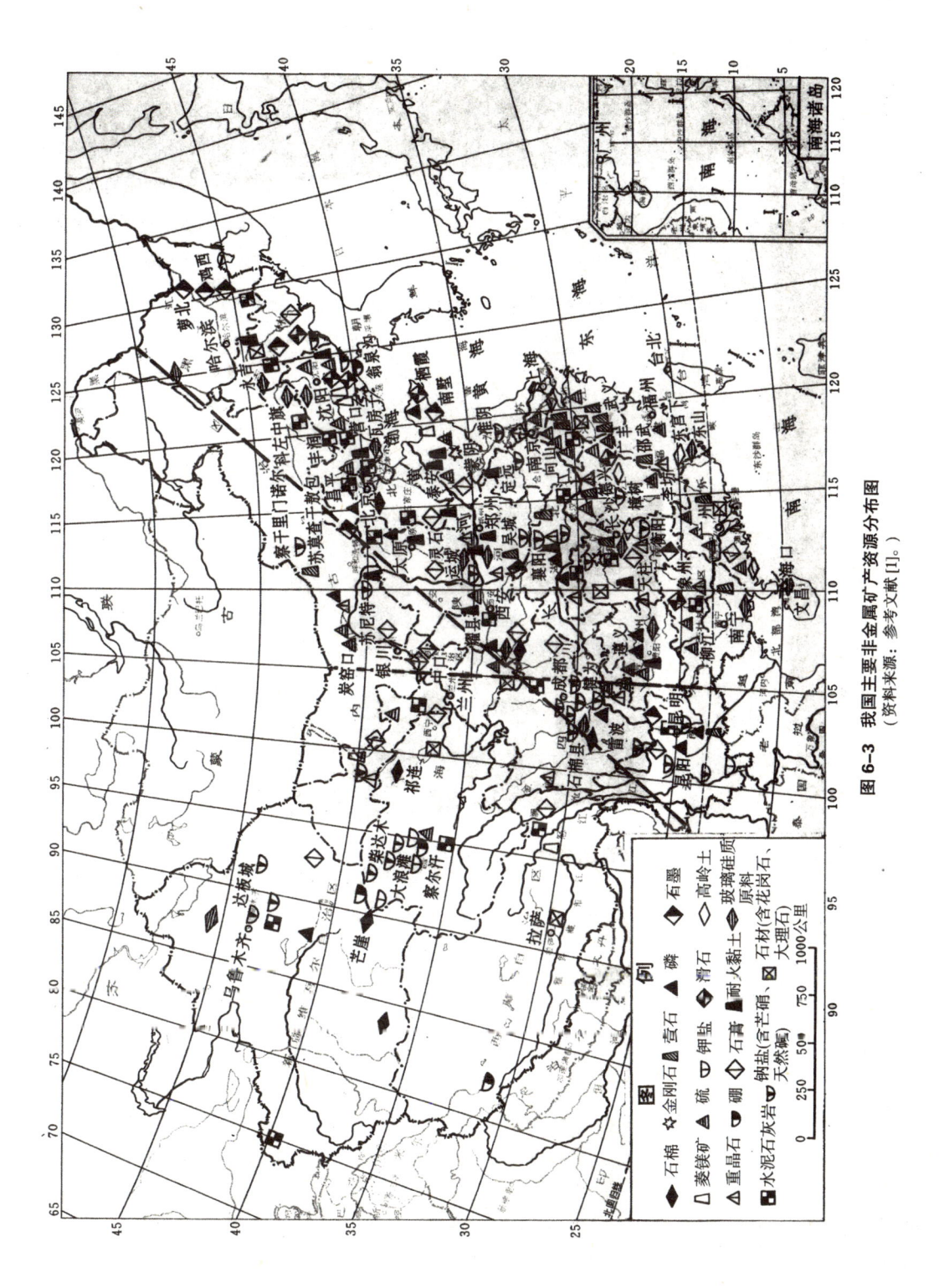

2. 矿产需求刚性增长

人口增加、国民经济的高速增长将导致对矿产资源的强烈需求。自改革开放20多年来，我国矿产资源的需求量年均以两位数的速度增长。这些年所消耗的矿产资源大致相当于20世纪总消费量的一半左右。我国矿产品的人均消费量不仅远低于发达国家，而且也低于许多发展中国家。从现在到2020年，是我国经济发展实现第三步战略目标的关键时期，我国将步入中等收入国家行列，矿产资源的消耗总量将持续增加（表6-1）。

表6-1 我国15种重要矿产资源对经济建设的保证程度预测

	2000年 预计产量/预计需求	保证程度	2010年 预计产量/预计需求	保证程度	2020年 预计产量/预计需求	保证程度
1. 能源						
1）煤（原煤亿吨）	15.5/14.5	基本保证	19.0/18.5	充分保证	24/22.0	充分保证
2）石油（原油亿吨）	1.6/2.1	难以保证	1.8/2.8	难以保证	2.1/3.50	难以保证
3）天然气（亿立方米）	250/250	基本保证	800/900	难以保证	1500/2000	难以保证
2. 黑色及有色和贵金属						
1）铁（矿石亿吨）	2.12/3.40	难以保证	3.29/3.99	难以保证	5.0/4.5	充分保证
2）锰（矿石万吨）	574/600	难以保证	472/750	难以保证	407/890	难以保证
3）铬（矿石万吨）	27/95	难以保证	28/140	难以保证	29.0/196	难以保证
4）铝土（矿石万吨）	445/720	难以保证	805/1120	难以保证	1456/1655	难以保证
5）铜（金属万吨）	70/130	难以保证	90/170	难以保证	115/210	难以保证
6）铅（金属万吨）	/35	可以保证	/45	可以保证	/55	可以保证
7）锌（金属万吨）	/90	可以保证	/120	可以保证	/152	可以保证
8）金（金属吨）	150/	缺口较大	320/	缺口较大	640/	缺口较大
9）银（金属吨）	1140/1400	难以保证	2200/2300	难以保证	4245/3400	充分保证
3. 非金属						
1）硫（硫标矿万吨）	1757/3055	难以保证	2175/3809	难以保证	2692/4510	难以保证
2）磷（矿石亿吨）	3964/3480	可以保证	5285/4400	可以保证	7046/5285	可以保证
3）钾盐（KCl万吨）	80/485	难以保证	100/640	难以保证	125/802	难以保证

资料来源：据参考文献[3]、[4]等整理。

3. 部分矿产供给不足

【国内矿产资源保障能力呈下降趋势】 矿产资源保证程度论证表明，我国45种主要矿产资源的现保有储量，到2010年可以保证需求的将下降到23种，而到2020年则仅有6种。石油、铁矿、锰矿、铬铁矿、铜矿、镍矿、金矿、钾盐、金刚石、硫矿等矿产，不能保证国民经济可持续发展的需要。尤其是石油、铁、铜、铝、硫等重要矿产缺口将进一步扩大，保证程度将会不断下降（表6-2）。

表6-2 全国第二轮45种矿产资源对经济建设保证程度论证结果简表

2010年保证程度类别	矿种数	主要矿产
可以保证	23	菱镁矿、钼、稀土、芒硝、钠盐、煤、钛、水泥原料、玻璃原料、石材、萤石、钨、锡、锌、重晶石、锑、滑石、高岭土、硅灰石、硅藻土、石墨、膨润土、石膏
基本保证	7	铀、铝、铅、锶、耐火黏土、磷、石棉
不能保证	10	石油、天然气、铁、锰、铜、金银、汞、硼、镍
资源短缺	5	铬、钴、铂、钾盐、金刚石

资料来源:据参考文献[3]整理。

【**国内矿产资源对社会经济发展的支持力度呈下降趋势**】现有储量中只有60%可供开发,35%可以采出。相当一部分大中型骨干矿山进入中晚期,可采储量与产量大幅衰减。如石油在西部和海域虽尚有一定潜力,但目前探明可供开发的储量仅24.9亿吨,人均约2吨。大庆、辽河、胜利等东部主力油田均已进入中晚期,后备资源严重不足,稳产难度越来越大;西部战略新区增产幅度不足以弥补东部产能的递减,接替东部油田的战略目标短期内难以实现;海上勘探虽有进展,但从目前情况分析,到2010~2015年产能尚难有影响全局的突破。新增可采储量不足,储采比下降,威胁稳产,制约增产。在今后相当长一段时期,国内矿产资源对国民经济发展的支持力度呈下降趋势,正在从基本保障需要转到难以满足需求。

> 二、一批重要矿产品供需矛盾突出,大规模进口已成定局

我国短缺矿产多为大宗矿产,已探明储量的多为贫矿或难选矿,严重地影响开发利用,其矿产品供应短缺,进口量逐年攀升,进口耗汇大幅增加(图6-5),从1990年的100.9亿美元上升到1998年295.99亿美元。1990年以来,全国进出口贸易中,我国矿产品的进出口额一直保持在18%左右,其中石油、铁矿石、锰矿石、铜、钾消费对外依赖程度进一步上升。

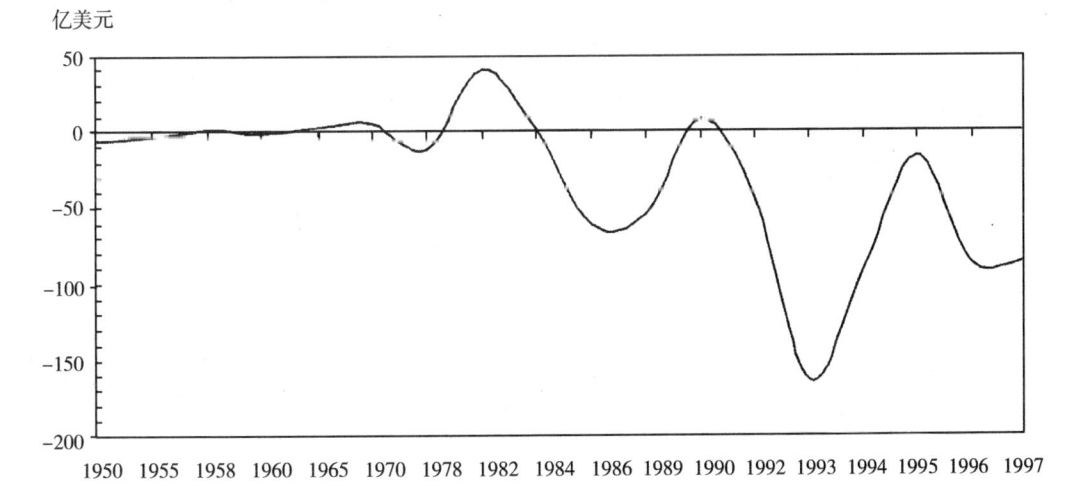

图6-5 中国矿产品贸易逆差变化曲线

(资料来源:参考文献[1]。)

1. 石油对国外资源的依赖程度越来越高

石油在我国能源消费中占有突出地位。目前,我国的能源消费结构中以煤炭为主,占71.6%,石油虽占19.8%,但消费基数很大,达到近2亿吨。自1993年再度成为石油净进口国后,我国石油进口量逐年攀升。石油消费对国外资源的依赖程度越来越高,由1993年的7.5%上升到1998年15.5%。从耗汇角度分析,我国石油进口额由1993年的46.5亿美元上升到1998年的56.8亿美元。到2010年石油缺口将达8000万吨左右,国内石油资源供应长期短缺。

2. 富铁矿及锰矿制约了钢铁工业的发展

【富铁矿进口扩大】铁矿相对丰富,但富铁矿严重不足,炼钢所需富铁矿石几乎全部依赖进口。从1990年到1998年,铁矿石进口量由1417万吨上升到5177万吨,对外依赖程度由10.57%上升到26.44%。进口耗汇由4.28亿美元增加到14.68亿美元。到2010年,铁矿石短缺7000万吨。

【富锰矿消费也依赖于进口】锰矿资源类似于铁矿,丰而不富,绝大多数都是低品位难选冶的碳酸锰矿石。因此,富锰矿的消费依赖于进口。从1990年到1998年,锰矿石进口量由35.7万吨上升到118万吨,消费对外依赖程度由8.93%上升20.70%。耗汇额也由1990年的5466万美元上升到1998年的9033万美元。2010年,锰矿石进口量可能达650万吨。

3. 铬铁矿长期短缺

长期以来,80%以上的消费量依靠进口解决。1990年到1998年,铬铁矿进口量从64.13万吨增加到71.2万吨,进口耗汇一直在1亿美元左右徘徊,1995年突破2亿美元。2010年,铬铁矿进口量可能超过120万吨。

4. 铜矿是我国重要的紧缺矿产品

我国缺少富铜矿和容易开采的大矿。建国初期即开始进口铜矿产品及相关原材料。1992年到1998年,进口铜精矿及铜产品耗汇从16.68亿美元上升到25.58亿美元。近几年铜的消费对外依赖程度不断上升,已从1990年的23.08%上升到1998年的57.87%,形势严峻,铜的进口问题值得关注。2010年时我国将短缺铜100万吨左右。

5. 钾盐短缺长期得不到缓解

我国90%以上的钾肥消费量依赖进口。1990年到1998年,钾肥进口量由273万吨上升到565万吨,增加了一倍以上。同时进口耗汇也从年3.9亿美元上升到年7.2亿美元。2010年时钾肥进口可能达540万吨。

三、适应市场经济要求的矿产资源勘查投入机制尚未形成

矿产资源勘查体制改革、开放双重滞后。勘查是矿业的生命线,但迄今我国尚未为勘查投资创造一个良好的政策法律环境,勘查风险资本市场尚未建立,外资进不来,社会资金也难以进入勘查领域,这样在国家不再负担商业化勘查的前提下,形成了矿产勘查投资真空。近几年我国勘查投入总量增幅不断减少,全国地勘费用在国家财政支出中的比例逐年下降(表6-3、图6-6),不仅难以持续维持目前的矿业生产,单位国土面积所得的勘查投

入也难以与国外相比,如此我们可能会丧失又一轮的矿业发展机遇,矿产资源形势将更趋严峻。

表6-3 全国地质勘探费在国家财政支出中比例

年份	国家财政支出(亿元)	国家拨的地质勘探费(亿元)	地勘费占财政支出比例(%)
1971～1975	3917.94	59.65	1.52
1976～1980	5282.44	97.26	1.84
1981～1985	7483.18	126.21	1.69
1989	2823.78	33.01	1.17
1990	3083.59	36.17	1.17
1991	3386.62	37.90	1.12
1992	3742.80	42.63	1.14
1993	4642.30	45.29	0.98
1994	5792.62	59.78	1.03
1995	6823.72	60.84	0.89
1996	7937.55	68.93	0.87

资料来源:参考文献[6]。

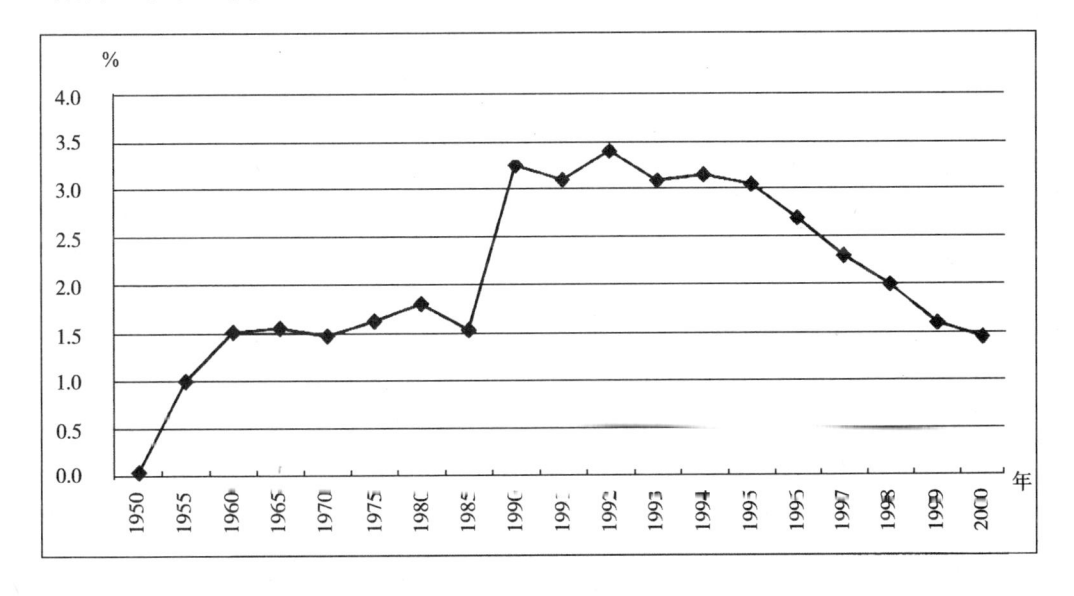

图6-6 1950～2000年我国地质勘查费占国家财政支出的比例变化

(资料来源:参考文献[2],第10页。)

1. 基础性、公益性地质调查工作面临新的形势

据国土资源部规划司(2001年)研究[5]认为,基础性、公益性地质矿产调查工作主要包括区域地质和区域矿产地质调查、区域水文地质、工程地质、环境地质调查、区域地球物理调查、区域地球化学调查、遥感地质调查、地质灾害调查、矿产资源前期预测评价以及与上述区域性调查工作相关的科学技术研究等。其目的是为国家进行宏观调控提供基础性资料和依据,为政府履行矿产资源规划、管理、保护和合理利用服务,为社会公众提供公益性矿产资源信息。然而,我国陆地1:100万地质调查成果亟待全面更新;1:20万区域地质调查仅完成了可测陆地面积的87%,对早期的调查成果尚需重新修测和修编;区域地球物理和区域地球化学调查成果普遍存在参数少、精度低的问题;领海及其他管辖海域调查刚刚起步;与我国工业化、城市化以及人民生活质量密切相关的水文地质、工程地质、环境地质等工作相对滞后。

2. 商业性矿产勘查工作处于市场化改革和发展阶段

【商业性矿产勘查工作和公益性地质调查工作明显不同】公益性地质调查工作是以非盈利为目的,并为全社会服务的地质调查工作。公益性地质调查工作具有以下特征[5]:(1)"公共物品"性质;(2)投资主体主要为中央和地方财政;(3)公益性地质调查工作主要采用事业性体制运作。相反,商业性矿产勘查工作是指以盈利为目的、为投资主体服务的矿产资源勘查工作。与公益性地质调查工作相比,商业性矿产勘查工作更具明显特征:(1)"私人物品"属性;(2)企业运作机制;(3)投资主体多元化。

【商业性矿产勘查工作实行风险机制、按资本市场化运作】商业性矿产勘查工作通常与金融业紧密地融合在一起,遵循"谁投资,谁受益"的原则,逐步形成比较完善的资本市场和风险机制。商业性矿产资源勘查投资主要有三种来源:一是小型勘查公司的资金投入;二是矿业公司的投入;三是通过筹组股份有限公司吸引社会投资。

【我国商业性地质勘查正按照市场化机制不断推进】改革开放以来,我国为推进商业性地质勘查工作改革作了许多积极的探索。主要表现在以下四个方面[5]:一是全国各地创造了许多商业性地质勘查工作进入市场的可行形式,如矿产勘查开发一体化;矿业权转让;国家订货;合作或合资勘查、开发等。二是商业性地质勘查多元投资格局初步形成。近年来,投资主体主要有国家投资主体、以行业自筹为主、其他企业和事业勘查投资主体,以及外商矿业投资主体等4种方式。三是商业性矿产勘查工作与地方经济建设进一步融合。1999年,国务院做出了地勘队伍管理体制改革的重大决策后,地矿、核工业部门的地勘队伍实现了属地化和企业化经营。冶金、有色、轻工、化工、建材、武警黄金等部门的地勘队伍也从各自的实际情况出发,改组为企业或进入企业集团。四是公益性地质工作和商业性地质工作分开运行,战略性矿产勘查工作导向作用明显。中国地质调查局组建后开始履行其"在社会主义市场经济条件下,地质勘查工作根据服务对象和工作性质,划分为国家出资与社会投资两部分。国家负责出资并组织实施公益性(包括基础性、战略性)地质勘查工作,以满足国家和社会对地质勘查公益性需求和国民经济建设的基本需要"。战略性矿产勘查项目市场化运作开始起步。近两年,已有一批战略性矿产勘查项目通过招标、投标方式,由全国部分地勘单位或企业承担完成,使战略性矿产勘查项目对商业性矿产勘查工作起到了一定的导向作用。

【我国商业性地质勘查工作仍存在诸多困难和不足】由于商业性矿产勘查工作刚刚起步,多数地区尚处于有价无市状态,大量的矿产勘查成果不能进入市场交换。其原因有的是质量不好、可开发程度差,对出资开发者无吸引力;有的则是由于体制和机制的约束、投资主体不明确而得不到有效的投入。此外,商业性矿产勘查投资规模仍偏小,勘查市场运作规则及配套法律法规尚不完善,存在着勘查业、矿业外部成本较高,地方探采秩序混乱,勘查企业负担沉重,缺乏国家统一的扶持政策等一系列问题,急需解决[5]。

四、矿产资源开发利用粗放造成利用率低和严重的环境问题

近20年来,我国矿产资源的开发基本保证了国民经济建设和社会发展对矿产品的需求,初步形成了以国有企业为主、多种经济成分并存、大中小矿山并举的矿业格局,主要矿产品的生产能力和产量有了较大的提高,产品质量与结构也有了明显的改善。与此同时,我国主要矿产开发利用粗放、利用率低、环境问题严重等问题亟待解决。

1. 我国由矿业小国迈入世界矿业大国的行列

矿产资源的开发利用基本保证了国民经济对能源和原材料的需求。近50年来,我国矿产资源开发利用取得了巨大发展和瞩目成就,为我国社会主义现代化建设做出了重大贡献。我国一次能源的92%、工业原材料的80%来自矿产品。1999年,全国固体矿石总产量44亿吨,石油1.6亿吨,天然气241亿立方米;全国矿业产值3573亿元,占国民生产总值的4.4%,矿业和以矿产品为原料的加工工业产值约占全国国民生产总值的30%。在国家支持下,经过广大矿业职工的几十年艰苦奋斗,石油、煤炭、金属矿产、非金属矿产等行业建成一批矿产品重点生产企业(矿山),成为我国矿业的支撑[5]。

2. 我国矿产资源开发存在许多困难和问题

【矿产品供给总量过剩和结构性短缺并存,支柱性矿产资源国内供给能力差】我国传统的钨、锑、锡、稀土资源较丰富,但由于开发利用管理不善,其优势地位正在被不断减弱。非法采矿屡禁不绝,过量出口,致使世界市场钨、锑、锡、稀土严重供过于求,价格逐年下降,资源浪费十分严重,优势资源将很快被破坏殆尽。建材及其他非金属矿产资源丰富,产量可观,供应充足。但深加工力度不够,产品附加值不高,更没有充分发挥出对传统金属的替代作用。近几年来我国矿产品供大于求,一些矿产品积压。同时,一些质优、适销对路的矿产品供不应求。可利用的矿产储量不足,现有生产矿山(油田)产能消失严重,接替资源短缺。矿产品进口量持续增加,自给能力不断下降。从总体上说,21世纪前20年内,矿产品供需矛盾将进一步加剧,国内矿产资源供需形势严峻。

【矿业经营粗放,矿产资源利用效率普遍较低,资源破坏浪费严重】我国大部分国有矿山是20世纪50、60年代建立的,企业负担重,技术改造难度大,自我发展能力较差;而多数中小型集体、个体矿山缺乏科学管理或资金技术力量薄弱,矿业企业生产技术及设备普遍落后,采富弃贫,经营粗放,效益不高,一些优势资源未能转化为经济优势。我国不仅呆矿相当多,现有储量中只有60%可供开发,35%可以采出;而且已开发的矿产资源总回收率只有30%,共伴生矿产资源综合利用率不到20%(国外平均在50%以上)。单位产值所消耗的能源和原材料是发达国家的几倍到十几倍。

【矿山生态环境问题突出,矿产资源开发利用造成的环境污染和生态破坏严重】矿产资源采、选、冶过程中排放的废气、废水、废渣治理率低,对生态环境污染严重;开发矿山诱发的灾害与生态环境问题未引起足够的重视,防范不力,矿区地面塌陷造成大量耕地等土地损毁而未予

及时恢复,矿山排水造成大面积地下水资源枯竭或污染等问题引起生态环境的破坏。由于缺乏矿山环境恢复保证措施,开矿诱发的地质灾害明显增多。采矿废石废渣占用 5 万多公顷土地。废液严重污染环境,破坏小流域生态。尤其是燃煤产生大量有害烟尘和二氧化硫造成严重的大气污染。

【采矿对地下水破坏严重】过度开采地下水不仅不能缓解水资源短缺,而且会加剧地质灾害。地下水资源约占全国水资源总量的 30%。目前,地下水的资源管理没有到位,环境管理没有得到应有的重视,地下水勘查和动态监测亟待加强。过度开采导致一系列重大问题,以华北、西北地区问题尤为严重。华北地区尽管地下水资源比较丰富,可开采地下水资源总量为 739 亿立方米/年,但是,由于目前实际开采量已占可采资源量的 80%,华北地区已成为世界上最大地下水漏斗。华北华东沿海地区出现大面积地面下沉和海水入侵,大片土地盐渍化。西北地区不仅严重缺乏地表水,地下水可采资源也仅为 465 亿立方米/年,约占全国地下水可开采资源总量的 16.7%。目前,西北地区地下水开采量近 120 亿立方米/年,约占地下水可开采资源量的 25%,西北地区由于开采和利用不合理,水资源浪费严重,地下水位急剧下降,加剧了地表土壤沙漠化。

【矿产资源勘查、开发管理体制改革滞后,矿业市场不发育】国家公益性地质工作萎缩,大量的商业性地质勘查工作仍然依赖国家投资。传统的矿业管理体制、矿业企业经营机制越来越不适应社会主义市场经济发展的要求,矿业资本市场、矿业权市场、社会中介组织等都不发育。除石油天然气勘探开发外,整个矿业领域利用外资进展缓慢。国有矿山企业负担重,经济效益差,困难重重。矿业投资环境不佳,投入严重不足,缺乏活力和发展后劲。

【宏观调控能力较弱】在矿业经济总量平衡、矿业区域政策、矿业结构调整、矿业生产和矿产品进出口秩序等方面都存在不少问题。矿业生产的上中下游比例不协调,加工生产能力明显大于冶炼能力,而冶炼能力又大于矿山采掘能力,下游生产能力闲置。小规模矿山及加工企业重复建设多,经济效益低下。部分地区凭借资源优势,采富弃贫,盲目发展,冲击市场。

> 五、缺乏适应市场变化和应对突发事件的矿产品安全保障制度

1. 矿产资源战略储备制度

矿产资源储备在世界各国经济发展中具有重要作用,已成为关系国家安全的重要组成部分。矿产资源储备是保障国家政治安全的重要基础。古代战争和近代战争除政权的争夺外,多以资源的争夺为起因,如美墨之战、普法之战、德国发动的"二战"、日本侵华之战等[5]。所不同的是近代战争对资源的争夺重点已由土地资源转移到了其他可移动自然资源上,尤以 1991 年的海湾战争最为明显,它是因能源矿产——石油而起。此外,矿产资源储备是维护国家经济安全的重要保障。国家经济安全又包括对外经济安全和对内经济安全。经济的发展是以自然资源满足为基础,随着工业化进程的推进,矿产资源对经济发展的影响也日益增强,一些国家开始进行矿产资源储备。

2. 发达国家矿产资源储备制度相对较好

目前我国并未制定矿产战略储备制度和特别矿产地的保护性开发措施,适应市场变化和

应对突发事件能力差。就全球看,着眼于非常状况的需要,一些经济发达国家对某些战略矿产与特殊矿产,采取特别保护性开发的措施和适当的储备措施。

【美国的矿产资源储备】美国为了应付紧急事态的发生,对于高度依赖进口的战略性矿产品实行储备政策。美国战略性矿产品储备工作始于1939年,其储备的依据是1946年制定的"重要战略物资储备法"以及1975年制定的"能源政策与保护法"。最初它完全是出于军事目的,是为了在发生战争的情况下,确保国防必不可少的物资得到充分供应,确保作为民间经济基础的必要物资供应,使美国在战争时期经济也能够正常运行。目前兼有生产消费性储备的作用,即稳定市场,平抑价格。其战略性矿产品储备的品种和数量也根据当前的形势不断地进行调整。美国虽然是世界最大矿产资源国之一,但"二战"后就开始注重对矿产资源的保护性开发和建立矿产资源战略储备。在阿拉斯加划出大片含油土地(2350万英亩),只探不采,探明石油储量就地封存保护。1999年1月1日其石油储备能力达到了7.5亿桶,实际储备量为5.611亿桶。美国矿产总储备价值为41亿美元,储备的种类有63类80种。

【日本的矿产资源储备】日本作为一个工业发达而矿产资源极端贫乏的经济大国,国内所需的矿产品大部分依赖进口。面对这种严峻形势,日本政府为了保证其矿产资源或矿产品的长期稳定供应,认真研究矿产资源战略,提出了一系列相应措施,其中,很重要的一条就是建立战略性矿产品储备。从1976年起,日本效仿美国的做法,作为对付战略性矿产品短期供应不足和平衡需求的一种方法,开始进行战略性矿产品储备。

【其他国家的矿产资源储备】除美国和日本外,法国、德国、瑞士、芬兰、韩国等10多个国家已制定了较为完善的矿产战略储备制度。一些发展中国家(如印度)也建立或正在着手建立不同形式的储备制度。1998年国际能源机构的国际能源计划协议承诺,其23个成员国要建立相当于各自90天净进口量的石油应急储备。

3. 加快建立我国矿产资源储备制度

【以资源的自然储备为主】到目前为止,我国还没有真正意义上保证国家安全的矿产资源储备,只有矿产资源的自然储备,也就是矿产资源储量。矿产资源储备具有一定的规模,部分矿产储量有一定的世界优势。

【我国的矿产资源储备存在着严重的问题】总的来看,表现在:一是对矿产资源储备的必要性认识不够,缺乏储备制度;二是我国的矿产资源储备主要为矿产资源探明储量,而我国矿产资源赋存状况复杂,地质勘查难度加大,近年来尽管矿产勘查投资不断扩大,但新发现的矿产地逐年减少(图6-7)。因此所储备的矿产资源情况也变得较为复杂,质量不高,市场应变能力差,没有达到矿产资源储备的根本目的;三是矿产资源储备量严重不足,部分矿产主要依赖进口满足供应需求。

【我国应加快建立不同类型的矿产资源储备】国土资源部规划司(2001年)认为[5]:根据我国矿产资源特点和我国矿产资源在国际上的优劣状况与形势,我国储备的矿种主要是对国家经济安全具有战略性和危机性的矿产资源,大致分为三类:一是供应短缺会对我国工业生产、经济发展、国家安全造成较大冲击的矿产。这种矿产主要是指占全部矿产品用量及产值90%

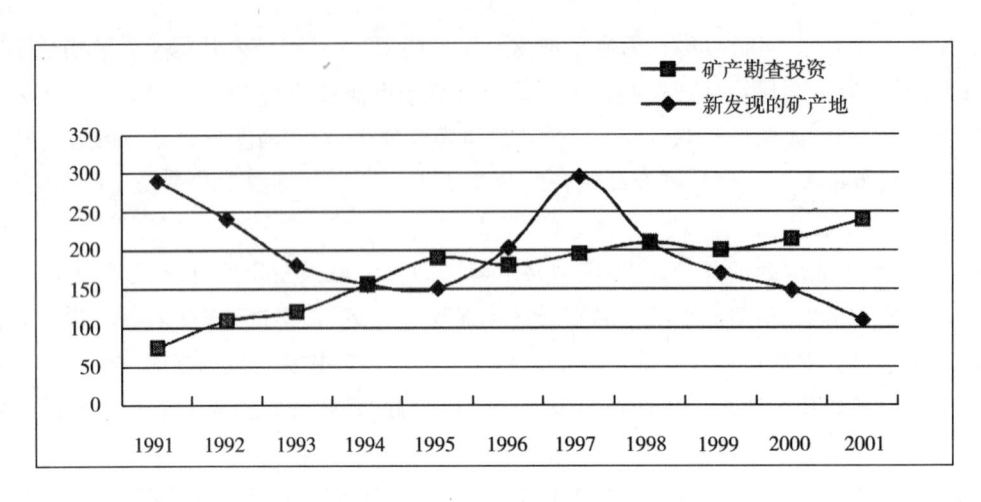

图 6-7 我国矿产勘查投资和新发现矿产地变化

（资料来源：参考文献[2]，第9页。）

以上的15种国民经济支柱性矿产：煤、石油、天然气、铀矿、铁矿、铝土矿、铜矿、铅矿、锌矿、金矿、硫铁矿、磷矿、钾盐、钠盐、水泥石灰岩。二是依赖国外资源、需要大量进口满足需求的矿产，可初步确定为：石油、富铁矿、富铝矿、镍矿、钛矿、钴矿、锆矿、宝石、大理石、硫矿、硼矿、矿物氮肥及化学氮肥、钾矿、磷矿等14种。这14种矿产品1997年年进口额均在1000万美元以上。三是我国富有但对国际市场影响大的矿产。主要有：钨矿、锡矿、锑矿、稀土矿、石膏矿、铌矿、钽矿、钛矿、膨润土、芒硝、重晶石、菱镁矿、矾矿、钼矿、石墨矿、石棉矿、锂矿等17种。其中，尤以稀土、钨矿、锡矿、锑矿、锂矿等矿种的储备值得高度重视。

1. 我国利用国外矿产资源既有必要又有可能

> 六、经济全球化背景下我国资源竞争的能力低

【我国矿产资源短缺日益显著，长期大量进口国外资源大势所趋】改革开放以来，我国国民经济保持了持续快速的发展，对矿产资源的需求不断增长，一些重要的大宗矿产，国内的资源已越来越不能满足经济的需要，进口大幅度增加。1997年，我国石油、铁矿石、锰矿石、铬铁矿、铜、钾盐国内消费对净进口的依赖程度已分别达到了18％、26％、24％、81％、51％、91％。我国已成为世界矿产品第2大消费国和第3大纯进口国。1997年，我国矿产品纯进口额达85.7亿美元，仅次于美国和日本。石油、铁矿石、铬、锰、铜、钾等已占据国际进口市场相当的份额[5]，成为影响国际矿产品市场价格的主要国家之一。从未来10~20年来看，我国对国外矿产资源的依赖性将进一步增加。一些重要的矿产长期主要靠进口已成定局。利用国外矿产资源，已是摆在我们面前日益重要而艰巨的任务。

【我国矿业投资环境不尽人意】尽管国际矿业投资活跃，且我国是世界上吸收外国投资第二大国，但我国吸收的外商矿产勘查投资除在油气上有一定的进展外，固体矿产迄今未见起色，不仅远远落后于国内其他行业，而且被国际矿业界认为是矿业投资环境最差的国家之一。主要原因是风险勘查市场未开放、地质资料难共享、只允许外商开采低品位难选冶矿产、探矿者不能有保障地取得法定优先的采矿权，勘探投入未与一般投资区别对待，并不能在开采阶段

合理回收，多部门审批程序复杂，在中国采出矿产品进入国际市场有较多障碍，税收和金融方面的优惠措施不明确，缺乏相应的产业指导政策和投资指南，勘查开采矿产资源的办事程序不清晰等等。而亚洲、非洲、拉美许多发展中国家已展开了吸引国际矿业投资的竞争，20世纪90年代以来纷纷修改矿法，实行更加开放的政策来改善矿业引资环境。矿业投资区域重点由北美、澳洲、南非，向东南亚、南美转移。我国错失了20世纪90年代以来国际矿业投资转移的一次很好的机遇。由于竞争加剧，使得许多重要矿产市场变化复杂，集中度提高，市场准入的成本正在不断提高，对我国利用国外矿产资源构成了一些障碍。

【矿业企业缺乏竞争力】中国矿业部门与大中矿山企业不仅仅在国际上缺乏竞争力，而且与国内其他行业相比，也缺乏竞争力。在国内，矿山总量过多，低水平小规模生产，资源枯竭，矿山企业负担繁重，而且矿业秩序受到了复杂利益格局的制约。对于在国际上勘查开发矿产资源，作为"走出去"的主体，矿业企业目前碰到了太高的门槛（多部门复杂审批）、太陌生的环境（几乎没有国际实践经验，亟待扶持试点）和太薄弱的队伍基础（缺乏人才、技术、资金等）。

【矿产资源"走出去"尚处于起步阶段】总体上讲，我国在海外的矿业勘查开发规模偏小，进展较慢，发展不平衡。改革开放以来，特别是20世纪90年代以来，随着经济全球化的发展和国际投资环境的改善，我国综合国力不断得以提高，在面临国内主要矿产资源供应不足的形势下，我国矿业企业逐步开始"走出去"到国外投资勘查开发矿产资源。迄今为止，我国石油、冶金、有色、化工、地矿等部门矿业企业以及社会上其他企业已到拉丁美洲、非洲、中东、我国周边地区40多个国家（主要为发展中国家）洽谈合作勘查开发矿产资源，在许多国家已有矿产勘查开发活动（表6-4），实际投入资金或以技术、人员入股参与矿产勘查开发的项目近20项，累计投资达十几亿美元。其中，石油、铁矿、铝土矿、铜矿、钴矿、金矿、铬铁矿等重要矿产的勘查开发取得了不同程度的进展，一些项目开发已取得较好的经济效益。例如，中国海洋石油总公司在印度尼西亚马六甲油田开发，中国石油天然气集团公司在秘鲁、苏丹、加拿大、泰国小油田开发，中钢公司在津巴布韦的铬铁矿冶炼，中信矿业公司在澳大利亚的铝土矿开发，宝钢和鞍钢在澳大利亚的铁矿开发，陕西地矿局在加纳的金矿勘查等[5]。

2. 加入WTO使我国矿产资源供应面临新的挑战

【矿业机遇与挑战同在，挑战大于机遇】随着我国加入WTO，为外国投资进入我国勘查开发矿产资源和国内企业"走出去"勘查开发国外矿产以及矿产品进出口创造了条件。但同时，我国石油和其他大宗矿产品供应受国际市场的影响加大，资源禀赋差、技术落后的矿山企业都将受到国际市场的冲击。

【国际矿业环境为我国矿业发展提供了有利条件】国际矿业布局与结构正在调整，同我国存在发展阶段上的承续时序交错，为我国提供了矿产利用需求结构与市场供应结构上的空间。西方大多数国家已处于后工业化阶段，对矿产品的需求已处于稳定或缓慢下降状态；而大多数发展中国家仍处于工业化初级阶段，加之近年来世界经济波动等因素，使国际矿产资源需求不旺，多数矿产品价格疲软，矿产品总体上供过于求的局面仍将持续一段时期。国际矿业科技进步的推动力加大，可引用成熟技术增多。国际矿业融资市场的成熟提供了市场机制的模式。

发展中国家特别是我周边国家矿产资源丰富,且多数与我国具有较强的互补性,石油、铁、锰、铜、钾盐等比较丰富,其矿业投资环境不断改善,对外开放程度逐步提高,我国利用其资源具有较大的可能性。

表6-4 我国正在执行勘查开发项目的矿产与国家

矿产种类	项目开发阶段	项目勘查阶段	项目寻找阶段
钾盐	泰国、老挝		
铜	越南、伊朗、民主刚果(钴、铜)、赞比亚	智利、秘鲁	菲律宾、缅甸、民主刚果(钴、铜)、赞比亚(钴、铜)
金	菲律宾、加纳、科特迪瓦	蒙古、苏丹、智利、玻利维亚	老挝、缅甸、津巴布韦
铁矿石	澳大利亚、巴西、秘鲁		
铝土矿	澳大利亚		越南
铅锌	蒙古、伊朗		
铬铁矿	津巴布韦、南非		
其他		南非(铂族金属)	民主刚果(铌、钽)

资料来源:参考文献[2],第18页。

【国际动荡环境对我国利用国外资源提出了挑战】制约世界矿产品市场的因素是复杂多样的,特别是能源等战略性资源供需往往受到世界经济、政治、军事等多方面因素的影响。矿产品市场的变化具有周期性和突发性。局部冲突不断,地区动荡频发,对全球矿产资源的供应经常带来严重影响。我国要解决台湾问题,就要充分注意外部势力企图阻断我国包括矿产资源在内的外部经济资源的供应,以多渠道的资源来源来保证安全、稳定的矿产供应。1996年以来石油价格的大幅波动,反映了国际矿产资源市场的不稳定性。据国际能源机构预测,到2050年全球能源需求将增加近一倍,提出要避免"能源危机"的警告,同时提出未来20年世界新增石油需求量的三分之二来自东亚地区,其中的三分之二在中国。因此,要充分估计国际矿产资源市场周期性或突发性变化对我国矿产资源供应的重大影响。

【国际领域的矿产资源争夺仍十分激烈】矿产资源历来是、至今仍然是大国竞争的焦点与实质内容,只不过争夺矿产资源的手段与形式发生了变化,由战争掠夺演变为以跨国公司为工具的政治、经济、外交渗透。目前参与世界矿业经营活动竞争的公司约有8000家,但矿山产量的大部分仅由发达国家少数几家公司控制,最大的25家公司中,加拿大和美国各有6家,澳大利亚和英国各有3家。最大4家公司控制西方金属产量的75%。美国和欧洲的跨国石油公司占除前苏联地区以外全世界石油产量的40%左右。1998年全球著名的埃克森-美孚公司、壳牌公司、雪佛龙公司、英国石油-阿莫科公司、法国道达尔-菲纳公司、埃尼集团和德士古等10大跨国石油公司,其跨国经营产量占全球原油总产量的20%左右。许多发达国家都从国家角度纷纷颁布了矿产资源发展战略和政策,着眼全球保证矿产资源的供应安全,尤其在全球经济一体化的背景下,发达国家和跨国矿业公司为取得在更大范围内的对资源配置的垄断支配地位,广泛进行重组、兼并和联合,对世界矿产资源的控制程度空前提高。

第二节 构建稳定、安全和经济的矿产资源保障体系

为保障我国"十五"计划、2015年规划及第三步战略目标的顺利实现,为保障可持续发展战略、科教兴国战略、西部大开发战略和走出去战略等一系列重大战略的有效实施,基于对国际形势和国内外矿产资源供需状况的分析,我们认为应当推进矿产资源重大战略的转变:(1)从立足自给自足、以国内供应为主,转到面向国际市场建立稳定、安全、经济的全球矿产资源供应体系;(2)从以东中部矿产勘查开发为主,转到向西部地区和海洋领域推进;(3)从规模扩张、粗放开发,转变到对矿产集约开发利用,建设资源节约型社会;(4)从由国家投入、计划配置,转到多渠道投入、市场配置矿产资源;(5)从侧重于资源开发,转到开发与保护并重,在保护中开发、在开发中保护。

通过实施一系列的战略转变,努力提高矿产资源可持续供应能力,提高我国矿业企业的国际竞争力,提高我国在全球矿产资源市场上的影响控制力,防止矿产资源供应短缺,防止外国对全球资源的垄断,防止国有资源效益流失,以保障矿业乃至整个国民经济持续发展的需要,并对维护国家经济战略安全和区域社会稳定提供支持。

一、提高国土地质研究程度和资源保有程度

1. 确保商业性地质勘查是地质工作的主体

当前,国际上公益性与商业性地质勘查工作的投入之比平均在1:15～1:25的范围内,而我国目前真正的商业性地质勘查工作的规模还很小。在市场经济条件下,在经济全球化、一体化的背景下,在以信息技术为代表的科技飞速发展的今天,地质工作不仅仅是国民经济的先行,而且渗透进了国民经济的方方面面,成为保障国民经济安全运行的基础。通过公益性、商业性地质工作的分制运行,要逐步使商业性地质勘查真正成为地质工作的主体。

2. 组建国家级的地质野战军队伍

国家集中力量组织一支精兵加现代化的野战军队伍,从事基础性、公益性和战略性地质工作,提高国土地质研究程度,引导商业性地勘工作的投资方向,降低商业性地勘工作的风险,提供关键的技术支撑。优化公益性地质工作的布局和总量控制。重点安排当前的技术攻关课题,特别是中西部国土地质研究程度较低地区的资源综合评价、大中比例尺地质填图及物化探工作,北方干旱半干旱地区地下水区域评价及深层地下水的勘查开发,新型能源、廉价接替资源的前期基础研究及相关工作,难选冶矿山的技术攻关等。开展以土地为载体的自然资源综合、立体调查评价,加强战略性新区、重点地区的基础地质调查,圈定和确定若干重要成矿远景区,努力使我国国土地质研究程度提高到中等发达国家水平。要提供地质资料信息社会化服务,减少商业性地质勘查工作的风险,引导商业性地质勘查投资方向,扩大商业性勘查的社会投入规模。充分发挥新一轮国土资源大调查的杠杆拉动作用,并通过法律创新和政策创新,争取使国土资源大调查的有效投入与可能吸引到的商业性勘查投入之比达到1:15以上。

3. 培育和发展风险勘查资本市场

重点培育矿业权市场与矿业资本市场、矿产勘查市场。通过市场的整合,培育和发展风险勘查资本市场,扩大商业性勘查开发工作的投资来源与总体规模,使之适应我国矿业大国的地位,适应我国不断发展的矿业生产总体水平。

4. 加快地质勘查技术创新

注重科技创新,提高国土研究和资源保有程度。发展深部矿勘查开发技术,使我国的勘查开发平均深度从400米以上延拓到400~800米,以大幅度扩大我国的矿产资源基础;发展先进的勘查、采矿与选矿技术,争取使我国的采矿回采率、选矿回收率及综合利用率平均提高3~5个百分点,通过提高现有矿产资源的利用水平来扩大资源的保有程度;发展海域矿产资源勘查开发技术,提高海洋油气及其他矿产的产量,扩大我国矿产资源远景基础,为海域矿产资源的商业性勘查开发做好资源和技术准备。

二、集约开发利用矿产资源,建立资源节约型社会

1. 调整和优化矿业结构

调整和优化矿产开采规模结构、产品结构、上下游比重结构。加强科学规划,通过中小型矿山的技术改造,通过市场机制的矿山企业兼并、联合,压缩矿山和矿山企业总量,使中小型矿山数目减少一半。确立符合WTO原则的稳定市场的总量控制策略,保持矿产资源开发利用总量与社会、经济发展水平相适应,鼓励开发国内短缺的矿产资源,对优势矿产资源加强总量控制和出口管理,对以满足国内需求为主的矿产资源,引导开采适销对路的矿产,限制开采供过于求的矿产。

2. 促使资源开发与环境保护协调发展

严格控制新建矿山项目和鼓励在建或废弃矿山的生态环境建设。对新建矿产资源开采项目提高准入的经济技术与环境要求,设置新建矿山特别是小型矿山的最低门槛,有效控制矿山企业数量,提高矿山企业办矿的质量,促进矿产资源开发与环境生态保护的协调发展。禁止新建对生态环境产生不可恢复利用的破坏性影响的矿产资源开采项目。鼓励废旧金属及其他资源的回收利用,提高"三废"综合利用率。对在建矿山争取全面实现环境达标,制定综合的、科学的闭坑计划,将环境恢复到采矿前水平。对已关闭矿山,加强对环境变化和影响的动态监测,防止潜在的环境退化,并由国家负责逐步组织治理。

3. 依靠技术进步降低资源消耗

【大力推广适用技术】重点是采选冶技术,淘汰一批类于土法炼焦、氰化物提金等落后、低效、破坏或污染环境的技术、工艺。

【降低能源和矿产原材料的消耗强度】力争将单位国民经济生产总值的能源和矿产资源的消耗强度降低20%~30%。通过科技创新和产业结构调整,提高资源利用效率,降低生产企业资源消耗的水平,取缔落后生产方式,不断提高单位能源、矿产资源的国民经济产出率。

4. 提高矿产资源的综合利用效率

【综合利用和二次利用矿产资源】争取使共伴生矿产的综合利用率提高3~5个百分点。综合勘查、开发与利用矿产,促使共伴生矿产能够一矿多用,充分利用各有效用途和有用成分,

深度加工利用,并在综合利用、二次利用的基础上提高矿产资源的复用率。

【加强非金属矿产资源的开发利用,大力发展替代品】提高非金属原材料的开发利用力度,提高深加工程度,提高产品技术含量和附加值。积极发展资源替代,寻求廉价代用品。

> 三、改善能源结构,大力发展油气,清洁利用煤炭

1. 调整能源结构

我国是世界上仅有的3个煤炭消费在能源消费总量中超过70%的国家之一,以煤为主的能源结构短期内尚难改变。必须下大力气调整我国的能源结构。调整能源结构应作为长期战略任务,分阶段、有计划地实施。从现在到2030年,力争用30年的时间,使我国的能源系统效率比目前提高10个百分点,达到45%左右;能源消费结构中煤炭比例从目前的70%左右下降到50%～55%,石油天然气从20%增加到35%左右(其中增加的部分主要是天然气),一次电力比例提高到10%以上。

2. 大力发展油气

继续坚持"稳定东部、开发西部"的方针,力争老区储量有新的增长,新区找油气有新的突破,国外供应有新的来源。以西部天然气和海上油气勘查开发为重点,大力加强油气勘查开发工作,提高海上油气产量。要注意加快南沙海域的油气勘查,形成实际占领。大力发展提高石油回采率和三次回采技术。积极参与国际油气资源的勘探开发,充分利用国外尤其是中东、中亚和俄罗斯石油资源。

3. 把加大天然气比例摆在突出地位

多途径提高天然气在能源消费中的地位。将我国天然气在一次能源消费结构中的比重从目前的约2%逐步提高到8%～12%。把天然气开发利用作为一项系统工程,从勘探开发、运输储存到综合利用,实行统一规划,促进上、下游的协调发展。加强西部地区和其他地区的天然气勘探开发利用步伐。加强与油伴生的天然气的回收,采取有效措施,逐步防止"放天灯"现象。我国煤层气有很大资源潜力,要大力加强攻关,加强勘查、开发与利用步伐。注重发展天然气水合物,争取到2010年实现商业化生产和利用。注重西气东输工程与能源统筹规划配置。注重勘查开发利用中亚和俄罗斯的大然气出。

4. 清洁利用煤炭

制定和实施清洁煤炭专门计划。以控制煤炭开采总量为突破口,充分利用现代科学技术成果,实现煤炭利用的清洁化、高效化。限制或取缔高硫煤、高灰煤的开采,加强优质煤、环保煤和特殊煤种(如主焦煤)的精查和保护性开采;发展洁净煤技术,优先发展煤气化、液化技术,煤洗选加工、利用技术;进一步提高煤炭转换成电的比重。

5. 加大核电开发利用步伐

和平、安全地利用核能。加强北方砂岩型铀矿和南方富大铀矿资源调查评价。加强铀矿资源的开发利用,以地浸、堆浸和就地爆破浸出生产为主,适当发展常规采冶。保持核电产量年增10%以上。进一步开发水能资源,加强水电生产,扩大水力发电机组,鼓励因地制宜地开发利用地热资源。研究和发展太阳能利用和生物质燃烧技术。扩大电力配送系统,建立国家

配电网。

> 四、优化矿产资源开发利用总体布局，鼓励开发西部优势矿产资源

1. 矿产资源开发利用总体布局

调整、改善全国矿产资源开发利用总体布局，促进矿业持续协调发展。促进东中西矿产资源开发的协调发展，依托西部可靠的资源基础，使矿业重心逐步西移，东、中、西矿业产值比由现在的33%：42%：25%调整为30%：40%：30%。

2. 合理安排西部地区矿产资源勘查开发

把矿产资源的勘查开发摆在西部大开发战略中重要位置。借鉴国外发展欠发达地区的经验，将资源开发与环境保护结合起来，直接运用先进的科学技术在保护和改善生态环境的前提下，促进西部的矿业发展。在矿产资源较为丰富的地区，采取特区性的鼓励政策，以市场为导向，以经济效益为中心，以科技进步和创新为支撑，以深化改革、扩大开放为动力，加快优势矿产资源的开发利用，促进矿业结构的调整和优化，形成具有市场竞争力的特色支柱产业，带动基础设施建设，促进区域经济发展。

3. 重视西部地区水资源勘查与开发

把地下水资源勘查与开发利用放在首位。坚持开源与节流并举、以节约为主的方针，紧密结合生态环境建设，促进资源开发与环境保护协调发展。以西北干旱地区、西南岩溶石山和红层地区为重点，加快查明区域地下水资源总量，评价可持续利用的地下水资源，为贫困缺水地区、农牧业重点开发区、基础设施建设和区域城市发展提供地下水资源地。加强塔里木、柴达木、准噶尔盆地和河西走廊等缺水重点地区的地下水资源勘查开发利用和地质生态环境保护。

4. 加快优势矿产资源的开发

西部地区应当把能源、有色金属、化学工业作为主导产业，通过更加优惠的政策实施重点区域开发战略。根据区位条件和资源组合优势，建设各具特色的能源、原材料及相关制造业生产基地。加大基础地质工作力度，为加快基础设施建设、生态建设和环境保护服务；加速石油、天然气、黄金和铜、铅、锌等有色金属以及铬、钾、铀等矿产资源的找矿勘查工作，争取在15年内提供6～8处国家级矿物原料基地建设所需的矿产地。引导国内外资金投向西部地区勘查开发矿产资源，鼓励矿山企业加强后备资源勘查；在资源日益枯竭的矿业城市，加快研究和发展接替产业与特色经济；通过"三改一加强"和联合兼并、增加资金投入等措施，提高矿山企业经济效益和资源利用水平。

5. 注重产业结构调整

逐步使西部地区产业结构合理化、高级化。改变过去单纯输出初级资源产品的方式，实行将更多的加工和转化产业从东部移向西部，使西部的资源由外运为主转变为就地加工和转化为主，积极发展深加工和精加工，延长产业链，提高附加值。

五、经济、稳定、安全地开发利用国外矿产资源

正确地贯彻执行中央"两种资源、两个市场"的方针,充分利用国外矿产资源,面向国际市场,建立安全、稳定、经济的国外矿产供应体系,增强我国矿业企业在国际市场上的竞争力,提高我国对全球矿产资源的影响力和控制力。

1. 多元化、多渠道、多方式地利用国外矿产资源

优先从国外利用我国紧缺的矿产。重点是我国目前相对较为短缺又与国民经济发展密切相关的石油、天然气、铜、钾盐、富铁、锰、铬铁矿等矿产,以及单位经济价值较高的金、铂族金属、金刚石等矿产。充分重视地缘关系,立足亚太周边,开拓非洲和拉美发展中国家,联合一些资源丰富的发达国家,实现我国矿产资源供应在全球范围内的优化配置。对于油、气这两种重要的战略矿产,除继续发展与中东国家的关系外,要更加重视发展与俄罗斯和中亚国家的关系。贸易进口和直接勘查、开发并举,依矿种不同具体确定安全的进口和份额矿比例,建立相应的国外矿产资源供应基地。多数急缺矿产在海外基地的份额矿平均比例争取提高到15%~20%(目前,石油和铁矿石在国外勘查开发的份额矿产占国外来源矿产品总量的比例分别为10%和25%)。

2. 实行统一的矿产品进出口政策

根据比较优势原则,有计划、有步骤地对矿产品贸易结构进行积极调整,合理安排矿产品进出口,在统筹对外的原则下改革矿产品外贸管理体制,同时采取矿产品进出口灵活的经营策略。调整优势矿产品出口总量,巩固在国际市场上的地位,获取最大外贸效益;注重利用优势矿产提高我国对全球矿产资源的影响控制力。

3. 发展跨国企业

培养我国的矿业跨国企业。在经济、稳定、安全地开发利用国外矿产资源的同时,增强我国矿业企业在国际上的竞争力。培养一批既懂专业又熟悉国际经营的人才队伍,发展成长一批在国际上有竞争力的跨国矿业企业。

4. 有选择性地进行若干重要战略矿产储备

建立战略矿产储备体系。尽早建立矿产资源安全供应的预警系统,逐步建立适合我国国情的战略矿产储备体系,增强抵御突发事件、国际局势动荡和国际市场风险的能力。当前,要研究确定与我国经济发展规模相适应的储备种类与指标,建立战略矿产储备的法律制度、经济政策、管理体制和技术方法。重点实施石油等重要短缺、战略矿产的储备制度。

第三节 矿产资源开发的重大措施及其建议

党中央、国务院就矿产资源问题明确了一系列的重大方针政策,确立了保护和合理利用矿产资源的基本国策,开源节流把节约放在首位的方针,合理利用国内外两个市场两种资源的方针,确立了保护中开发、开发中保护的总原则和对资源管理必须严而又严的总要求。我们要继续贯彻执行好这些方针政策。为适应跨世纪的战略转变,在矿产资源问题上,除了要树立全民

资源忧患意识、加强资源国情国策的教育外,宜采取以下措施:

> 一、加强地质勘查工作,加强矿产资源公共服务和支撑体系建设

1. 积极发展基础性地质勘查

建立商业性地质勘查为主体的地质勘查工作新格局的前提是国家要做好基础性、公益性地质工作,减少商业性勘查风险,为引导商业性勘查投资方向提供基础。建议将基础性地质勘查工作作为扩大内需和实施西部大开发战略的重要内容,明确列入国家基础设施的建设范围,像重视铁路、高速公路等基础设施建设一样,大力向我国紧缺而又有资源潜力的石油、天然气、锰、铜等矿产的勘查倾斜,向西部地区矿产勘查倾斜。现有的投入规模尚不能满足社会对基础性、公益性地质勘查工作的需要,难以拉动商业性地质勘查投资。

2. 加速技术创新

【加快技术更新步伐】主要是提高成熟、适用技术的普及率。对现有的勘查、开发和综合利用技术重新评价论证,进行全面清理,定期公布并淘汰一批对资源环境破坏严重、工艺落后的技术,同时大力推广适用技术,充分发挥现有的生产设施和人才力量。

【对重大技术难题,组织专门力量进行攻关】重点包括:深部矿勘查及采矿技术;以非金属深加工和对传统金属矿产替代为突破口的非金属综合利用项目;以天然气水合物为突破口的新能源开发利用项目;以碳酸锰、一水型铝土矿为突破口的难选冶攻关项目;提高采矿回收率、选矿回收率、综合利用率技术等等。

3. 建立统一的全球矿产资源信息系统和决策支持系统

【建立统一的资料管理制度】对50多年来形成的分散在各部门的大量地质资料,实行统一的管理,全部向社会公开,实现信息共享,避免重复工作。统一建立系统、动态的全球矿产资源信息系统和决策支持系统,建立战略矿产安全供应的预警系统,为有序、有效的矿产资源管理提供决策支持,为"走出去"开发利用国外矿产资源提供信息支持。信息系统的建立、运行、维护及管理由国土资源部统一组织实施,其他相关部门要在数据采集、信息提供方面给予支持。

【收集海外相关资料】建议国务院责成我驻外机构系统提供驻在国矿产资源、投资政策和有关法规信息,帮助企业和政府有关部门建立联系渠道。对一些资源丰富、有重要影响的矿产资源大国,建议在驻外机构中派驻专职资源官员。

> 二、对矿产资源的勘查开发和利用,实行积极的财政政策

1. 考虑设立专门基金

借鉴国际经验设立海外矿产资源风险勘查开发基金,鼓励矿产资源风险勘查投资为"走出去"开发利用国外矿产资源提供支持。风险勘查开发基金应有可操作的机制,区分不同矿种和项目,给予企业一定比例的补贴;同时,可在重点地区和国家,开展前期地质调查评价工作,寻找和筛选合适的项目,减少国内矿业企业勘查开发国外矿产资源的风险。

2. 国家应给予一定的预算保障

【国土资源大调查专项预算】国家在确保现在每年国土资源大调查投入12亿元的基础上,应保持一定的投资增长比例,在"十五"期间达到平均每年15亿元。同时,明确要求地方政府把

服务于地方的基础性、公益性地质调查评价工作,列入地方财政的专项预算,逐步加大投入。

【重大项目以及重大科技攻关专项支持】对天然气水合物宜专项安排预算,国家在8～10年中投入8～9亿元组织重点攻关。对西北地下水工程、三江找矿工程等重大项目以及重大科技攻关项目,给予专项支持。

【地质勘查装备预算保障】在筹建地质"野战军"队伍的过程中,把现代化装备的建设纳入预算保障。

【矿产战略储备专项预算】为矿产战略储备建立专项预算,可以借鉴国际经验,制定矿产战略储备的经济运行机制,建立健全储备的购进和动用管理制度,同时,也可采取各种优惠措施鼓励企业参与矿产储备。

三、调整和完善适应矿业活动特点的矿业税收制度

矿业税收制度要适应矿业活动的特点和基本规律,特别是矿业活动的高风险性和周期性、矿产资源的可耗竭性等。具体措施应包括:

1. 理顺矿业活动中租、税、费的关系

可以参照国际通行做法,改革税费政策,将资源税和矿产资源补偿费合并为体现国家财产性质的矿产资源权利金,并将权利金的征收比率尽量与利润挂钩。

2. 根据矿业活动特点,调整矿业企业所适用的增值税的征管办法

参照国际经验,大多数国家对矿业活动是不征增值税的,或对矿业活动所适用的增值税的税率在现有基础上再下调4～5个百分点,并对不同矿产实行差别税率,达到与其他工业企业实际税赋相当的水平。据此调整增值税政策。

3. 建立勘查补偿机制

鼓励资源勘查、环境恢复和资源集约利用。对于矿产勘查投资,在计算所得税时给予超额的税额扣减,建立勘查补偿机制。对于重大采矿资本投资,给予加速折旧待遇。对于用于矿山环境恢复,提高采矿回收率、选矿回收率、综合利用率,节能和节约原材料等方面的资本投资,给予税收优惠。

4. 积极吸引外资参与地质勘查

对外商来华投资勘查开发矿产资源,应借鉴国际惯例采取灵活的合作方式(如非法人合作形式),在普遍给予国民待遇的前提下,允许勘查费用进入后续的开发成本,对其所得再投入勘查开发矿产资源的部分,给予税收上的减免优惠,并切实保障探矿权人取得采矿权。

四、制定有利于增加社会投入,建立以商业性勘查为主的地质工作新格局的金融政策

1. 多渠道筹集地质勘查资金

拓宽融资渠道,鼓励矿山企业创造条件通过发行股票和债券等形式筹集资金。降低勘查和采矿公司上市筹资的门槛要求。取消勘查公司上市的利润业绩要求。设立风险创业板块,为矿产资源风险勘查筹措资金。改革海外融资审批办法,支持和鼓励国内及境外矿业项目在海外融资,发行股票,筹措矿业基础资金。

2. 优先安排境外矿产资源勘查开发

支持"走出去"开发利用国外矿产资源。建议国家在经援、无息贷款、援外合作项目、中央外贸发展基金、进出口银行的出口信贷计划中优先安排境外矿产资源勘查开发项目。

3. 制定并实行优惠的金融信贷政策

对于提高资源利用率的技术改造项目、矿山生态恢复和环境治理项目等，国家提供金融信贷支持，对主要的特别是开创性的资源综合利用工作给予贴息或低息的政策性贷款支持。对"走出去"开发利用国外矿产资源的项目，增加出口信贷额度，放宽信贷条件。

> **五、完善矿产资源法规体系和制度，改进矿产资源宏观管理**

为了适应矿产资源方面的重大战略转变，当前急需对与矿产资源法配套的有关法规予以修改完善。

1. 加强矿产资源的保护和合理开发利用

加强矿产资源保护，主要是抓紧研究制定《矿产资源保护条例》，真正保护和合理利用矿产，矿产资源成为管理的核心目标。

2. 着手制定《矿产资源规划法》

当前，必须在系统进行矿产资源市场分析与战略研究基础上建立矿产资源规划体系，并确定规划的法律地位，运用与财政、金融、计划等相结合的手段保证矿产资源规划的实施。

3. 建立矿山环境影响的评价体系与环境恢复考核体系

加强环境影响评价和环境恢复考核，重点是要把保护矿山环境的机制、制度建立起来，以法规确立矿山环境恢复保障金与保险金制度，建立矿山环境影响的评价体系与环境恢复考核体系。

4. 建立地质资料信息社会化服务体系

加快信息化建设。建议尽早将修订"地质资料汇交管理办法"列入国务院审议的日程，建立地质资料信息社会化服务体系，以充分发挥建国五十年来积累的大量地质资料的效益，规范市场经济条件下多种地质勘查主体履行地质资料汇交义务的行为。

5. 建立矿产资源储备制度

尽快着手矿产资源储备建设。必须明确地建立战略储备的法律地位。根据全球矿产资源的形势和我国矿业经济发展的需要，制定我国矿产资源的战略储备规划。

第四节　结论与建议

保障矿产资源对国民经济和社会可持续发展的稳定供应，维护国家安全，意义重大。我国是世界上矿产资源总量丰富、矿种比较齐全的少数几个资源大国和矿业大国之一，矿产资源的总体形势是多数矿产基本保障供应，一些战略性矿产资源的供需缺口不断扩大。人口增加和国民经济的高速增长将导致对矿产资源的强烈需求，尤其是石油、铁、铜、铝、硫等重要矿产缺口将进一步扩大，保证程度将会不断下降。部分矿产资源大规模进口已成定局。石油在我国能源消费中占有突出地位，但国内石油资源供应长期短缺。铁矿相对丰富，富铁矿严重不足，炼钢所需富铁矿石几乎全部依赖进口。锰矿资源丰而不富,绝大多数都是低品位难选冶的碳酸锰矿石,富锰矿的消费依赖于进口。我国90%以上的钾肥和80%以上的铬铁矿消费量长期依靠进口解决。铜矿缺少容易开采的大矿和富矿。

适应市场经济要求的全国矿产资源勘查投入机制尚未形成,表现在矿产资源勘查体制改革、开放双重滞后。基础性、公益性地质矿产调查工作亟待全面更新;商业性矿产勘查工作处于市场化改革和发展的初级阶段;多种形式的市场化改革仍在不断探索之中,仍存在诸多困难和不足。勘查风险资本市场尚未建立,外资进不来,社会资金也难以进入,在国家不再负担商业化勘查的形势下,形成了矿产勘查投资真空。近几年我国勘查投入总量增幅不断减少,全国地勘费用在国家财政支出中的比例逐年下降。

矿产资源开发利用已使我国由矿业小国迈入世界矿业大国的行列,但矿产品供给总量过剩和结构性短缺并存,支柱性矿产资源国内供给能力差,加之矿业经营粗放,资源利用效率低,资源破坏浪费和地下水超采严重;矿产品市场不发育,宏观调控能力较弱,缺乏适应市场变化和应对突发事件的矿产品安全保障制度,特别是战略性矿产储备制度。

经济全球化背景下我国资源竞争的能力低。国内矿业投资环境不尽人意,企业竞争能力差,"走出去"战略尚处于起步阶段。国际领域的矿产资源争夺仍十分激烈,国际环境动荡变化和我国加入WTO后,我国矿业将机遇与挑战并存,但机遇大于挑战。

为了构建稳定、安全和经济的矿产资源保障体系,建议应当推进矿产资源的重大战略转变,立足国内,面向国际;向西部地区和海洋推进;集约开发利用矿产资源,多渠道投入加强资源勘查;依靠市场配置矿产资源;坚持开发与保护并重,在保护中开发,在开发中保护。

建议提高国土地质研究程度和资源保有程度,建立资源节约型社会,改善能源结构,大力发展油气,清洁利用煤炭,优化矿产资源开发利用总体布局,鼓励开发西部优势矿产资源。多元化、多渠道、多方式地利用国外矿产资源。加强矿产资源公共服务和支撑体系建设,对矿产资源的勘查开发和利用,实行积极的财政政策,调整和完善矿业税收制度,制定鼓励商业性勘查的优惠金融政策。完善矿产资源法规体系和制度,改进矿产资源宏观管理体制。

参考文献

[1]沈镭、魏秀鸿编著:《区域矿产资源开发概论》,气象出版社,1998年。
[2]中华人民共和国国土资源部:《国土资源公报》,2002年。
[3]宋瑞祥:《'96中国矿产资源报告》,地质出版社,1997年。
[4]阎长乐:《中国能源发展报告》,经济管理出版社,1997年。
[5]中华人民共和国国土资源部规划司编:《矿产资源规划研究》,地质出版社,2001年。
[6]朱训主编:《中国矿情》,科学出版社,1999年。

第七章 西部地区资源开发利用

中国西部地区地处内陆腹地,地域辽阔,环境复杂,资源丰富,民族众多,开发历史悠久,在全国可持续发展的大格局和国家战略目标的构建中占有举足轻重的地位和具有十分重要的意义。在多极化和全球化的国际环境中,西部地区的经济发展态势将在一定程度上决定我国在欧亚地区乃至全球的政治经济地位,同样,我国西部地区资源的开发与利用状况也将对整个欧亚乃至全球资源安全产生深远影响。

西部大开发战略的实施,无疑会直接地对西部资源开发和利用带来历史性的深刻影响;加入 WTO 后的国家可持续发展和国家资源安全,也对西部地区资源开发和利用提出了新的要求;西部资源战略地位、资源结构、资源比较优势、资源开发利用前景以及民族问题、生态环境问题、贫困问题等,更是在很大程度上决定着西部资源开发利用的方向和效果。资源合理开发利用不仅是西部地区在新世纪实现快速持续发展的重要内容,也是国家实现可持续发展的重要组成部分。西部地区资源开发必须坚持"富国、富区、富民、富商"的原则,实现资源开发利用利益分享的合理化与最大化。

第一节 西部地区资源的基本态势

一、地域广袤,自然环境复杂,资源底蕴丰富

1. 地域广袤,面积巨大

在我国三大地带划分中,西部地区[①]是占地面积最广大的地区。它位于东经 73°40′~126°04′和北纬 21°09′~53°23′间,南北横跨 32 个纬度,东西纵越 52 个经度,面积达 688.04 万平方公里,占我国国土总面积的 71.67%,其中西北 6 省区面积 427.73 万平方公里,占西部的 62.06%和全国的 44.5%。新疆、西藏、内蒙古三个自治区面积均在 100 万平方公里以上,居全国前三位;青海省面积超过 70 万平方公里,四川、甘肃两省面积也在 45 万平方公里以上。如果以全国 34 个省(区、市)(包括港、澳、台)国土面积的均值为标准,则西部地区 12 个省(区、市)中有 7 个超过这一平均值,其中新疆为均值的 5.8 倍,西藏为 4.3 倍,内蒙古为 4.2 倍,青海为 2.6 倍,四川为 1.7 倍,甘肃为 1.6 倍。

---

① 目前,对西部地区范围存在不同意见。在 20 世纪 80 年代的三大经济地带划分中,已明确将广西划入东部地区,内蒙古划入中部地区,西部地区的概念则指西南地区的渝、川、黔、滇、藏和西北地区的陕、甘、青、宁、新 10 个省(区、市)。但考虑到广西、内蒙古两个自治区在地域和区情上与西部有一定的类似性,可以在国家倾斜政策和优惠待遇方面与西部地区等同,故本文所指的西部地区除特别注明外,均指西部十二省区市。

2. 地形复杂,类型多样,蕴涵了极其丰富的自然资源,特别是旅游资源

我国地形的总体骨架排列与组合是在欧亚、印度、太平洋三大全球性地壳板块相互作用下形成的。在地形地貌特征上,西部地区以山地、高原和盆地为主体。我国大陆的三大自然阶梯,西部地区占据了第一阶梯的全部和第二阶梯的一半左右。我国的青藏高原、云贵高原、黄土高原和内蒙古高原等4大高原,几乎全部分布在西部地区。其中,处于第一阶梯的青藏高原面积约225万平方公里,占我国国土面积近1/4,平均海拔超过4000米,不但是我国,也是世界上面积最大、平均海拔最高的高原;我国的塔里木盆地、准噶尔盆地、柴达木盆地、四川盆地等4大盆地全部分布在西部地区;平原及丘陵虽不如东部和中部地区的松辽平原、华北平原、长江中下游平原、珠江三角洲平原、辽东丘陵、山东丘陵、江淮丘陵等那样面积广大,但也有为数不少的河谷平原、山麓洪积冲积扇平原、流水侵蚀丘陵,如关中平原(盆地)、宁夏平原、成都平原、川中丘陵等。此外,还因不同自然力和地表物质影响作用,发育出流水地貌(如"三江"峡谷、长江三峡、西藏大峡谷、晋陕峡谷等"V"型或"U"型河谷)、冰川冻土地貌(如西部地区的阿尔泰、天山、帕米尔、祁连山、唐古拉山、喜马拉雅山等高原高山上的现代冰川,总面积达5.65万平方公里)、风沙地貌(如位于西北内陆塔克拉玛干、腾格里沙漠和戈壁滩的风蚀柱、风蚀蘑菇、风蚀垅槽、风蚀洼地、风蚀城堡等)、黄土地貌(如黄土高原)、喀斯特地貌(如西南地区贵州、云南等省区的石芽、石林、漏斗、落水洞、溶蚀洼地及地下溶洞等)等特殊地形地貌类型,其特征和景观也十分典型和具有代表性。西部地区是我国主要山脉的分布地,平均高差3000~5000米,自北向南有天山—阴山、昆仑山—巴颜喀拉山—秦岭两大山系;西北—东南走向的有喜马拉雅山、祁连山、阿尔泰山;南北走向的有贺兰山、六盘山、吕梁山、大巴山、横断山等,尤其是位于青藏高原周围的山脉,有许多是海拔超过6000米以上的山峰,仅喜马拉雅山的亚东至马丁山口580公里段之间就有7000米以上的山峰88座,中尼边境线上集中了11座海拔超过8000米以上的山峰,世界最高峰珠穆朗玛峰海拔达8848.13米,但也有最低低于海平面155米的吐鲁番盆地。正是这些经过大自然鬼斧神工精雕细凿的独特的地形地貌,蕴涵了极其丰富的自然资源和多样的自然环境,特别是一些独具魅力、得天独厚的旅游自然资源。它正在以新的姿态、新的价值、新的魅力,受到国内外旅游者和投资者的青睐。

3. 大陆性季风气候为主,但气候类型多样,差别显著

众多的山脉既是江河的发源地和分水岭,也是地理上的重要界线。它奠定了西部地区乃至我国的气候分异格局。西部地区因地域广袤,地形地貌类型多样,尤其是青藏高原的阻隔作用,导致气候的时空差异极大,南北跨越边缘热带、南亚热带、中亚热带、北亚热带、暖温带、中温带六个气候带,并包含一个高原气候区。但总体上,因远离海洋,高山阻挡,西南气流影响范围较小,仍表现为以大陆性季风气候为主:冬季主要受西伯利亚寒冷干燥的冬季风影响,大部分地区以晴朗和干燥天气为主,降水少,气温较低;夏季,云贵及藏东南地区受西南季风影响,四川盆地和黄土高原等地区受东南季风的影响,出现连续的降雨过程,基本上为雨热同期。其中,西北地区总体上表现为夏季炎热,冬季寒冷,降水少且时空变化大的特点:西北内陆年际变化在50%以上;半干旱区年均降水多在400毫米以下,干旱区在200毫米甚至100毫米以下,沙漠、戈壁地区多在50毫米以下,且蒸发强烈,气候十分干燥。西南的渝、川、黔、滇、桂5省(市)因距离海洋相对较近,平均海拔相对较低,受西南暖湿气流的影响较大,四季较分明,平均气温较高,年降水一般在800毫米以上,四川盆地一般在1000毫米以上,云南和青藏高原东南部分地区超过2000毫米,年际、年内变化相对较小(年际变化一般低于10%);青藏高原因海拔高,在阻碍西南季风进入西北内陆的同时,呈现出特殊的高原气候:光辐射强,热量不足,降水较少,冰川、冻土广泛分布。这些丰富的气候资源为西部农业生产提供了多样化的基础条件,但也同时为农业发展带来了一定的约束和限制。比如西北干旱半干旱地区水资源匮乏已经成为该地农业发展甚至社会经济发展的瓶颈;青藏高原河谷农业热量资源有限,但光辐射强。因势利导,提高气候资源利用率,利用优势资源,扬长避短,发展特色农(牧)业,是西部气候资源开发利用的战略性选择。

4. 我国主要大江大河的发源地,其资源开发引发的生态环境问题对中下游地区的经济社会和生态环境安全影响极大

【河流纵横,乃大江大河之源头,誉称"中华水塔"】从南到北的珠江、长江、黄河3大水系以及雅鲁藏布江、怒江、澜沧江、金沙江、塔里木河、额尔齐斯河、伊犁河等主要河流均源于西部地区。其中,青藏高原作为长江、黄河、澜沧江、怒江、金沙江、雅鲁藏布江等主要江河的发源地,有"中华水塔"之称。按河流流域划分,西部地区的外流河流域以黄河、长江、珠江流域为代表,横贯东西,奔至太平洋;还有单独进入印度洋的怒江、滇西诸河、雅鲁藏布江、藏南诸河、藏西诸河,以及进入北冰洋的额尔齐斯河;除松花江内流河及流域外,我国的内流河及流域基本分布在西部的西北地区,包括河西内流河、准噶尔内流河、中亚细亚内流河、塔里木内流河、青海内流河、羌塘内流河流域等。在总体格局上,西南地区的河流水系基本属于外流河及流域,分别注入太平洋和印度洋,其流域面积大,支流多,如长江在西南地区的主要支流就有雅砻江、大渡河、岷江、沱江、嘉陵江、乌江、汉江等;西北地区的外流河水系相对较少,在范围和面积上也远小于西南地区,但却是内流河流域的主要分布地区。

【湖泊众多,星罗棋布】西部地区也是拥有众多湖泊的地区,主要分布在青藏高原、新疆的高原区及云贵高原。其中,青藏高原是我国湖泊分布最集中的地区,大小湖泊1500多个,面积达36889平方公里,约占全国湖泊总面积的51.4%,储水量近5200亿立方米,其中淡水储量占20%左右。云贵高原湖泊总面积1108平方公里,虽仅占全国湖泊总面积的1.5%,但滇池、洱海、抚仙湖、泸沽湖、草海、邛海等湖泊却闻名中外。众多的湖泊,在调节水源和气候,甚至在造福当地方面发挥着重要的作用。同时,也像无数的明珠,点缀在西部大地上,造就了多姿多彩、魅力无尽的自然风光;西部的许多名湖、圣湖甚至成为一种文化,吸引着无数国内外游客。西部地区为我国大江大河发源地的这一特点,决定了西部地区在全国特别是中东部地区生态环境安全甚至社会经济发展方面的重要地位。但进一步说,西部地区生态环境的状况,在很大程度上取决于西部大开发战略实施过程中资源的合理开发和利用。对此,必须保持十分清醒的认识和理性的运筹。

5. 土壤植被地带分异规律显著,资源保护和生态环境建设必须遵循客观规律

由于西部地区各地成土母质和成土条件的不同,土壤和植被分布既受纬度地带性规律的支配,也十分强烈地受垂直分异规律的作用。在这种纬度地带性和垂直地带性双重规律的综合作用下,发育并形成了风沙土、棕漠土、盐土、高山草原土、亚高山草甸土、绵土、紫色土、红壤、黄壤等多种土壤类型;在土壤与气候作用下,又形成了特征明显的植被类型,区域分异十分明显。主要土地类型的大区构成半干旱暖温带黄土高原灌木草原区、湿润亚热带四川盆地常绿阔叶林区、湿润中亚热带石灰岩高原丘陵区、湿润亚热带云南高原常绿季雨林区、湿润南亚热带滇南季雨林区、湿润热带滇南坝地雨林区、半湿润亚热带热带金沙江干热河谷区、半干旱温带银川河套平原区、干旱温带河西准噶尔盆地荒漠区、干旱暖温带塔里木盆地荒漠区、高原半湿润与半干旱温带与亚寒带草地区、高原干旱寒带半荒漠荒漠区。根据综合因素划分,也可将整个西部地区大致划分为西北干旱区、黄土高原区、云贵高原区、四川盆地区和青藏高原区5大区域。丰富多样的土壤植被类型及地带分异规律一方面蕴涵了各种各样的生态景观和生物资源,为农牧区及其相关产业和旅游业的发展提供了物质基础,另一方面,要求在西部生态环境建设中必须尊重这种自然规律。

二、自然资源丰富,但赋存条件较差

西部地区厚实的资源底蕴造就了丰富多样的自然资源。但是,西部地区地处内陆,地质结构与地形地貌复杂,自然生态系统脆弱,各类自然资源的赋存条件较差,数量及质量组合欠佳,开发难度加大;一旦开发失误,易招致难以逆转的生态失衡和环境破坏。

1. 土地资源绝对数量大,但有效生存空间有限

【国土面积大,但耕地资源有限,特别是耕地资源质量差,生产力低】西部地区拥有巨大的土地资源,按人均水平比较,西部地区人均土地面积达28.8亩,分别为全国平均和东部地区人均水平的2.53倍和7.59倍(表7-1),但能够满足人类直接生存发展要求的有效土地资源并不丰富,人均耕地只有全国平均的1.4倍和东部地区的2.1倍,略强于中部地区。渝、川、黔、滇等省(市)还低于全国平均水平。西部地区虽然耕地总量占全国总量的38.13%,但耕地多属于旱地,耕地等级和质量多数偏低。西北各省(区)耕地基本为旱地,除新疆绿洲外,其余大部分地区有效灌溉面积比重均不到旱地总量的30%(表7-2、表7-3)。1999年耕地种植指数仅为81%,远低于全国平均水平。西南地区耕地资源不足,人均耕地不足1亩,且多数为坡地。单位耕地粮食产量平均为中东部地区的3/4左右。

表7-1　全国及东、中、西部土地及人均耕地比较(1999年)　　(单位:亩/人)

人均水平	全国	东部	中部	西部
土地面积	11.4	3.8	9.6	28.8
耕地面积	1.5	1.0	1.9	2.1

资料来源:国土资源部:《国土资源公报》,2000年。

表7-2 西部地区的耕地资源分类结构　　　　　　　　　　　　　　　　（单位:%）

区域	水田	旱地 比重	其中水浇地占旱地面积比重	区域	水田	旱地 比重	其中水浇地占旱地面积比重
全国	26.7	73.3	32.1	陕西	4.8	95.2	29.7
四川	51.2	48.8	—	甘肃	0.2	99.8	24.6
贵州	42.2	58.0	0.3	青海	—	100.0	29.7
云南	34.4	65.6	0.3	宁夏	22.0	78.0	13.7
西藏	0.2	99.8	70.6	新疆	2.6	97.4	93.4
广西	47.8	52.2	0.1	内蒙古	0.9	99.1	24.8

表7-3 西部耕地资源质量　　　　　　　　　　　　　　　（单位:万公顷）

区域	总计	一等地	二等地	三等地	不宜农耕地
全国	13905.6	5747.5(41%)	4802.3(34%)	2847.3(21%)	508.3(4%)
西部地区	5014.1	1287.2(25.7%)	1754.1(35%)	1690.1(33.7%)	282.7(5.6%)
西南地区	2539.3	546.7(21.5%)	1054.6(41.5%)	848.9(33%)	89.0(4%)
西北地区	2474.8	740.5(30%)	699.5(28%)	841.2(34%)	193.7(8%)

注:括号中数字为相应等级耕地占总耕地百分率。

资料来源:①根据《1:100万土地资源图》编图委员会主编:《土地资源数据集》(中国人民大学出版社,1991年)表5换算整理;②重庆市面积包括在四川省内;③全国数据未包括港、澳、台地区。

【草地资源丰富,但质量较差】西部地区是我国草地的主要分布地区,主要分布于川、滇、藏、甘、青、新、蒙等省区,全国18类草地在西部地区均有不同程度的分布,天然草地面积达25720.03万公顷,占全国总量的97.8%;改良草地面积217.10万公顷,占全国的96.0%;人工草地面积90.91万公顷,占全国总量的85.43%(表7-4)。天然草地主要集中于内蒙古、西藏、新疆、青海、四川和甘肃,而改良草地和人工草地主要分布于西北6省区。但是,西部地区草地质量等级相对偏低,大部分草地属于二、三等地,甚至为不适宜放牧的草地(表7-5)。

表7-4 西部地区草地资源数量　　　　　　　　　　　　（单位:万公顷）

	天然草地面积	改良草地面积	人工草地面积
全 国	26273.9	226.12	106.41
西部地区	25720.03	217.10	90.91
西南地区	8165.60	4.91	4.50
西北地区	17554.43	212.19	86.41

资料来源:刘育成主编:"中国土地资源调查数据集",全国土地资源调查办公室(内部资料),2000年。

表7-5 西部牧草地资源质量等级　　　　　　　　　　　（单位:万公顷）

	总计	一等地	二等地	三等地	不宜牧草地
全 国	38025.16	4885.36	14802.97	18197.97	138.86
西部地区	32256.30	4411.05	13583.26	15435.34	71.05
西南地区	12922.48	822.75	4531.27	7507.83	60.66
西北地区	19333.82	3588.28	9051.99	7927.51	10.39

资料来源:①根据《1:100万土地资源图》编图委员会主编:《土地资源数据集》(中国人民大学出版社,1991年)表11换算整理;②重庆市面积包括在四川省内;③全国数据未包括港、澳、台。

【林地资源丰富,但可及程度低】西部地区的林地主要分布在秦岭山地、贺兰山地、横断山区、天山山地、阿尔泰山等山高谷深、位置偏远、交通不便、人口密度较低的地区,林地的等级低,立地条件差(表7-6)。一旦被砍伐破坏,难以恢复。

表7-6 西部地区主要森林资源分布

森林分布	林业用地面积 万公顷	占全国%	活立木蓄积 亿立方米	占全国%	森林面积 万公顷	占全国%	森林蓄积 亿立方米	占全国%
西南3省区国有林	5948	23.2	41	38.3	2490	19.4	36	39.5
西北3省区国有林	2349	9.2	8	7.5	823	6.4	6	5.6

【沙漠戈壁广布,人类难以直接利用】西部地区还是我国主要沙漠、戈壁的分布地区,总面积9136万公顷,占全国总量的71.24%。其中,沙漠面积达5133万公顷,占全国总量的72%,戈壁面积4003万公顷,占全国总量的70.29%。这些土地基本属于难以利用的土地(表7-7)。

表7-7 西部地区沙漠、戈壁面积

	总面积(万公顷)	沙漠(万公顷)	戈壁(万公顷)
全国	12824	7129	5695
西部地区	9136	5133	4003
新疆	7130	4200	2930
甘肃	680	190	490
青海	750	380	370
宁夏	65	40	25
陕西	110	110	—
内蒙古	401	213	188

综合分析表明:西部地区比较适合人类居住和生存的区域面积大体仅占其总面积的1/3左右,有效生存空间的绝对面积数量不超过250万平方公里。据此测算,西部有效生存空间的人口密度大致为150人/平方公里。西部地区的人类生存与发展空间是极其有限的。

2. 森林面积大、生态功能强,但可利用度较低

【西部林区为我国三大林区之一,但主要分布于西南地区】我国现有森林资源主要分布在东北国有林区、西南国有林区和南方集体林区3大片。森林覆盖率按省区比较,福建的森林覆盖率达到了50.6%,浙江43.0%,江西40.4%,广东36.6%,黑龙江35.6%,吉林为33.6%,湖南32.8%,海南31.7%,湖北21.3%。在西部各省(市、区)中,森林覆盖率差别较大,其中云南、广西、陕西、四川、贵州和内蒙古超过全国平均水平;而西藏、甘肃、宁夏、新疆和青海均低于全国平均水平(表7-8)。西部地区森林主要分布在西南4省(区)国有林区(川、滇、藏、桂)和西北4省(区)国有林区(陕、甘、新、蒙),两片区森林面积分别为3556万公顷和2689万公顷,森林蓄积量分别在40亿立方米和17亿立方米。

表 7-8 西部地区森林资源基本状况

	林业用地面积（万公顷）	活立木总蓄积（万立方米）	森林覆盖率(%)	有林地占林业用地面积(%)
全国	26288.85	1178523.93	13.92	50.9
西部地区	14174.22	646268.40	8.61	46.7
四川	2672.20	145643.78	20.37	43.2
贵州	739.88	13777.94	14.75	35.2
云南	2435.97	136640.61	24.58	38.6
西藏	1254.70	208480.15	5.84	57.1
陕西	1212.50	32056.34	24.15	41.0
甘肃	727.03	19242.63	4.33	26.8
青海	287.54	3687.29	0.35	8.7
宁夏	102.73	778.09	1.54	9.9
新疆	408.33	26241.60	0.79	31.9
广西	1066.67	31000.00	39.26	66.8
内蒙古	3266.67	27700.00	14.82	47.3

资料来源：《中国森林》编辑委员会：《中国森林》，中国林业出版社，1997年。

【西南林区森林生产力远高于西北林区】 西部地区各省（市、区）的有林地面积与其林业用地面积相比普遍偏低，除广西和西藏自治区有林地面积与林业用地面积的比值超过全国平均水平外，其余省（市）均低于全国水平，甚至大大低于全国水平。西南各省（市）在活立木蓄积总量和森林覆盖率上普遍高于西北各省区，根本原因在于西南地区的森林立地和森林生态环境优于西北地区，且现有的森林资源主要分布在位置偏远、交通不便、人口密度较低的区域。也正是这种环境闭塞的格局才使得西部地区的许多森林资源能够有幸保存下来。现有森林类型主要包括寒温带的针叶林、暖温带的落叶阔叶林、中亚热带的常绿阔叶林、南亚热带的季雨林、青藏高原的高山针叶林、甘新地区的山地针叶林等。

【西部森林生态功能巨大，事关东、中部地区生态环境安全】 西部地区森林资源的分布与我国黄河、长江、澜沧江、珠江等主要江河的发源地相吻合，即森林地集中分布区也是主要江河发源地和上中游流域。当地森林生态环境相当脆弱。这些森林的数量、质量及分布与流域局部地区乃至整个流域生态环境关系十分密切，具有重要的涵养水源、防止水土流失、防风固沙等重要功能；同时，这些森林集中分布地区还是西部地区主要野生动植物资源的最后栖息地。因此，西部地区的森林资源生态维护功能、社会价值远远大于森林本身的经济价值。森林资源的保育必须从整个流域甚至全国的生态环境安全和社会经济可持续发展通盘考虑。

3. 水资源时空分布不均

【地表水资源丰富，但主要集中在西南地区】 西部地区为我国主要大江大河的发源地和中上游，水资源赋存占有一定优势，拥有量占全国总量的46.6%，但其中38.4%分布在西南地区。西南地区水资源总量占西部地区总量的82.4%；人均水资源5545立方米，为全国平均人均水平的2.47倍;面积密度46.9万立方米/平方公里,为全国平均的1.59倍。西北地区水资源拥有量仅占全国的7.9%和西部地区的17.6%;人均水资源2510立方米,为全国的1.12倍;面积密度7.3万立方米/平方公里,只有全国平均的24.8%,西南地区的15.6%(表7-9)。

表7-9 西部水资源及其分布状况 （单位:亿立方米）

地区	年均降水量	地表水	地下水	重复计算量	水资源总量
全国	61889	27115	8288	7279	28124
西部地区合计	27257	12987	4045	3924	13107
西南合计	19939	10869	2893	2890	10872
四川省(含重庆)	5889	3131	802	799	3134
贵州	2094	1035	259	259	1035
云南	4824	2221	738	738	2221
西藏	7132	4482	1094	1094	4482
西北合计	7318	2118	1152	1034	2235
陕西	1371	420	165	143	442
甘肃	1297	273	133	131	274
青海	2064	623	258	255	626
宁夏	157	9	16	15	10
新疆	2429	793	580	490	883

资料来源:水利部:《中国水资源评价》,水利电力出版社,1987年。

【西部地区水资源分布的基本特征是时空不均和结构性短缺】其基本原因在于自然条件的差异,特别是青藏高原的隆起和抬升,构成天然屏障,阻遏了印度洋及太平洋暖湿气流大范围进入西北内陆地区,使西北地区成为我国主要内陆干旱与水资源极其短缺的区域。

【西北地区干旱严重】在西北地区,除陕南、关中地区年降水量能够达到600毫米以上,黄土高原降水量基本处在300~600毫米过渡地带外,其余大部分地区均处在干旱区内,降水量很少(一般低于200毫米),蒸发量高(年蒸发量大多在1500~2000毫米)。黄土高原半干旱地区,由于降水量主要集中在7~9月份,除了带来严重的水土流失外,冬春干旱严重地影响着农业生产活动,有些地方人畜饮水也十分困难。干旱地区的人类活动主要集中在绿洲生态系统内,冰川融水为基本来源。没有灌溉就没有农业,更没有人类活动,是西北干旱地区的基本事实。灌溉水资源对干旱绿洲而言,滴水如金,是最基本和最重要的生命要素,是一切人类活动的出发点。

【西南地区多湿润】除青藏高原平均为300~600毫米外,西南其他大部分地区受太平洋及印度洋暖湿气流的影响和作用,年降水量一般都在1000毫米以上。但由于降水时段相对集中(主要在5~9月),成为我国比较典型的干旱与洪涝灾害并发地区;同时,西南地区地处大江、大河上游,高山峡谷多,山地面积大,岩溶地貌比例大,除四川盆地外,青藏高原、云贵高原、秦岭、大巴山山地等为主要构成部分,山地水资源利用难度较大,从而在时空上使得西南地区的水资源开发利用存在着结构性短缺的明显特征。

4. 能源资源丰富,开发潜力巨大,南北分布各具特色

【主要能源资源多集中于西部地区】除海上能源外,我国陆地能源资源中,无论是常规化石能源(煤炭、石油、天然气)、水能、地热能资源,还是可更新的风能、太阳能能源,多集中分布在西部地区。据20世纪90年代初期的有关数据分析表明,我国的可开发能源资源(常规能源、化石能源为探明储量)的43.7%分布在西部地区,其中,西北占20.0%,西南占23.7%。近10年来,陕北、柴达木、塔里木天然气整装气田的大规模探明,使西部地区可开发能源资源的数量规模在不断增长,能源资源占全国的比重进一步上升,成为我国陆上能源资源最具开发潜力的地区(表7-10、表7-11)。此外,从地缘政治的观点看,西北地区紧邻化石常规能源丰富的中亚地区,对我国开拓国外能源市场、利用国外油气资源具有十分重要的战略意义。西部地区的水能资源可开发装机容量达2.74亿千瓦,占全国的72.5%,其中,西南地区为2.32亿千瓦,占全国的61.5%,西北4194万千瓦,占11.1%,但开发总量只有可开发利用量的8.0%左右。目前,西部地区的煤炭保有储量仅占全国总量的38.59%,赋存状况有待勘探工作的加强,预计探明储量在全国的地位将逐步提高。如新疆煤炭资源量预计为1.6万亿吨,但探明储量不到1000亿吨;甘肃、陕西、宁夏、贵州等省区也有一定潜力。

【油气资源东西部份额大体相当】我国油气资源主要集中在八大海陆盆地内,其中石油主要集中在渤海湾、松辽、塔里木、准噶尔等地,预计资源总量占60%左右。东、西部大致相当。西部地区主要是西北地区的石油资源量,预计为350~400亿吨,占全国总量的1/3;天然气则主要集中在鄂尔多斯、四川、塔里木、准噶尔、柴达木等盆地,资源量大致占2/3,而已探明的天然气资源则主要赋存在陕北、塔里木、柴达木、四川盆地4大气区,探明储量已超过1.5万亿立方米,将成为我国当前和未来的主要陆上天然气开发区。

表7-10 西部地区煤炭、水能资源量

区域	煤炭（亿吨）	其中：炼焦用煤	泥炭（万吨）	水能理论蕴藏量（万千瓦）	可开发装机容量（万千瓦）	可开发电量（亿千瓦/小时）
全国	10008.51	—	25064	68000	37600	19000
西部地区	3862.35	390.40	3501	56419.05	27428.13	—
西南地区	845.66	170.32	960	48001.25	23234.33	—
四川	97.75	26.61	—	15303.78	9166.51	5152.91
贵州	507.05	103.10	146	1874.47	1291.76	652.44
云南	240.38	40.41	—	10364.00	7116.79	3944.53
西藏	0.48	0.20	814	20459.00	5659.27	—
西北地区	3016.69	220.08	2541	8417.8	4193.8	1905.80
陕西	1618.02	50.80	9	1274.9	550.7	217.90
甘肃	92.75	7.85	764	1426.4	911.0	424.40
青海	43.78	35.89	1768	2153.7	1799.1	772.10
宁夏	309.43	41.93	—	207.3	76.5	31.60
新疆	952.71	83.61	—	3355.5	835.5	459.80

重庆市数据包括在四川省内。

在空间分布格局上,西北和西南地区能源资源各有特色。西北主要以煤炭、石油、天然气为主,水能资源主要集中在黄河干流;西南则以水能和天然气见长,尤其是水能资源最具开发潜力。此外,西藏、新疆、青海、甘肃等省区的太阳能、风能、地热能等新能源也十分丰富;西南的生物质能源(薪柴、沼气等)也有较大开发潜力。

表7-11 西部地区主要油气田石油、天然气储量

油区	石油探明储量（万吨）	可采储量（万吨）	剩余可采储量（万吨）	天然气探明储量（亿立方米）	可采储量（亿立方米）	剩余可采储量（亿立方米）
全国	1906682	549942.8	232733.3	16977.96	10528.04	8052.41
新疆	154690	35823.9	20972.4	571.57	316.92	246.10
塔里木	25091	6972.2	5470.5	1272.78	821.91	821.91
土哈	22470	6439.4	5287.5	266.70	178.89	821.91
青海	20845	4108.8	2568.5	594.37	317.52	317.52
玉门	9006	3101.2	436.9	—	—	—
长庆	40818	9026.6	5663.4	2926.11	1601.56	1597.26
延长	22860	2234.4	1698.2	—	—	—
西北局	11812	514.4	374.2	221.56	135.38	131.10
四川	6796	331.0	15.1	5199.66	3578.84	1884.96
川西北	130	23.2	10.2	319.14	236.41	207.47
滇黔桂	1847	350.2	252.5	42.19	30.21	15.35

资料截至1997年底。重庆市数据包括在四川省内。

5. 矿产资源多样,分布相对集中,部分矿产资源居优势地位

【我国优势矿产多集中于西部地区】西部地区的矿产资源类型多样,储量丰富,相当一部分资源在国内属优势矿产,如黑色金属的铬铁矿和原生钛铁矿,有色金属的铅、锌、镍、汞、铂族金属,非金属的氯化锂、氯化镁、钾盐、钠盐、石棉、碳酸钠、芒硝等,其中原生钛铁矿、铅、锌、铂族金属、氯化锂、氯化镁等矿种具有世界级资源优势。同时,由于西部地区的地质矿产勘探工作相对滞后,随着勘探工作的进展,许多矿产的探明储量仍会显著增长,如近年在天山地区东部发现的千万吨级大铜矿,使西部地区铜矿资源储量由占全国1/4提高到占1/3以上。从全国范围比较,无论矿产资源潜在价值还是找矿潜力,都是西部大于东部(表7-12)。

【由于成矿条件的不同,西部地区形成了多个不同类型和特色的矿产资源富集区】有关部门根据20世纪90年代中期以来的矿产资源地质勘查成果,初步提出了全国9大矿产资源富集区,其中6个属西部地区或与西部地区的关联区域,分别为:阿尔泰有色金属富集区、塔里木油气富集区、柴达木矿产资源富集区、鄂尔多斯能源富集区、陕甘川接壤地带有色和贵金属富集区、西南三江有色金属富集区。但这6个富集区的区位条件较差,位置偏远,交通不便,自然环境脆弱;荒漠、戈壁、高山、峡谷、黄土是其主要地形地貌特征。

表 7-12　西部地区主要矿产资源

类型	单位	全国	西部地区	西北地区	西南地区
铁矿	亿吨	458.9	119.2	26.1	93.1
锰矿	万吨	53749.3	17007.5	1202.2	15805.3
铬矿	万吨	1027.0	804.5	366.4	438.1
原生钛铁矿	万吨	46522.8	44650.7	294.4	44356.3
铜矿	万吨	6307.2	1522.4	845.0	677.4
铅矿	万吨	3511.0	1460.0	640.6	819.4
锌矿	万吨	9244.9	3989.5	1371.5	2618.0
铝矿	万吨	226094	48268.3	1241.7	47026.6
锡矿	万吨	404.8	135.4	3.0	132.4
锑矿	万吨	273.1	80.7	21.1	59.6
钼矿	万吨	838.9	154.7	121.8	32.9
镍矿	万吨	777.1	709.3	599.0	110.3
汞	万吨	7.9	6.6	2.0	4.6
铂族金属	万吨	307.9	190.0	179.4	10.6
金矿	吨	4157.5	605.8	589.4	520.5
银矿	吨	117676	31188	12867	18321
氯化锂矿	万吨	1668.5	1390.9	—	—
氯化镁盐	万吨	314290	314290	314290	—
钾盐矿	亿吨	4.6	4.6	4.5	0.1
钠盐矿	亿吨	4097.3	3635.5	3274.7	360.8
磷矿	亿吨	159.7	84.7	11.9	72.8
石膏矿	亿吨	576.0	76.4	46.2	30.2
石棉	万吨	9069	8989	7165	1824
硫酸钠芒硝	亿吨	100.5	87.4	87.4	—
水泥灰岩矿	亿吨	525.4	142.7	82.4	60.3
玻璃硅质矿	亿吨	39.3	19.1	19.1	—

6. 旅游资源丰富,但开发却面临诸多困难

【旅游资源独具特色】在西部的生态环境建设中,旅游业应该扮演一个其他产业不可替代的重要角色。我国西部悠久的历史、独特的自然风貌孕育了极其丰富的旅游资源,这为旅游业的发展提供了巨大的潜力。西部独有的气候条件和地貌结构,形成了明显不同于东部地区的各种类型的气候带、景观带。在全国统计的 74 种旅游资源中,西部地区样样俱全。丝绸之路、长江三峡、桂林山水、路南石林、西安兵马俑、喜马拉雅山等,不仅是世界精品,而且是极品。西部地区已开发的旅游资源大约是其资源总量的 1/7。在西部,西北地区的西域文化、西南地区的少数民族文化和青藏高原的雪域文化构成了独特的西部文化现象。西北区(新疆、宁夏、甘肃、陕西、内蒙古)地域辽阔,大漠广布,风沙地貌典型壮观,历史文物古迹众多,蒙、维、哈和穆斯林风情独特;西南区(四川、重庆、广西、云南、贵州)奇山秀水闻名于世,少数民族风情赏心悦目。自然风光秀美迤逦,动植物资源种类丰富;青藏高原区(西藏、青海)地域高亢,景观奇特。藏族文化与茫茫雪原融为一体,神山、圣水、天然、神秘。独特的自然景观与乡俗民情为旅游业的发展提供了良好基础。

【脆弱的生态环境要求对旅游资源的开发慎而又慎】西部旅游业发展也面临很多特殊困难,其中西部的生态环境问题不仅是西部经济社会发展面临的严峻问题,更是西部旅游发展所必须面对的课题。西部地区的基本环境状况是自然生态极端脆弱,人地矛盾十分突出,面临着一系列生态破坏及退化问题,包括水土流失、土地荒漠化、土壤盐渍化、森林草原大面积退化、生物多样性减少等。尤其是西北地区,由于生态环境的恶化,对旅游景观质量造成严重威胁,生态景观单一;湖泊和河流干枯、退缩,水资源严重短缺;森林和草原消失,野生动物大量减少;由于缺少生态屏障,沙尘暴发生的次数逐年增加,影响范围逐年扩大,已经成为灾害性气候。从西部旅游发展潜力讲,生态环境状况的恶化使得西部地区的旅游资源品质不断下降,很多珍贵的资源面临退化、消失的威胁。日益恶化的生态环境还给西部的经济和社会带来极大危害,加剧了贫困程度,严重影响地方旅游业的自我发展能力,旅游业启动困难,或者启动后后续资金不足而难以维系。在西部的旅游开发中,由于生态环境恶化,加剧了自然灾害发生的频率和程度,使得西部的旅游基础设施建设成本高昂,尤其是道路系统和景区基本设施建设和维护成本高昂。从生态环境保护的角度讲,在西部地区生态环境恶化趋势还没有得到有效遏制的情况下,西部旅游开发也同样存在生态破坏的隐患,如果不能建立有效的生态环境保护和监督机制,西部的旅游开发也可能成为新的生态环境破坏因素。西部旅游开发必须从西部的自然环境条件和社会经济条件出发,正视上述严峻的生态环境问题,遵循自然规律和经济规律,紧紧围绕西部生态环境和社会环境面临的突出矛盾,以科技为先导,以改善生态环境、提高人民生活质量、实现可持续发展为目标,把生态环境建设与旅游开发紧密结合,处理好当前利益与长远利益的关系,达到生态效益、经济效益与社会效益的协调统一。

三、社会经济资源,尤其是人力资源奇缺

1. 社会经济资源不足,高等院校与科研开发机构较少

西部地区自然资源相对较为丰富,但社会经济资源却非常短缺。就工农业生产来讲(表7-13),整个西部地区农业机械总动力为10106.9万千瓦,只占全国的20.6%,但其耕地面积却占全国的38.2%,尤其西藏、青海、宁夏和贵州的农业生产现代化水平更低。工业企业单位数就更少得可怜,整个西部12省仅23140个,只占全国的14.3%,地域分布不均现象也同样非常严重。商业机构、大专院校及科研开发机构也明显少于中东部地区。但西部地区的医疗卫生机构并不少,占到了全国的37.3%,接近全国的平均值。西部社会经济资源现状表明,要使西部经济快速发展,加大政府扶持力度是必要的。通过投资倾斜,使西部地区尽快获得工农业发展所需要的物质装备和基础设施。增加高等院校和科研开发机构数量,为后备人才培养和高新技术产业发展奠定基础。

表 7-13　西部地区部分社会经济资源现状

	农业机械总动力(万千瓦)	工业企业数(个)	批发零售贸易、餐饮业单位数(个)	大中专院校数(个)	研究与开发机构数(个)	卫生机构数(个)
全国	48996.1	162003	47906	5033	5573	310996
东部	22444.6	100698	28778	2093	2594	116654
中部	16444.6	38165	11604	1512	1547	78407
西部	10106.9	23140	7524	1428	1432	115935
重庆	558.5	1975	562	101	73	9625
四川	1606.9	4538	914	252	223	32633
贵州	555.4	2119	222	129	116	9703
云南	1255.1	2133	2777	159	159	11875
西藏	99.6	329	19	19	13	1254
陕西	1010.8	2587	378	157	182	10563
甘肃	969.9	2245	340	131	135	8976
青海	241.9	559	108	41	49	2406
宁夏	377.9	496	154	30	59	1438
新疆	814.2	1625	499	130	125	6608
广西	1375.2	3142	899	155	158	13319
内蒙古	1241.5	1392	652	124	140	7535

资料来源:根据《中国统计年鉴 2000》(中国统计出版社,2001 年)有关数据整理。

2. 人力资源奇缺,地域分布不均

人力资源的数量和质量决定着它在社会进步中产生作用的大小。所谓人力资源数量,一般情况下是指能够作为生产性要素投入社会经济活动的劳动人口。而人力资源的质量反映的则是人力资源的质的特性。由于人力资源质的差别对社会生产的作用明显不同,所以在现实社会活动中,人力资源的质量越来越比它的数量显得重要。在西部地区,人力资源奇缺是一个基本特征,且主要缺在质上而不是量上。从 1999 年西部人力资源状况来看(表 7-14),万人拥有专业技术人员数为 136.2 人,而全国平均为 170.2 人;万人拥有在校大学生数为 24.3 人,而全国为 32.4 人。在西部 12 个省区中,又表现出极端的不平衡。宁夏、新疆、内蒙古的万人专业技术人员数超过全国平均值,而重庆、四川、贵州、西藏仅为全国的 70%。万人在校大学生数陕西省是全国的 1.5 倍,而贵州、西藏不及全国的 50%。相比之下,西北要比西南略显优势。更为严峻的是,西部各地高校培养的大学生,在毕业分配趋向上,重点会选择东部和中部条件较好的地方,而西部在毕业分配中要吸引东、中部各地高校的毕业生很困难,且这种现状会随着东部用人制度的完善更趋严重。当地培养的人才留不住,外地的又吸引不来,使西部地区后备人力资源面临着前所未有的困境,而且在短时期内不会有根本性改变。

表7-14 西部专业技术人员和在校大学生数量　　　　　　　　（单位：人）

	专业技术人员数	万人专业技术人员数	在校大学生数	万人在校大学生数
全国	21430140	170.2	4085874	32.4
西部地区	4880971	136.2	869830	24.3
重庆	360515	117.2	96569	31.4
四川	1024524	119.8	180256	21.7
贵州	444907	119.9	56454	15.2
云南	585409	139.6	73902	17.6
西藏	29868	116.7	4021	15.7
陕西	491367	135.8	179447	49.6
甘肃	334964	131.7	62637	24.6
青海	86281	169.2	9347	18.3
宁夏	108656	200.1	13121	24.2
新疆	369296	208.2	54058	30.5
广西	636944	135.1	90286	19.1
内蒙古	408240	172.8	49732	21.1

资料来源：根据《中国统计年鉴2000》（中国统计出版社，2001年）有关数据整理。

第二节　西部资源开发利用的自然与社会经济背景

一、生态环境脆弱，资源开发难度甚大

1. 资源禀赋较差，自然与人文因素共同作用致其恶化

西部地区的5大区域均属生态系统高度敏感区域。四川盆地人口稠密，人多地少，人类活动对自然生态系统压力甚大，人地关系紧张；西北内陆区深居欧亚大陆腹心，干旱少雨，植被稀疏，大漠戈壁遍布，有土无水；黄土高原梁峁塬沟地形交错，水土流失严重；云贵高原以高山峡谷和大面积石灰岩地貌为主，有水无土；青藏高原高寒缺氧，有光缺热。5大自然区域各自的生态系统特征是自然环境的演替进程与规律所致，而非人为因素所决定。水土流失、荒漠化、山体滑坡、干旱等都属于自然过程。不过，人为因素的作用和影响，如森林砍伐、土地不合理利用、草地超载等，使原本敏感的生态系统所依存的环境发生改变，加剧生态环境向不利于人类生存的方向变化，影响生态系统的自然演替。这种自然、人为交替作用的结果在西部产生了诸多生态环境问题。

2. 各地生态环境问题互不相同

【青藏高原遭受破坏程度相对较小，但保护难度较大】我国的青藏高原地区绝大部分是3000米以上的高海拔地区，干旱高寒，人口稀少，牧场广阔，自然生态系统保存较为完整。但是，青藏高原既是全球生态系统受人为干扰最小的地区之一，也是生态系统最脆弱的地区之一，自然生态环境的自我恢复能力弱，一旦遭受破坏，极难恢复。青藏高原是中国众多河流的"江河源"和中下游地区的"生态源"，青藏高原的生态状况对中国乃至全球生态环境状况有重要影响，其生态环境的保护关系到我国的生态安全问题。随着全球气候变化和人类活动增加，青藏高原正面临着臭氧空洞扩大、雪线上升、湖泊干涸、草场退化、荒漠化和工业污染等环境问题的威胁。所以保护青藏高原现有的自然生态系统，防止不合理开发是青藏高原可持续发展的基本前提，也是保护其下游地区生态环境的重要保障。

【西南地区环境问题严重,森林保护任重道远】我国西南地区生态环境复杂多样,有大面积的喀斯特地貌区,有人口高度密集的四川盆地。长期以来由于受不合理耕作和森林大量砍伐等影响,土地退化,水土流失十分严重,生态环境恶化呈加速趋势,尤其是喀斯特地貌山区土层瘠薄,地表水严重渗漏,属于生态环境脆弱区。由于上游生态环境的恶化,生态灾害频繁,成为危害经济发展和社会安全的严重问题。严峻的生态环境状况迫切需要加强长江中上游水源涵养林和原始森林的保护,进行林区的产业结构调整。

【西北沙化问题突出,草原植被恢复迫在眉睫】内蒙古和陕甘宁等地区的广阔的草原区和黄土区是我国北方生态环境的重要屏障。长期以来,草原地区的超载放牧使得草原生态功能衰退,土地沙化,水土流失加剧。尤其黄河上中游地区是世界上面积最大的黄土覆盖地区,也是生态环境问题最为突出的地区。保护草原生态环境,遏制沙漠化进一步扩张,已经成为保护我国北方生态环境,保障经济社会持续发展的基本前提。

3. 转变开发方式,发展旅游业,是实现脆弱资源环境利用与保护兼顾的有效途径

西部地区产业结构不合理、资源开发利用不当是造成生态环境恶化的主要原因。通过发展旅游业改变对资源的掠夺式、粗放型开发利用方式,发挥旅游建设对环境的修复作用,解决生态环境保护与经济发展之间的矛盾应是西部旅游所应具备的特殊功能。西部的生态环境问题不仅是西部经济社会发展面临的严峻问题,更是西部旅游发展必须面对的课题。西部地区的基本环境状况是自然生态极端脆弱,人地矛盾十分突出,面临着一系列的生态破坏及退化问题,包括水土流失、土地荒漠化、土壤盐渍化、森林草原大面积退化、生物多样性减少等问题。由于生态环境破坏的范围在迅速扩大,程度在不断加剧,由此造成的危害也在加重。在西部地区,由于大面积的森林被砍伐,天然植被遭到破坏,水土流失日趋严重,荒漠化土地面积不断扩大,生物多样性受到严重威胁。尤其是西北地区,由于生态环境的恶化,对旅游景观质量造成严重威胁,生态景观单一;湖泊和河流干枯、退缩,水资源严重短缺;森林和草原消失,野生动物大量减少;由于缺少生态屏障,沙尘暴发生的次数逐年增加,影响范围逐年扩大,已经成为灾害性气候。如果将西部地区的生态环境状况在全国范围内进行定量化比较,则可看到,西部各省区的生态环境脆弱度明显偏高,全国生态环境脆弱度名列前茅的省区除山西省外,均在西部地区(图7-1)。

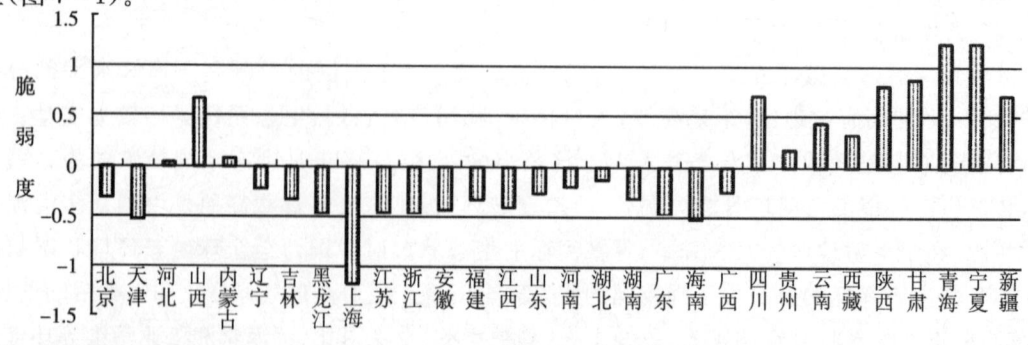

图7-1 西部地区生态环境脆弱度

(根据中国科学院可持续发展研究组:"1999中国可持续发展报告"有关资料整理。)

二、经济发展相对滞后，贫困问题突出

1. 人口密度相对较低，但地域分布不均和有效生存空间有限使人口问题也很突出

【人口密度较低，但有效生存空间的比例也低】1998年，西部地区人口3.55亿，约占全国总人口的28.5%。东、中、西部三大地带人口密度分别为390人/平方公里、155人/平方公里和52人/平方公里（全国平均为130人/平方公里），相对于占全国国土面积71.7%而言，西部地区无疑是我国人口密度较低的地区（表7-15）。但以有效生存空间来计算，西部地区的人口密度并不低，大致与中部地区相当，并超过全国平均水平。

表 7-15 西部地区的人口与人口密度

区域	1990年人口（万人）	1998年人口（万人）	1990年密度（人/平方公里）	1998年密度（人/平方公里）
全国	114333.00	124810.00	119.10	130.01
西部地区	32234.56	35529.88	46.85	51.64
重庆	2886.62	3059.69	350.32	371.32
四川	7835.20	8493.00	161.35	174.90
贵州	3239.11	3658.00	183.94	207.72
云南	3697.26	4144.00	93.82	105.15
西藏	219.60	251.54	1.79	2.05
陕西	3288.24	3596.00	159.93	174.90
甘肃	2237.11	2519.00	49.28	55.48
青海	445.69	503.00	6.19	6.99
宁夏	465.55	538.00	89.87	103.86
新疆	1515.58	1747.00	9.13	10.52
广西	4242.00	4675.00	179.21	197.51
内蒙古	2162.60	2344.88	18.28	19.82

资料来源：国家统计局：《中国统计年鉴1991》，中国统计出版社，1992年；《中国统计年鉴1999》，中国统计出版社，2000年。

【人口分布相当不均且增长较快】西部地区人口分布相当不均。西南人口密度高于西北，为82.5人/平方公里，西北为29.0人/平方公里；分省（市）区看，人口密度超过100人/平方公里的有重庆、四川、贵州、云南、陕西、宁夏和广西7个省（市），其中重庆市最高，达371人/平方公里；从自然区域看，四川盆地、关中地区、宁夏河套谷地、滇池周边地区等人口较集中，其中四川盆地的人口密度超过580人/平方公里，成渝两大城市市区达700人/平方公里，也是我国人口最稠密地区。而青藏的羌塘高原、塔里木盆地的塔克拉玛干沙漠、准噶尔盆地的古尔班通古特沙漠等则属无人区。新中国建立后，西部地区保持了较全国更快的人口增长态势。1952～1998年，全国人口年均自然增长率为16.99‰，西部为17.16‰；其中，1980～1998年，因重庆、四川两省（市）的年均人口自然增长率为8.20‰，使西部地区为12.64‰，略低于13.12‰的全国同期值。

2. 少数民族众多

西部地区也是我国少数民族的主要聚居区。全国聚居超过5000人的55个少数民族在西部地区就有45个，其中33个是西部独有的少数民族。少数民族自治面积超过400万平方公里，占西部地区面积的75.0%，占全国国土面积42.7%以上。除重庆、四川、陕西3个省（市）

少数民族人口较少,比重较低外,其余9个省区是我国少数民族集中分布的区域,其中西藏自治区少数民族人口占其总人口97.0%,新疆维吾尔自治区占61.4%,青海占42.0%,宁夏占34.6%,贵州占34.0%、云南占33.3%。1998年,西部地区民族自治人口共计14527.57万人,占全国少数民族自治人口总量的87.5%,其中民族自治地方少数民族人口6499.29万人,占全国民族自治地方少数民族总人口的85.8%。

3. 经济发展滞后

新中国建立后,西部地区也开始了工业化的发展进程,初步改变了"一穷二白"的面貌,经济发展也达到一定的规模,但基本上仍属我国发展相对滞后地区(表7-16)。近20年来,西部地区经济年增长率保持在7.0%~8.0%。2000年12省(市)区GDP为16654.7亿元,人均4785元,GDP只占全国总量的17.1%(按各省市区相加数据计算),其中第一产业占全国的26.1%,第二产业占15.2%,第三产业占20.3%,人均水平只有全国水平的67.6%;在产业结构比较中,第一、二、三产业结构比为22.3:41.5:36.2,全国为15.9:50.9:33.2,农业在西部地区国民经济活动中依然占据十分重要的地位,产业结构明显低于全国平均水平;在产业从业人员比较中,全国第一、二、三产业从业人员比为50.0:22.5:27.5,西部地区为62.1:13.2:24.7,从事第一产业的劳动力明显较高。此外,经过国家"八七扶贫攻坚计划"的实施,全国贫困人口从20世纪90年代初期的8000多万人下降到2000年的3000万人左右,而其中近60%属于西部地区,且扶贫任务更加艰巨,原因在于西部扶贫的基本条件大大弱于东、中部,不但要逐步推进现有贫困人口的继续脱贫,还要防止已经脱贫的人口重新返贫。

表7-16 西部地区国内生产总值三次产业结构(2000年)

地区	GDP(亿元)	第一产业	第二产业	其中 工业	其中 建筑业	第三产业	三产结构(%) 第一产业	三产结构(%) 第二产业	三产结构(%) 第三产业	人均GDP(元)
全国	89403.6	14212.0	45487.8	39570.3	5917.5	29703.8	15.9	50.9	33.2	7078
西部	16654.7	3706.8	6913.3	5492.5	1420.7	6034.6	22.3	41.5	36.2	4785
重庆	1589.34	283.00	657.51	527.48	130.03	648.83	17.8	41.4	40.8	5157
四川	4010.25	945.58	1700.49	1393.84	306.65	1364.18	23.6	42.4	34.0	4784
贵州	993.53	270.99	387.85	314.73	73.12	334.69	27.3	39.0	33.7	2662
云南	1955.09	436.26	843.24	697.69	145.55	675.59	22.3	43.1	34.6	4637
西藏	117.46	36.32	27.21	10.13	17.08	53.93	30.9	23.2	45.9	4559
陕西	1660.92	279.12	731.90	549.58	182.32	649.58	16.8	44.1	39.1	4549
甘肃	983.36	193.36	439.88	328.41	111.47	350.12	19.7	44.7	35.6	3838
青海	263.59	38.53	114.00	80.55	33.45	111.06	14.6	43.2	42.1	5087
宁夏	265.57	45.93	120.04	93.00	27.04	99.58	17.3	45.2	37.5	4839
新疆	1364.36	288.18	586.84	422.76	164.76	489.34	21.1	43.0	35.9	7470
广西	2050.14	538.69	748.00	619.84	128.16	763.45	26.3	36.5	37.2	4319
内蒙古	1401.01	350.80	556.28	455.21	101.07	493.93	25.0	39.7	35.3	5872

注:①全国国内生产总值与各省市区相加有一定出入,全国各省市区GDP相加为97209.36亿元,其中第一产业为14844.29亿元,第二产业45783.91亿元,第三产业36581.16亿元;②人均值的人口数为国家统计局2000年人口普查结果;③资料根据《中国统计年鉴2001》(中国统计出版社,2002年)整理。

第三节　西部地区资源开发利用问题与对策

一、资源型产业在西部地区经济发展中依然占据重要地位

1. 农业地位重要，但农业资源开发利用水平较低

作为基础性产业，农业在西部地区产业结构中的地位较全国和东部、中部地区更为重要，主要表现为第一产业的经济结构比和就业结构比依然在地区经济活动中占据主导位置。从农业生产结构看，种植业和畜牧业分别在各省（市）区占有不同程度的重要地位。其中，西藏、青海、新疆、内蒙古作为我国重要的放牧畜牧业省（区），重庆、四川、云南等作为重要的舍饲和放牧畜牧业兼备的省（市）区，畜牧业占有较重要的地位，西藏、青海、内蒙古畜牧业产值分别占农业总产值的44.9％、46.5％、35.2％，四川占35.4％，重庆占34.5％；农产品产量中，以棉花、奶类、绵羊毛等农牧业产品在国内占有较重要的地位，其中新疆棉花产量在2000年已占全国总产量的32.96％，陕西省林果业生产发展较快，水果产量居全国第三位，而四川省则是全国肉类生产大省（表7－17）。

表7－17　西部地区主要农产品产量（2000年）

地区	粮食（万吨）	谷物（万吨）	油料（万吨）	棉花（万吨）	水果（万吨）	肉类产量（万吨）	奶类（万吨）	绵羊毛（吨）	松脂（吨）
全国	46217.5	40522.4	2954.8	441.7	6225.2	6125.4	919.1	292502	551057
西部地区	12896.3	10920.3	671.3	160.4	1613.4	1737.4	356.8	183782	278360
占全国比重（％）	27.9	26.9	22.7	36.3	25.9	28.4	38.8	62.8	50.5
重庆	1106.9	843.4	31.1	—	81.7	153.6	5.6	6	126
四川	3372.0	2831.5	193.0	5.9	252.6	555.5	28.9	4108	2717
贵州	1161.3	935.4	74.3	0.1	31.0	123.8	1.7	273	4392
云南	1467.8	1282.1	27.0	0.1	77.0	204.9	14.7	1690	54360
西藏	96.2	93.2	4.0	—	0.7	14.9	20.4	7947	—
陕西	1089.1	962.0	38.8	2.7	493.8	83.2	63.9	3593	750
甘肃	713.5	570.8	41.7	5.7	121.6	58.9	13.7	14145	—
青海	82.7	61.2	19.4	—	2.2	20.8	21.3	15588	—
宁夏	252.7	230.3	7.0	—	19.3	18.5	23.6	4703	—
新疆	783.7	746.6	60.1	145.6	151.9	83.2	78.2	66678	—
广西	1528.5	1415.9	58.6	0.1	360.1	276.2	1.7	—	216015
内蒙古	1241.9	947.9	116.4	0.2	21.4	143.4	83.0	65051	—

资料来源：据《中国统计年鉴2001》（中国统计出版社，2002年）整理。

但从总体上看，西部地区的农业生产基础设施依然不足，农牧业生产仍未摆脱"雨养农业"、"靠天养畜"的被动局面，部分省（市）区粮食至今不能实现自给，生产体系抗御自然灾害的能力较差。原因在于西部地区对农业资源的开发利用水平不高，农业资源利用效率偏低。农业资源在空间上的组合与匹配较差，生产结构失调，资源开发利用过度，既有农业生产基础薄弱、积累率低、基础设施投入不足的问题，也有劳动力素质偏低，管理水平不高，市场竞争能力

较弱的限制。无疑这是多种自然和社会因素共同作用的结果。以粮食生产为例,1999年西部地区粮食播种面积占全国31.72%,但粮食总产量只占全国26.31%,粮食单产和人均拥有量均低于全国平均水平,除四川、宁夏、新疆、内蒙古外,其余均属纯粮食调入省(市)区。

分省区看,较为典型的有:新疆是农业大区,但许多优势农产品如粮食、棉花、特色瓜果因生产成本和运输成本过高而市场竞争力差,而且农业灌溉水资源浪费惊人;宁夏虽然是西北地区重要的粮食生产省区,但粮食生产的单位水资源消耗量也过高,扩大耕地面积会使水资源进一步短缺,水土流失加剧;贵州、云南等喀斯特发育地区在乡村人口过度增长的压力下,烧荒垦殖使耕地坡度越来越陡,引发严重的水土流失问题等。这些均是农业生产领域资源开发效率低下和失当所致。

2. 工业对能矿资源开发的依赖度高

能矿资源开发属工业生产领域的上游产业,按轻重工业划分,主要包括重工业中的采掘业、原材料加工业和轻工业中以农副产品为原料的加工业;按行业划分主要表现为煤炭采选业、石油天然气开采业、黑色金属矿采选业、有色金属矿采选业、非金属矿采选业、木材及竹材采运业等,以及与之紧密相关的制糖业、烟草加工业、石油加工及炼焦业、化学原料及制品加工业、黑色金属冶炼及压延加工业、有色金属冶炼及压延加工业、非金属矿物制品业等。上述这些工业类产业在西部各省(市)区工业行业结构中依然占据重要地位。如1997年全国以农副产品为原料的加工业占轻工业产值的65.3%,而西部地区高达73.1%;重工业中,采掘工业、原料工业和加工工业构成比全国为12.0:38.4:49.6,西部地区为17.7:40.0:42.3,加工工业比重比全国低7.3个百分点。陕西、宁夏、新疆、贵州、云南等分别是全国重要的石油、天然气、煤炭、水电输出省区,甘肃、青海、四川、贵州、云南是全国重要的有色金属、非金属类工业产品输出省区。西部地区许多典型的新兴工业城市如武威、金昌、酒泉、格尔木、攀枝花等,均是因矿而兴的典型的资源型城市。资源型城市转型是当前这些城市可持续发展面临的首要问题。由于西部地区在能矿资源赋存方面所具有的优势地位和开发潜力,目前,在国家致力推进和实施的西部大开发战略的许多工业类重大项目中,大多属于以西部优势能矿资源为对象的采选业或原材料加工业,如"西气东输"、"西电东送"、"南水北调"等世纪大工程。2000年在西部开工的十大工程中,除交通运输、教育类基础设施项目外,其余全部为资源开发工程。一方面,反映了西部地区的资源优势,尤其是能矿资源优势所在;另一方面,也反映了西部地区能矿资源开采加工业在区域经济发展和其产业结构中的重要地位。此外,也反映出西部各省区对能矿资源开发利用依赖度高,产业高度较低,经济总体发展水平滞后的现实。

二、西部地区资源开发利用存在的主要问题

1. 资源的赋存环境与时空组合不利于资源开发利用

西部地区虽然地域广袤,资源丰富,开发潜力大,但资源赋存的自然环境与时空组合相对较差。这一基本自然格局导致西部地区的许多地方不利于资源的有效开发利用。如受地形地貌、温度、降水等自然因素影响,西北"地多水少",水资源严重短缺制约着土地资源的高效开发利用;西南"地少水多",山高坡陡致使耕地资源的开发利用接近极限;西部草地面积虽大,但单位面积载畜量不

高;西北地区的秦岭山地、贺兰山山地、祁连山山麓、天山山麓和阿尔泰山山麓等地虽有较大面积的森林分布,但这些地域的生态环境与森林植被的分布密切相关,无法大规模开发利用;西南的横断山区虽为我国第二大森林资源集中分布区,但因海拔高,位置偏远,山高谷深,生态维护功能强,但生态环境十分脆弱,使得森林资源的开发利用严重受限,森林植被的恢复期也较长。

2. 不同区域资源开发过度,问题严重

【资源开发相对滞后,但重点地区已近极限】西部地区人类活动历史久远,故资源开发历史较长。在华夏文明的历史进程中,西部地区曾经有过辉煌,但自公元10世纪以后,王朝的更替和纷繁的战乱极大地破坏了西部地区已有的生产力发展基础(主要表现在关中地区)。进入工业化以后,世界经济从陆地农业经济向海洋工商业经济发展,西部地区既有的农业文明进程受到诸多方面的冲击和影响,资源开发利用水平的进步和提高逐步放慢,加之区域本身的生态环境较为脆弱,人口增长过快,使得西部地区的资源开发利用总体水平相对滞后。西部较适合人类生存聚居的较大区域如关中地区、四川盆地等,大多为人口过度密集的区域,这些区域的农业资源及其环境利用已接近极限。

【土地资源开发加快,引发的生态环境问题凸现】进入20世纪末期,西部地区的资源开发利用过度及其引发的生态环境问题已经相当突出,但在不同的区域,所表现和反映出的形式有所不同。在黄土高原,因植被的大规模人为破坏,水土流失进一步加剧,已经影响到当地居民的基本生存;在西北干旱地区,过大的土地开垦与不合理的水资源利用,使水资源短缺问题更加突出,原有脆弱的生态系统进一步呈现恶化趋势,尤其是区域的荒漠化规模扩大;在青藏高原,畜牧业发展的无序表现为畜群结构不合理,草场过载过牧最为突出,虫鼠害加重,加剧了高原草场生态系统的恶化,自然条件及环境较好的高原东北部边缘甘南藏族自治州90%草场出现不同程度的退化;在云贵高原与青藏高原东南部的横断山区,开垦超过30度的陡坡耕地占其全部耕地的10%~25%;对森林资源进行大面积的砍伐,且重采轻育,大大加剧了长江、澜沧江、怒江等流域的水土流失规模和这些江河的泥沙含量。另据不完全统计,西部十省区耕地面积仅占全国的28.43%,但不宜农耕地面积却占全国的40%以上。

【干旱绿洲水资源开发过度,浪费严重,土壤盐渍化问题突出】西北内陆干旱绿洲水资源开发度较高。1997年,西北地区水资源供给总量775.01亿立方米,总用水量733.36亿立方米,分别占其水资源总量的34.68%和32.81%。其中,新疆自治区总供水量和总用水量分别占其水资源拥有量的51.23%和46.60%;甘肃河西走廊的水资源利用消耗率达到了64.1%,宁夏自治区河套得黄河之利,总供水量和总用水量分别占区域水资源拥有量的950%和948.8%,大大超过自身拥有的水资源总量。农业灌溉方式落后,亩均灌水量超过1000立方米。由此带来严重的土壤盐渍化。实现水资源的区域和产业之间的合理配置与有效利用,已经成为西北地区实现可持续发展的重大问题。

3. 资源开发不合理,生态环境趋于恶化

虽然现代社会经济发展相对滞后,但由于西部地区自然环境自身较差,生态系统更为脆弱,因此,目前因资源开发利用引发的生态环境恶化和生态系统失衡等问题较东、中部地区更为突出。因水资源总量的稀缺和较高的开发利用率,已经出现了比较严重的水资源短缺危机,除本身降水少、全球气候变化等因素作用外,很大程度上与人为的作用有关。如黄河自20世纪70年代以来断流频率越来越大;塔里木河自20世纪50年代以来下游断流里程已超过300公里,流域末端的台特马湖、罗布泊已经干涸;河西走廊的黑河流域、石羊河流域下游断流现象也表现得相当突出;干旱区的一些湖泊如青海湖、艾比湖等的湖水逐年减少,这些断流和水位下降现象与上、中游地区大规模无节制引水有较大关系,带来的直接后果就是土地荒漠化的加剧。水土流失也是长江流域的头号环境问题。全流域水土流失面积近74万平方公里,年土壤侵蚀总量22.4亿吨,每年因开发建设引发的水土流失面积达1200平方公里,整个长江流域上中游目前有近50万平方公里水土亟待治理。西南石灰岩地区如贵州毕节地区因陡坡开垦土地引发的裸岩和沙砾化土地面积每年以1333～2000公顷的速率递增,仅贵州省的石漠化面积已达5万平方公里。长江上游、黄河上中游流域严重的水土流失已经影响到各个流域的整体社会经济可持续发展。西北地区的荒漠化和由人类活动过度促发的频繁沙尘暴不但影响到区域自身的人类生存环境,还对我国中、东部地区产生了越来越大的负面影响。西南地区的重庆、贵阳等城市因能源消费结构与局部自然环境的综合作用,已经形成了较为严重的城市酸雨区。重庆等城市的工业水污染、生活污水无处理排放和污物倾倒已使嘉陵江、长江等河流水质日趋恶化。关中地区过量的地下水开采已经导致大面积的地面沉降和地裂缝。

4. 矿产资源开发难度大,成本甚高,技术可行性较差

西部地区虽然能源、矿产资源丰富,但许多矿产资源也存在着开发经济技术可行性较差的问题。西部地区6个矿产资源富集区,多属自然条件及环境和区位较差的区域,是我国生态环境敏感地区,资源开发利用难度大,开发成本高。如西北内陆的塔里木盆地油气富集区为典型的温带大陆性干旱气候,季节和昼夜气温变幅大,年均降水量20～70毫米,蒸发量2000～5000毫米,风沙、浮尘每年一般在30天以上,南部达90～110天;植被稀少,荒漠戈壁广布,生态脆弱,草地、绿洲面积仅占区域面积的16.8%。柴达木盆地地处青藏高原北部,盆地底部平均海拔2600～3000米,边缘地带平均海拔3350米,大陆性气候特征显著,自然条件及环境较塔里木盆地还差。鄂尔多斯盆地为能源富集区,是黄土高原主体以及森林向草原过渡地带,水土流失十分严重。

多数矿产资源富集地区位置偏远,因距离工业城市和主要消费市场较远,大大增加了运输里程和相关的成本。如柴达木盆地察尔汗的钾肥在东部市场上的价格超过从摩洛哥、加拿大等国进口的钾肥价格;横断山三江流域虽为我国重要的多金属成矿带区和水能资源富集区,但因地处西南边陲,距离消费地遥远,开发的经济效益低,加之地处高山峡谷,生态环境脆弱,一旦盲目开发,生态后果不堪设想。

西部地区许多矿产资源本身贫矿多、富矿少、组成类型与成分复杂,如果综合分离利用技术、工艺、设备、管理等达不到标准,就会导致开发不能全面回收或采收率低,利用困难;矿物埋藏深,需要大尺度的井下、地下开采,使开发的前期与运行费用偏高,尤以有色金属类矿产和油气资源为突出。

5. 资源管理制度极不合理

【企业、地方政府和当地居民不能实现利益共享】目前,西部地区也产生了与东中部地区相同、相似以及特有的资源、环境、利益分割等问题。导致问题产生的原因是多方面的,但资源制度落后、理念陈旧与西部各地不同程度的各自为政是其中的重要原因。在西部地区因资源制度引发的问题最突出,表现在环境和利益的分享方面。原因在于西部地区由国家或大规模国内外社会投资进行的资源开发区域多属生态环境十分脆弱、人口稀少或少数民族较为集中的区域,如晋陕蒙接壤地区、秦岭山地、云贵石灰岩地区、川滇藏接壤地区、柴达木盆地、塔里木盆地等。一方面,这些区域资源丰富但生态环境十分脆弱,另一方面,这些区域基本是老、少、边、穷的贫困地区,其经济增长与发展主要还依赖于当地资源开发和国家的转移支付,当地经济基础薄弱又无力进行自主开发利用。加之因资源权属关系,特别是能源、矿产资源权属关系和投资所有权利益主体等含糊不清,大规模资源开发利用之后的生态环境问题与利益分享问题就全面凸现出来。即使是在河西走廊、柴达木盆地这类资源新兴城市的区域,其原住地乡村居民也很难直接参与和分享大规模能矿资源开发所带来的成果,城乡差距相当突出。资源过度开发后,开发者带着财富,带着利益,满载而归,给当地政府和人民留下的是被破坏了的生态环境:耕地破坏,森林植被减少,草场退化,水土流失,荒漠化加剧等。

【科学合理的区域利益补偿政策需要尽快建立】从流域看,西部大江大河源头地区保护生态环境是国家利益的体现,真正受益的是中、下游地区。因此,国家需要制定科学的、切实可行的区域生态环境保护利益补偿政策,或者建立操作性强的制度,并通过各种有效途径和针对性措施,使上游地区的政府和人民合理分享生态环境保护带来的利益。忽视或忽略上游贫困地区人民的利益需求和发展的权利,任何行政手段都将事倍功半。

三、西部地区资源开发利用的主要对策

资源型产业在未来较长一段时期内仍将是西部地区经济增长和实现可持续发展的主要产业门类。因此,全面把握西部地区资源及其赋存环境的基本格局,确立资源开发利用的基本方针与对策,是西部地区资源持续开发利用和经济社会持续快速发展的关键所在。

1. 全面加强西部地区资源调查与规划工作

世纪之交,我国经济实力得到了全面提升,国家及大多数地方政府逐步能够投入更多的人、财、物力摸清现有的资源家底。但西部地区因经济实力较弱,在搞清自身资源状况的综合能力上相对较差,需要得到中央政府的有力支持和实质性帮助。

国土资源部在 2000 年开始了西部资源大调查,新一轮的西部地区国土资源规划和整治工作随后将全面展开,预计在 2005 年前后将取得实质性成果。但毕竟中央有关部门的工作还主要着重于面上和重点地区,各级地方政府需要依据国家统一的调查规范标准和规划原则,结合各个区域自身实际,进行本区域的资源状况调查和规划工作。西部地区亟待改变传统的等、靠、要的观念,要适应变化了的新形势,主动出击。只有这样,才能在西部大开发中赢得机遇。

搞清资源家底,进行资源利用的规划是一项极有战略意义的基础性工作。这就决定了只

能由各级政府相关部门代表政府进行组织、协调和操作;政府有关部门必须掌控第一手资料,也必须由政府承担起资源利用规划的责任。同时,需要大学相关专业、相关研究机构组织及专业人员的参与,而不属于个人、企业和社会行为。当然,各级地方政府也应以开放的姿态,积极呼吁和接收个人、企业和社会的人、财、物力支持,多渠道扩大与获得对该项工作的投入。

2. 加大西部地区能矿资源的勘探、开发与保护力度

西部地区可被开发利用的能矿资源状况还远未掌握,如全球石油和天然气探明率分别达到60%～70%,全国分别达到了20%和40%左右,但"东高西低",东部陆上石油探明率接近50%,天然气接近10%,西部仅有3%和2%左右。再如,横断山多金属成矿带的各类有色金属远景资源数量基本还是一个估算值,详查和精查工作仅处在初步阶段。青藏高原腹心地区的能源、盐湖等能矿资源赋存基本为未知数。因此,加强西部地区能矿资源、尤其是国家战略资源的油气资源勘探,应成为21世纪西部开发大战略实施中的一项任务。

加快西部地区的能矿资源开发利用无疑将构成西部地区未来一段时期经济发展的重要内容。仅仅从常规能源资源的开发利用分析,我国东、中部常规能源开发和生产地大多进入资源开发成熟期或衰竭期,东部主力油气田生产开始呈现下降趋势,石油的勘探开发将逐步转向中西部和海上,陆上天然气将主要依靠西部4大气区;煤炭的勘探和生产也将主要依靠晋陕蒙接壤区、川滇黔接壤区、新疆等中西部煤炭资源丰富区;水能资源开发东部已超过50%,中部也将超过这一比例,而西部的潜力,尤其是西南地区的潜力还远远未发挥。此外,西部地区还是太阳能、风能、地热能等新能源富集区,如新疆的风能资源可开发量达2400亿千瓦小时/年,青海可达520亿千瓦小时/年。在21世纪西部大开发战略的实施中,西部地区优势能源资源的开发应成为西部基础设施建设和基础设施产业发展的重要组成部分。

在加强西部地区能矿资源勘探,加大开发利用强度的同时,也需要高度重视能矿资源的保护工作。西部地区能矿资源的开发利用必须在全面系统规划的基础上,有时序、有重点、有步骤地进行,而不是全面"开花",要结合现实和可能的技术经济条件,并在开发利用的同时注重对能矿资源的保护,一是对重点开发利用地区的保护,二是对基本未开发利用地区的保护。如在国家有关部门业已确定的6个资源富集区中,近中期应将塔里木油气富集区、柴达木矿产资源富集区、鄂尔多斯能源富集区、陕甘川接壤地带有色和贵金属富集区4个地区作为重点开发利用区域,而西南三江有色金属富集区、阿尔泰有色金属富集区2个能矿资源富集区的开发利用时序安排上则要相对滞后。在重点地区开发利用能矿资源的同时,要注重对非能矿资源与所在区域生态环境的保护,要在开发利用上对能矿资源,尤其是对油气类战略性资源要把握好开发的规模和尽可能延长开发的时序;在基本未开发利用地区要尽可能采用各种措施和手段,避免能矿资源的无序开发、无偿开发、乱采滥挖和所在区域生态环境恶化。

3. 控制土地利用扩张,实行计划生育与加快城镇建设相结合

【西部地区必须珍惜每一寸土地,尤其是有效生存空间的土地和耕地资源】西部农业人口与乡村人口所占比重较大,少数民族人口比重高,偏远乡村人口生育控制又相对较差,已成为土地开垦和利用面积不断扩张的重要原因;一些地方为争取国家资金,片面认为开发就是开荒。在黄土高原和西北干旱地区,受水资源总量供给的限制,最新增加的耕地基本属于质量和等级较差的耕地;在西南山地,受地形地貌的限制作用,新开垦的耕地不但多属于坡耕地,极易引发新的水土流失,还会在春、伏旱面临缺水的问题;在青藏高原和西部其他主要放牧畜牧业地区,大多已出现了草场过载与退化的问题。

特别要提及的是在西北的内陆河流域地区和整个内陆干旱区,有效土地面积的扩张是以水资源的供给为基本前提的,但目前水资源的利用率已达50%以上,水资源的总量供给扩张潜力已近极限,上中游地区引水灌溉增加必然导致下游水源的减少,塔里木河流域、黑河流域等下游水资源短缺和流域生态环境的恶化,乃典型案例。应该承认,自20世纪中叶以来,西北内陆干旱区的绿洲经济有了较大的发展,仅新疆自治区人工绿洲面积就从50年代的1万多平方公里扩大到7万平方公里左右,如果要使塔里木、黑河等流域下游生态环境得到改善,就必须从流域的上、中、下游合理配置着手,并限制绿洲面积的继续扩张,并需要大力发展节水型农耕业,节余出水资源以供将来发展所需,特别是供绿洲的非农产业和城镇发展所需。

【西部地区的城镇化发展尤为重要】世纪之交,国家开始致力于西部大开发战略的推进和实施,将生态环境的建设作为其中的重要内容,开始了大规模的还林还草工程建设,并对退出耕地的农民予以适当的补偿,但从发展观点看,这并非长远之计,最根本的对策是要减少这些生态环境敏感区域的人口。西部地区要走向现代化,不仅要立足于乡村经济的发展,更要高度重视城镇经济的发展和人口的城镇化,要逐步将大量聚集在土地上的人口转向城镇,以减轻乡村人口过大对土地和生态环境产生的压力。即使是在青藏高原这样面积广大、人口总量小的地区,也要着手推进乡村人口的城镇化,在策略上要采用梯次转移的方式,即现有城镇郊区的农业人口逐步向城镇转移,农区和农牧交错地区的人口向城镇郊区和农区转移,放牧区人口逐步向半农半牧区转移,这样才能不断扩大高原自然保护区的范围和面积,使脆弱的高原生态环境得以维护和延续。

【西部地区必须加强人口控制,计划生育政策应该包括民族地区】城镇化是缓解人类对资源环境破坏的有效方式,但是,对于生态环境极其脆弱的西部地区来说,严格控制人口更为重要。长期以来,我国的计划生育政策在农村总是难以很好实施,对于偏远的西部地区就更是难以控制。在近20年间,西部人口的增长速度一直居高不下,远远超过全国平均增长速度。尽管从1995年以后,西部的四川、陕西两省人口自然增长率低于全国平均增长率,但西部其他各省的自然增长率却一直高于全国平均速度且十分稳定。更糟的是,计划生育政策并不包括民族自治地区,其结果导致了"越穷越生、越生越穷"的恶性循环。今后,西部边远地区、民族地区的计划生育工作必须严格实施,这是解决西部地区一切资源环境问题的根本。

4. 积极推进资源开发利用与环境保护利益共享的机制建设

资源开发利用利益的分享需要通过资源性产业发展来体现,资源性产业作为西部地区现实和未来发展的重要产业门类,其发展的可持续性必然要涉及到资源性产业的利益分享问题。鉴于我国目前已逐步从计划经济运行机制转向市场经济运行机制,资源性产业的发展与利益分享也必然要从国家分配为主转向在政府的宏观调控下以市场分配为主。资源性产业利益的分享在理论上可表述为"富国、富区、富民、富商"四者的分享,实际涉及到政府、个人、企业和投资者。其中政府对利益的分享主要通过税收和规费来表现(今后的改革方向要全部以税收表现,中央和地方的利益分享主要通过分税制和财政转移支付来实现),个人的利益分享主要通过劳动报酬和补偿来实现,企业和投资人主要通过税后利润和分红来实现。其中,无论是国家还是地方政府,在参与资源性产业利益分享的同时,要特别注意通过法律、法规和政策调整劳动者和投资者之间的增加值比重和收益分配比例。

相对而言,在现代产业链体系中,资源性产业作为上游产业,其增加值与收益较中下游产业小,而西部地区因区位相对偏远,其资源性产业产品大多距离消费地相对较远,运费成本的增加往往导致西部地区资源开发利用收益减少,从而使西部地区资源性产业在全国、全球市场竞争中多处在不利的地位。因此,从维护和保障西部地区资源性产业发展和西部地区利益出发,国家有必要对西部地区的资源性产业采取相对优惠的税收减让政策,使西部地区的地方政府、个人和投资者获得更多的收益;并通过中央财政转移支付,帮助西部地区在资源性产业的发展方面,特别是基础设施建设、贫困落后地区的扶贫开发、生态环境维护与改善等方面,给予更多的支持和帮助。

由于西部地区大多数区域,尤其是重点能矿资源富集区和我国大江、大河上游地区的生态环境较为脆弱,资源性产业的发展也往往要受到生态环境承受力的限制,生态环境能力建设的任务十分繁重,而生态环境维护及能力建设所取得的绩效不仅有利于当地生存环境的改善,更有利于东、中部地区和大江、大河流域中下游地区的可持续发展。换句话讲,东、中部地区和流域中下游地区生态环境维护和改善与西部地区有着直接关系,这就产生了一个因生态环境问题引发的区际外部性问题。要降低西部地区的这种区际外部性,就需要西部地区构筑与形成一个资源开发与环境保护并重格局,除了加大中央转移支付力度外,也需要东、中部发达地区和流域中下游地区拿出一定的人、财、物力,参与西部地区的资源开发利用与生态环境建设,共同提高西部地区资源性产业的可持续发展能力,减少西部地区生态环境建设的区际外部性。

5. 调整资源权属,实行两权分离,促进西部地区资源市场发育

从理论上讲,由于宪法与相关资源法律、法规的确立,西部地区的资源权属关系应当是明确的,但在实际运作与管理中,我国的资源管理采用分级管理模式。因西部地区社会经济发展总体水平的滞后性,资源权属关系又是模糊的,往往表现在资源开发利用的批准权限上,所有权得不到充分的体现,这种状况不但在西部地区较为普遍,在东、中部地区也频繁发生。

鉴于这种格局和实际状况,国家有必要不仅针对西部地区,而且在国家层面全面修改相关法律、法规,甚至修改宪法有关资源权属的内容,依据我国作为社会主义及共和国国家的基本性质,明确将资源权属划分为资源所有权与资源使用权,明确我国所有资源均为国有资源(包括乡村土地资源),并依据我国社会主义市场经济机制的特性,逐步而全面地赋予资源价值,使资源全部成为国有资产。在此基础上,通过《资源法》基本法的制定,赋予各级地方政府不同类型、不同规模和等级的资源使用权及其流转的批准权限,从而为资源的流转和资源市场化确定了明确的权属与法律地位。

市场经济是法制经济,资源的开发与流转首先需要通过对资源权属的鉴定,确认资源交换和流转的主体,并同时强化资源开发和资源、生态环境保护的法制化建设,不仅要逐步完善各个资源法律、法规,使之相互配套,还应得以贯彻实施,才能促进和保证资源市场的建设与健康发展。这样,也才能在基本权属上和制度化建设上对西部地区资源开发利用与保护予以保障,促进西部地区资源市场发育,使资源性产业持续、快速地发展。同时,西部资源开发必须与市场经济结合。要扭转"有水快流,无水断流"的开发方式,根据市场需求,做到有重点、分层次地开发利用,并考虑资源开发的生态环境效应,做到生态与经济效益的合理兼顾。

参考文献

[1]国家统计局:《中国统计年鉴2000》,中国统计出版社,2001年。
[2]陕西统计局:《陕西统计年鉴2000》,中国统计出版社,2001年。
[3]甘肃统计局:《甘肃统计年鉴2000》,中国统计出版社,2001年。
[4]青海统计局:《青海统计年鉴2000》,中国统计出版社,2001年。
[5]宁夏统计局:《宁夏统计年鉴2000》,中国统计出版社,2001年。
[6]新疆统计局:《新疆统计年鉴2000》,中国统计出版社,2001年。
[7]内蒙古统计局:《内蒙古统计年鉴2000》,中国统计出版社,2001年。
[8]刘育成主编:"中国土地资源调查数据集2000",全国土地资源调查办公室(内部资料)。
[9]郑度主编:《西部地区21世纪区域可持续发展》,湖北科学技术出版社,2000年。
[10]姚建华主编:《西部资源潜力与可持续发展》,湖北科学技术出版社,2000年。
[11]西部开发课题组:《中国西部大开发指南(上、中、下)》,吉林文史出版社,2000年。
[12]李元、鹿心社主编:《国土资源与经济布局——国土资源开发利用50年》,地质出版社,1999年。
[13]农业部畜牧兽医司、全国畜牧兽医总站主编:《中国草地资源》,科学技术出版社,1996年。
[14]赵公卿主编:《中国西部概览——重庆》,民族出版社,2000年。
[15]任杰主编:《中国西部概览——四川》,民族出版社,2000年。
[16]谢蕴秋主编:《中国西部概览——云南》,民族出版社,2000年。
[17]龙超云主编:《中国西部概览——贵州》,民族山版社,2000年。
[18]安七一主编:《中国西部概览——西藏》,民族出版社,2000年。
[19]张宝通、裴成荣主编:《中国西部概览——陕西》,民族出版社,2000年。
[20]周述实主编:《中国西部概览——甘肃》,民族出版社,2000年。
[21]马汉文主编:《中国西部概览——宁夏》,民族出版社,2000年。
[22]胡永科主编:《中国西部概览——青海》,民族出版社,2000年。
[23]金云辉主编:《中国西部概览——新疆》,民族出版社,2000年。
[24]肖永孜主编:《中国西部概览——广西》,民族出版社,2000年。
[25]云布龙主编:《中国西部概览——内蒙古》,民族出版社,2000年。
[26]世界资源研究所、联合国环境规划署等编,国家环保局国际环保司译:《世界资源报告(1998~1999)》,中国环境科学出版社,1999年。
[27]任美锷、包浩生主编:《中国自然区域及开发整治》,科学出版社,1992年。

[28] 耿树方:"评论:西部少水但不缺水",《光明日报》,2000年5月15日。

[29] 国务院发展研究中心、中国企业评价协会、国家统计局综合司编:《西部大开发指南——统计信息专辑》,中国社会出版社,2000年。

[30] 顾家翰、张新泰主编:《中国西部大开发——领导专家论述新疆大开发》,新疆科技卫生出版社,2000年。

[31] 中华人民共和国国土资源部:《中国矿产资源报告(97~98)》,地质出版社,1999年。

[32] 中国科学院可持续发展研究组:《1999中国可持续发展报告》,科学出版社,1999年。

[33] 吴传钧主编:《中国经济地理(中国人文地理丛书)》,科学出版社,1998年。

[34] 宋瑞祥主编:《中国矿产资源报告'96》,地质出版社,1997年。

[35] 《中国森林》编辑委员会:《中国森林》,中国林业出版社,1997年。

[36] 李文华、李飞主编:《中国自然资源丛书——中国森林资源研究》,中国林业出版社,1996年。

[37] 农业部畜牧兽医司、全国畜牧兽医总站主编:《中国草地资源》,科学技术出版社,1996年。

[38] 中国科学技术协会学会工作部编:《中国西部地区经济发展战略研究——我国西部地区经济发展战略研讨会论文集》,测绘出版社,1996年。

[39] 施雅风主编:《气候变化对西北华北水资源的影响》,山东科学技术出版社,1995年。

[40] 孙颔等主编:《中国农业自然资源与区域发展》,江苏科学技术出版社,1994年。

[41] 任美锷、包浩生主编:《中国自然区域及开发整治》,科学出版社,1992年。

[42] 《中国1:100万土地资源图》编图委员会:《土地资源数据集》,中国人民大学出版社,1991年。

[43] 安芷生、吴锡浩等:"最近2万年中国古环境变迁的初步研究",载刘东生主编:《黄土第四纪地质全球变化(第二集)》,科学出版社,1990年。

[44] 程鸿主编:《中国自然资源手册》,科学出版社,1990年。

第八章 利用国外资源的战略与措施

资源分布在国家和区域间不均衡是普遍现象,因而利用国外资源弥补自身资源不足,就成为必然的选择,尤其是在资源开发和经济日益全球化的今天更是如此。中国在改革开放以前,一方面长期受计划经济的影响和发达资本主义国家的封锁,资源进口受到限制,另一方面不仅对资源贸易在经济发展中的积极作用认识不足,反而认为依赖国外资源不利于国家的安全,上述两方面的原因造成利用国外资源战略难以实施。随着经济发展对资源需求的不断增加,中国资源对经济发展的保证程度越来越低,尤其是石油、天然气、铁矿石、铜矿石、铬铁矿、锰矿等在经济中重要而大宗的矿种,供需形势十分严峻,大量进口难以避免,中国必须面对大量利用国外资源所带来的一系列问题。本章主要讨论世界主要大国资源战略的趋向及其对中国利用国外资源的影响,中国利用国外资源的政治、经济、军事形势的现状和未来走势,中国利用国外资源应采取的战略与对策等几个方面的问题。

第一节 实施开放式资源战略是新世纪的必然选择

一、资源特点决定了中国必须利用国外资源

中国有960万平方公里陆地和472.2万平方公里海域,陆地面积仅次于俄罗斯和加拿大,居世界第三位。许多人用地大物博、资源丰富来概括中国的资源特征,从总体上看,这个判断不错。但与中国庞大的人口数量和经济发展对资源的巨大需求量相比较,中国资源短缺形势严峻,只有通过利用国外资源,才能解决经济发展和资源短缺的矛盾。

1. 相对于人口增长和经济发展的需求,资源供给明显不足

中国人口目前已超过12亿,按人口平均的主要资源大都低于世界人均资源占有量(表8-1)。即使是人均占有量较高的可开发水能资源也只有世界人均量的76.6%。森林和草地面积、森林的蓄积量只有世界人均的15.5%和12.2%。

中国目前正处于工业化的成长期,人口的膨胀,经济的高速增长,对农产品、矿产品的需求量迅速上升。经济发展与资源供应相对不足的矛盾较为突出,许多重要资源在未来难以满足经济发展的需要(表6-1)。因此,与持续增加的人口和高速发展的经济相联系,中国许多资源数量不足,供需紧缺。

表 8-1　中国主要资源人均占有量与主要国家的比较

	世界平均	中国	加拿大	美国	巴西	澳大利亚	印度	中国占世界平均数的百分比(%)
土地总面积(公顷)	2.77	0.91	39.31	3.92	6.28	48.99	0.43	32.9
耕地和园地面积(公顷)	0.31	0.10	1.84	0.8	0.56	3.10	0.22	32.3
永久草地面积(公顷)	0.66	0.27	1.22	1.01	1.22	27.95	0.02	40.9
森林和草地面积(公顷)	0.84	0.13	12.85	1.11	4.15	6.76	0.09	15.5
森林蓄积量(立方米)	69.65	8.51	1061.5	109.1	485.5	79.03	13.18	12.2
河川径流量(万立方米)	0.97	0.25	12.30	1.24	3.83	2.22	0.23	25.7
可开发水能量(千瓦)	0.47	0.36	3.72	0.78	0.67	—	0.09	76.6
矿产储量总值(万美元)	1.77	1.04	12.58	5.67	1.90	17.57	—	58.8

资料来源：参考文献[1]。

2. 地域辽阔、资源分布不均，加上运输能力有限，进一步加大了资源供需矛盾

资源分布不平衡是客观规律。对于国土面积较小的国家来说，这种分布上的不均衡对经济的影响相对较小。中国煤炭北方多南方少，水能分布西部多东部少，水资源南方多北方少，磷矿石南方多北方少，钾盐西部多东部少，等等，资源分布与资源加工地和消费地的分离，以及资源在空间组合上的不匹配，与中国巨大的国土面积相联系，形成了资源空间组合上的劣势，导致煤炭、石油、粮食、木材、化肥、矿石等大宗资源型产品的长距离运输。而受运输能力影响，不仅资源开发规模受到限制，而且开发出来的资源及其产品也难以运到生产和消费地，进一步加剧了资源供需矛盾。

3. 低品质资源类型多，利用难度大，开采成本高，缺乏竞争力

中国低劣质量资源占有较大比重。在我国的土地总面积中，沙漠占7.4%，戈壁占5.9%，石山占4.8%，寒漠占1.6%，冰川和永久积雪占0.5%，即有约20%的土地难以利用。此外还有占耕地面积36%的涝洼地、盐碱地、水土流失地、红壤低产地和次生潜育性水稻土。就矿产资源而言，除煤、钨、稀土矿质量较好外，多数矿种贫矿多，富矿少，综合矿多，单一矿少；零星矿多，整装矿少。如铁矿石品位在50%以下的矿石占95%，富矿不到5%，远远低于主要铁矿石生产国富矿所占的比重。许多矿采选难度大，如磷矿和锰矿。此外，在国民经济中具有重要地位的关键矿种，铝、铜、钾、锰、石油及天然气等矿种质量不高，开发利用技术难度大，开采成本高，产品缺乏市场竞争力。

4. 资源优劣势与资源重要性的错位明显，导致大宗资源进口量巨大

主要优势资源用量不大，对经济发展的影响小，而对经济影响大的大宗矿产资源不足。中国优势资源要么是对经济发展影响较小、使用量不大的战略性资源，要么是对经济影响较小的大宗资源，中国缺少对经济影响大的大宗资源。就当今世界来说，石油是最重要的战略性资源，中国储量有限，开采成本也较高。铁矿石、铜矿石、铝土矿等虽算不上战略性资源，但使用量巨大。中国的主要优势资源，如稀土、锑、钨等，虽然是战略性资源，但毕竟用量有限。其他储量较大的资源,如煤炭,虽然也是中国的优势资源和重要能源,但其作用远不如石油,特别是近年来受世界范围内减少温室气体排放的影响,不仅大量出口受到限制,甚至国内的大量消费也受到影响。这种错位,造成了中国大量进口石油、富铁矿、铜矿、锰矿等大宗矿产资源。

二、利用国外资源是深化改革、扩大开放的必然选择

1. 资源分布的地域性和开发利用成本的差异性:资源国际流动的基础

市场经济要求资源合理配置,不仅在国内,也包括充分利用国外资源以优化资源的配置。由于一个国家的自然资源是由该国的自然禀赋所决定,而现代经济的发展,对资源的需求量越来越大,品种也越来越多,任何一个国家都不可能完全靠自身的资源来发展经济。而且由于经济技术条件和资源赋存条件的不同,不同国家生产同种资源的成本也存在很大的差别,因而每个国家都应充分利用国际分工,提高经济效益,为满足和加快本国经济发展提供资源保障。这既是资源分布地域性的体现,也是世界经济一体化、资源开发全球化的必然趋势。

2. 中国资源潜力有限,未来短缺资源只有面向世界才能解决

中国目前正处在加速实现工业化的阶段,从经济发展的不同阶段与资源消耗的关系来看,这一时期资源的需求量最大。从前面我国资源对经济建设保证程度的分析来看,要保持社会经济的持续发展,我国面临的资源形势十分严峻,而从我国目前的资源潜力来看,仅靠国内的资源显然已不能完全满足需要,要解决我国短缺资源的战略接替问题,就必须面向全球,通过从资源丰富的国家和地区进口或合作开发资源,甚至到国外建立自己的原料基地,才能满足经济发展对资源的需求。

3. 适应提高环境质量的要求,中国需要从国外进口优质资源

我国资源消费的一个突出特点就是低品位、低质量、高污染的资源消费量大。表现最突出的就是能源消费结构中煤炭的比例高,大量消费煤炭,不仅造成环境的严重污染,而且二氧化碳的排放、跨界转移和它所引起的全球环境变化,已成为全球瞩目的问题。要改善能源消费结构,就要增加污染相对较小的石油、天然气的消费比重。而据国内有关部门的预测,我国石油和天然气的国内产量与需求量相比,都有巨大的差距(表8-2),未来的巨大缺口,只有从国外进口来解决。

表8-2 我国石油、天然气中长期供需预测

	供需状况	2010年	2020年	2050年
石油 (亿吨)	国内需求量 国内生产量 供需缺口	3.0 1.7 1.3	4.0 1.8 2.2	5.0 1.0 4.0
天然气 (亿立方米)	国内需求量 国内生产量 供需缺口	1000 700 300	2000 1000 1000	3000 2000 1000

资料来源:参考文献[2]。

此外,我国的许多矿产以贫矿和难选矿为主,开采和冶炼过程中能源消耗大,产生的尾矿多,这也需要通过国际资源市场进行调剂。通过适当进口部分高品质资源,以减少废弃物的排

放。这不仅有利于中国的环境保护,也可以减少污染物的跨境转移,同样有助于全球环境保护。

4. 加入 WTO 后,资源市场对外开放势所必然

中国不仅要开放商品和服务市场,也要进一步对外开放资源市场,这是加入 WTO 的需要。随着中国进一步对外开放,特别是加入世界贸易组织以后,中国在对外开放的深度和广度上都将有新的突破,不仅要全面开放工业制成品市场,也要开放服务贸易市场和农产品、矿产品等资源勘探、开发和初级产品市场,允许国外公司进行资源勘探、开发,也允许国外的资源及其产品大量进入中国市场。随着对外开放的深入,不仅是短缺资源要利用国外资源,就是数量相对丰富的资源,也要面临国外同类产品的竞争。中国对外开放农产品、工业制成品、服务市场是对外开放,对外开放粮食、能源和矿产资源等初级产品市场也是对外开放。不要认为利用国际分工带来的效益,就是中国对世界的威胁。要大胆利用国外资源,这是市场经济的一般规律,是对外开放的必然结果。

5. 缓解资源分布与经济重心错位所造成的国内资源产品长距离运输的压力

中国资源分布上的区域性,再加上南北和东西之间的距离遥远,使得国内资源运输问题突出。与其国内长距离运输,还不如通过更便宜的海上运输方式,进口部分资源及其产品,解决部分沿海地区和沿长江地区对煤炭、木材、石油、液化天然气、粮食、铁矿石、磷矿石等的需求。这也是改革开放以后,特别是 20 世纪 90 年代以后,资源进口量快速增长的主要原因之一。

第二节　世界资源贸易基本格局

一、世界资源和资源性产品贸易的基本特征

1. 资源及资源性产品贸易在世界贸易中的地位下降,发达国家仍然占据主导地位

【资源性产品在国际贸易中的地位下降】初级产品贸易曾经是世界贸易的主体。第二次世界大战之前,初级产品贸易在世界贸易中的地位高于制成品。如 1938 年初级产品在贸易构成中的比重为 59.2%,高于工业制成品 40.8% 的比重[3]。随着战后世界经济的发展,许多国家都提高了出口产品的加工深度,使得资源与资源性产品的贸易在世界贸易中的地位显著下降。1965~1996 年,初级产品出口比重从 41% 降为 22%,进口比重则由 46% 下降到 25%[3]。

【发达国家为资源净进口地区】从资源贸易的主体来说,依然是发达国家占据主导地位。以北美、日本、西欧为主的高收入国家占世界资源型产品进出口贸易额的 2/3,中低收入国家只占 1/3。从资源型产品进、出口净值来看,中低收入国家依然是世界资源贸易的净出口地区,而高收入国家依然是净进口地区。

2. 发达国家在世界粮食出口贸易中居垄断地位,发展中国家在经济作物出口方面居主导地位

【发达国家控制粮食出口市场】世界粮食的出口主要由发达国家把持。近几年来,美国、加拿大、澳大利亚、法国等国控制了世界粮食出口量的80%左右[3]。小麦贸易为世界粮食贸易主体,主要出口国是美国、加拿大、澳大利亚、阿根廷和欧盟。1997年世界小麦的出口量为1.15亿吨,而上述国家和组织的出口量为1.04亿吨,占总出口量的90.4%。主要进口国是中国、东欧、独联体和北非等。从世界粮食进口方面看,发展中国家作为一个整体,已由粮食出口沦为净进口。随着今后发展中国家的经济情况好转,对粮食有效需求的增加,进口量还会有所增大。而增加潜力最大的可能是南部非洲国家。北非国家由于经济发展水平相对较高,已成为世界主要粮食进口地区,1997年进口小麦1700万吨[4]。

【发展中国家主要以出口经济作物为主】经济作物是发展中国家农产品出口的主体。可可、咖啡、茶叶、蔗糖、棕油、剑麻、香蕉、花生、天然橡胶等为主要出口产品,主要出口到北美、欧洲和日本等发达国家市场。南美和非洲是咖啡和可可的主产区和主要出口区;茶叶主要是亚洲的三大出口国中国、印度和斯里兰卡垄断世界出口市场;拉美则是世界原糖的主要出口地区。

3. 矿物燃料贸易在矿产品贸易中居主导地位

【石油是矿产品贸易中最重要的产品】由于世界石油储量分布高度集中,加上石油在世界政治、经济中的特殊地位,使得石油成为世界资源贸易中地位最为重要的产品。1996年原油贸易量为14.5亿吨,占原油产量的43.1%,油品贸易量为4.3亿吨[3]。1996年世界石油贸易额占世界能源贸易额的83%,占世界资源贸易的35%。石油出口地区主要是中东、北非及非洲西海岸、南美洲北部海岸地区以及独联体国家。主要进口国是美国、东亚、欧洲等。

【天然气贸易增长迅速】随着天然气长距离管道运输成本的下降以及液化天然气(LNG)加工与运输技术的进步,世界天然气贸易量增长迅速(表8-3)。1999年世界天然气的贸易量达5771亿立方米,其中,管道输气的贸易量为4529亿立方米,占总贸易量的78.5%,LNG贸易量为1242亿立方米,占21.5%[5]。美国仍然是世界最大的天然气进口国,1999年进口量1008亿立方米,其中947亿立方米来自加拿大。其他天然气进口大国1999年的进口量分别是德国(732亿立方米)、日本(693亿立方米)、意大利(453亿立方米)、法国(411亿立方米)、韩国(175亿立方米)和比利时(159亿立方米)。

表8-3 1998年世界天然气贸易　　　　　　　　　　(单位:亿立方米)

天然气出口			天然气进口		
出口国	出口量	出口地	进口国	进口量	来源地
前苏联	1218	东、西欧	美国	900	加拿大、阿尔及利亚、阿联酋
加拿大	878	美国	德国	736	前苏联、荷兰、挪威
阿尔及利亚	524	欧洲	日本	660	印尼、马来西亚
挪威	425	欧洲	意大利	425	阿尔及利亚、前苏联、荷兰
荷兰	365	欧洲	法国	357	俄罗斯、挪威、荷兰、阿尔及利亚
印度尼西亚	360	亚洲	韩国	143	印尼、马来西亚、文莱

资料来源:参考文献[6～7]。

【煤炭出口比重明显低于油气,动力煤增长高于炼焦煤】世界煤炭主要以内销为主,所以煤炭贸易量占产量的比重明显低于石油和天然气,1996年的比例为12.9%,石油高达57.7%,

天然气为19.0%[8]。澳大利亚、美国、南非、印尼、加拿大、中国、波兰、俄罗斯、哥伦比亚等国是煤炭主要出口国；主要进口地区是欧洲和东亚。煤炭贸易增长主要是动力煤，1980～1996年从1.13亿吨，增加到2.89亿吨，增长了1.56倍，炼焦煤贸易量从1.36亿吨，增加到1.90亿吨，增长39.8%[8]。

4. 在非燃料矿物原料上，发达国家对发展中国家的依赖正在逐步减少，作为以矿产品出口为主的发展中国家面临挑战

【发达国家基于国家安全方面的考虑，对发展中国家资源产品的依赖程度降低】第二次世界大战以后，发展中国家非燃料矿产资源的生产发展很快。由于加工能力有限，主要出口到发达国家，矿产品贸易是南北资源贸易的重要方面。如非洲的铜、金、金刚石、铝土矿、磷酸盐、铌、钴等矿产资源出口的对象主要是英、法等前宗主国和北美、日本等发达国家。拉美的矿产资源也主要出口到美国、日本和欧洲等发达国家。随着世界经济和贸易形势的变化，特别是第一次石油危机的影响，发达国家基于国家安全以及减轻国际初级产品贸易摩擦对国内经济的冲击等方面考虑，从20世纪70年代开始，矿业投资（不包括采油业）的85%转向发达国家，其中80%的资金流向四个西方认为安全的国家——美国、加拿大、澳大利亚和南非。发达国家的资源来源正在逐步摆脱对发展中国家的依赖，世界矿产品市场正在由过去的北方对南方的过度依赖，逐步转向北方与北方之间的相互依存（表8-4）。

表8-4 不同国家类型间工业原料贸易额　　　　（单位：百万美元）

出口	进口			
	OECD	发展中国家	过渡国家	合计
OECD	98837	22808	2193	123839
发展中国家	34267	17369	1525	53162
过渡国家	5561	1257	1741	8560
合计	138665	41436	5459	185560

注：过渡国家指前苏联和东欧国家。
资料来源：参考文献[9]。

【有色金属贸易主要在发达国家和地区之间进行】世界有色金属贸易主要在发达国家之间进行。1996年世界有色金属总进口量为2014.57万吨，主要进口国和地区是美国、日本、德国、中国台湾、韩国、英国、意大利、法国、比利时和荷兰，其总和占世界进口总量的82.6%。总出口量为2136.82万吨，主要出口国是俄罗斯、加拿大、澳大利亚、智利、中国、巴西、法国、荷兰、美国和德国，其总和占当年世界总出口量的63.4%（表8-5）。

表8-5 1996年世界主要有色金属进出口国及地区进出口量

国家或地区	进口量（万吨）	占世界的比例（%）	国家或地区	出口量（万吨）	占世界的比例（%）
美国	374.32	18.6	俄罗斯	438.31	20.5
日本	341.96	17.0	加拿大	202.89	9.5
德国	198.56	9.8	澳大利亚	162.29	7.6
中国台湾	149.08	7.4	智利	128.10	6.0
韩国	128.67	6.4	中国	78.28	3.6
英国	116.06	5.8	巴西	76.31	3.6

(续表)

国家或地区	进口量（万吨）	占世界的比例（%）	国家或地区	出口量（万吨）	占世界的比例（%）
意大利	111.42	5.5	法国	69.25	3.2
法国	106.59	5.3	荷兰	67.45	3.2
比利时	68.59	3.4	美国	67.31	3.2
荷兰	67.48	3.3	德国	61.76	2.9
以上合计	1662.73	82.5	以上合计	1351.95	63.3
世界总进口量	2014.57	100	世界总出口量	2136.82	100

资料来源：参考文献[4]。

二、主要国家资源战略取向及其对中国利用国外资源的影响

1. 美国

【美国对国外资源需求不断增加，既是经济发展的需要，也是资源战略调整的结果】 美国在20世纪30年代以前，主要靠自身的资源发展经济，1900～1929年美国生产的矿产品占其消费量的96%[10]。从1964年起，美国购买外国原料的数量开始超过出口的数量。美国从一个全球原料供应国的角色，逐渐变为愈来愈依赖世界市场的初级产品的消费国，既是世界经济发展中相互依赖程度提高的体现，也是美国资源战略调整变化的反映。美国原先主要进口国内短缺的资源，后来随着对资源安全问题的关注，进口的矿产品不仅是国内储量小、质量差的，对一些重要的战略资源，即使国内有一定储量，也主要从国外进口。美国认为减少或限制矿产品进口，会加速国内矿产资源的枯竭。美国矿物委员会则强调指出：对于我们没有足够数量的矿产品，明智的国家政策应赞成自由地利用外国资源，以保护我们自己的资源，如果不顾资源的多寡，一味强调利用本国资源，有些矿产品不久就要枯竭，从而使得美国可能面临在战争时期依赖他国的危险。

【越来越重视石油安全问题】 针对对国外资源依赖程度越来越高的事实，美国对资源安全问题也越来越重视，尤其重视关系世界经济和美国经济命运的石油安全问题。除了在20世纪70年代中期建立战略石油储备外，还把石油进口来源的多样化，作为减少风险的重要手段之一。美国把中东作为政治、军事不稳定地区，尽管美国在中东的影响力很大，但美国还是在减少对中东地区资源的依赖程度，把油气供应地分散到世界各地，以分散风险，保证资源的安全供应（表8-6）。美国在里海和中亚积极开展一系列工作，是寻求中东以外石油供应的重要体现。1997年7月，美国参议院外交委员会通过决议，宣布中亚和外高加索是美国的"重要利益地区"。为确保美国21世纪能源战略的实现，稳定中东，挺进里海，控制中亚就成为美国的主要资源战略目标。

表8-6 美国石油进口来源及所占比例　　　　　　　　　　（单位：%）

年份	北美	拉丁美洲	中东	非洲
1970	23.5	58.8	5.9	—
1980	5.9	29.4	17.8	20.6
1990	12.5	32.5	25.0	20.0
1995	15.9	38.6	18.2	16.6
1998	15.2	39.1	20.2	16.7

资料来源：参考文献[11]。

【中美在能源领域面临激烈竞争】 21世纪中国与美国在能源领域的竞争会更加激烈。相互竞争最激烈的地区不是中东而是中亚。中国作为近年来新加入的石油进口国,且以较快的增长速度从中东进口石油,自然会引起其他进口大国的担忧。但中国在中东的介入,主要是为了石油,并没有全球战略方面的考虑,对美国在中东的主导地位不构成挑战。相反,中国的介入使得中国在中东有了切身利益,为了石油的安全供应,中国会更积极加入到维护中东和平的行列,以保证中东石油的稳定供应,这也符合美国的利益。而中亚问题则不然。中亚除拥有丰富的石油外,在亚欧大地缘战略中的地位也十分重要,是美国和西方国家在西部对中国的战略空间进行挤压的重要组成部分。它不仅关系到我国向西打开能源战略通道,而且与我国的安全环境,特别是西部地区安全环境紧密相连。如果美国在中亚势力过大,必然恶化我国西部的安全环境和资源环境,对西藏和新疆的分裂活动也客观上起到推波助澜的作用。而从地缘战略上来说,美国也确有这方面的考虑。因此,中美之间围绕这一地区的资源、外交争夺,经济和军事渗透会非常激烈。

2. 日本

【资源战略从保守到开放】 日本是世界上利用国外资源发展经济最成功的国家。日本自然资源十分贫乏,除少数几种矿产有一定储量外,几乎缺乏现代工业发展所需的全部矿物原料(表8-7)。尽管日本资源贫乏,但它并没有在战后一开始就实行以利用国外资源为主的资源战略。日本在战后,在努力增加粮食生产和供应的同时,还努力增加能源的自给能力,直到20世纪50年代末期,日本能源政策的基本出发点是增加煤炭产量、保护煤炭产业,限制石油的进口和使用。直至池田内阁时期,资源政策才为经济合理主义所取代。资源战略也从经济自立主义的保守战略转向利用国外廉价资源的经济合理主义的开放战略。第一次石油危机,给日本经济打击很大。为此,日本政府制定了新的资源对策,着手发展核电、地热等新能源,同时花大力气用于节能降耗和产业结构的调整,大力发展对能源原材料消耗小、技术密集、高附加值的高技术产业,从而逐步减少对传统资源和原材料的进口依赖。20世纪80年代后期开始实施"海外投资立国"战略。通过资本输出,把国内过剩的生产能力转移到国外,就地利用当地资源建立生产基地,就地销售。通过这种战略既可以减少对国外资源的依赖程度,缓和国内过剩的生产能力与相对狭小的国内市场的矛盾,同时还可避免与欧美之间的贸易摩擦。

表8-7 日本几种主要资源及其产品的海外依存度　　　　　　　　　　(%)

品种	石油	铁矿	铝土矿	铜矿	镍矿	天然橡胶	棉花	羊毛	小麦
依存度	99.4	93.5	100	90	100	100	100	100	80.1

资料来源:参考文献[12]。

【高度重视资源安全问题,建立了庞大的资源储备】 日本是资源高度依赖海外供应的国家,资源稳定、安全的供给成为日本历届政府关注的重要问题。日本从1972年建立石油储备,1995年政府和民间储备合计,相当于全国157天的石油消费量。日本不仅进行能源储备,还把一些用量不大的战略性资源,如镍、铬、钨、钴、钼、锰、钒、钯、锑、铂和17种稀土元素列为储备物种,并计划到2000年底,把储备增加到60天用量[13]。此外。日本为保障资源运输的安全大力发展海上军事力量,保护海上运输通道的安全,这是日本在利用国外资源的同时,为避免国际市场资源供应不稳定,甚至供应中断所采取的重要预防措施。

【中日在利用俄罗斯和中亚油气方面有很好的合作前景】从日本今后的资源战略走向看,利用国外资源的政策不可能改变。中国和日本作为在亚洲的邻国和世界资源主要进口国,未来在国际资源市场既有合作又有竞争,而且相互竞争大于彼此间的合作。中国和日本互为重要贸易伙伴。日本一直是中国原油的主要进口国,1995~1999年中国原油出口量的60%以上都出口日本,中国的煤炭也主要输往日本市场。日本的钢材和成品油也大量销往中国。随着中国石油消费量的增加,中国出口日本的原油越来越少,而从国外进口的原油越来越多。中国和日本加上朝鲜半岛的巨大消费市场对中亚国家有很大的吸引力。如果作为未来主要石油进口国的中、日、韩能加强合作,甚至能建立东亚能源共同市场,共同合作与中亚和俄罗斯建立长期稳定的资源贸易关系,并共同建设跨越欧亚大陆的长距离输送油气的管道,把中亚的原油输送到中国的东部沿海,再输送到东亚市场,可以为日益增大的东亚石油消费寻找到稳定的石油来源。也可以共同开发俄罗斯远东地区的油气资源。此外,中日之间加上朝鲜半岛和蒙古等国可以建立东亚能源共同体,利用共同体的力量共同抗击资源供应中的风险。

【中日在中东和中亚以及石油运输线的控制上面临竞争】中国与日本在世界石油资源市场竞争也难以避免。日本石油99%以上需要进口,而进口量的3/4以上来自中东。日本对中东石油和天然气的关注决不亚于美国,中国不断增大的对中东石油的进口,必然引起日本的不安和警觉。除希望稳定获取中东石油外,日本对中亚、俄罗斯的油气也念念不忘,日本的许多大公司参与相关建设项目的竞标,中日在中亚油气领域的竞争也不可避免。另一重要的竞争是在对海上资源运输通道的控制上,特别是从中东到太平洋的海上资源运输线的争夺。中国不是刻意要控制这条运输线,而是自古属于中国的钓鱼岛、台湾、南沙等岛屿正好位于这条运输线上。围绕运输沿线的岛屿,比如钓鱼岛主权和周围的油气和渔业争端,南海主权、油气和渔业争端,以及对南海海上运输的控制等问题,中国与日本都会有摩擦。美、日积极把台湾甚至南中国海纳入周边事态范围,更是为以后的中日关系埋下了许多不确定因素。

3. 澳大利亚

【世界上重要的农产品出口国】澳大利亚是世界重要的农产品和矿产品供应国。澳大利亚幅员辽阔,土地面积广阔,大面积的天然牧场,为澳大利亚的畜牧业,特别是养羊业的发展提供了十分优越的条件,使得澳大利亚的养羊业成为其主要经济部门。羊、羊毛和牛肉出口居世界第一位。它还是世界主要的小麦出口国。

【金属原料矿产出口在世界市场举足轻重】澳大利亚矿产资源战略实施分为两个时期,第一时期是20世纪60年代末至70年代初。60年代以后,澳大利亚许多金属矿藏相继被发现,而这一时期世界市场对金属矿物原料需求增长迅速,澳大利亚大量引进外国资本和技术,开采本国的铁矿和铝土矿,使得澳大利亚成为世界上铁矿、铝矾土和氧化铝的最大生产国和出口国之一。1964年的铁矿石产量为695万吨,1984年,铁矿石产量已达8772.6万吨,出口量为8548.4万吨,到1996年铁矿石产量1.47亿吨,出口量1.29亿吨。铝土矿产量也随着世界市场需求而成倍增长,如1964年生产量约40万吨,而到1997年铝土矿产量为4457.1万吨,占世界总产品的35.9%[14]。澳大利亚矿业战略的第二阶段是20世纪70年代末至80年代初。针对西方国家在能源危机中开始重视煤炭和纷纷减少或转移高耗能工业的新情况,大力开发能源和大力发展耗能量大的铝工业。煤是澳大利亚最早开发也最为丰富的能源,石油危机之前,世界石油市场供应充足,油价低廉,加上澳大利亚远离世界消费市场,使其丰富的煤炭在很长时期内未能得到开发。20世纪70年代的能源危机以后,澳大利亚的煤炭资源逐步受到重视,一个以能源开发和铝土矿的开采、冶炼为重点的矿业战略,成为"第二次矿业景气"的主要内容。充足廉价的能源和丰富的铝土矿结合,为澳大利亚的铝冶炼业提供了十分有利的条件,使得澳大利亚的精炼铝的产量也在不断增长。1981年为38万吨,到1997年铝的出口量达到115.5万吨,居俄罗斯和加拿大之后的世界第三位[14]。

【中国重要的农产品和矿物原料贸易伙伴】澳大利亚资源丰富,本国的人口较少,制造业的规模也不大,加上本国的劳动力也不丰富,国内的资源开发,主要靠引进国外资本、人力和技术加以开发。澳大利亚这种资源开发政策,为中国与澳大利亚建立长期的贸易关系,甚至在澳大利亚建立中国的资源开发基地,提供了良好的条件。中国已经在澳大利亚建立了自己的铁矿石基地。澳大利亚的铝、铅、铜等有色金属也较丰富,中国完全可以继续与澳大利亚合作,建立长期稳定的贸易伙伴关系,也可以仿照铁矿开发模式,在澳大利亚建立中国的矿山基地。

4. 俄罗斯

【自给自足是前苏联一贯的战略思想】俄罗斯是世界上资源种类最多、资源最丰富的国家。除极少数的矿产品外,绝大多数矿物原料都能自给自足。前苏联时期资源战略就是最大限度地自给自足,以保证资源供给不受外界的控制,而且把资源供应作为控制和支配前华约国家的重要手段。在前苏联,矿产贸易是国家发展计划和对外政策的重要组成部分,因此,在资源开发和贸易上,政治和外交目标占主导地位,有时为了不依赖进口,往往不考虑成本。前苏联资源战略之所以与众不同,与其资源特点和国际环境是分不开的。由于前苏联资源储量丰富,品种也很齐全,为其实行自给自足的政策提供了物质基础;社会主义计划经济体制下自然资源的无偿使用和不注重经济效益,为这种战略的实施提供了体制上的保证;而资本主义国家的资源禁运和贸易封锁,也是客观因素;另外,过分地强调战时矿物原料的供应,也是促使前苏联走封闭式发展道路的原因之一。

【从限制外资进入,到鼓励外资投入油气勘探、开发】苏联解体后,俄罗斯在改革初期,依然受前苏联时期政策和战略思想的影响,石油、天然气工业作为国家经济的命脉,严格限制外国投资进入该领域。禁止外商独资企业进入石油、天然气开采和加工领域,合资企业外资所占比重不得超过15%。而根据俄罗斯联邦外国投资法,只有在合资企业法定基金中超过30%时,才有权享受国家规定的优惠政策。这就限制了投资者对石油、天然气工业的投资。由于缺少资金,勘探规模减小,开采条件恶化,作为经济支柱的石油、天然气工业面临危机。再继续实行限制外资进入的办法,很难使经济摆脱危机。在这种情况下,俄联邦出台了新的鼓励外商投资的新政策。首先是取消对外资进入自然资源开采和加工领域的限制,外资可以建立合资或独资企业,在合资和股份制企业中的持股比例不受限制。其次,1995年出台《与俄罗斯本国和外国投资者签订租让协议法》和《产品分配协议法》的规定,允许以租让的方式向外国投资者开放自然资源。

【中俄在能源领域合作前景广阔】面向国际市场,引进技术和资金开发资源,是俄罗斯今后资源战略的核心。而丰富的油气资源,必然是今后资源开发的重点。俄罗斯预测石油远景储量500亿吨,天然气远景资源量2360000亿立方米。1997年石油产量3.06亿吨,天然气5711亿立方米。近年俄罗斯每年有约1亿吨石油和约2000亿立方米的天然气出口。能源收入占外汇收入的40%以上。从今后俄罗斯能源战略的走势看,主要是增加能源出口,换取经济发展所需的外汇,用于进口食品、日用品和生产资料。也就是说在继续维持对独联体、东欧、欧盟等国家油气出口的基础上,积极开发东、西西伯利亚和远东地区的油气资源,形成向西对欧洲,向东面向亚太,特别是东亚的双向能源外输通道。在俄罗斯联邦制定的能源发展战略中,也指出要把东、西西伯利亚油气的开发与向中国等东北亚国家出口联系起来。能源和军火出口是俄罗斯对外贸易的两大重要支柱。保持并扩大能源出口、在东亚寻求消费市场是俄罗斯对外资源战略的重要组成部分。俄罗斯也在不同场合,均表示与东亚国家合作开发油气和建设输油、输气管道的强烈愿望。这对利用俄罗斯丰富的油气、钾盐、木材、铜等中国相对短缺资源,提供了良好的条件。因此,加强中俄在能源领域的战略协作伙伴关系,是中国利用国外资源战略的十分重要的组成部分。

5. 沙特阿拉伯

【经济对石油依赖性很强】沙特经济对石油的依赖性很大,1995年沙特石油和天然气的产值占其GDP的32.1%,位居首位。继续发挥资源优势,保持世界石油出口大国的地位是沙特资源战略的重点。为了确保世界最大石油供应国的地位,它的战略目标是:石油产量保持占全世界的12.5%和欧佩克的1/3。

【重视经济结构的多样化,开拓海外市场】受供求关系和政治、经济形势的影响,油价具有很大的不确定性。为了保持经济的健康持续发展,沙特一方面抓紧勘探以提高原油生产潜力,另一方面,努力发展石油、天然气下游加工业,以实现国民经济的多样化。扩建炼油厂,增加炼油能力是这一战略的重要组成部分。目前沙特的炼油能力超过8000万吨,为了继续提高石油加工能力,沙特计划用10~12年的时间,投资160亿美元,改扩建现有的炼油厂和一批合资企业,这项计划完成后,年炼油能力将增长70%左右。在重视引进国外资金和技术的同时,沙特还计划扩大海外投资,拓展海外市场。在海外建设炼油厂、储油库和加油站以及从事勘探、开发等技术方面的合作。

【既要重视在沙特境内的合作,也要重视在中国境内的合作】从沙特的资源战略走势看,除从沙特进口原油,参与油田的勘探、开发外,应积极扩大与沙特在中国建立合资的炼油厂和石油化工项目,迎合沙特拓展海外市场的战略。沙特、美国和中国三方合资的福建沿海炼油厂项目就是沙特这种战略的体现。

三、在世界资源贸易格局中的地位与利用国外资源的环境分析

1. 中国已成为世界贸易大国,进出口意向影响有时甚至是左右某些重要资源产品的价格

【在世界贸易格局中的地位上升,对外贸易依存度增大】在改革开放的20多年里,中国的对外贸易发展速度很快,进出口贸易额由1980年的381亿美元,增加到1998年的3240亿美元;出口额则从181亿美元增长到1838亿美元,出口额占世界的比重也从0.95%上升到占3.44%,在世界的位次从第26位上升到第9位(表8-8)。中国经济对外贸易依存度也越来越大,1985年时,进出口贸易总额占国内生产总值的比重(对外贸易依存度)为24%,1990年对外贸易依存度为31%,1995年为40%。

【对国际资源市场的影响力增大】中国已成为世界贸易大国,中国的进出口意向开始影响甚至左右某些重要商品的国际市场价格。如1994年中国从澳大利亚大量进口羊毛,使当年澳大利亚羊毛价格上涨64.8%[15];同年中国棉花的大量进口也导致国际市场棉花价格的上涨。贸易大国不同于贸易小国的标志是前者的进出口和供求能左右价格,因而在一定程度上改变自己的贸易条件,特别是价格贸易条件。从20世纪90年代开始,中国已成为世界初级产品市场的主要进出口国,尤其是初级产品的进口市场,如石油、小麦、铁矿石、羊毛等。在出口市场,中国的农副产品、锑、稀土、钨、煤炭、重晶石、氟石、茶叶等都对国际市场有很强的影响力。中国粮食的丰歉和预期进口量的多少,对世界粮食市场的价格走势影响巨大。从未来的走势看,中国进出口总额会呈增加趋势,但初级产品出口的比重会越来越小,如1999年初级产品出口199.3亿美元,比1998年下降3.2%[16],而从国际市场进口初级产品的比例会越来越大。

表8-8 中国近20年来进出口额占世界的比重

年份	进口额 中国(亿美元)	进口额 世界(亿美元)	中国占世界的比重(%)	出口额 中国(亿美元)	出口额 世界(亿美元)	中国占世界的比重(%)
1980	200	19717	1.01	181	18968	0.95
1990	534	35561	1.50	621	34329	1.81
1995	1321	50632	2.61	1488	49821	2.99
1996	1388	53140	2.61	1511	51923	2.91
1997	1424	55054	2.59	1828	53831	3.40
1998	1402	54144	2.59	1838	53393	3.44

资料来源:参考文献[17]。

2. 利用国外资源的外部经济环境分析

【经济全球化部分消除贸易壁垒,有利于中国利用世界市场资源】经济全球化和加入世界贸易组织,为中国利用国外资源创造了良好的外部环境,经济全球化为贸易自由化奠定了基础。在全球贸易总额中,有90%以上是在以世界贸易组织为代表的多边贸易体制内完成的。已经或正在组建的各种形式的区域性经济合作组织也把贸易自由化作为主要目标之一。从今后的趋势看,经济全球化和贸易自由化,在很大程度上消除了不利于资源及其产品自由流动的壁垒,全球大环境有利于中国利用世界资源。

【农产品价格下跌和石油价格上涨不利于中国利用国外资源】从利用国外资源的经济环境分析,初级产品价格贸易条件的恶化,从总体上讲,对进口国外资源越来越多,出口资源越来

越少的中国来说是有利的。但具体影响,要结合进出口资源的结构来分析。自从20世纪50年代,阿根廷经济学家普雷维什和美国经济学家辛格研究认为,初级产品价格贸易条件长期恶化,不利于发展中国家的"普雷维什—辛格"命题后,许多经济学家对此进行了实证研究。格利里(Grilli)等研究发现,1900~1986年间的所有初级产品的价格每年下降0.5%,如果不包括石油,则每年下降0.6%[15]。世界银行指出,随着农业生产技术的发展,粮食生产成本大幅度下降,自1800年以来虽然小麦、玉米、大米和食糖的实际价格波动较大,但从19世纪中期以来下降的趋势是不容否定的。中国未来资源进口主要是石油、天然气和其他一些短缺的自然资源。石油作为一种特殊商品,尽管价格有较大的波动,但总体是呈上涨的趋势。这对出口农副土特产品,进口石油天然气的中国来说,并不有利,特别是中国的石油进口增长速度迅猛,如果石油价格居高不下,对中国的进出口贸易平衡会有较大的影响。当然,上述分析只是从初级产品贸易的角度考虑。从整体来看,中国已经不是传统意义上的初级产品出口国。目前中国初级产品与制成品的出口比重大致是1:6。初级产品贸易条件的恶化,对中国总体贸易条件的影响不会很大。

3. 利用国外资源的政治、军事环境分析

从中国利用国外资源的政治、军事环境来看,显然要复杂得多。中国从国际市场大量进口粮食,引发了"21世纪谁来养活中国"的轩然大波。中国石油进口量的增加,引起了国际社会特别是美国和日本这两个石油进口大国的警觉。随着中国利用国外资源数量的增加,保证资源的安全供应和运输线的安全畅通就成为重要的问题。有关专家认为,当一个国家的石油进口量超过1亿吨后,就要采取经济、外交、军事等措施以保证资源的安全。要保证海上运输线的安全,就需要一支有远洋活动能力的海军。而中国海军现代化建设,必然使"中国威胁论"更加甚嚣尘上。同时,南中国海作为世界和中国重要石油运输通道,围绕南中国海的领土争端和对海上运输线的控制等相关问题,都对中国利用国外资源产生不利影响。

4. 重点资源进口地区的环境分析

【中东局势长期动荡,潜在冲突不断】资源产品来源地政治的不稳定,也是中国利用国外资源面临的重要问题之一。当今世界资源开发的重点地区,往往都是政治、民族和宗教矛盾相对突出的地区,甚至因资源的争夺而引发局部战争。以石油为例,世界石油的绝大部分储量集中在中东和中亚两个地区。中东地区是世界热点地区,地区冲突不断,民族矛盾尖锐,近几十年发生的几次局部战争,大都与大国瓜分石油资源或中东国家为争夺土地、石油或水资源等有关。中东作为中国现在和将来重要能源进口基地,中国对中东的影响力有限,短期内在中东事务上,难以有大的作为,这样在该地区的利益就难以保证。

【美国借反恐进入中亚,形势对中国打开西部能源通道不利】世界石油资源的另一个富集区中亚,也是一个政治风险很大的地区。中亚国家之间围绕资源所属和运输通道等问题分歧很大;周边国家的一些极端势力纷纷向中亚渗透,阿富汗、外高加索局势动荡,都是造成该地区不稳定的重要因素。同时中亚在欧亚大陆的地缘战略位置和蕴藏的石油、天然气等战略资源,吸引了欧、美、俄罗斯、日本等国家纷纷"挤入",中亚成为不同利益集团的争夺对象。中亚国家对俄罗斯重新在中亚施加影响怀有戒心,视中国为平衡俄影响的砝码,而且在反对宗教极端势力、维护国家主权和统一以及发展经济等方面与中国有共同的利益。中亚丰富的能源需要寻求东亚这个未来最大的能源消费市场,需要同中国发展关系,以便通过中国的油气管道,把能源输送到东亚消费地。但中亚国家同样欢迎美国和欧洲对中亚事务的介入,而且北约有东扩到中亚的可能。"9·11"之后,美国借反恐之名进入中亚,并长期在中亚驻扎的想法,这不仅恶化了中国利用中亚资源的环境,而且对中国西部边境的安全也是一大隐患。

第三节 利用国外资源的历史回顾和主要资源进出口贸易分析

一、中国利用国外资源的历史回顾

中国的对外贸易是在解放区已经开展的对外贸易的基础上发展和壮大起来的。1949年10月,在中央人民政府下成立了贸易部,部内设对外贸易司,并在国外贸易司下设了经营对社会主义国家贸易的中国进口公司和对资本主义国家贸易的中国进出口公司以及中国畜产、油脂、茶叶、蚕丝、矿产等国营外贸公司。

1. 20世纪60年代以前,重点是以资源出口换回国内经济建设所急需的设备和技术,贸易的对象主要是苏联、东欧国家

【出口农矿产品换回成套设备和技术】20世纪50年代的对外贸易主要是从新中国建设的需要出发,从苏联和东欧进口成套设备和技术(表8-9),主要是重工项目和一些军工项目。1950~1959年进口的成套设备和军工订货占60%,一般商品占40%;中国则供应了他们十分需要的战略原料和其他重要物资,如稀有矿产品,有色金属,以及大豆、大米、食用植物油、肉、茶叶等。同期中国出口商品结构为农副产品占48.4%,工矿产品占32.7%,轻纺产品占18.5%。

表8-9 1950~1959年苏联在中国进出口总额中的比重

年份	中国进出口总额 (亿美元)	与苏联的进出口总额 (亿美元)	比重 (%)
1950	11.35	3.38	29.78
1951	19.55	8.09	41.38
1952	19.41	10.64	54.82
1953	23.68	12.58	53.12
1954	24.33	12.91	53.06
1955	31.45	17.9	56.92
1956	32.08	15.24	47.51
1957	31.03	13.65	43.99
1958	38.71	15.39	39.76
1959	43.81	20.97	47.87

资料来源:据参考文献[18]整理计算。

【从苏联和东欧国家以及斯里兰卡进口少量的农、矿产品】20世纪50年代中国与国外的资源贸易,主要以输出资源为主,利用国外资源很少。如1952年,中国根据斯里兰卡国内粮食供应紧张,而主要出口商品橡胶因美国的禁运而价格下跌,以中国的大米与斯里兰卡进行易货贸易,与其签订中斯大米、橡胶5年贸易协定。同期中国也从苏联和东欧国家以及一些发展中国家进口钢材和有色金属。

2. 20世纪60年代以后,中苏关系紧张,中国的贸易对象向资本主义国家和地区转移

20世纪60年代开始,中苏关系破裂后,中国与苏联和东欧国家的贸易额急剧减少,中国与西方国家的贸易关系有较大的进展。中国与资本主义国家的贸易从中国的近邻日本开始。50年代的中日贸易主要为民间贸易,50年代中后期受日本政治影响,民间贸易量下降。60年代转入友好贸易阶段,1963年中日贸易恢复到1956年的水平。中国与西欧国家的贸易,随着1964年中法建交而迅速增加。中国对西方国家的进出口在进出口总额中的比重,由1957年的17.9%上升到1965年的52.8%[19]。这时的贸易结构,是中国出口资源性产品,换回中国经济建设所需的成套设备和技术。此外,中国还与新独立的亚洲、非洲和拉丁美洲国家建立了贸易关系。文革开始后,中国资源性产品出口受到影响。当时把出口初级产品说成是"出卖资源",造成进出口贸易下降。1969年的贸易总额比1966年下降12%[19]。

3. 改革开放后,在对外贸易迅速增长的同时,贸易对象趋于多元化

【贸易从互通有无到利用国际分工带来的效益】改革开放前,对外贸易被看作是社会主义扩大再生产的补充手段,局限于互通有无,调节余缺。对外贸在加速经济发展和技术进步方面的作用认识不足,致使中国在经济技术上与世界拉开了距离。实行对外开放政策后,提出要"利用国内外两种资源,打开国内外两个市场"的新思想。在继续进行互通有无、调剂余缺贸易的同时,也通过利用国际分工,取得更高的经济效益。同时引进国外先进技术,加快企业的技术改造和科学技术的进步。

【贸易在国家类型和地区结构上呈现多元化】改革开放以来,中国的对外贸易全面发展,在贸易对象上,也从20世纪60年代以前的苏联和东欧国家,到60年代以后的资本主义国家和地区,再到70年代末,实施全方位对外贸易。改革开放以后,在继续扩大与西方发达国家贸易的同时,积极恢复与前苏联和东欧国家的经贸往来,同时不断加强与第三世界国家的经贸往来。对外贸易在国家类型和地区结构上,呈现多元化的格局(表8-10)。

表8-10 改革开放10年后中国与不同国家和地区的贸易增长情况

	年份	西方发达国家	发展中国家和地区	社会主义国家	中国港澳地区
贸易额	1978	115.45	34.09	29.05	27.42
(亿美元)	1988	382.78	106.14	73.95	226.09
增长率(%)		330	311	255	825

资料来源:参考文献[19]。

二、主要资源及资源性产品的进出口贸易分析

1. 粮食贸易

【粮食贸易与国内产量关系密切,呈现出很强的阶段性】新中国利用国外粮食始于1950年,当年进口大米5.71万吨。1961年以前,中国在进口国外粮食的同时,也出口粮食,但中国仍然是世界粮食的净出口国,进出口主要是调剂品种。20 世纪 60 年代以后,受自然灾害的影响,中国粮食的进口量猛增,从 1960 年的 6.63 万吨,增加到 1961 年的 580.97 万吨。从此至 20 世纪 80 年代初,中国一直是粮食的净进口国(表 8-11)。

表 8-11　中国历年进出口粮食情况　　　　　　　　　　　(单位:万吨)

年份	进口量	出口量	净出口量
1950	6.69	122.58	115.89
1955	18.22	214.32	196.1
1960	6.63	267.36	260.73
1965	640.52	208.77	-431.75
1970	535.96	207.11	-328.85
1975	373.50	246.60	-126.90
1980	1342.93	143.71	-1199.22
1985	597	933	336
1990	1372	583	-789
1995	2081	214	-1867
1996	1083	124	-959
1997	417	833	416
1998	388	888	500
1999	339	738	399

注:1996 年以前的数据为粮食,1996 年以后的数据为谷物和谷物粉数量。
资料来源:1985 年以前的数据,来自参考文献[18];1985 年以后的数据来自参考文献[20]。

【粮食进口来源于美、澳、加 3 个小麦出口大国】中国粮食进口来源地主要是几个西方产粮大国。从 1990 年到 1998 年中国小麦进口额构成看,加拿大一直是中国小麦的主要供应国,大部分年份的供应量占 40% 以上。中国从美国、加拿大和澳大利亚 3 国的进口额合计约占中国小麦进口总额的 80% 以上(表 8-12)。

表 8-12　中国小麦进口来源地构成　　　　　　　　　(%,按进口金额计算)

年份	加拿大	美国	澳大利亚	3 国合计
1990	34.68	29.55	11.34	75.57
1991	39.26	33.85	11.14	84.25
1992	56.36	29.75	2.39	88.5
1993	49.39	36.50	10.83	96.72
1994	49.37	29.27	20.98	99.62
1995	42.88	33.51	3.7	80.09
1996	42.52	26.59	28.60	97.71
1997	70.03	11.17	14.39	95.59
1998	64.55	20.78	14.30	99.63

资料来源:根据参考文献[21]整理、计算。

【粮食出口地主要是亚洲和近邻国家】韩国、印尼和马来西亚为中国粮食的主要输出国。1998 年中国出口到印尼、马来西亚、韩国和菲律宾 4 国的粮谷,占总出口量的 76%。1999 年中国向上述 4 个国家出口的粮谷占总出口量的 61.3%。此外,中国还向朝鲜、日本、俄罗斯等周边国家出口一部分粮食和谷物。

2. 石油贸易

【从石油进口国成为石油出口国】在20世纪50年代的10年里,中国累计进口石油1460万吨(其中原油294万吨),进口来源地是苏联。20世纪60年代由于中苏关系的恶化,从苏联进口的石油大量减少,进口石油的总量为1215万吨(原油164万吨),累计出口为178万吨(原油102万吨),净进口为1037万吨[22]。随着国内石油勘探和生产取得的突破,特别是大庆和东部一些主力油田的发现和陆续投入生产,石油产量增长迅速,出口量增加,并使中国成为石油净出口国,1971年净出口石油35万吨。从此,中国从石油净进口国成为石油净出口国。随后,中国石油出口持续增加,成为中国最重要的出口创汇产品。

【近几年石油进口量持续高速增长】随着中国经济发展对石油需求的不断增加,国内石油供应趋于紧张,从20世纪80年代中期石油进口开始增加,但从1971年到90年代初的20多年,中国一直是原油的净出口国。1993年中国原油和成品油的进口量首次超过出口量,成为石油净进口国。1996年原油进口量也首次超过出口量,成为原油的净进口国。随着中国石油消费量的增加,国内原油产量难以满足需求,近几年的进口量一直居高不下。1999年石油净进口量达到4381万吨的历史新高,比上一个进口高峰年1997年的3385万吨,增加了近1000万吨。1999年的原油进口量达3661万吨,也是历史最高进口量,而原油出口20年来首次降到1000万吨以下(表8-13)。

表8-13 1986年以来中国石油进出口情况

年份	原油(万吨) 出口量	原油(万吨) 进口量	成品油(万吨) 出口量	成品油(万吨) 进口量
1986	2849.8	45.6	582.7	216.9
1987	2722.5	—	535.9	205.5
1988	2604.5	85.5	528.67	285.7
1989	2438.8	326.3	487.52	534.49
1990	2398.62	292.27	545.5	315.62
1991	2260	2233.75	481	455.8
1992	2150.72	1135.79	538	768.03
1993	1943.45	1567.12	371.5	1729.44
1994	1855.24	1234.59	379.26	1288.62
1995	1882.7	1708.99	414.88	1380.17
1996	2040.25	2261.69	417.29	1582.56
1997	1982.89	3546.97	558.59	2379.33
1998	1560.07	2732	436.10	2176
1999	716.62	3661	645.16	2082

资料来源:参考文献[20]、[23]。

【石油主要出口到东亚】中国石油出口始于20世纪60年代,曾于1961年向阿尔巴尼亚出口柴油,1962年向朝鲜和原东德出口原油。但此后一直到1973年,中国的原油只出口朝鲜,1973年以后,陆续向日本、菲律宾、泰国、新加坡、美国、意大利、澳大利亚、新西兰、土耳其等国家出口。日本一直是中国原油的主要进口国,1995年以来每年出口到日本的原油,占中国总出口量的50%以上。中国原油出口的主要国家还是东亚国家(表8-14)。

表 8-14 近 5 年中国原油进口来源和出口去向构成 （单位：%）

		1995	1996	1997	1998	1999
进口来源	中东	45.41	52.89	47.31	61.00	46.17
	亚太地区	41.43	36.32	26.54	20.01	18.66
	非洲	10.76	8.52	16.65	8.02	19.80
	其他	2.35	2.27	9.50	10.96	15.38
出口去向	日本	64.03	57.12	52.81	50.95	64.49
	美国	13.13	13.01	11.65	14.16	5.00
	韩国	10.17	15.48	22.85	22.95	13.23
	朝鲜	5.42	4.59	2.55	3.23	4.43
	新加坡	4.35	1.94	2.02	3.16	0.82
	其他	2.89	7.86	8.12	5.54	7.03

资料来源：参考文献[24]。

【进口石油主要来自中东】中国原油进口主要来自中东，1995 年以来的进口量都超过总进口量的 45％。主要进口国家是阿曼、伊朗、也门和沙特阿拉伯等。从亚太地区的进出口量呈现下降趋势，主要是本地区的资源储量有限，加上这些国家本身的需求量也在增加。亚太地区对中国出口较多的国家是印度尼西亚、越南、马来西亚等。近年来中国从非洲和拉美的进口量呈上升趋势。

3. 主要矿产资源贸易

【解放后矿产品贸易增长迅速】矿产品贸易是中国对外贸易的重要组成部分。20 世纪 50 年代初，新中国刚刚成立，矿业生产也处于恢复时期，只有锡、锑、钨、滑石等几个品种，1950 年的出口额只有 4400 万美元。经过 50 年代近 10 年的建设，矿业生产有了很大的发展，到 1959 年出口额增至 2.77 亿美元[22]。出口对象主要是苏联和东欧国家。20 世纪 60 年代后，随着矿山建设的发展，出口的品种日益增多，到 60 年代中期，中国出口的黑色、有色和非金属三大类产品共近 200 种。

【有色金属出口是用量较小的品种，进口的是铝铜等大宗品种】有色金属既是中国重要的出口矿产品，也是中国进口的大宗商品。中国出口的有色金属主要是用量较小的品种，如钨、锑、锡、汞、钼等，而进口都是用量很大的铝、铜、铅、锌、镍、钴等。钨是中国的传统出口商品，其产量和出口量一直居世界首位。60 年代之前钨主要出口到苏联和东欧国家，1961 年以后，逐步增加向西方国家的出口。1950～1988 年共出口钨砂 80 万吨，平均每年出口 2 万余吨，占世界出口量的 40％[22]。近年来中国减少了钨矿砂的出口，增加了加工产品的出口量，1998 年钨矿砂的出口量只有 190 吨，而仲钨酸铵的出口量为 1.27 万吨。锑也是中国主要出口商品，中国锑的储量和原生锑的产量均占世界的 50％以上，炼锑的出口量曾达世界贸易量的 90％[22]。中国有色金属进口的主要是铜精矿和氧化铝。1998 年铜矿砂进口量为 118 万吨，进口金额 4.58 亿美元，主要进口来源地是智利、蒙古和澳大利亚。铜和铜材进口主要来自美国、日本、中国台湾和韩国（表 8-15）。氧化铝 1998 年进口量为 157 万吨，花费 3.54 亿美元。

【黑色金属原料对进口依赖越来越大】钢材和钢铁原料是近年来中国进口的大宗产品。中国钢材曾长期难以满足经济建设的需要，尤其是优质钢材。20 世纪 50 年代中国钢材的进口量平均每年大约是80万吨,60年代年均进口量达到100万吨,70年代的年均进口量增加到465万吨,80年代的进口量增加更加迅猛,1985年的进口量达到1963万吨。随着中国钢铁工业的发展,中国普通钢材的进口量有所下降,出口量增加。钢铁工业的发展,使得中国的低品位铁矿砂和其他冶金辅助原料难以满足需求。铁矿砂、铬铁矿、锰矿等进口量增加迅速,需要大量从国外进口铁矿石。1997年以来每年的进口量超过5000万吨,1999年的进口量为5527.4万吨,主要从澳大利亚、巴西、南非和印度等国进口(表8-15)。铬铁矿一直是中国短缺的矿产,长期大量依靠进口,近几年每年的进口量都在70万吨以上,进口来源地是印度、南非、伊朗、土耳其等国。

表8-15 近年来我国主要矿产品进口来源地

	国家和地区	1996年 数量(万吨)	1996年 比例(%)	1997年 数量(万吨)	1997年 比例(%)	1998年 数量(万吨)	1998年 比例(%)	1999年 数量(万吨)	1999年 比例(%)
铁矿石	澳大利亚	2278	51.9	3097	56.2	2557	49.4	2434	44.0
	巴西	648	14.8	782	14.2	896	17.3	1152	20.8
	南非	556	12.7	531	9.6	566	10.9	704	12.7
	印度	392	8.9	607	11.0	694	13.4	889	16.1
	秘鲁	253	5.8	236	4.3	275	5.3	195	3.5
铬铁矿	印度	29.7	38.8	37.8	42.2	—	—	—	—
	伊朗	8.6	11.3	14.0	15.6	—	—	—	—
	南非	13.9	18.2	11.7	13.1	—	—	—	—
	土耳其	9.3	12.2	7.7	8.6	—	—	—	—
	巴基斯坦	5.9	7.7	4.7	5.6	—	—	—	—
铜精矿	蒙古	14.9	18.1	25.4	27.1	31.8	26.9	42.6	34.0
	智利	19.6	23.7	21.2	22.6	31.5	26.6	27.5	22.0
	澳大利亚	14.9	18.1	14.0	14.9	26.8	22.6	25.8	20.7
	加拿大	7.5	9.1	11.8	12.6	6.4	5.4	3.9	3.1
	土耳其	—	—	5.7	6.1	2.2	1.9	4.6	3.7
	美国	8.4	10.1	4.1	4.4	—	—	—	—
普通钢材	日本	328	22.8	300	26.4	361	29.1	381	25.6
	俄罗斯	443	30.8	282	24.8	204	16.4	191	12.8
	韩国	144	10.0	140	12.3	253	20.4	273	18.7
	中国台湾	85	5.9	112	9.9	183	14.7	278	18.7
铜及铜材	中国台湾	15	28.1	18	20.3	21.2	11.9	25.6	8.9
	日本	11	19.5	12	20.9	49.8	28.1	76.9	26.7
	韩国	4	7.6	7	11.6	17.6	9.9	24.5	8.5
	美国	—	—	—	—	45.8	25.8	83.5	29.0
铝材	日本	5	22.7	7	26.1	10.2	29.9	12.2	28.6
	美国	4	18.9	5	18.8	3.34	9.79	4.2	9.9
	中国台湾	3	11.9	4	13.7	6.3	18.3	8.5	19.9
	韩国	2	10.5	5	17.6	4.5	13.2	6.5	15.1
钾肥	加拿大	124	30.8	174	33.0	—	—	—	—
	俄罗斯	215	53.3	242	45.8	—	—	—	—
	德国	11	2.8	22	4.2	—	—	—	—
	美国	—	—	20	3.8	—	—	—	—
	以色列	—	—	24	4.5	—	—	—	—

资料来源:参考文献[25～27]。

第四节 中国利用国外资源的战略对策

> 一、在利用国外资源的同时，必须切实注意资源安全问题，尽快建立和完善中国的资源储备体系

随着中国利用国际市场资源比例的不断增加，资源供求状况受世界政治、经济和军事形势影响也越来越大。为了抗御自然灾害，应付国际上发生不测事件，避免价格的剧烈波动以及保证战时资源供应，有必要建立和健全我国的资源风险防范体系。资源储备是抵御风险、保障资源安全的最重要的手段之一，也是发达国家普遍采用的方式。我国需要建立和完善资源储备体系，并重点做好粮食、石油和一些具有战略意义的矿产品的储备工作。为此建议：

1. 尽快设立国家资源储备机构

资源储备机构的职能是负责资源储备计划的制定、储备地点的选择、确定储备数量和种类、储备资金的筹措、储备资源的动用以及动用的数量等一系列与资源储备相关的问题。根据我国目前的情况，政府可以指定中国石油天然气集团公司作为国家战略石油储备的承储机构。这主要是因为：1) 根据对各国石油储备的比较分析可以看出，目前 IEA 成员国中大多数国家采用由国家石油公司或政府控制下的机构与国家石油公司结合进行紧急石油储备工作；2) 中国石油天然气集团公司是国内石油生产运输和销售的主要单位，目前已有较好的储、运、销系统；3) 目前国内的主要石油储运系统都属于中国石油天然气集团公司规划、运营和管理，它作为承储者有利于我国石油储备系统的统筹布局、统一运作，协调进口和生产之间的关系，有利于与现有原油储运系统的有效结合，充分发挥现有设施的能力，从而减少工程投资，降低运营费用。

2. 走国家战略石油储备与民间石油储备相结合的道路，以国家战略石油储备为主

我国民间石油储备的主体应该是国营石油生产、销售和进出口大中型企业，如中国海洋石油总公司以及中国石油天然气集团公司、中国石油化工集团公司下属的原油生产和销售企业；中国石油天然气集团公司、中国石油化工集团公司下属的原油炼制企业；中国化工进出口总公司等原油进口企业(图 8-1)。

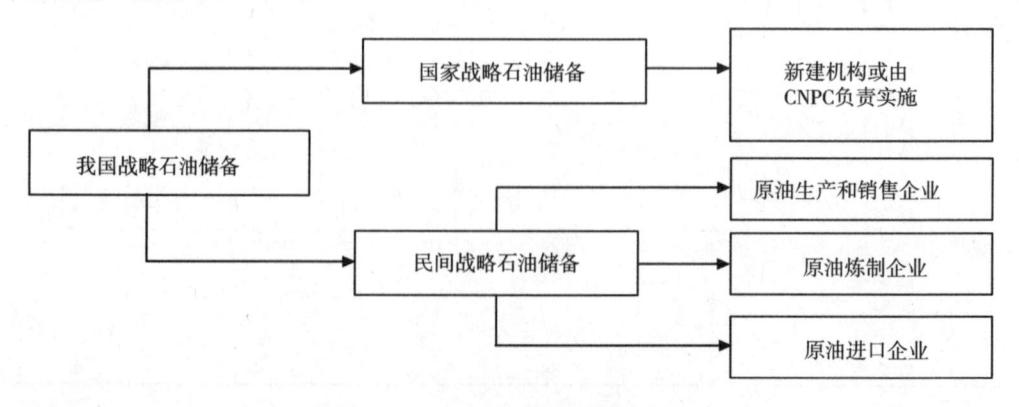

图 8-1 中国战略石油储备构成体系

3. 根据需要和可能,确定合适的储备规模

中国战略石油合理储备规模的确定,主要根据资源状况和经济发展水平,并参照国际能源机构对成员国的要求等因素来确定。根据中国的情况,石油储备可以分步实施[28]。

【2001~2005年期间为战略石油储备建设的初期】该阶段的规划目标是使我国总的战略石油储备量达到60天进口量水平。按照1995~1999年中国石油进口的平均量来计算,大约是770万吨的储备水平。根据我国国家和民间两级储备主体2∶1的储备比例,国家战略原油储备规模应达到40天的进口量水平,民间战略原油储备规模应达到20天的进口量水平。

【2006~2010年期间为我国战略石油储备稳步发展阶段】该阶段的规划目标是使我国总的战略原油储备量达到90天进口量水平,大体的储备规模是1200万吨,国家储备800万吨,民间储备400万吨。

【2011~2015年期间为储备建设逐步完善阶段】根据原油供需缺口预测分析,2010年之后,我国原油进口量很可能大幅度增加,加大了对进口原油的依赖。考虑到原油进口风险与国际政治经济的风云变幻,我们不能仅满足于90天的进口量水平,还应扩大我国战略原油储备到120天的进口量或者达到90天的消费量。如果是120天的进口量,仍然按照1995~1999年日平均进口量计算,储备量应达到1500万吨以上;如果储备水平要达到90天的消费量,按照1995~1999年年均约1.8亿吨的消费量,储备规模大致是4400万吨。

> 二、积极开展资源外交,使和平环境下的外交工作为保障国家的经济发展和资源安全稳定供应服务

【和平时期的外交要服务于经济和资源供应】一些战略性资源,比如石油,作为一种"政治商品",在国际关系中具有非常重要的作用。在和平时期,许多国家政治和外交主要围绕经济发展和资源争夺而展开。美国、日本和欧洲等国都开展积极的资源外交,在一些重要地区,其他战略有时要服从和服务于资源战略。20世纪美国外交政策基本都是围绕占世界石油储量2/3的中东地区以及由此向太平洋伸展的石油运输线展开的[29]。日本近代以来的国家战略主要围绕着一个主题,那就是资源和市场。资源问题从来就是和政治、外交紧密相连的。

【围绕重点区域积极开展资源外交】从我国资源安全的角度来看,围绕中东、非洲、拉丁美洲等资源丰富而又潜力巨大的地区及相邻的中亚和俄罗斯展开积极的外交,应是我国未来资源外交工作的重点。今后几十年内中东地区作为世界石油供应中心的地位不可动摇,中东作为中国主要进口来源地也不会改变。要确保中国未来能长期稳定地获得中东的石油,首先要继续在政治上与中东产油国保持良好的关系,这就需要积极灵活的外交来打开与中东国家政治关系的新局面,为与中东国家的合作创造良好的政治气氛,以政治关系带经济关系,以经济关系促政治关系。中亚和里海沿岸的油气资源十分丰富,未来前景看好。对我国来说,中亚和俄罗斯的油气资源是我国今后除中东以外的重要进口来源。中亚国家独立后,俄罗斯的影响不如从前,西方大国也想向中亚地区渗透。目前中亚地区还属于各方势力尚未最后划分势力范围的区域,通过积极的外交活动,可以在未来的地区经济合作,特别是油气合作开发和外输管道建设等方面有所作为。随着非洲政治局势趋于平稳,开发资源、发展经济成为许多非洲国

家的共识。中国与非洲国家有着传统的友谊,为中国与非洲资源合作提供了非常有利的条件。与非洲资源合作的重点是我国短缺而非洲具有相对优势的资源,如石油、天然气、铬、铜、磷酸盐、铂族元素以及木材、热带作物等。使得中国在帮助非洲开发资源、发展经济的同时,也为我国利用国外资源提供机会。

三、尽量利用周边国家资源,与之建立长期稳定的资源贸易伙伴关系

【中国的国际利益主要集中在周边国家】中国目前是地区性的大国,而不是世界性的大国。中国的国际利益主要集中于周边地区。经济上,中国外贸进出口额的56%集中于周边地区,其中53.6%在东亚地区[30]。从中国利用国外资源来分析,我国不足和短缺的资源,在周边国家都有较大的潜力。俄罗斯和中亚的石油和天然气是中国未来除中东以外的主要油气来源之一;俄罗斯、泰国和老挝具有较丰富的钾盐,加强与邻国的合作可以减少中国对加拿大钾肥的过度依赖;此外,印度的铁矿和铬铁矿,俄罗斯、印度和蒙古的铜矿,印尼、马来西亚的石油、农林产品和矿产品等都与中国有很好的互补性。应利用中国与周边国家已建立的良好的政治和经贸关系,采取多种合作形式,谋求与周边国家建立长期而稳定的资源贸易伙伴关系。

【利用周边国家的资源有利于资源安全供应】从资源安全的角度看,与周边国家的资源合作,受自然、军事和运输等外在不安全因素的影响较少,资源供应的可靠性相对较高。同时长期的资源贸易或资源合作关系建立,对扩大共同利益,增加共识和信任,进而增强与邻国的政治、军事上的信任,对中国资源安全乃至国家安全都有很好的促进作用。

【根据与周边国家的关系,建立多种形式的资源伙伴关系】与俄罗斯在战略协作伙伴关系的基础上,发展长期的资源贸易伙伴关系。中俄战略协作伙伴关系的建立,为中国与俄罗斯资源贸易伙伴关系的确立打下了坚实的基础,为中国利用和合作开发俄罗斯西伯利亚和远东地区的油气资源创造了良好的条件。在"上海合作组织"基础上,发展与中亚国家在油气领域的合作。作为资源短缺的消费大国,打开我国西邻的大门,进入中亚国际油气市场,开展国际油气产业合作,正是我国21世纪油气资源战略的重要组成部分。对其他周边国家可以采取发展长期的双边贸易关系、购买资源开采股权、买断矿山或在周边国家进行风险勘探等多种方式,建立长期稳定的资源贸易伙伴关系。

四、发展和壮大跨国公司,为中国的全球资源战略服务

【跨国公司成为世界经济和贸易的主导力量】跨国公司已成为世界经济的主体,并呈现出生产国际化、经营多样化、交易内部化的特点。跨国公司控制了全世界生产的40%、国际贸易额的50%~60%、国际技术贸易的60%~70%、国际直接投资的90%以上[31]。

【西方发达国家主要通过跨国公司进行国外资源开发】西方发达国家利用国外资源主要是通过跨国公司来实现的。通过跨国公司的全球扩张,控制、垄断或参股于其他国家的资源开发,为母国的资源战略服务。通过跨国公司的经济行为,达到政治目的。例如,美国利用跨国公司在全球建立起来的庞大生产、销售体系,为美国的资源战略服务。通过跨国公司占有或支配所在国的战略性资源,有效保障美国的资源供给(表8-16)。尽管跨国公司在全球追逐利

润,但其代表母国利益是西方学者也承认的。

表 8-16 美国主要石油公司的海外产量

公司	全世界产量(百万桶)	国内产量(百万桶)	海外产量比例(%)
埃克森	614	219	64.33
莫比尔	296	103	65.20
雪夫隆	365	129	64.65
德士古	290	139	52.06
阿莫克	222	88	60.36
阿科	237	213	10.12
大陆	121	30	75.20
马拉松	74	48	35.13
菲利普	97	41	57.73
阿希兰	7.08	0.21	97.03
西方石油	101	23	77.22
安龙	7.49	3.70	50.60
优尼科	88	46	47.72
赫斯	95	23	75.78

资料来源:参考文献[32]。

【出台鼓励和支持从事资源开发的大型跨国公司发展的政策】面对全球资源开发中的跨国公司热潮,中国也要建立和发展大型跨国公司,在世界资源勘探、开发、销售、贸易等领域占有一席之地。为适应世界经济发展的潮流,拓宽中国利用国外资源的渠道,需要在中国目前从事资源勘探、开发、销售、贸易、加工等大型企业集团的基础上,培育中国的大型跨国公司。目前中国最需要的是大型石油、天然气跨国公司,参与国际石油、天然气的勘探、开发。因此,积极扶植中国石油、天然气股份集团公司和中国石油化工股份集团公司从事跨国经营是当务之急。可以借鉴发达国家的经验,扶持跨国公司的发展[33];可以采用由国家出面,缔结有利于跨国公司发展的协议;也可以由国家运用经济杠杆,促进跨国公司的对外扩张。具体做法是:(1)税收优惠。主要包括税收低免、延期纳税、纳税时的亏损转回和纳税时的亏损结转。(2)信贷支持。可以借鉴美国进出口银行的做法,下设专门的开发资源贷款,支持跨国公司在海外的资源开发,尤其是具有战略意义的资源开发。(3)投资保险。主要投资保险有3种,即外汇险、战争险和征用险。分别用来保护外汇不能自由汇兑的风险,公司被东道国征用、没收或国有化的风险,以及战争、革命、内乱而使跨国经营受到损失时的风险。通过上述一系列鼓励措施,发展和壮大中国的跨国公司,使得它们有能力参与国际资源勘探、开发、加工、销售、贸易等领域的国际竞争,为中国在国际资源市场占有一席之地。

五、建立多渠道的国外资源供应体系,减少资源来源单一化带来的风险

资源供应来源的多样化,是减少风险,保障安全的重要途径之一。中东地区是目前我国石油进口的主要来源。1999年我国从中东地区进口的原油占我国进口总量的46%。中东地区是世界热点地区,进口量集中在中东地区,风险太大。由于该地区特殊的政治现状,我国在该地区进口的石油比重应保持在适当的水平,同时要与中东的主要产油国保持贸易关系,而不要把贸易对象仅局限在几个国家。

从我国能源安全的角度出发,应加强与中亚、俄罗斯、北非、西非、拉美及加勒比海地区的产油国的合作,增加从上述国家和地区进口原油的能力,逐步减少中东地区在我国石油进口中所占的比重。使我国原油进口的来源更加多元化,减少石油供应中的风险。

1. 努力开拓非洲和南美石油供应市场

非洲和南美地区近几年发现大量油气,储量增长较快,有良好的油气前景。非洲大产油国非常鼓励外国直接投资进行勘探开发,且政策优惠。该地区出口潜力较大,随着欧美石油消费增长的减缓,他们必然要转向亚太市场。非洲和南美地区各主要产油国与我国关系友好,经贸关系不断加强。综合分析,最有可能供应中国原油的国家是委内瑞拉、阿尔及利亚、利比亚、尼日利亚、苏丹、安哥拉等。

2. 着眼于独联体国家

随着独联体国家政局趋向稳定,经济走向复苏,该地区的石油增产潜力十分巨大。我国与前苏联地区地缘相接,双边贸易不断发展,我国有条件发展与该地区的石油工业合作关系。事实上,俄罗斯已多次向中国提出合作开发西伯利亚天然气,并向中国出口的意向,中国已积极响应,并就输气管线的走向进行了勘探。中国应不失时机地加强与独联体国家合作,合作重点应放在油气资源最丰富的俄罗斯、土库曼斯坦、哈萨克斯坦等国,俄罗斯内部又应放在西伯利亚和远东地区。

第五节 结论与建议

【中国资源供需矛盾突出,仅靠国内资源难以满足需要,利用国外资源是必然选择】中国目前正处于工业化的成长期,经济发展对农产品、矿产品的需求量迅速上升,加上资源分布区域不均衡和低品质资源所占比例大,造成许多重要资源,如石油、天然气、铬铁矿、钾盐等,在未来难以满足经济发展的需要。从我国目前的资源潜力来看,仅仅依靠国内资源显然已不能满足需要,要解决我国短缺资源的战略接替问题,就必须利用国外资源。

【中国利用国外资源的经济环境较好,政治、军事环境不容乐观】经济全球化和加入世界贸易组织,为中国利用国外资源创造了良好的外部环境。经济全球化为贸易自由化奠定了基础。从今后的趋势看,经济全球化和贸易自由化,在很大程度上消除了不利于资源及其产品自由流动的壁垒,全球经济大环境有利于中国利用世界资源。从中国利用国外资源的政治、军事环境来看,显然要复杂得多。中国从国际市场大量进口粮食,引发了"21世纪谁来养活中国"的轩然大波,中国石油进口量的增加,引起了国际社会特别是美国和日本这两个石油进口大国的警觉,中国与美国和日本在中东、中国与美国在中亚的竞争会较为激烈。随着中国利用国外资源数量的增加,保证资源的安全供应和运输线的安全畅通就成为重要的问题。要保证海上运输线的安全,就需要一支有远洋活动能力的海军。而中国海军现代化建设,必然使"中国威胁论"更加甚嚣尘上。同时,南中国海作为世界和中国重要石油运输通道,围绕南中国海的领土争端和对海上运输线的控制等一系列问题,都对中国利用国外资源产生不利影响。

【中国利用国外资源的核心问题就是解决好石油的持续稳定供应问题】由于世界石油储量分布高度集中,加上石油在世界政治、经济中的特殊地位,使得石油成为世界资源贸易中,地位最为重要的产品。中国自1993年成为石油净进口国,1996年成为原油的净进口国以后,石油的进口量一直居高不下。中国未来利用国外资源和资源安全的核心问题都是石油问题。解决好石油的持续、稳定供应问题,就解决了中国利用国外资源最为关键的问题。

为保障我国的资源安全,建议:

【尽快建立和完善资源安全保障体系】随着中国利用国际市场资源比例的不断增加,资源供应中面临的风险也越来越大。资源储备是抵御风险、保障资源安全的最重要的手段之一。我国需要尽快建立和完善资源储备体系,积极应对利用国外资源中可能出现的风险,重点做好粮食、石油和一些战略性矿产品的储备工作。

【把资源外交作为对外关系中的重要方面加以重视】和平时期的外交工作主要是经济和贸易,政治、军事外交说到底也是国家利益。所以在今后的外交工作中,应将资源外交作为对外关系中的重要内容加以重视。中国未来资源外交的重点应围绕中东、非洲、拉丁美洲等资源丰富而又潜力巨大的地区和邻近我国的中亚和俄罗斯展开。

【与周边国家建立资源贸易伙伴关系】从中国利用国外资源来分析,我国不足和短缺的资源,许多在周边国家都有较大的潜力。而且从资源安全的角度看,与周边国家的资源合作,受自然、军事和运输等外在不安全因素的影响较少,资源供应的可靠性相对较高。俄罗斯和中亚的油气,印度的铁矿和铬铁矿,蒙古的铜矿,俄罗斯和泰国的钾盐,东南亚的农、林产品等是中国与周边国家合作开发的主要对象。

【多元化利用国外资源】资源供应来源的多样化,是减少利用国外资源可能带来的风险、保障安全的重要途径之一。中国目前的石油和粮食的进口集中度较高,不利于分散风险。石油应增加从中亚、俄罗斯、非洲和拉美的进口与合作勘探、开采;适当增加从欧盟和南美进口粮食的比重。

【扶持大型资源跨国公司,为利用国外资源服务】面对西方大型跨国公司的竞争压力,政府要积极扶持和鼓励中国资源跨国公司的发展,使之逐步成长壮大,与西方跨国公司在国际资源市场展开竞争。为此,需要政府出台鼓励资源跨国公司发展的政策,尤其是中国紧缺的战略性资源,政府通过提供贷款、税收优惠和提供保险等手段,鼓励开拓国外资源市场。

参考文献

[1] 程鸿:《中国自然资源手册》,科学出版社,1990年。
[2] 周凤起、周大地:《中国中长期能源战略》,中国计划出版社,1999年。
[3] 俞坤一:《世界经济贸易地理(修订版)》,首都经济贸易大学出版社,2000年。
[4] 《世界经济年鉴》编委会:《世界经济年鉴(1998)》,经济科学出版社,1999年。
[5] 高寿柏:"世界天然气供需新动向",《国际石油经济》,2000年第4期。

[6] 高光军等:"2002世界天然气需求增长将位居主要能源之首",《世界石油工业》,2000年第4期。

[7] 林东龙:"1999~2002年世界天然气需求将快速增长",《世界石油工业》,2000年第5期。

[8] 李锡林:《世界煤炭工业发展报告》,煤炭工业出版社,1999年。

[9] 世界资源研究所等:《世界资源报告1994~1995》,中国环境科学出版社,1995年。

[10] 王礼茂等:"不同类型国家资源战略实施的启示及我国资源战略的选择",《自然资源学报》,1994年第4期。

[11] 李际:"美国石油消费及其供应战略",《中国能源》,2000年第5期。

[12] [日]市村真一:《日本的经济发展与对外关系》,北京大学出版社,1997年。

[13] 许集:"日本稀土工业的政策与做法",《中国国土资源报》(地矿版),1999年6月24日。

[14] 郎一环:《全球资源态势与中国对策》,湖北科学技术出版社,2000年。

[15] 王如忠:《贫困化增长:贸易条件变动中的疑问》,上海社会科学出版社,2000年。

[16] 国家统计局:《2000年中国发展报告》,中国统计出版社,2000年。

[17] 刘洪:《国际统计年鉴》,中国统计出版社,1999年。

[18] 《中国对外经济贸易年鉴》编辑委员会:《中国对外贸易统计年鉴1984》,中国对外经济贸易出版社,1985年。

[19] 《当代中国对外贸易》编辑委员会:《当代中国对外贸易》(上),当代中国出版社,1992年。

[20] 国家统计局:《中国统计年鉴》(1986~2000),中国统计出版社,1987~2001年。

[21] 国家统计局:《中国对外经济统计年鉴》(1994~1999),中国统计出版社,1995~2000年。

[22] 《当代中国对外贸易》编辑委员会:《当代中国对外贸易》(下),当代中国出版社,1992年。

[23] 国土资源部矿产资源储量司等:《中国矿产资源报告》(1997~1998),地质出版社,1999年。

[24] 田春荣:"1999年我国石油进出口状况分析",《国际石油经济》,2000年第2期。

[25] 宋瑞祥:《'96中国矿产资源报告》,地质出版社,1997年。

[26] 《中国对外经济贸易年鉴》编辑委员会:《中国对外经济贸易年鉴》(1998~1999),中国对外经济贸易出版社,1999~2000年。

[27] 《中国对外经济贸易年鉴》编辑委员会:《中国对外经济贸易年鉴》(1999~2000),中国对外经济贸易出版社,2000~2001年。

[28] 王礼茂:"中国资源安全战略",《资源科学》,2002年第1期。

[29] 张文木:"军事技术革命与中国未来安全",《中国国情国力》,1999年第6期。

[30] 阎学通:"立足周边谋发展",《环球时报》,2000年3月3日第7版。

[31] 胡元梓等:《全球化与中国》,中央编译出版社,1998年。

[32] 徐小杰:《新世纪的油气地缘政治》,社会科学文献出版社,1998年。

[33] 陈宝森:《美国跨国公司的全球竞争》,中国社会科学出版社,1999年。

第九章 自然资源管理的体制、法制与机制

自然资源管理是自然资源可持续利用的基础。没有科学有效的管理,便没有自然资源的可持续利用。加强管理是自然资源可持续利用的基本出发点和立足点。中国自然资源管理包括体制、法制和机制等内容。无论是自然资源管理的体制,还是自然资源管理的法制或机制,都已发生、正在发生并将继续发生一系列的变化、变革或调整。

第一节 自然资源管理:重要的公共管理

> 一、自然资源:民族生存基础与国家主权的含义

1. 自然资源:民族生存与发展的基础

自然资源是一个国家或民族生存与发展的不可或缺的物质基础,又称为自然资源基础(natural resource base)。它既有自然资源总量的含义,又有自然资源质量、分布与结构的含义。自然资源丰度是衡量自然资源基础的主要指标。

2. 自然资源:国家主权的具体实现

国土是指一个国家的领土,包括陆地疆域、领海及专属海洋经济区和领空等,是一个国家的自然资源综合体。自然资源是国土的基础组成部分,是国家主权的具体体现。由此,出现了自然资源主权(natural resource sovereignty)的范畴。在很大意义上讲,对自然资源的管理就是行使国家主权的管理;同时也是一个民族行使其自然资源所有权的体现。自然资源管理既要体现民族的意志,也要体现国家的意志,在非君主或非独裁国家,二者也往往是一致的。

> 二、自然资源管理:典型的公共管理

1. 公共管理:在管理理念中的体现

【自然资源是最主要的公共资源】社会公共资源包括国家拥有的土地、矿产、森林、水域、海洋等在内,公共资源的管理首先要体现公共意愿,这就决定了自然资源管理特别是国家所有的资源管理,是公共管理的重要组成部分。公共管理还包括公共(社会、经济)秩序管理,社会基础设施建设及管理,公民教育、科技、文化、卫生事业发展及管理,自然灾害的防治与救济及其管理,国家安全保障及其管理,民族利益保障及其管理等。

【资源管理与环境和生态问题密不可分】资源及其管理与环境和生态问题密切相关。环境和生态问题的主要特征,一是关注的社会性,二是环境治理和生态保护效应的外溢性。这就决定了环境和生态问题从本质上讲是最典型的公共管理问题,而非企业和个人所关注和能解决的问题。资源、环境、生态等,共同成为公共管理的重要方面。

【资源管理：国家意志的体现形式】包括自然资源和人力资源在内的资源，历来都是国家财富的象征，也是国家发展的动力源泉。自然资源及人力资源的配置决定着国家的发展方向，要体现国家的意志。从这个意义上讲，自然资源管理是国家重要的公共管理范畴，也是国家行政管理的重要内容。

【资源管理关乎国家安全】如前所述，资源安全是国家安全特别是非传统国家安全的重要基础和主要内容之一。国家安全是社会所关注的重要方面，需要政府给予高度重视。世界各国，特别是发达国家，都在国家安全战略构想中给予资源安全以高度重视，并将其列为国家安全的重要组成部分。因此，资源安全及保障资源安全的资源管理，无疑是国家、公民和政府所关注的问题。

2. 公共管理：在机构设置中的体现

在1998年的机构改革方案中，将国务院组成部门分为四类，即宏观调控部门，专业经济管理部门，教育科技文化、社会保障和资源管理部门，国家政务部门。从中可以看出，将资源管理与科技、教育和社会保障等部门归为一类，均属于社会公共管理的范畴，涉及自然资源、科技资源、教育资源及社会保障资源等社会公共资源的管理。由此，自然资源管理是典型的公共（资源）管理部门[1]（专栏9-1）。

专栏 9-1

1998 年机构改革后的国务院组成部门[1]

宏观调控部门：宏观调控部门的主要职责是：保持经济总量平衡，抑制通货膨胀，优化经济结构，实现经济持续快速健康发展；健全宏观调控体系，完善经济、法律手段，改善宏观调控机制。包括：国家发展计划委员会、国家经济贸易委员会、财政部和中国人民银行等。

专业经济管理部门：专业经济管理部门的主要职责是：制定行业规划和行业政策，进行行业管理；引导本行业产品结构的调整；维护行业平等竞争秩序。包括铁道部、交通部、建设部、农业部、水利部、对外贸易经济合作部、信息产业部、国防科学技术工业委员会等。

教育科技文化、社会保障和资源管理部门：教育科技文化、社会保障和资源管理部门的职责未作统一界定，而是分别予以说明。包括科学技术部、教育部、劳动和社会保障部、人事部、国家体育总局、国土资源部、国家广播电影电视总局等。

国家政务部门：包括外交部、国防部、文化部、卫生部、司法部、公安部、安全部、民政部、监察部、审计署、计划生育委员会、民族事务委员会等部、委、署。

三、国土资源管理:更具国家意志的自然资源管理

1. 自然资源管理与国土资源管理在概念上的交互使用

在中国,就目前看,自然资源管理又称为国土资源管理。国土资源管理与自然资源管理的不同之处在于前者有空间范围上的含义,即国土资源管理是对一个国家管辖范围内的自然资源,包括土地、水、气候、矿产、海洋等资源,所进行的管理;后者则没有特指空间范围。二者的相同之处在于管理的资源类型实际上是一样的。

2. 国土资源管理的一般内容

国土资源或自然资源管理涉及多方面,包括行政管理、法制管理、经济管理及技术管理。

【自然资源行政管理:国家行政管理的主体内容之一】对自然资源的行政管理,历来是中国政府行使自然资源管理的主要形式,是自然资源行政管理机构根据国家意志,对自然资源开发、利用、保护等方面所进行的组织、干预和管理。自然资源行政管理的主要内容是:制定自然资源勘察与调查、开发与利用、分配与配置、治理与保护等方面的政策;根据国家需要组织自然资源勘察、调查和评价;根据国家需要组织自然资源勘察、调查、开发、利用和保护等方面的规划;进行资源开发、利用审批;进行资源产权交易管理;监督执行资源法律、法规;处理资源纠纷和诉讼等。

【自然资源法制管理:自然资源管理发展的方向】适应建立法制社会的需要和由人治向法治的转变。自然资源法制管理被认为是自然资源管理的发展方向。主要包括自然资源立法和执法。资源立法包括综合立法、专项立法两方面,但就目前看,专项立法先于综合立法,综合立法严重滞后。

【自然资源经济管理:适应市场经济体系的领域】适应市场经济的要求,发挥市场在资源配置中的作用,推动资源有偿使用,培育资源市场,推行资源核算工作,运用价格、税收等经济手段调控资源的配置、开发和利用等。

【自然资源技术管理:适应现代化和标准化管理的要求】资源勘察与调查、开发与利用、治理与保护等,均需要严格的技术规程;资源管理也须建立在现代信息传输和处理的基础上。这些构成自然资源技术管理的主体内容。

3. 中国自然资源管理处于转型时期

中国社会经济发展正处在转型期,自然资源管理也处于不断变革之中,新的问题、新的做法不断出现。中国自然资源管理无论在体制、法制或机制方面,都有其特殊性和渐变性,并处在发育和完善的阶段。加入WTO更加速了自然资源管理的转型。这主要体现在管理理念的转变、管理机构的设置、管理手段的取舍等方面。

第二节　自然资源行政管理：体制及其演变

一、资源管理体制演变

1. 资源管理体制经历了三阶段调整

【资源管理体制与经济体制的变化不尽相同】自然资源管理体制的变化与其他管理体制的变化不尽相同。中国自然资源管理体制的演变，取决于对自然资源认识的变化，取决于各时期社会经济发展对自然资源的需求变化，取决于国家经济体制改革的整个进程(专栏9-2)。

专栏9-2

主要资源管理机构的调整历程[2~4]

土地资源管理机构的调整历程：中华人民共和国建国初期，土地资源归内务部地政局管理，以土地改革为主要职责；1954年撤销地政局，在农业部设土地管理局以管理农用土地，1956年又设农垦部以管理土地垦殖和国营农场，1982年又在农业部设土地管理局；而非农用地则分属城市、交通等部门管理，土地的整体性被人为地打破，按用地部门分别管理，土地利用结构的变化难以监控。

矿产资源管理机构的调整历程：1950年成立中国地质工作计划指导委员会；1952年成立地质部；1953年成立全国矿产储量委员会，办事机构设在地质部，负责审查和审批矿产储量、平衡矿产资源等；1970年地质部并入国家计委，设地质局；1975年改设国家地质总局；1979年又将国家地质总局改为地质部。各类矿产资源分别归有色、冶金、化工、建材、煤炭、石油等部门管理，且以资源开发和经营为主，极少承担资源管理的职责。1982年成立地质矿产部；1998年与土地管理局、海洋局、测绘局等共同组建成了国土资源部。

水资源管理机构调整的历程：中华人民共和国建国伊始即设水利部，主要负责大江大河治理及农田水利，且以水利工程管理为主，较少涉及水资源的统一调度和管理；又划分为各大流域管理委员会，如长江水利管理委员会、黄河水利管理委员会、海河水利管理委员会、珠江水利管理委员会等。

海洋资源管理机构的调整历程：1964年成立国家海洋局，承担海洋综合调查和研究工作，虽经海军代管、国家科委代管、国务院直接领导等变迁，但始终是一个事业单位，其对海洋资源的管理职权及权威性无疑受到制约。

【三阶段变化】受对资源认识的变化、资源需求的变化及经济体制改革等三方面的共同影响，中国自然资源管理体制经历了三个阶段的变化，即20世纪50年代、60年代和70年代的高度计划经济下的资源管理体制，延续时间大致是30年，其主要特征是"大分散小集中的资源管理体制"；20世纪80年代至90年代中后期的过渡性资源管理体制，延续时间大致是20年，

是"分散与集中交织的资源管理体制";1998年机构改革后的资源管理体制,即"大集中格局逐渐形成的资源管理体制"[2~4]。

2. 大分散小集中的资源管理体制(20世纪80年代以前)

【特征之一:大分散】此一阶段,与高度集中的计划经济阶段相适应,资源系统的整体性在管理中未予充分重视。水资源、土地资源、矿产资源、海洋资源等分布在多个部门进行以产品生产为导向的行业式管理。所谓的大分散,是指资源系统的整体性未考虑,而是按资源的利用部门进行以产业或行业为界限的管理,没有统一管理自然资源的机构。

【特征之二:小集中】此一阶段,与短缺经济背景下的产业或部门管理相适应,每个部门对资源进行企业式的高度集中管理,且从产品生产的角度对资源进行计划配置,特别进行统一的无偿调度。但另一方面,在资源管理方面基本上没有部门间的协调和沟通。资源被人为地割裂于各部门进行管理。仅就土地资源而言,用地计划、特别是耕地利用的计划管理十分严格,管理权限高度集中,而耕地所有者(农民集体)对耕地的支配权基本丧失。

【特征之三:机构设置不断变化】20世纪80年代以前,资源管理的各种关系始终未能理清,因此机构的设置不断变化,这一点,在土地资源管理方面体现得最充分,先后为内务、农业及农垦等部门管理。

3. 分散与集中交织的过渡性资源管理体制(20世纪80年代初至90年代末)

【特征之一:两种趋势较为明显】进入改革开放的20世纪80年代之后,资源管理出现了两种发展趋势,一是资源按类别进行了一定的集中,如1986年为加强土地统一管理、保护耕地而成立了国家土地管理局,1982年成立了地质矿产部,加强对地质和矿产资源的统一管理。另一方面,各类资源的管理仍处于分散状态,没有从根本上考虑资源的整体性。

【特征之二:依法行政管理逐步显现】这一时期,特别是20世纪80年代中期以后,迎来了资源立法的高峰,1986年还颁布了《矿产资源法》和《土地管理法》,对于依法管理矿产资源和土地资源起到了极其重要的作用。在相关法律的推动下,土地、矿产等资源的管理体系逐步建立和完善,特别是五级土地管理机构的建立,为统一管理好、用好和保护好耕地资源,起到了极其重要的作用。

【特征之三:机构设置相对稳定】这一时期,包括土地、矿产、海洋、水等资源在内的资源管理机构,虽然相互独立设置,其间的协调工作不甚理想,但按类管理资源的机构设置较为稳定,基本未出现大的变化(期间也曾出现水利部与水利电力部的名称变换)。特别值得一提的是这一期间设立的能源部,在统一规划管理包括石油、煤炭等能源方面发挥了积极而重要的作用。

【特征之四:市场的作用逐步加强】先后受社会主义商品经济和社会主义市场经济体系的总体改革要求的推动,市场在资源管理中的作用逐步显现并得到重视,资源无价、原料低价、产品高价的局面逐步得到改变,并最终告别了短缺经济,资源管理中的市场、行政和法律等三大手段并重的局面逐步形成。

4. 大集中格局逐渐形成的资源管理体制(20世纪90年代末以来)

20世纪90年代末,资源管理体制进入了新的历史时期,从资源系统性和整体性着眼的大集中的资源管理格局开始建立,其标志是国土资源部的成立,它集中土地、矿产、海洋等资源的管理于一体,有力地推动了资源管理的统一进程和科学化进程。

二、目前的资源管理体制及其述评

1. 现有管理体制的形成以国土资源部的成立为标志

目前的自然资源管理体制,以国土资源部的成立为主要标志。国土资源部的成立,标志着我国自然资源管理相对集中的格局正在逐步形成,资源系统的整体性得到了必要的重视。国土资源部是我国自然资源的综合管理机构,但并非惟一的资源管理机构。其他管理机构还主要包括:负责水资源管理的水利部,负责森林资源管理的国家林业局,负责资源综合利用的国家经济贸易委员会,以及负责农业资源管理的农业部等。

2. 各资源管理机构的基本职责

【国土资源部】国土资源部是根据1998年3月10日九届全国人大一次会议通过的《关于国务院机构改革的决定》而设立的,并于1998年4月8日正式成立。由原地质矿产部、国家土地管理局、国家海洋局和国家测绘局共同组建而成。国土资源部的资源管理职能有十余个方面,其中最主要的当属拟定法律法规、编制规划计划、规范价格市场等(专栏9-3)。

专栏9-3

国土资源部的主要职责[2]

根据第九届全国人民代表大会第一次会议批准的国务院机构改革方案和《国务院关于机构设置的通知》,国土资源部是主管土地资源、矿产资源、海洋资源等自然资源的规划、管理、保护与合理利用的国务院组成部门。其主要职责是:

(1) 拟定有关法律法规,发布土地资源、矿产资源、海洋资源(农业部负责的海洋渔业除外,下同)等自然资源管理的规章;依照规定负责有关行政复议;研究拟定管理、保护与合理利用土地资源、矿产资源、海洋资源政策;制定土地资源、矿产资源、海洋资源管理的技术标准、规程、规范和办法。

(2) 组织编制和实施国土规划、土地利用总体规划和其他专项规划;参与报国务院审批的城市总体规划的审核,指导、审核地方土地利用总体规划;组织矿产资源、海洋资源的调查评价,编制矿产资源和海洋资源保护与合理利用规划、地质勘查规划、地质灾害防治和地质遗迹保护规划。

(3) 监督检查各级国土资源主管部门行政执法和土地、矿产、海洋资源规划执行情况;依法保护土地、矿产、海洋资源所有者和使用者的合法权益,承办并组织调处重大权属纠纷,查处重大违法案件。

(4) 拟定实施耕地特殊保护和鼓励耕地开发政策,实施农地用途管制,组织基本农田保护,指导未利用土地开发、土地整理、土地复垦和开发耕地的监督工作,确保耕地面积只能增加、不能减少。

(5) 制定地籍管理办法,组织土地资源调查、地籍调查、土地统计和动态监测;指导土地确权、城乡地籍、土地定级和登记等工作。

(6) 拟定并按规定组织实施土地使用权出让、租赁、作价出资、转让、交易和政府收购管理办法,制定国有土地划拨使用目录指南和乡(镇)村用地管理办法,指导农村集体非农土地使用权的流转管理。

(7) 指导基准地价、标定地价评测,审定评估机构从事土地评估的资格,确认土地使用权价格。承担报国务院审批的各类用地的审查、报批工作。

(8) 依法管理矿产资源探矿权、采矿权的审批登记发证和转让审批登记;依法审批对外合作区块;承担矿产资源储量管理工作,管理地质资料汇交;依法实施地质勘查行业管理,审查确定地质勘查单位的资格,管理地勘成果;按规定管理矿产资源补偿费的征收和使用。审定评估机构从事探矿权、采矿权评估的资格,确认探矿权、采矿权评估结果。

(9) 组织监测、防治地质灾害和保护地质遗迹;依法管理水文地质、工程地质、环境地质勘查和评价工作,监测、监督防止地下水的过量开采与污染,保护地质环境;认定具有重要价值的古生物化石产地、标准地质剖面等地质遗迹保护区。

(10) 安排并监督检查国家财政拨给的地勘费和国家财政拨给的其他资金。

(11) 组织开展土地资源、矿产资源、海洋资源的对外合作与交流。

【其他部门的资源管理职能】其他涉及自然资源管理的部门还有水利部、国家林业局、国家环保总局、农业部、国家发展计划委员会等。其中,水利部中与资源管理直接有关的职责是:(1)统一管理水资源(含空中水、地表水、地下水)。组织拟定全国和跨省(自治区、直辖市)水长期供求计划、水量分配方案并监督实施;组织有关国民经济总体规划、城市规划及重大建设项目的水资源和防洪的论证工作;组织实施取水许可制度和水资源费征收制度;发布国家水资源公报;指导全国水文工作。(2)拟定节约用水政策,编制节约用水规划,制定有关标准,组织、指导和监督节约用水工作。(3)按照国家资源与环境保护的有关法律法规和标准,拟定水资源保护规划;组织水功能区的划分和向饮水区等水域排污的控制;监测江河湖库的水量、水质,审定水域纳污能力;提出限制排污总量的意见[5]。

3. 现有资源管理体制的基本特征与存在的问题

【大集中的资源管理格局初步形成,但部分资源未纳入统一管理范畴】资源管理的大集中主要体现在国土资源部的成立上。水、渔业等资源的调查、开发和保护等,以及石油和天然气资源的开发和储备等,均未与其他资源的管理有机地结合起来。特别是水资源与土地资源的分割管理,破坏了二者间的有机联系,对于洪涝、干旱等自然灾害的防治极为不利,也显著降低了水资源和土地资源的效能。资源统一管理还有相当长的路要走。

【资源按产业或行业管理的现象依然存在，资源管理与环境管理及产业管理间缺乏必要的沟通与协调】资源、环境、生态、产业间有着重要的内在联系，这种内在联系在资源管理中不可忽视。然而，目前的资源管理体制，还未有效地将资源与环境保护、资源与生态建设、资源与产业发展以及资源与贸易的关系考虑进来。其表现之一是资源开发利用与保护，同环境保护间的关系缺乏协调，土地（土壤）环境、矿区环境、海洋环境、水环境等，需要土地、矿产、海洋、水等资源管理与环境保护间的协调与统一。表现之二是资源开发利用与保护，同生态建设、特别是退耕还林还草行动间，缺乏必要的沟通和协调，既影响了生态建设的进展，也影响了资源管理的统一部署。表现之三是资源管理与产业管理，特别是与资源型产业管理间缺乏必要的沟通和协调，如矿产管理与石油、天然气、煤炭等能源产业间，土地管理与农业产业管理间，海洋与渔业生产管理间，都在不同程度上存在脱节和不协调的问题。

【法制和市场的作用进一步加强，但公共资源管理有待进一步规范】自然资源是最重要的公共资源。国有土地、矿产、森林等资源均属于典型的公共资源。公共资源的配置主体是政府；公共资源配置是政府的重要职责，也是导致资源低效和滋生腐败的重要领域。传统的公共资源配置方式已不适应市场经济体制的要求。改革公共资源管理方式，是提高资源效率、政府效率和防止腐败的重要方面。

【资源部门管理与属地管理的关系未能理顺】无疑资源管理是有层次的，既有中央（部门）的集中管理，也有地方（属地）的集中管理。二者间应该建立起一种相辅相成的关系，但实际情况是地方（属地）管理不能很好地体现中央集中管理的基本精神，有为地方短期经济利益驱使而造成资源破坏的现象。

【部门分割、城乡分离的管理体制依然存在】水资源的部门分割、城乡分离，土地资源的部门分割与城乡分离现象还相当普遍（专栏9-4）。

专栏9-4

部门分割、城乡分离的水资源管理体制及其弊端

水管理仍然是部门分割、城乡分离的"多龙管水"。既违背了水循环规律，也违背水资源配置规律，造成水浪费与水短缺的现象并存。涉水部门有水利、城建、农业、环保、林业、市政等多达九个部门，俗称九头管水、九龙治水，岂有不乱之理？

究其缘由，概为以下方面：(1)分段把守，人为造成水流不畅。管水源的不管供水，管供水的不管节水、排水，管排水的不管治理污水和地下水回灌，管治污的不管污水处理回用。(2)"九龙管水"必然造成不可能统一规划、统一管理、统一配置水资源。(3)水源地保护的补偿机制难以建立，城乡利益分配不当导致水资源支撑能力下降。(4)城市污水排放、农村取水、农业灌溉等不能很好地协调，既导致农业和农村水浪费，又造成城市和工业用水的紧张。

三、资源管理体制的改进(建议)[6~7]

1. 管理理念的转变

【转变之一：由经济效率至上到资源效率至上】资源是社会经济发展不可或缺的基础。从国家或民族利益的角度看，资源保护比资源利用更具意义，浪费资源是极大的犯罪；从保障国家可持续发展角度看，提高资源效率是增强可持续发展能力的重要途径。为此，资源管理部门与其他经济管理部门的主要区别在于其更能从国家和民族利益的角度，以提高资源效率为根本出发点定位其职责，部署其工作。

【转变之二：由产业系统性到资源系统性】与资源效率至上的理念相关，资源管理要实现由产业系统性着眼向资源系统性着眼的转变。资源与产业是密不可分的，资源是产业的基础，特别是资源型产业发展的基础；产业是资源发挥其效能的主要领域，也是资源进入市场的主要渠道。产业有其自身的系统性，需要按产业的发展规律进行管理；同样，资源也有其系统性，这种系统性体现在同一地域内的资源间相互依赖和相互作用。资源既是产业发展的要素，也是资源管理的对象。过去的资源管理主要着眼于产业的系统性，从产业系统的角度对同一类资源进行分散管理，破坏了资源的系统性和整体性，影响了资源总体效能的发挥。为此，应从资源系统性和整体性着眼，加强资源集中管理，强调资源间的功能协调和统一配置，以提高资源系统的整体功能。

【转变之三：由封闭管理到开放管理】随着加入世界贸易组织（WTO），资源开发利用的主体将日趋多元化，资源勘探权、开发权的市场将更加开放。由此，单纯面向本国公民或企事业的资源管理视野，将不可避免地扩展。

【转变之四：政府更多地以国家意志代表和公正独立的身份出现】政府资源管理部门，将更多地以资源所有者——国家代表的身份出现，管理资源，特别处理好公共资源的分配问题；在处理各种资源纠纷时，其身份应加超脱，没有所有制和地域上的歧视；同时，要维护国家的资源利益。

2. 改革公共资源分配方式

【公共资源呈减少趋势】不可否认，公共资源有其两重性，一是可以保障国家或地区公共事业发展及重点产业或群体对资源的需求，并可引导资源开发利用方式的发展；二是增加资源配置不当、资源效率低下并招致公众批评的危险性。从国内外发展的经验教训看，公共资源的减少是趋势，是提高资源利用效率的必然要求。在保障国家事业、重点产业、特殊群体等对资源需求的基础上，减少公共资源的存在规模和时间，是不可逆转的趋势，也是杜绝腐败的要求。

【改革公共资源管理方式】对于继续持有的公共资源，亦须改革其管理及分配方式，推行公开、公平、公正制度，积极引入市场机制，实行招标、拍卖制度，以最大限度地提高公共资源的配置公平性和利用效率（专栏9-5）。

专栏9-5

公共资源管理方式正在改革

据国土资源部材料,我国公共资源管理方式正在改革。改革的目的在于推进依法行政,提高资源配置的公平性,适应市场经济体制建设。根据改革设想,我国的矿产、土地等公共资源将逐步实现由行政配置为主到市场配置为主的重大转变,即使必须采用行政审批的资源也须引入公平竞争机制。为此,国土资源管理系统将继续推进招标、拍卖出让国有土地使用权,凡经营性房地产用地一律以招标、拍卖方式供地;进一步完善出让国有土地使用权招标、拍卖制度,逐步扩大范围,规范程序,保证公平。同时积极培育矿业权市场,推进探矿权、采矿权的招标、拍卖的试点,取得经验后,在全国推广。

与公共资源分配方式改革相配套,国土资源管理系统还将推行政务公开制度。今后,与百姓利益相关、便于有关人民群众参与管理、监督的政务信息,如建设用地批准信息、登记信息、矿产资源储量评审信息、矿业权设立、变动及评估信息等,将定期公开披露。一些涉及公民、法人具体财产权利的信息,可以公开查询。国家及省(区、市)的国土资源管理部门将设立触摸屏公开查询系统;市、县国土部门也将建立公开查询、定期披露制度。

3. 推行不同层次的资源属地管理

【资源管理的属地化是趋势】资源的系统性体现在地域上。资源管理的发展趋势是系统管理,因此,资源管理的属地化是必然的发展趋势。资源管理的属地化,既与行政管理的减权放权趋势相一致,也与资源的集中统一管理要求相适应。

【资源属地管理是有层次的】属地管理不仅仅指加强地方政府对管辖范围内的资源的统一管理,也意味着国家层次的统一管理。在此,属地是有层次的,包括国家、省级单元(省、市自治区)、市级单元(地级市、州盟及地区)、县级单元(县、旗及县级市)等。各级政府都要对其所管辖行政地理单元内的自然资源,进行统一的管理。这种属地管理由各级政府的资源统一管理机构,依照相应的法律法规和制度进行。

4. 进一步调整管理机构

【调整方向之一:进一步提高资源管理的集中度】目前的资源管理体制,还未实现土地、矿产、水、能源及海洋等资源的统一管理,国土资源部的管理职权还仅仅局限于土地、矿产及海洋等资源。要进一步区分水利、林业、农业等部门的产业管理与资源管理职权,进一步将资源管理权限纳入资源统一管理的范围,同时加强产业的管理(专栏9-6)。

【调整方向之二:加强行政监督、市场规范、争议仲裁等职能】加强行政监督是依法行政的要求,也是规范属地管理的重要手段。行政监督的内容应主要包括监督法律法规的执行,监督地方政府资源管理的职责,杜绝和纠正管理失误。加强市场规范化建设,营造公平的市场环境,促进资源市场的发育和发展。树立独立、公正和权威的形象,在各种资源纠纷中切实担当起仲裁和调解的角色,维持资源勘察、开发、利用和保护的正常秩序,保障合理的权益。

> **专栏 9-6**
>
> **关于国土资源部的名称与管辖范围**
>
> 按通常理解,国土资源是指一个国家所管辖领土上的自然资源,包括土地资源、矿产资源、水资源、生物资源、海洋资源等,实为所有的自然资源。但就目前我国国土资源部名称看,其管辖范围仅限于土地及其他若干种自然资源(矿产和海洋资源)。这一点从国务院对国土资源部的职责界定及国土资源部的英文名称(the Ministry of Land and Resources)中即可看出。显然,目前的国土资源部还不是完整意义上的自然资源综合管理机构。

【调整方向之三:加强资源调查、评价及核算职能】资源调查是资源决策的基础,也惟有政府才能推动完成;资源评价既是政府的职责,也是企业所关心的,政府推动资源评价的目的在于提供最基础的资源价格依据,防止资源价格扭曲而影响市场良性发展;加强资源核算是防止资源过度消耗的重要手段,也是资源管理部门判断国家或地区资源消耗速度是否合理的重要依据。

【调整方向之四:建立与环境及相关产业部门的协商机制】水污染物排放及其治理、退耕还林还草等生态、环境行动,无不与资源保护和开发利用有着密切关系;农业、林业、水利等资源性产业管理部门,其产业发展规划、布局的调整,都在不同程度上影响到资源的开发、利用和保护。建立资源管理与环境保护、生态建设(二者又往往统称为生态环境建设)等管理部门的协商机制,目的在于实现资源、环境、生态决策间的一致性和相互配合;建立资源管理部门与资源性产业管理部门间的协商机制,目的在于协调资源与产业间的关系,防止政策措施的冲突,提高资源管理和产业管理的科学性、权威性和有效性。

第三节　自然资源政策:轨迹与完善

一、20年来的资源政策发展轨迹

1. 中央政府工作报告中关于资源政策的阐述(1991年以来)

【中央政府工作报告中关于资源问题与资源政策的论述:国家资源政策的重要指示灯】历年全国"两会"期间的政府工作报告,都会对当年包括资源管理工作和资源政策在内的工作部署、政策方向有较为明确的说明。特别从20世纪90年代以来中央政府工作报告中关于资源问题的论述,我们可以看出近十年来我国资源政策调整的基本轨迹。中央政府工作报告对资源问题和资源政策的说明,也有着阶段性的变化,十年来大致可以分为三个阶段,这也是近十年来我国资源政策的基本发展轨迹。

【1991～1995年中央政府工作报告中关于资源问题与资源政策的论述】1991～1995年的资源政策基本没有大的调整，主要强调耕地保护和节约用水问题，以及能源建设和保障问题。此时对资源问题的强调，还主要立足于资源本身，较少与经济发展联系起来；也主要立足于国内资源的开发、利用和保护，基本没有涉及国外资源问题；另外，对资源价格与市场的关注也较少。此时，市场化程度、对外开放程度还较低，有许多问题还未显现[8～11]。

【1996～1998年中央政府工作报告中关于资源问题与资源政策的论述】这一时期我国资源政策发生了重大调整和变化。一是明确提出要实现两个根本转变，即经济体制由计划经济体制向市场经济体制的转变，经济增长方式由粗放型向集约型的转变。特别是第二个转变对资源利用方式提出了新要求，资源节约的要求更为迫切。二是明确提出以市场手段配置和管理好资源，特别提出要理顺资源性产品价格，建立资源更新和保护的价格补偿制度。三是明确提出了两种资源、两个市场的设想，强调要进口短缺资源性产品。这一时期的资源政策调整，是具有重要历史意义的政策调整，对我国资源政策的基本发展有着重要影响[12～14]（专栏9-7）。

【1999～2000年中央政府工作报告中关于资源问题与资源政策的论述】这一时期是加强生态环境建设的时期，也是将资源开发利用与生态环境建设有机结合在一起的时期。这期间，在强调本着"退耕还林（草）、封山绿化、以粮代赈、个体承包"的原则加强生态环境建设的同时，明确提出要实行世界上最严格的土地管理制度，重点管好、用好和保护好耕地资源；鼓励国内企业合作开发境外资源，以充分利用两种资源保障国家资源供给[15～16]。

专栏9-7

历年中央政府工作报告中关于资源问题和资源政策的论述

1992年：大灾之后，应当更加重视水利建设。当前的重点是加快淮河、太湖的综合治理。各地要加强中小河流的治理，开展农田水利基本建设。搞好城乡节水，缓解水资源紧张的矛盾。改革土地使用制度，合理利用土地，切实保护耕地，有步骤地开发宜农荒地、宜牧荒原和滩涂。进一步搞好水土保持，保护森林和草原植被。全民植树造林活动，功在当代，福及子孙，要长期不懈地坚持下去。积极开发中、西部地区的丰富资源，促进这些地区的经济发展。在全国各地，都要十分注意积极保护和合理利用矿产资源[8]。

1993年：加强能源建设，实行开发与节约并重的方针。煤炭工业，要改造东部老矿，积极开发和合理利用中西部资源，改造和提高地方矿和乡镇矿。石油工业，要采取"稳定东部，发展西部"方针，并积极开发天然气和海上油气田。我国能源特别是石油供应紧张，一定要注意节约和提高使用效益。要坚持经济建设、城乡建设、环境建设同步规划、同步实施、同步发展的方针，实行城乡环境综合整治。进一步健全环境法制，加强环境监督和管理。积极防治工业污染，依法保护和合理利用土地、矿产、海洋、森林、草原、水等各种自然资源。加快植树造林步伐,保证造林质量,制止乱砍滥伐,提高森林覆盖率。认真做好防灾减灾工作。继续执行国家对少数民族和民族地区的优惠政策。增加对民族地区的投资,在安排重点项目时,把产业政策和地区合理布局结合起来,发挥民族地区的资源优势[9]。

1994年:各级政府要把环境保护纳入经济和社会发展计划,坚持经济建设、城乡建设、环境建设同步规划、同步实施、同步发展,实行城乡环境综合治理,依法加强监督检查。合理开发和保护自然资源,大力植树造林,改善生态环境[10]。

1995年:保护和合理使用耕地,稳定粮棉播种面积,坚决制止撂荒和乱占耕地的现象。各地都要建立基本农田保护制度,并且落实到地块和农户。城乡建设要尽量利用非耕地资源,农村多种经营和住宅建设不得挤占粮田[11]。

1996年:积极推进经济体制和经济增长方式的根本转变。从计划经济体制向社会主义市场经济体制转变,经济增长方式从粗放型向集约型转变。加强中西部地区资源勘查,优先安排资源开发和基础设施建设项目,逐步增加财政支持和建设投资;调整加工业的布局,引导资源加工型和劳动密集型的产业向中西部地区转移;理顺资源性产品的价格,增强中西部地区自我发展的能力。加强环境、生态保护,合理开发利用资源。要依法大力保护并合理开发利用土地、水、森林、草原、矿产和生物等自然资源,千方百计减少浪费。积极开发海洋资源。尽快完善自然资源有偿使用制度和价格体系,建立资源更新的经济补偿机制。提高对外开放水平。要充分利用国内和国际两种资源、两个市场,进一步扩大对外开放[12]。

1997年:加强水资源的开发、综合利用与管理,逐步实行水的有偿使用,促进节约用水。更好地利用国内外两个市场和两种资源,促进对外贸易持续增长,保持进出口基本平衡。认真实行环境保护和计划生育的基本国策,正确处理经济建设与环境、人口、资源的关系。依法保护和合理开发海洋、森林、草原、矿产和生物等自然资源,制止乱砍滥伐、乱挖滥采[13]。

1998年:我国水资源短缺,必须十分重视水资源的保护、合理开发和可持续利用。要加强水资源管理,实行有偿使用制度,促进节约用水。严格控制城乡建设用地,落实基本农田保护制度,认真保护好耕地。支持中西部地区的资源开发和重大基础设施建设。增加进口的重点,是短缺的资源性产品、高新技术和关键技术设备。加强对耕地、水、森林、草原、矿产、海洋、生物等资源的管理和保护。实行资源有偿使用制度,促进资源的节约与合理利用[14]。

1999年:防治污染,保护水资源。在注意防汛的同时,做好防旱抗旱工作。坚决实行最严格的土地管理制度和保护森林、草原的措施。停止长江、黄河上中游天然林采伐,东北、内蒙古林区和其他天然林区要限量采伐或者停止采伐。坚决制止新的毁林开

> 荒、围湖造田,对过度开垦、围垦的土地,有步骤地退耕还林、还草、还湖。要继续搞好灾后重建工作。开展大规模的植树造林种草,抓好重点生态工程建设,治理水土流失,为子孙后代留下青山绿水。要以对人民、对子孙后代高度负责的精神,保护资源和生态环境。加强对资源的规划和管理,克服靠浪费资源求发展的短期行为,合理利用和保护资源,切实提高资源综合利用水平[15]。
>
> 2000年:切实搞好生态环境保护和建设。大力开展植树种草,治理水土流失,防治荒漠化。加大长江上游、黄河上中游天然林保护工程的实施力度。陡坡耕地要有计划、有步骤地退耕还林还草。抓住当前粮食等农产品相对充裕的有利时机,采取"退耕还林(草)、封山绿化、以粮代赈、个体承包"的综合性措施,以粮换林换草。加强自然资源管理,依法保护和合理利用土地、森林、草原、矿产、海洋和水资源。鼓励国内有比较优势的企业到境外投资办厂,开展加工贸易,或者合作开发资源[16]。

【2001年:对21世纪初期资源政策取向的说明】2001年的政府工作报告以《中华人民共和国国民经济和社会发展第十个五年计划纲要》的形式出现,对21世纪初的中国资源问题及资源政策作了详细而系统的论述,提出坚持资源开发与节约并举,把节约放在首位,依法保护和合理使用资源,提高资源利用率,实现永续利用。并具体提出要重视水资源的可持续利用,把节水放在突出位置,协调生活、生产和生态用水,加大水的管理体制改革力度,建立合理的水资源管理体制和水价形成机制;坚持保护耕地的基本国策,严格实行草场禁牧期、禁牧区和轮牧制度;加强海域利用和管理以维护国家海洋权益;对重要矿产资源实行强制性保护,深化矿产资源使用制度改革,规范和发展矿业权市场[16](专栏9-8)。

专栏9-8

《中华人民共和国国民经济和社会发展第十个五年计划纲要》
中关于21世纪初期中国资源问题与资源政策的论述[16]

《中华人民共和国国民经济和社会发展第十个五年计划纲要》(2001年3月15日第九届全国人民代表大会第四次会议批准,以下简称《纲要》),共十篇,第四篇为人口、资源和环境,该篇分第十三、第十四和第十五章,第十四章为节约保护资源,实现永续利用。在该章提出,坚持资源开发与节约并举,把节约放在首位,依法保护和合理使用资源,提高资源利用率,实现永续利用。该章共分两节,第一节为重视水资源的可持续利用,第二节为保护土地、森林、草原、海洋和矿产资源。

在《纲要》中提出,坚持开源节流并重,把节水放在突出位置。以提高用水效率为核心,全面推行各种节水技术和措施,发展节水型产业,建立节水型社会。城市建设和工农业布局要充分考虑水资源的承受能力。加大农业节水力度,减少灌溉用水损失,2005

年灌溉用水有效利用系数达到0.45。按水资源分布调整工业布局,加快企业节水技术改造,2005年工业用水重复利用率达到60%。强化城市节水工作,强制淘汰浪费水的器具和设备,推广节水器具和设备。加强节水技术、设备的研究开发和节水设施的建设。加强规划与管理,搞好江河全流域水资源的合理配置,协调生活、生产和生态用水。加强江河源头的水源保护。积极开展人工增雨、污水处理回用、海水淡化。合理利用地下水资源,严格控制超采。多渠道开源,建设一批骨干水源工程,"十五"期间全国新增供水能力400亿立方米。加大水的管理体制改革力度,建立合理的水资源管理体制和水价形成机制。广泛开展节水宣传教育,提高全民节水意识。

还提出,坚持保护耕地的基本国策,实施土地利用总体规划,统筹安排各类建设用地,合理控制新增建设用地规模。加大城乡和工矿用地的整理、复垦力度。根据工业区、城镇密集区、专业化农产品生产基地、生态保护区等不同的土地需求,合理调整土地利用结构。强化森林防火、病虫害防治和采伐管理,完善林业行政执法管理体系和设施。加强草原保护,禁止乱采滥垦,严格实行草场禁牧期、禁牧区和轮牧制度,防止超载过牧。加大海洋资源调查、开发、保护和管理力度,加强海洋利用技术的研究开发,发展海洋产业。加强海域利用和管理,维护国家海洋权益。加强矿产资源勘探,严格整顿矿业秩序,对重要矿产资源实行强制性保护。深化矿产资源使用制度改革,规范和发展矿业权市场。推进资源综合利用技术研究开发,加强废旧物资回收利用,加快废弃物处理的产业化,促进废弃物转化为可用资源。

2. 历次中央人口、资源与环境工作座谈会中的资源政策基调(1998～2001)

【中央人口、资源与环境工作座谈会关于资源问题和资源政策的论述:国家资源政策的灯塔】自1998年以来,历年全国"两会"期间都要召开中央人口、资源与环境工作座谈会(1998年称为中央计划生育和环境保护工作座谈会,其后一直称为中央人口、资源与环境工作座谈会)。在历次中央人口、资源与环境工作座谈会上,都对资源问题和资源政策做出方向性的决定。从中可以看出资源政策的动向和调整轨迹。如果说全国"两会"期间的政府工作报告中关于资源问题和资源政策的论述是我国资源政策的指示灯,那么其后所召开的中央人口、资源与环境工作座谈会中关于资源问题和资源政策的精神就是我国资源政策的灯塔。

【中央人口、资源与环境工作座谈会:人口、资源、环境政策的最高层协调机制】历年的中央人口、资源与环境工作座谈会,所有的中共中央政治局常委均要出席,国务院副总理及国务委员,国家计划生育委员会主任、国土资源部部长、国家环境保护总局局长,以及重点省市区领导等出席。由此可以看出该会重在人口、资源、环境等政策制定与实施间的协调,是我国以可持续发展为目标的人口、资源、环境问题最高协商机制(专栏9-9)。

专栏9-9

历次中央人口、资源与环境工作座谈会关于资源政策的基本精神

中央人口、资源与环境工作座谈会的基本精神体现在江泽民的讲话中。

1998年：要坚持不懈地搞好生态保护工程。用15年左右时间,基本遏制生态环境恶化的趋势；在此基础上再用15年左右的时间,使我国的生态环境有一个明显的改观；到21世纪中叶,在全国建立起适应国民经济可持续发展的良性生态环境,大部分地区做到山川秀美、江河清澈。……把环境保护工作纳入制度化、法治化的轨道。建立和完善环境与发展综合决策制度,区域、流域的开发和城区的建设、改造,必须进行环境影响评估,权衡利弊,统一决策；建立和完善管理制度,由环保部门统一监管,有关部门分工负责,实现齐抓共管；建立和完善环保投入制度,排污者和开发者要成为投入的主体,多渠道筹措环保资金；建立和完善公众参与制度,鼓励群众参与改善和保护环境,并加强社会舆论监督。……抓紧制定和完善环境保护所需法律法规,同时严格执法,坚决打击破坏环境的犯罪行为[17]。

1999年：对国土资源的保护与管理必须严而又严,总的原则是,在保护中开发,在开发中保护。资源开发和节约并举,把节约放在首位,努力提高资源利用效率；要积极推进资源利用方式从粗放向集约转变,走出一条适合我国国情的资源节约型经济发展新路子；积极推进资源管理方式的转变,建立适应社会主义市场经济要求的集中统一、精干高效、依法行政、具有权威的资源管理新体制,以加强对全国资源的规划、管理、保护和合理利用。……在我们这样一个人口众多的发展中大国,必须实行世界上最严格的土地管理制度。……我国水资源紧缺的情况极为严重,解决这个问题关键是开源与节流并重,减少浪费、防治污染和加强管理[18]。

2000年：要实行最严格的资源管理制度,坚持"在保护中开发,在开发中保护"的总原则不动摇。要努力提高资源利用水平和效率,走出一条资源节约型的经济发展路子。……在新的世纪里,我国的人口资源环境工作只能加强,不能削弱。各级党委和政府一定要切实加强和改进对人口资源环境工作的领导,狠抓落实,一以贯之,务求实效。各级政府和有关部门在编制经济社会发展"十五"计划和长远规划时,要根据人口资源环境与经济社会协调发展的要求,明确人口资源环境的工作目标和任务,制定切实可行的政策措施[19]。

2001年：保护和合理利用资源的工作,要按照"有序有偿、供需平衡、结构优化、集约高效"的要求来进行,以增强资源对经济社会可持续发展的保障能力。必须长期坚持保护和合理利用资源的方针,实行严格的资源管理制度,依靠科技进步,完善市场机制,推进资源利用方式的根本转变,处理好资源保护与经济发展的关系。要把节约资源放在首位,增强节约使用资源的观念,转变生产方式和消费方式,节约各种自然资源。……切实加强土地管理特别是耕地保护,从严控制各类建设占用耕地。要进一步调整和改善国土资源开发利用结构。……继续控制煤炭生产总量,推进煤炭清洁高效利用,努力节约和替代石油资源。大力开展新能源的调查评价和开发利用研究。继续深化资源有偿使用制度改革。进一步规范资源开发利用行为。……要适应经济全球化的新形势,充分利用"两种资源、两个市场",努力建立矿产资源特别是石油资源可持续供应体系。加强海洋资源综合管理,强化海洋环境保护和海洋执法监察工作。要广泛应用先进技术特别是信息技术,不断提高国土资源工作的信息化水平。……要坚持全面规划、统筹兼顾、标本兼治、综合治理,坚持兴利除害结合、开源节流并重、防洪抗旱并举,科学制定并实施各大江河流域规划,对水资源进行合理开发、高效利用、优化配置、全面节约、有效保护和综合治理,下大力气解决洪涝灾害、水资源不足和水污染问题。要把节约用水放在突出位置,大力推行节约用水措施,发展节水型农业、工业和服务业,建立节水型社会。搞好流域、区域水资源的合理配置,经济社会发展要充分考虑水资源条件,要协调好生活、生产和生态用水。对北方地区的缺水矛盾,要采取多种方式加以缓解,其中南水北调是具有战略意义的措施[20]。

3. 近20年来资源政策发展的阶段性

资源政策的变化或调整,与人口增长、经济增长、环境变化等方面联系在一起。近20年来,资源政策的调整或发展主要体现在资源处置、资源利用、资源供给等三个方面,也分别大致经历了三个阶段。

【资源处置政策的三阶段变化】资源处置是资源政策的重要方面。近20年来,资源处置权限大致经历了并正在经历三个阶段的调整。第一阶段是资源由产业部门以计划手段集中处置的阶段,时间大致在20世纪80年代中期以前;第二阶段是产业部门开始以计划及价格手段集中处置的阶段,时间大致为20世纪80年代中至90年代中;第三阶段是资源综合管理部门集中处置的阶段,时间大致是20世纪90年代中期以后,此时伴以企业(法人)处置权限的扩大。

【资源利用政策的三阶段变化】资源利用政策大致经历了三个阶段的变化,即由20世纪80年代中期以前的有水快流、靠山吃山和靠水吃水,强调充分利用的资源政策,调整为80年代中至90年代中的强调节约利用的资源政策,包括节水、节能政策,又调整为20世纪90年代中期以后的资源可持续利用政策。

【资源供给政策的三阶段变化】资源供给政策的发展也经历了三个阶段,即由20世纪80年代中期前的扩大资源(资源性产品)出口以换取必需外汇的资源供给政策,调整为80年代中至90年代中的独立自主保障国内需求的资源供给政策,又调整为90年代中以后的两种资源、两个市场的资源供给政策。煤炭、石油、木材等资源性产品出口在20世纪80年代中期以前,是外汇的重要来源,支撑了国民经济的恢复与发展;其后由于国内经济快速发展对资源及资源性产品需求的增加,加之加工制成品增长与出口扩张,资源性产品出口换汇的比重和规模下降,转入主要满足国内需求。又经过若干年的经济快速发展,国内短缺资源日渐增多并成为制约经济发展的重要因素,最大限度满足国内需求的视野开始转向世界,提出了两种资源、两个市场的政策,鼓励企业或企业集团合作开发境外资源。随着2001年底加入WTO,保障资源供给的视野进一步投向世界范围。

二、资源政策的地位与序列性

1. 在政策体系中的地位

【与产业政策的关系:由服从到并重】在短缺经济条件下,资源的开发利用与保护等,服从和服务于产业的发展,资源政策亦从属于产业政策;进入20世纪90年代,受可持续发展思想的影响,特别是基于社会供求关系的根本性变化,资源政策取得了独立的地位,并与人口、环境和经济一道成为国家社会经济发展政策体系中的重要组成部分。

【与环境保护政策的关系:由滞后到并重】资源问题较之环境问题更接近公众,资源政策的出台也确实先于环境政策。进入20世纪90年代,资源、环境及生态间密不可分的关系在政策制定与实施中日益显现,并最终出现了资源政策与环境政策并重的情形。

【与社会发展政策的关系:人地矛盾的一方面】认识和解决资源问题须从认识和解决人口问题入手;同样,认识和解决人口问题亦须从认识和解决资源问题入手。在制定人口政策时资源问题得到了应有的重视。

2. 资源政策体系的序列性

【耕地被置于最重要的地位】耕地短缺的基本国情决定了保护耕地是一项基本国策。政策方面对资源的关注,首先从耕地开始。特别是1986年成立的国家土地管理局,更是以保护耕地为其首要职责。保护耕地成为一项基本国策。

【水被置于仅次于耕地的地位】中国是缺水国家,水成为区域、特别是城市可持续发展的决定性因素之一,也是产业发展、特别是农业发展的决定性因素之一,还是环境保护和生态建设的决定性因素。这就决定了节约用水的政策是一项仅次于保护耕地的最基本资源政策之一。节约用水的政策已取得广泛的认可。

【石油保障占有重要地位】伴随交通手段的改进,能源结构的调整,石油的需求快速增长,并导致我国于1993年成为石油净进口国。石油的供给保障已成为关系国民经济和人民生活的战略性资源,其重要性受到越来越多的重视,并在资源政策体系中占据了仅次于耕地和水的地位。随着经济的进一步发展,人民生活水平的进一步提高,石油的供给缺口将进一步扩大,并有可能在国家资源政策体系中取得等同于甚至高于耕地和水的政策地位。

【其他资源亦占有相应地位】生物、海洋、其他能源等资源政策,在资源政策体系中亦有相应的地位。生物资源保护、海洋国土开发等政策不断出台。生物资源安全及与之密切相关的基因资源安全问题,自20世纪90年代中期以来受到越来越多的关注;海洋资源成为陆地资源的重要补充,随着专属经济区的划分,海洋资源的重要性迅速提升。

三、现行资源政策的宗旨与目的性

1. 坚持资源可持续利用

【可持续利用：长期的基本取向】用以指导中国 21 世纪可持续发展的《中国 21 世纪议程——中国人口、环境与发展白皮书》，明确提出自然资源可持续利用是可持续发展不可或缺的基础。无论是从民间还是从官方看，资源可持续利用都是不争的方向。这一点，在几乎所有相关重要政策中都可以看到。资源可持续利用是资源政策的长期基本取向。

【可持续利用：既是目标又是原则】同时，资源可持续利用既是资源政策的目标，也是资源政策制定和实施的原则，更是资源开发利用的原则和要求。资源可持续利用已贯穿于政府相关规划之中。

2. 保障国家资源安全

【从国家安全的高度认识资源及资源问题】自 20 世纪 90 年代末以来，人们对安全问题的关注与日俱增。对安全问题的关注主要源自安全方面出现了问题。居安思危的少，临危思安的多。世界也确实存在不安全因素，出现了不安全形势或不安全趋势，以及不安全领域和不安全地区。对安全问题的关注来自多方面，包括对国防（军事）、政治、经济、金融、知识、信息、资源、环境、粮食等安全的关注。这种关注自 90 年代以来逐年增多，进入 21 世纪后关注陡增。资源安全是一个新术语但非新现象，资源安全术语出现于 20 世纪 90 年代中后期，但在此期间能源安全（石油安全、核能安全等）、水安全、食物安全、环境安全和生态安全等概念已广泛运用。资源安全问题等同于资源稀缺问题，是人类发展的永恒主题。

【资源安全开始见诸于政府规划、计划及相关政策文件中】《中华人民共和国国民经济和社会发展第十个五年计划纲要》提出抓紧解决好粮食、水、石油等战略资源问题，把贯彻可持续发展战略提高到一个新水平；建立国家石油战略储备，维护国家能源安全[21]。《国民经济和社会发展第十个五年计划能源发展重点专项规划》提出，在保障能源安全的前提下，把优化能源结构作为能源工作的重中之重，努力提高能源效率，保护生态环境，加快西部开发；能源安全是国家经济安全的重要组成部分[22]。

【与人口、环境、经济互动：要求人口、环境及经济和贸易政策的配套】综合各种解释和理解，所谓资源安全，是一个国家或地区可以持续、稳定、及时、足量和经济地获取所需自然资源的状态或能力。由此，资源安全有五种基本含义：(1)数量的含义，即量要充裕，既有总量的充裕，也有人均量的充裕，但后者较之前者更具意义。(2)质量的含义，即质量要有保证。(3)结构的含义，即资源供给的多样性，供给渠道的多样性是供给稳定性的基础。保证资源供给的稳定，要发展资源贸易伙伴关系，特别要注意建立资源共同体。(4)均衡的含义，包括地区均衡与人群均衡两方面。资源分布的不均衡，亦即资源的非遍布同质性，增加了资源供给的时间和成本，是导致资源安全问题的原因之一；人群阶层的存在，特别是收入阶层的存在，导致获取资源的经济能力（支付能力）上的差异，也是影响资源安全的重要因素之一。资源安全的目标是最大限度地实现资源供求的地区均衡和人群均衡。(5)经济或价格的含义，指一个国家或地区可以从市场（特别是国际市场）上以较小经济代价（如较低价格）获取所需资源的能力或状态。这一点在常态(非战争状态)下非常重要,因为一般而言,任何国家都可以从市场上获取其所需的资源,只是其所付出的经济代价不同而已。资源安全所要追求的是以最低的经济代价获取所需资源。

【两种资源、两个市场的发展:保护国内资源与开发国外资源】资源安全保障体系是一个开放的体系,人口众多、资源相对匮乏的发展中大国,不可能在封闭的基础上保障资源安全。特别是1993年以来由石油净出口国变为净进口国,以及1995~1996年出现的"谁来养活中国"的担忧所引起的耕地问题等,改变了以往过分强调资源自给的政策,转而向世界寻求所需的资源来满足国内不断增长的需求。特别是20世纪90年代后期开始明确提出了"两种资源、两个市场"的资源政策,更拓宽了国家资源安全保障的视野和基础。

3. 严格保护耕地

【保护耕地:基本国策之一】基于对食物安全、特别是粮食安全的考虑,耕地历来被视为最重要的战略性资源。保护耕地资源是最基本的资源政策。

【保护耕地:刚性政策之一】由于人口增长、经济增长、城市化、生活水平提高等不可逆转的变化,耕地减少将是持续的,甚至是不可逆转的;另一方面,受比较利益的驱使,耕地的保护往往为非主动行为,而需政府加以强制推进。为此,保护耕地的政策将是一项长期和刚性的资源政策。

【加入WTO的冲击:促使耕地保护政策的刚性与柔性相济】加入WTO对农业生产带来显著影响,国内农业比较优势格局发生显著变化将是不可避免的。这其中,粮食所受的冲击最大,一方面是进口的压力巨大,另一方面是粮田转作他用(种植结构调整所使)的压力巨大。两种压力使耕地保护遇到前所未有的压力和冲击。在此种压力和冲击下,一方面耕地保护的高压政策不可松动以防导致连锁反应,另一方面也可视情况进行必要的耕地储备,其中包括耕地暂用于可以逆转和恢复的用途。

4. 坚持节约用水

【政策目标:保障"三生"用水】在2001年中央人口、资源与环境工作座谈会上,第一次将用水区分为生活、生产和生态等"三生"用水,并强调搞好流域、区域水资源的合理配置,经济社会发展要充分考虑水资源条件,要协调好生活、生产和生态用水。这是对水功能的新认识的基础,对水资源政策目标的调整。"三生"用水政策目标的重点在西部和城市郊区,这一点在西部大开发相关政策、特别是生态环境建设工程中已经得到了充分体现[20]。

【政策重点:节约与保护并重】水资源既要开源又要节流。节约用水、保护水源成为水资源政策的重要方面。在此方面,城市水源地建设和农业节水成为重点,以保障城市供水和提高农业用水效率。

【水利政策的转变:由工程水利到资源水利】20世纪90年代以来,水利政策发生了显著变化,由工程水利调整为资源水利,着重对水资源的调配和利用,明确发展水利的宗旨是保障水资源的可持续利用,其核心是保护水源、节约用水(专栏9-10)。

> 专栏 9-10
>
> **水利产业政策的目标与宗旨**
>
> 国家计委于1997年9月发布了水利产业政策。其目标是：明确项目性质，理顺投资渠道，扩大资金来源；合理确定价格，规范各项收费，推进水利产业化；促进节约用水，保护水资源，实现可持续发展。指出，水利是国民经济的基础设施和基础产业。国民经济的总体规划、城市规划及重大建设项目的布局，必须考虑防洪安全与水资源条件，必须有防洪除涝、供水、水资源保护、水土保持、水污染防治、节约用水等方面的专项规划或论证。强调国家加强水资源的管理，对水利建设实行全面规划、合理开发、综合利用、保护生态的方针，坚持除害与兴利相结合，治标与治本相结合，新建与改造相结合，开源与节流相结合。明确国家实行优先发展水利产业的政策，鼓励社会各界及境外投资者通过多渠道多方式投资兴办水利项目。在坚持社会效益的前提下，积极探索水利产业化的有效途径，加快水利产业化进程。努力提高水利工程的经济效益。满足城乡居民生活用水，统筹兼顾工农业用水和航运需要。重视水环境保护和多种经营，逐步形成水利产业投入产出的良性运行机制。

5. 保障能源供给

【能源基本政策取向】《国民经济和社会发展第十个五年计划能源发展重点专项规划》，对"十五"期间的能源发展战略做出了规定，提出了"保障能源安全，优化能源结构，提高能源效率，保护生态环境，加快西部开发"的30字方针。既说明了目标即保障国家能源安全，也说明了工作重点即优化能源结构、提高能源效率、保护生态环境，还说明了西部作为国家能源安全保障基地的地位[22]（专栏9-11）。

> 专栏 9-11
>
> **国民经济和社会发展第十个五年计划能源发展重点专项规划[22]**
>
> 与国民经济和社会发展相适应，"十五"能源发展战略是："在保障能源安全的前提下，把优化能源结构作为能源工作的重中之重，努力提高能源效率，保护生态环境，加快西部开发"。
>
> 保障能源安全：能源安全是国家经济安全的重要组成部分。根据我国的具体国情，从发挥资源优势的原则出发，在"十五"乃至更长的历史时期内，必须继续坚持基本立足国内供应的方针，煤炭作为能源主体的地位不会发生变化。在此基础上，"十五"期间应积极贯彻"走出去"战略，充分重视建立与国力相适应的石油战略储备，实现进口能源渠

> 道多元化，开发石油替代和节约技术，保证油气供应。
>
> 优化能源结构：面对经济结构调整和人民生活水平提高对清洁能源的迫切要求，必须充分利用国内、国际"两种资源、两个市场"，优化我国一次能源结构，提高天然气和水电等清洁、高效的优质能源的比重，减少煤炭终端消费的数量。同时，要抓住能源供应缓和的历史机遇，不失时机地推进能源各行业的结构调整工作，实现均衡发展，提高能源工业总体发展水平。
>
> 提高能源效率：针对我国能源利用效率低、人均资源贫乏的现实，要在继续坚持合理利用资源的同时，把提高能源效率放到重要位置，加大产业结构调整力度，推进技术进步，发挥市场作用，促进提高能源效率。
>
> 保护生态环境：面对我国生态环境恶化、能源发展对大气环境带来的负面影响，必须开发清洁能源，大力发展洁净煤技术，避免和减少能源开发利用引起的环境污染，促进能源、经济与环境的协调发展。
>
> 加快西部开发：结合国家西部大开发战略，充分发挥西部能源资源优势，在有利于带动当地经济和社会发展前提下，积极推进"西气东输"、"西电东送"和"光明工程"等的实施。

四、现行资源政策的若干缺憾

现行资源政策是在长期的资源管理经验基础上形成的，也借鉴了大量的国外经验。应当看到，自1998年以来，我国的资源政策的制定和实施取得了巨大成就，在保障国民经济可持续发展方面做出了重大贡献。但同时也应当看到，由于体制转换、机构调整等方面的原因，以及由于改革的渐进性，目前的资源政策还存在有待改进之处，在此指出来，并期待讨论。

1. 资源政策间的非一致性缺憾

【非一致性缺憾主要源自部门间的不协调】资源政策涉及资源、产业、环保、生态等部门。资源政策与产业政策、环保政策、生态政策有着密切的互动关系。理想的资源政策应是在与相关部门协商基础上，实现与产业、环保和生态政策的协调一致。然而，由于资源管理体制改革的非彻底性，以及由于资源问题的复杂性，资源政策还存在非一致性缺憾，表现为资源政策与产业政策、环保政策和生态建设政策间的非一致性甚或矛盾性。

【非一致性在土地政策方面表现得尤为突出】土地政策方面的不协调性源自部门间土地管理目标的差异性。资源部门与农业、生态建设等部门在土地管理方面的不协调由来已久；同时也存在于资源部门与城建部门、交通部门间。近期的一个典型事例，就是在退耕问题上的政策不一致性。退耕还林还草工程，由林业部门主导，与农业、国土资源管理存在不同程度的脱节，导致工作起始阶段的偏差。其关键是在退耕范围上未能与国土资源管理和农业部门协商，导致退耕标准不清、重点地区不明等问题。在耕地保护方面，国土资源部与农业部的政策取向是一致的，都强调要保护好耕地，同时促进农业结构调整。

【非一致性的其他表现】非一致性还表现在矿产资源开发与土地保护和水源地保护,以及生态环境政策与水资源政策等关系方面。例如,矿产资源开发与耕地保护及土地复垦间的政策矛盾较为普遍,矿区与水源地保护的矛盾也较多。

2. 资源政策的非权威性缺憾

【权威性受损:资源政策间的非一致性是主要原因】资源政策间的非一致性,政出多门,政策界限模糊及政策或部门间的"扯皮"现象时常发生,是造成资源政策权威性受损的主要原因。

【权威性受损:资源政策的可操作性差是重要原因】有些资源政策只是提出原则要求,缺乏具体的政策实施措施,政策的解释和理解有时也出现偏差,这些都影响到了政策的可操作性,进而影响到了政策的权威性。

【权威性受损:资源政策的稳定性差也是原因之一】政策调整是必要的,但过于频繁的调整就会使人无所适从,从而影响对政策的信任和信心,进而影响政策的权威性。在此方面,耕地政策的频繁调整是最典型的事例:由20世纪90年代中的基本农田保护,到耕地总量动态平衡,再到退耕,以及目前的农业结构调整,几经调整、变化。当然这种变化总体上看是必要的,但其中也不乏反复,如耕地总量动态平衡的政策效果不甚理想。

3. 资源政策的非公正性缺憾

【所有制间的非公正性】资源在我国实行社会主义公有制,且由全民所有制和集体所有制两种形式构成。宪法并未指出两种所有制的高低或优劣,但实际操作中,不同程度地存在全民所有制高于群众集体所有制的倾向。仅以土地使用出让为例,《土地管理法》第六十三条规定,"农民集体所有的土地的使用权不得出让、转让或者出租用于非农业建设",第八十一条规定"擅自将农民集体所有的土地的使用权出让、转让或者出租用于非农业建设的,由县级以上人民政府土地行政主管部门责令限期改正,没收违法所得,并处罚款"[23]。实际上规定了农民集体所有的土地在转作非农用地时,须首先由国家(政府)按一定的补偿标准征用,而补偿标准一般根据土地的农业收益水平确定。显然,土地的农用收益水平要远远低于非农用收益。故先征用后出让的做法必然造成农民收益的损失。

【地域间的非公正性】资源的全民所有制实现的主体是中央政府及其所委托的地方政府,政府、特别是地方政府在资源处置方面拥有自主权和垄断权,为保证地方利益的获取和不受影响,地方政府往往实行有地域区别的资源政策,对本地使用者给予一定的优惠,而对外来使用者规定一定的约束。当然,也有越来越多的地区,对外来企业和个人投资于本地资源开发给予一定的优惠,但从本质上看,是着眼于与其他地区竞争投资的需要。

【国际非公正性】不可否认,我国的开放是一个渐进的过程,资源领域的开放亦是如此。关系我国社会经济命脉的战略性资源开发,向外国投资者开放的进程是较为缓慢的。最早向外国投资者开放的是土地合作开垦和海上石油合作开发,原因是我国的相关技术设备不能满足需要,且又迫切需要增加粮食和石油生产以满足日益增长的国内需求。只是随着加入WTO,我国的资源开发开始逐步向外国投资者实行有限度的开放。

【限制性政策与鼓励性政策的不对称】政策起到两方面的作用,一是限制,二是鼓励。就资源政策而言,鼓励与限制是重要的两方面。然而不可否认,基于资源所有权及资源保护等多方面的考虑,资源政策呈现限制性规定多于鼓励性规定、限制性规定比鼓励性规定具体的结构特征。当然,从资源管理为公共管理的角度看,这也无可厚非,但确实影响到了资源开发利用方式的优化。

4. 资源政策的低认知性缺憾

【资源政策:不广为人知】资源政策是公共管理政策的重要组成部分,需要社会各界的认知和认同,并在认知和认同的基础上切实执行实施。但不可否认,由于资源政策中限制性规定多于鼓励性规定等特征,特别是由于资源政策关于地方及企业开发利用和保护资源的规定多不利于地方及企业的短期利益,加之政策宣传上的薄弱,资源政策的社会认知度较低。随着政策法律宣传力度的加大,资源政策的认知度正在逐步提高。

【资源政策:政务信息化】资源政策的社会认知取决于政策的传播手段,特别是与政务信息化建设密切相关。资源政务信息化是政务信息化的重要组成部分。但是,由于机构建制较晚等原因,资源政务信息化建设相对于其他政务信息化建设较为薄弱,也影响到了资源政策的认知和效能。

五、健全和完善资源政策的建议

1. 加强部门间协商、政策间协调

克服现有资源管理体制上的欠缺,加强资源政策制定与实施中的部门间协商、协调,建立部门间协商制度,重点在国土资源、水资源、环保及资源性产业(农业、林业及能源产业等)管理部门间,建立起问题协商、政策协调、情况通报的机制或制度,进一步规范政策文件联署制度及政策实施联合督察制度等。

2. 提高政策的可操作性、稳定性和及时性

首先是提高资源政策的可操作性,尽量使资源政策具体化,减少过于笼统的规定。其次是提高资源政策的稳定性或连贯性,防止"朝令夕改",减少资源政策制定中的随意性,增强资源政策的稳定性与连贯性。最后是提高资源政策的及时性,面对新出现的问题和情况,迅速做出反应并提出政策意见和措施,减少政策空白。

3. 提升市场地位

资源管理部门要善于运用计划和市场两种手段管理资源,资源政策也应体现计划和市场两种手段的作用。我国在资源计划管理方面,特别是在国土资源开发规划制定和实施、资源用途管理(如土地用途管制)等方面积累了大量经验,建立了一套程序和办法。然而,在运用市场管理资源方面,特别是在资源市场调控方面还有欠缺,资源市场的发育和发展还很滞后。为此,应大力培育资源市场,进而规范资源市场,并最终充分发挥资源市场的作用,形成用政策引导市场、以市场影响资源开发利用和保护的良性互动机制。为此,资源政策的制定和实施应充分考虑市场的作用,减少政策直接干预;提升市场主体地位,规范政府主体地位。

4. 提高政策开放度

中国已于2001年底加入世界贸易组织(WTO)。加入WTO既是经济发展的里程碑,亦是资源开发利用与保护工作的里程碑。适应加入WTO后的新形势和新要求,应充分体现

WTO的"国民待遇"原则或非歧视性原则,逐步开放资源勘察和开发领域,特别优先开放非战略性资源的勘察与开发市场。减少资源政策的保密性,提高资源政策的公开性或透明度。

5. 突破所有制和身份界限

随着市场经济体系的建立健全,随着WTO机制的引入,资源勘察与开发领域的所有制和身份界限将逐步被打破,而改以是否有利于资源的保护与合理利用为最根本的原则,也就是说以是否有利于自然资源基础的保护与开发为根本原则和出发点。所有制歧视、身份歧视应逐步消除。

6. 加强资源政策宣传

资源政策的效能不仅取决于资源政策本身的合理性,也取决于政策的认知度。为此,应大力提高资源政策的认知度,让广大人民、企业、团体等了解、理解并实施资源政策。毫无疑问,在信息化时代,加强资源政策的宣传,特别是加强政务信息化建设是必然的选择。然而,应当看到,我国资源政策的信息化建设、资源政务信息化建设还相当落后,不适应国内外企业、机构对资源政策的方便、快捷和实用的要求。

第四节 自然资源立法管理:法制及其发展

一、资源立法管理的发展历程

我国真正的资源立法管理始于20世纪80年代。20年来大致经历了三个发展阶段。

1. 资源立法起始阶段(20世纪80年代初至80年代中)

【两大因素的作用】始于20世纪70年代末的改革开放,极大地改变了中国的经济发展轨迹,也改变了资源管理的基本架构。20世纪80年代以前,资源管理分散于各产业部门进行高度集中的计划管理,管理的目标和手段极其单一,没有或极少有以法律手段管理资源的情况。这也和当时的社会总体发展情况密切联系在一起,即从总体上看是一个人治的社会而非法治的社会。改革开放,以调动国家、集体和个人的积极性来发展生产力为主要目标,利益分配格局发生了重大变化,利益分异开始出现,由此带来的利益冲突在资源方面有越来越多的表现;改革开放促使社会从人治向法治转变,立法问题提上议事日程。受上述两种因素的影响,资源立法管理开始启动。

【资源权益是当时资源立法管理的重点】一是减权放权,包括扩大地方的权力和企业及农民的权力,以充分调动各种积极性,这里以土地处置权的下放为主要特征,其标志就是农村家庭联产承包责任制的实行。二是保护国家和集体利益不受侵犯。减权放权是调动积极性发展生产力所必需,但势必造成利益的分异,特别是出现了损害国家利益和集体利益的事情,为此,发布了一些旨在保护国家和集体利益的政策及法规。

【更多是以通知、决定和条例等形式出现】此时还是资源立法管理的起始阶段,真正的资源法律法规还很少,多以国务院或部门发布的通知、决定等形式出现,在一定程度上也相当于法规的作用。例如,1979年2月10日由国务院发布了《水产资源繁殖保护条例》[24],共分七章,第一章总则,第二章保护对象和采捕原则,第三章禁渔区和禁渔期,第四章渔具和渔法,第五章水域环境的保护,第六章奖惩,第七章组织领导和职责。显然,该条例虽为条例,也具备了较强的法律效力;但同时也看到,该条例较为简单,总共仅约 2500 字。又如,1984 年国务院办公厅转发了《农牧渔业部关于制止乱搂发菜、滥挖甘草,保护草场资源的报告》,总共只有 600 多字[25]。

【立法管理与行政管理的界限极其模糊】回顾此时的资源管理不难发现,立法管理与行政管理的界限是极其模糊的,这是由当时立法管理脱胎于并补充于行政管理的情形所决定的。

2. 资源立法加速阶段(20 世纪 80 年代中至 90 年代中)

【两大力量促使资源立法管理加速发展】自 20 世纪 80 年代中开始,市场化进程和可持续发展思想对资源管理产生了重大影响。适应这两种影响,资源的立法管理得以显著加强,资源立法进入了活跃期,大量资源法规相继颁布实施,如 1984 年颁布了《森林法》[26],1985 年颁布了《草原法》[27],1986 年颁布了《土地管理法》[28]和《矿产资源法》[29],1988 年颁布了《水法》[30]和《野生动物保护法》[31]。

【主要单项资源立法体系基本形成】如上所述,包括森林、草原、土地、水、矿产等在内的主要资源,都有了相应的立法,这对于经济体制改革时期的资源开发利用与保护,提供了必要的法治保障;同时,此时的立法也反映了当时经济体制转轨的基本特点。可以说,此时的资源法律既是加强资源立法管理必不可少的基础,也是资源法律体系不断修订完善的基础。

3. 资源法规第一个修订高峰期(20 世纪 90 年代中后期)

进入 20 世纪 90 年代中期,已有资源法规中出现越来越多与建立市场经济体系不相适应的规定,也出现了许多新问题,对资源法规提出了修订、补充和完善的客观要求。为此,主要资源法律基本上都做了修订和完善。如 1996 年 8 月 29 日第八届全国人民代表大会常务委员会第二十一次会议对《矿产资源法》做了修订,1998 年 4 月 29 日第九届全国人民代表大会常务委员会第二次会议对《森林法》做了修订,1998 年 8 月 29 日第九届全国人民代表大会常务委员会第四次会议对《土地管理法》做了修订等。

4. 第二个修订高峰期及成熟阶段(进入 21 世纪以来)

【加入 WTO 对资源法规产生重要影响】进入 21 世纪,以加入 WTO 为标志,我国资源法规与其他法规正经历一个根本性的调整,以适应开放特别是加入 WTO 的要求。加入 WTO 对资源法规的影响开始显现,如对外商投资于我国资源勘探和开发领域的限制,在很大程度上已与 WTO 规则不相符。这种冲击是广泛而深远的。

【以公正性和系统性为主要标志,资源立法进入成熟阶段】WTO 的非歧视性原则也同样适用于资源开发利用,适用于资源立法管理。以加入 WTO 为契机,对已有资源法规进行重新评定、审核、修订、废止等是极其必要而迫切的。国土资源部正在进行此类工作,以建立起比较完善和成熟的资源法规体系,切实实施两种资源、两个市场的战略,实现资源的高效可持续利用。

二、目前资源法规体系

1. 国家基本法律中关于资源的规定

【宪法中关于资源的规定】宪法是国家根本大法。我国历史上有两部宪法,即1954年的第一部宪法和改革开放后于1982年制定的第二部宪法。目前的宪法就是对第二部宪法经过三次修订而成的。最近一次修订是在1999年。三次修订,也曾涉及到资源的规定。宪法对资源的规定,主要涉及资源所有权和资源权益,其核心是公有制,包括国家所有和集体所有。据查,在目前的宪法中,共有4条、11款涉及资源规定[32](专栏9-12)。

专栏9-12

《中华人民共和国宪法》中关于资源的规定[32]

第九条 矿藏、水流、森林、山岭、草原、荒地、滩涂等自然资源,都属于国家所有,即全民所有;由法律规定属于集体所有的森林和山岭、草原、荒地、滩涂除外。

国家保障自然资源的合理利用,保护珍贵的动物和植物。禁止任何组织或者个人用任何手段侵占或者破坏自然资源。

第十条 城市的土地属于国家所有。

农村和城市郊区的土地,除由法律规定属于国家所有的以外,属于集体所有;宅基地和自留地、自留山,也属于集体所有。

国家为了公共利益的需要,可以依照法律规定对土地实行征用。

任何组织或者个人不得侵占、买卖或者以其他形式非法转让土地。土地的使用权可以依照法律的规定转让。

一切使用土地的组织和个人必须合理地利用土地。

第二十六条 国家保护和改善生活环境和生态环境,防治污染和其他公害。

国家组织和鼓励植树造林,保护林木。

第一百一十八条 民族自治地方的自治机关在国家计划的指导下,自主地安排和管理地方性的经济建设事业。

国家在民族自治地方开发资源、建设企业的时候,应当照顾民族自治地方的利益。

【民法通则中关于资源的规定】民法通则是国家基本法之一。我国民法通则中亦对资源作了明确规定,其基本点是对宪法中关于资源规定的进一步说明。

【刑法中关于资源的规定】刑法是国家的最重要的法律之一。《刑法》中,专门设一节,即第六章"妨害社会管理秩序罪"下的第六节"破坏环境资源保护罪",用九条说明破坏环境资源罪及其处罚,其中包括六条专门适用于资源破坏罪及其处罚。由此可见《刑法》对于资源、环境问题的重视程度[34](专栏9-13及专栏9-14)。

专栏 9-13

《中华人民共和国民法通则》中关于资源问题的规定[33]

第八十条 国家所有的土地,可以依法由全民所有制单位使用,也可以依法确定由集体所有制单位使用,国家保护它的使用、收益的权利;使用单位有管理、保护、合理利用的义务。

公民、集体依法对集体所有的或者国家所有由集体使用的土地的承包经营权,受法律保护。承包双方的权利和义务,依照法律由承包合同规定。

土地不得买卖、出租、抵押或者以其他形式非法转让。

第八十一条 国家所有的森林、山岭、草原、荒地、滩涂、水面等自然资源,可以依法由全民所有制单位使用,也可以依法确定由集体所有制单位使用,国家保护它的使用、收益的权利;使用单位有管理、保护、合理利用的义务。

国家所有的矿藏,可以依法由全民所有制单位和集体所有制单位开采,也可以依法由公民采挖。国家保护合法的采矿权。

公民、集体依法对集体所有的或者国家所有由集体使用的森林、山岭、草原、荒地、滩涂、水面的承包经营权,受法律保护。承包双方的权利和义务,依照法律由承包合同规定。

国家所有的矿藏、水流,国家所有的和法律规定属于集体所有的林地、山岭、草原、荒地、滩涂不得买卖、出租、抵押或者以其他形式非法转让。

专栏 9-14

《中华人民共和国刑法》中关于资源问题的规定[34]

《刑法》在第六章"妨害社会管理秩序罪"中列出了第六节"破坏环境资源保护罪",包括如下内容:

第三百三十八条 违反国家规定,向土地、水体、大气排放、倾倒或者处置有放射性的废物、含传染病病原体的废物、有毒物质或者其他危险废物,造成重大环境污染事故,致使公私财产遭受重大损失或者人身伤亡的严重后果的,处三年以下有期徒刑或者拘役,并处或者单处罚金;后果特别严重的,处三年以上七年以下有期徒刑,并处罚金。

第三百三十九条 违反国家规定,将境外的固体废物进境倾倒、堆放、处置的,处五年以下有期徒刑或者拘役,并处罚金;造成重大环境污染事故,致使公私财产遭受重大损失或者严重危害身体健康的,处五年以上十年以下有期徒刑,并处罚金;后果特别严重的,处十年以上有期徒刑,并处罚金。

> 第三百四十条 违反保护水产资源法规,在禁渔区、禁渔期或者使用禁用的工具、方法捕捞水产品,情节严重的,处三年以下有期徒刑、拘役、管制或者罚金。
>
> 第三百四十一条 非法猎捕、杀害国家重点保护的珍贵、濒危野生动物的,或者非法收购、运输、出售国家重点保护的珍贵、濒危野生动物及其制品的,处五年以下有期徒刑或者拘役,并处罚金;情节严重的,处五年以上十年以下有期徒刑,并处罚金;情节特别严重的,处十年以上有期徒刑,并处罚金或者没收财产。
>
> 第三百四十二条 违反土地管理法规,非法占用耕地改作他用,数量较大,造成耕地大量毁坏的,处五年以下有期徒刑或者拘役,并处或者单处罚金。
>
> 第三百四十三条 违反矿产资源法的规定,未取得采矿许可证擅自采矿的,擅自进入国家规划矿区、对国民经济具有重要价值的矿区和他人矿区范围采矿的,擅自开采国家规定实行保护性开采的特定矿种,经责令停止开采后拒不停止开采,造成矿产资源破坏的,处三年以下有期徒刑、拘役或者管制,并处或者单处罚金;造成矿产资源严重破坏的,处三年以上七年以下有期徒刑,并处罚金。
>
> 第三百四十四条 违反森林法的规定,非法采伐、毁坏珍贵树木的,处三年以下有期徒刑、拘役或者管制,并处罚金;情节严重的,处三年以上七年以下有期徒刑,并处罚金。
>
> 第三百四十五条 盗伐森林或者其他林木,数量较大的,处三年以下有期徒刑、拘役或者管制,并处或者单处罚金;数量巨大的,处三年以上七年以下有期徒刑,并处罚金;数量特别巨大的,处七年以上有期徒刑,并处罚金。
>
> 第三百四十六条 单位犯本节第三百三十八条至第三百四十五条规定之罪的,对单位判处罚金,并对其直接负责的主管人员和其他直接责任人员,依照本节各该条的规定处罚。

2. 部门资源法主旨分析

【部门资源法体系基本形成】我国目前尚无资源综合基本法,只有部门资源基本法,包括土地管理法、草原法、矿产资源法、森林法、海洋法、水法、水土保持法、节约能源法等。部门资源法体系基本形成,成为我国资源立法管理的基础。

【矿产资源法:保护国家权益和实行有偿使用制度为重点】《矿产资源法》共七章,第一章总则,第二章矿产资源勘查的登记和开采的审批,第三章矿产资源的勘查,第四章矿产资源的开采,第五章集体矿山企业和个体采矿,第六章法律责任,第七章附则。该法的宗旨是发展矿业,加强矿产资源的勘查、开发利用和保护工作,保障社会主义现代化建设的当前和长远的需要。明确矿产资源属于国家所有,由国务院行使国家对矿产资源的所有权。规定国家实行探矿权、采矿权有偿取得的制度;开采矿产资源,必须按照国家有关规定缴纳资源税和资源补偿费。明确国家对矿产资源的勘查、开发实行统一规划、合理布局、综合勘查、合理开采和综合利用的方针。指出国家在民族自治地方开采矿产资源,应当照顾民族自治地方的利益,做出有利于民族自治地方经济建设的安排,照顾当地少数民族群众的生产和生活[35]。

【水法:以节约用水为宗旨】《水法》共七章,第一章总则,第二章开发利用,第三章水、水域和水工程的保护,第四章用水管理,第五章防汛与抗洪,第六章法律责任,第七章附则。该法的宗旨是合理开发利用和有效保护水资源,防治水害,充分发挥水资源的综合效益,满足国民经济发展和人民生活的需要。规定水资源属于国家所有,即全民所有;农业集体经济组织所有的水塘、水库中的水,属于集体所有。指出,国家保护水资源,采取有效措施,保护自然植被,种树种草,涵养水源,防治水土流失,改善生态环境。又指出国家实行计划用水,厉行节约用水。明确国家对水资源实行统一管理与分级、分部门管理相结合的制度[30]。

【土地管理法:保护耕地和实行用途管制制度为重点】《土地管理法》共八章,第一章总则,第二章土地的所有权和使用权,第三章土地利用总体规划,第四章耕地保护,第五章建设用地,第六章监督检查,第七章法律责任,第八章附则。该法的宗旨是加强土地管理,维护土地的社会主义公有制,保护、开发土地资源,合理利用土地,切实保护耕地,促进社会经济的可持续发展。规定我国实行土地的社会主义公有制。指出珍惜、合理利用土地和切实保护耕地是我国的基本国策。规定实行土地用途管制制度,国家编制土地利用总体规划,规定土地用途,将土地分为农用地、建设用地和未利用地。严格限制农用地转为建设用地,控制建设用地总量,对耕地实行特殊保护[23]。

【节约能源法:保障能源供给与节约能源并重】《节约能源法》共六章,第一章总则,第二章节能管理,第三章合理使用能源,第四章节能技术进步,第五章法律责任,第六章附则。该法的宗旨是推进全社会节约能源,提高能源利用效率和经济效益,保护环境,保障国民经济和社会的发展,满足人民生活需要。认为节能是指加强用能管理,采取技术上可行、经济上合理以及环境和社会可以承受的措施,减少从能源生产到消费各个环节中的损失和浪费,更加有效、合理地利用能源。还认为节能是国家发展经济的一项长远战略方针。指出国务院和省、自治区、直辖市人民政府应当加强节能工作,合理调整产业结构、企业结构、产品结构和能源消费结构,推进节能技术进步,降低单位产值能耗和单位产品能耗,改善能源的开发、加工转换、输送和供应,逐步提高能源利用效率,促进国民经济向节能型发展[36]。

3. 关于资源的行政性法规

【资源行政性法规主要由两部分组成】资源行政性法规由两部分组成,一是附属于法律的实施细则或实施办法,如《渔业法实施细则》、《水土保持法实施细则》、《森林法实施细则》、《水污染防治法实施细则》、《矿产资源法实施细则》等。二是相对独立的条例、管理办法和规定等,如《自然保护区条例》、《基本农田保护条例》、《水生野生动物保护实施条例》、《野生药材资源保护管理条例》、《海洋石油勘探开发环境保护管理条例》等。

【资源行政性法规的两个变化方向】资源行政性法规有两大变化方向,一是上升为法律,即由国务院颁布实施一定时间并趋于成熟后,报经人大审议通过成为正式的法律。此类行政性法规主要是指相对独立颁布实施的条例、管理办法等,特别是其中的条例最有可能上升为法律。二是向更加细化的方向发展,使相关规定更加详尽、具体和可操作。此类行政性法规主要是指各种实施细则、实施办法等。

4. 部门及地方的法规性文件

【部门及地方法规性文件的构成】部门及地方法规性文件主要包括由资源综合管理部门(国土资源部)、其他部门(如水利部、农业部、国家林业局、国家环保总局等)以及地方政府发布的管理办法、管理规定、通知、意见、说明、通令和决定等。如由国土资源部发布的《矿产资源勘查区块登记管理办法》、《探矿权采矿权转让管理办法》、《矿产资源开采登记管理办法》、《矿产资源监督管理暂行办法》、《海域使用可行性论证资格管理暂行办法》、《资源综合利用管理办法》、《开采黄金矿产审批手续的补充规定》、《土地复垦规定》等。

【部门及地方法规性文件:介于法规与政策之间】部门及地方法规性文件,既有对法律、法规的进一步解释和详细规定,也有对政策的解释和具体说明。从实质上讲,法规性文件介于法规与政策之间,其约束力也介于两者之间。

【部门及地方法规性文件:更有问题针对性和时效性】部门及地方的法规性文件,与其他法律、法规相比,还有四个特点。其一,更有问题针对性,能更好地针对本部门、本地区特有的问题,提出比较适宜的解决办法;其二是更有时效性,能更好地对本部门或本地区最新出现的问题,以较快的速度做出反应并提出解决问题的办法;其三是更易引起部门所属或地方所属机构的重视,执行主体较为明确,从而落实的效果往往比较好;其四,应急性规定和部署占相当大的部分,这也决定了此类文件生效快、失效也快,其有效期一般较短。

> 三、目前资源立法管理中的主要问题

1. 执法主体问题

【管理体制不顺造成执法主体缺位和弱化】管理体制不顺的问题,特别是多头管理的问题,往往造成资源执法主体的缺位。这一点在水资源管理中较为突出。如前所述,水资源管理,涉及水利、市政、环保、地质等多个部门,一旦出现违法行为,难以界定其违法的环节,这些执法部门就可能相互推诿而出现执法主体缺位的情况;同时也会使执法主体的权威性和地位弱化。同样,《节能法》也存在执法主体缺位的问题,该法明确适用于煤炭、原油、天然气、电力、焦炭、煤气、热力、成品油、液化石油气、生物质能和其他直接或者通过加工、转换而取得有用能的各种资源,规定国务院管理节能工作的部门主管全国的节能监督管理工作,县级以上地方人民政府管理节能工作的部门主管本行政区域内的节能监督管理工作。但是,由于能源主管部门的缺乏已造成《节能法》无执法具体部门(执法主体缺位)。这显然影响到了《节能法》的法律效力。

【执法主体的边缘化现象不容忽视】不可否认,资源执法部门在一定程度上担当"不受欢迎"的角色,这一点在地方政府中表现得较为突出,并且越是到基层越发严重。其根本原因在于短期地方经济利益与长期国家利益的矛盾。即使在同一级政府中,资源执法部门也往往在相关决策中处于被边缘化的尴尬境地。

2. 违法处罚问题

【违法处罚力度普遍较小】经济快速发展的过程中,资源开发利用中的违法情况较为常见,但普遍存在违法处罚力度偏小的问题。这与资源破坏程度及其经济、生态、环境和社会损失的界定不清是联系在一起的,更与只重视经济损失而不考虑生态环境和社会损失的行为联系在一起。

【处罚偏离保护和合理利用资源的根本目的】处罚违法行为的目的在于最大限度地保护和合理利用自然资源,这一点在所有部门资源法的总则中即已明确指出来。然而,在具体执法中却存在为罚而罚的问题,既偏离了资源法的基本宗旨,也破坏了资源执法部门的形象和权威性,更没有真正起到保护和合理开发利用自然资源的目的。

【地方保护主义作祟】无论是处罚力度偏小问题,还是处罚目的偏颇问题,都可从地方保护主义中找到根源。由于经济利益的驱使,资源破坏行为往往受到较轻的处罚。

【对盗伐林木的处罚较为普遍和严格】自20世纪90年代末以来,资源执法机构,特别是林业主管部门,对盗伐林木行为的禁止和处罚,为各地特别是林区和退耕还林重点地区高度重视。这一方面与植树造林、生态环境建设的发展战略有关,另一方面也与各级林业主管部门职权范围较为明确的管理体制有关。

【一个好的趋势:刑法中规定了破坏环境资源保护罪】在1997年新颁布实施的《刑法》中新增了破坏环境资源罪,这本身就是资源立法管理的一个里程碑式的重大事件,对保护和合理开发利用自然资源起到了极其重要的作用。特别是对于《刑法》中涉及的土地、矿产、水源、野生动物、森林、水产等的保护和合理开发利用起到了积极作用。

3. 部门倾向问题

资源法规的部门倾向是立法程序与部门利益共同使然。我国的立法程序一般是国务院责成主管部门进行相关调研,起草,上报国务院讨论通过,形成法律草案,报请人大审议、修订和通过,并最终经由国家主席签署发布实施。显然,部门对立法依据的采信是基础和关键,这其中理应避免失真、偏颇。当然,也不排除其中受部门利益驱使,采信一些并非代表主体、主流的依据,给立法造成不必要的影响,使得法律或多或少地隐含着部门利益的倾向。这一点,在部门所颁布的法规、条例、通知中表现得尤为突出。

4. 过于"原则"而缺乏可操作性的问题

资源法规在一定程度上存在过于"原则"而缺乏可操作性的问题,其原因有两方面。一方面,政策与法规的界限不清,过于原则的表述更适用于政策范畴,却出现于法规之中,造成法规的过于原则、笼统,而缺乏可操作性。另一方面,有部分法规缺乏实施细则,造成部门及地方执法难。

四、立法管理的改进与完善

1. 建立完善的资源法规体系

【完善的资源法规体系框架】完善的资源法规体系应由资源基本法、部门资源法、行政性法规等构成。目前,最缺乏的是自然资源基本法,并由此导致资源立法间的不协调甚至矛盾,进而影响到资源法规的效能。此类问题在前面已经提到。

【对现有资源法规进行修订、清理和完善】法规的时效性问题极其重要。法规制定的环境、所针对的问题发生了变化,特别是加入WTO后,对资源勘察、开采及贸易的影响较大,要求对资源相关法规进行相应的调整,包括修订、清理和完善等。

2. 加快资源基本法的立法进程

【资源基本法:应明确保护和合理开发自然资源是一项基本国策】我国现有两大基本战略,即科教兴国战略和可持续发展战略;并已有两大基本国策,即计划生育和保护环境。无论是基本战略或基本国策,都决定了国家的发展方向和道路。仅就基本国策而言,关系国家可持续发展的有三大基本因素,即人口、资源与环境,这也是每年召开中央人口、资源与环境工作座谈会的三大主题。这其中,关系人口增长和素质的计划生育已成为基本国策之一,关系环境保护和改良的保护环境基本国策已广泛实施并产生了巨大作用,而惟有资源问题的解决尚未上升到基本国策的高度加以认识和重视。就我国这样一个人口众多、资源匮乏的发展中大国来说,将保护和合理开发自然资源列为基本国策之一,是极其必要的。虽然《土地管理法》指出"十分珍惜、合理利用土地和切实保护耕地是我国的基本国策"[23],并对耕地保护起到了重要作用,但从总体上看,包括耕地、水及石油等战略性资源的保护和合理开发,尚未提升到基本国策的高度来认识,还缺乏政策保障和法律依据。

【资源基本法:须明确各级政府及部门的资源管理职责】国土资源部是我国的国土资源综合管理部门。加强国土资源的综合管理是大势所趋。以往管理体制中的问题,与国土资源部管理职能界定缺乏法律依据,特别与各部门在自然资源管理中的分工与协作关系不清有关。为此,资源基本法应明确国土资源部的执法和依法行政的主体地位,并明确各相关部门的分工与协作关系,明确自然资源管理的协商和协调机制。

【资源基本法:须明确资源法规体系及立法层次】资源法规体系是庞大而复杂的,资源法规间的矛盾或不协调是造成执法难、效能差的主要原因。建立配套、完善的资源法规体系,须进一步明确资源法规的立法程序,明确资源法规间的关系,建立联合执法机制。

【资源基本法:由国土资源部组织推动调研及起草工作】国土资源部是我国惟一的自然资源综合管理部门,既不同于单项资源管理部门,也不同于产业管理部门,应担负起资源基本法相关调研及法律草案的起草等前期工作,并会同立法机构(全国人大环境资源委员会)推动资源基本法的立法进程。

3. 消除资源法规的部门色彩

毋庸讳言,资源法规的部门色彩,对法规的权威性、有效性往往产生显著的不利影响。增进资源法规的权威性和有效性,迫切需要消除资源法规的部门色彩。为此,一要加强资源综合管理部门在资源法规制定、解释和执行中的作用,以尽可能地保证资源法规的公正性和严肃性;二要加强资源法规制定、解释和执行中的部门间协调,尽可能地减少不必要的矛盾,提高法规的权威性;三要妥善规定资源违法案件处理与执法主体利益间的关系,尽可能地使之相互脱离,防止挂钩。

4. 增进资源法规的严密性与可操作性

其一,显著增进资源法规的严密性,对资源勘察、开发、利用与保护中的问题及产生问题的原因要有准确的判断,以保证法规的针对性和严密性。其二,要增进资源法规的可操作性,力求法规系列的配套,对执法主体、违法处置等做出详细规定。

5. 加大资源执法力度

一要加大资源法规的普法力度。利用各种资源环境节日,宣传资源法规;利用各种媒介宣传资源法规。二要加大资源法规执法力度,包括资源法规执法检查。三要加大资源法规的违法处罚力度,切实以《刑法》所规定的破坏环境资源罪条款为依据,加大资源破坏行为的处罚力度,纠正资源勘察、开发利用与保护中的违法行为。

第五节 自然资源经济管理:机制及其变革

一、资源市场的发育与发展

1. 理论禁区取得重大突破

【两种观点的争论由来已久】自然资源有无价值,在我国理论界一直是争而未决、议而无果的问题。关于自然资源价值问题有多种看法,但不外乎分为两种观点,一为不承认其有价值,而只认为其有价格;二为承认自然资源有价值。

【自然资源无价值的观点:劳动价值说】似乎承认自然资源有价值,就会违背劳动价值学说,因为价值是凝聚在商品中的人类社会必要劳动时间,而自然资源又被认为不包含人类劳动在内。不承认自然资源有价值,固然可以坚守马克思的劳动价值论,但却很难解释一种实际情形:自然资源有价格,而价格的变化总离不开某个水平,那么,这个相对稳定的价格水平是由什么决定的呢?

【自然资源有价值的观点:可能更加实用】承认自然资源有价值的观点有这样5种,即:(1)效用论,认为价值反映物质对人的功效、效用,自然资源是人类生存和发展必不可少的自然物品,因而它是有价值的。(2)边际效用或贡献归属论,这也是自然资源估价的理论基础。(3)财富论,认为自然资源是人类社会发展的基本物质基础,价值是财富,从而也是使用价值的衡定,因而,财富论类同于效用论。(4)稀缺论,认为凡是稀缺的有用物品都有价值。这实为对表象的直觉认识,是一种循环论证,因为接着会说凡是有价值的物品都是稀缺的。但确实稀缺性和独占性对自然资源价格有重要影响。(5)双重价值论,认为像处女地这类纯粹意义上的自然资源基本上已不复存在,更多地包含了人类劳动在内。既然有劳动成分,自然资源就不仅具有使用价值,也有价值;其未受人类劳动影响的那部分自然资源也有价值,由稀缺性决定。按此观点,自然资源价值=劳动价值+稀缺价值。这实为一种折衷、区别对待的观点,在实际中也很难运用。

【资源有无价值的争论已不重要】对资源有无价值的争论目前看来已不重要。目前问题的关键在于:其一,资源价格在现实中确实存在,而且无处不在发挥作用;其二是如何评估价格,以在实践中有意识地运用价格调节来进行资源利用和资源配置,实现资源优化配置和合理利用;其三,理论争论是允许的,也是有益的,但基于理论上的难以突破和现实的迫切需要等两方面的考虑,应搁置争议,寻求解决目前我国资源价格扭曲、资源市场发育不充分等问题的有效途径。

2. 资源市场的发育：有限性与特殊性

【资源市场：发育滞后】资源市场是基础市场，对于制成品市场及其他市场具有重要影响。资源市场有其特殊性和复杂性，其运行须更多地依赖法律规范和政府的适度干预。在市场经济体制下必须运用市场手段管理资源，但也不能忽视市场失灵的现象。从总体上看，受理论上的束缚及计划体制的影响，我国的自然资源市场发育滞后。

【资源市场：要求迫切】资源市场对资源利用具有支配力量，这种力量在市场经济体制下得以最充分的显示。中国经济正在实现两个根本性转变，即经济体制由计划经济向市场经济体制转变，经济增长方式由粗放向集约转变。随着市场经济体制的逐步建立健全，市场对资源配置的支配作用将愈来愈大；随着经济增长方式的转变，资源效率的重要性将与日俱增，甚至应以资源效率至上为目标。资源市场是实现资源可持续利用的重要手段。资源可持续利用的基本内涵之一是实现资源的高效利用，市场是实现资源合理配置和高效利用的重要手段，特别是市场较之行政等手段，在配置资源方面更为有效、快捷、节省费用。

【资源市场：一般特点】与制成品市场相比，资源市场具有如下特点：(1)资源市场的区域性。由自然资源显著的地域分布特点所决定，资源市场具有显著的区域性特点，而其中，原位性自然资源市场的区域性特点最为显著。由此，资源市场中往往是资源需求者趋近于资源供给者。(2)资源市场的垄断性。由自然资源的独占性和排他性所决定，资源市场中的资源品供给者往往居垄断和支配地位，使得资源具有垄断性。资源市场的垄断性甚于其他市场。(3)在资源市场中政府干预度较高。由于资源市场的基础作用，亦即资源市场的变化或波动对其他市场的变化有重要影响，故政府在资源市场中所起的作用往往大于在其他市场中所起的作用，资源市场具有政府干预度较高的特点。除此之外，在资源市场中，政府、特别是中央政府有无偿获取资源的权力，如政府优先征用土地用于城镇、交通、工矿建设和军事目的等。(4)资源市场进入的限制性。资源市场的限制性进入的规定较加工制成品市场严格，这种区别性对待既发生在不同国籍公民之间，也发生在不同性质的资源需求者之间，如规定公益性用户优先于赢利性用户，或发生在不同时间（如海洋休渔期不得捕捞）或不同空间（如军事用地不得进入市场）等。

【我国资源市场：滞后性与有限性】中国的资源市场发育较晚，这主要源于长期形成带有封建色彩的自然和自给经济形态，源于沿袭数千年的传统农业社会形态，以及源于40年的国家计划经济体制。表现为：(1)资源市场滞后于其他市场的发育。资源的国家和集体所有制对资源市场的发育和发展起到了一定的抑制作用。(2)资源市场是有限市场。自然资源的非个人所有，导致资源市场以资源使用权市场的形式为主，导致资源市场的不完全性。也就是说并非所有的自然资源都能进入市场，交易的也只能是自然资源的使用权。然而有一个趋势应引起应有的注意，包括土地交易在内的自然资源交易使用权交割期限越来越长，使用权亦可再转让，对资源用途的限制越来越松，已近乎于实际上的所有权交易。这无疑对资源市场的发育有着重要的推动作用，亦减轻了资源市场的有限性。

255

二、资源有偿使用的法律依据

1. 资源有偿使用的法律依据出现较晚

【资源无价等价格扭曲现象长期存在】受理论与思想的束缚,以及受计划经济的制约,资源无价、原料低价、产品高价的现象长期存在,并成为计划经济的主要特征之一。这种现象进而导致原料的短缺与资源的过度消耗,并反过来影响了产品的生产和经济的增长,形成短缺经济现象。在这种背景下,资源有偿使用既缺乏理论支持,也缺乏体制上的保障,更无法律依据。

【资源作为商品首先体现在水资源上】从法律上资源被视为商品首先出现于水资源。可以说,水较之于矿产、土地等自然资源,较早地成为"合法"的商品。当然,之所以如此,是与城市供水的成本之说联系在一起的。而土地、矿产均是禁止交易的资源。资源作为商品,或者资源有偿使用的法律依据出现较晚,大致是20世纪80年代中期的事情,并最早从城市自来水的有偿使用开始。

2. 主要资源法规中对资源有偿使用的规定

【《矿产资源法》中关于资源有偿使用的规定】《矿产资源法》中至少有两条涉及矿产资源有偿使用问题。其核心思想是:国家实行探矿权和采矿权有偿取得制度;开采矿产资源必须缴纳资源税和资源补偿费;限制探矿权和采矿权的转让(专栏9-15)。

专栏 9-15

《矿产资源法》中关于资源有偿使用的规定[29]

第五条　国家实行探矿权、采矿权有偿取得的制度;但是,国家对探矿权、采矿权有偿取得的费用,可以根据不同情况规定予以减缴、免缴。具体办法和实施步骤由国务院规定。

开采矿产资源,必须按照国家有关规定缴纳资源税和资源补偿费。

第六条　除按下列规定可以转让外,探矿权、采矿权不得转让:

(一)探矿权人有权在划定的勘查作业区内进行规定的勘查作业,有权优先取得勘查作业区内矿产资源的采矿权。探矿权人在完成规定的最低勘查投入后,经依法批准,可以将探矿权转让他人。

(二)已取得采矿权的矿山企业,因企业合并、分立,与他人合资、合作经营,或者因企业资产出售以及其他变更企业资产产权的情形而需要变更采矿权主体的,经依法批准可以将采矿权转让他人采矿。

【《水法》中关于资源有偿使用的规定】《水法》中关于水资源有偿使用的规定,其核心思想就一条,水资源有偿使用体现在交纳水费和水资源费上。其中,水费由用水者向供水者交纳,水资源费由取水者向政府交纳。这里,水资源费相当于水租,由水资源的所有者即国家收取(专栏9-16)。

专栏 9-16

《水法》中关于水资源有偿使用的规定[30]

第三十四条　使用供水工程供应的水,应当按照规定向供水单位缴纳水费。

对城市中直接从地下取水的单位,征收水资源费;其他直接从地下或者江河、湖泊取水的,可以由省、自治区、直辖市人民政府决定征收水资源费。

水费和水资源费的征收办法,由国务院规定。

【《土地管理法》中关于有偿使用的规定】《土地管理法》中至少有六条涉及土地资源的有偿使用问题。其中心思想是:明确只有土地使用权可以转让;国家可以对集体所有的土地进行征用;实行国有土地有偿使用制度;集体所有的土地不能直接转作非农用途。在此须注意,集体土地不能直接转作非农用途的规定有着极其重要的含义:意味着集体所有的土地在转作非农用地时须首先转为国有再出让,而造成本应由集体获得的土地收益的部分损失(专栏 9-17)。

专栏 9-17

《土地管理法》中关于土地资源有偿使用的规定[23]

第二条　任何单位和个人不得侵占、买卖或者以其他形式非法转让土地。土地使用权可以依法转让。

国家为公共利益的需要,可以依法对集体所有的土地实行征用。

国家依法实行国有土地有偿使用制度。但是,国家在法律规定的范围内划拨国有土地使用权的除外。

第五十四条　建设单位使用国有土地,应当以出让等有偿使用方式取得;但是,下列建设用地,经县级以上人民政府依法批准,可以以划拨方式取得:

(一)国家机关用地和军事用地;

(二)城市基础设施用地和公益事业用地;

(三)国家重点扶持的能源、交通、水利等基础设施用地;

(四)法律、行政法规规定的其他用地。

第五十五条　以出让等有偿使用方式取得国有土地使用权的建设单位,按照国务院规定的标准和办法,缴纳土地使用权出让金等土地有偿使用费和其他费用后,方可使用土地。

自本法施行之日起,新增建设用地的土地有偿使用费,百分之三十上缴中央财政,

> 百分之七十留给有关地方人民政府,都专项用于耕地开发。
>
> 第五十六条 建设单位使用国有土地的,应当按照土地使用权出让等有偿使用合同的约定或者土地使用权划拨批准文件的规定使用土地;确需改变该幅土地建设用途的,应当经有关人民政府土地行政主管部门同意,报原批准用地的人民政府批准。其中,在城市规划区内改变土地用途的,在报批前,应当先经有关城市规划行政主管部门同意。
>
> 第五十七条 建设项目施工和地质勘查需要临时使用国有土地或者农民集体所有的土地的,由县级以上人民政府土地行政主管部门批准。其中,在城市规划区内的临时用地,在报批前,应当先经有关城市规划行政主管部门同意。土地使用者应当根据土地权属,与有关土地行政主管部门或者农村集体经济组织、村民委员会签订临时使用土地合同,并按照合同的约定支付临时使用土地补偿费。
>
> 临时使用土地的使用者应当按照临时使用土地合同约定的用途使用土地,并不得修建永久性建筑物。
>
> 临时使用土地期限一般不超过二年。
>
> 第六十三条 农民集体所有的土地的使用权不得出让、转让或者出租用于非农业建设;但是,符合土地利用总体规划并依法取得建设用地的企业,因破产、兼并等情形致使土地使用权依法发生转移的除外。

三、资源价值形式

1. 资源税及其征收

【征收资源税的目的】资源税是为了促进合理开发利用资源、调节资源级差收入而对资源产品征收的一种税。同时,资源税也是加强资源保护与改良能力的重要经济手段。资源税取之于资源,也用之于资源。一是促进国有资源的合理开采、节约使用、有效配置;二是合理地调节由于资源条件差异形成的资源级差收入,促使企业在同一起跑线上公平竞争;三是为国家取得一定的财政收入,以确保财税体制改革后国家财政收入能够随着经济的发展而稳步提高。

【资源税征收:第一阶段】1984年,第二次利改税和工商税制改革,资源税成为其中一个新税种。《资源税条例(草案)》由国务院于1984年9月18日颁布,10月1日开始实施。条例规定"在中华人民共和国境内从事原油、天然气、煤炭、金属矿产品和其他非金属矿产品资源开发的单位和个人,为资源税的纳税义务人。"当时,在计划经济的统筹安排下,大部分资源产品的价格低于其价值,致使绝大部分资源开发、开采的单位的平均利润水平低于全社会工业企业的利润水平。鉴于此,具体实施时规定:"资源税暂只对原油、天然气、煤炭征收;金属矿产品和其他非金属矿产品暂缓征收。"在征收方法上,采取了按销售利润率设起征点、超率累进征收的方法,既兼顾了开征资源税的单位与暂缓征收资源税的单位及社会其他工业生产单位之间的利益分配关系,又调节了由于开发、开采优等资源而带来的资源级差收入[37]。

【资源税征收：第二阶段】随着经济体制改革的深入，各种利益关系发生了变化，资源开发方式也发生了变化。从1986年起，资源税征收办法进行第一次调整，改按销售利润率设置起征点为按销售额设置起征点，并扩大了征收范围。其中，从1992年起对铁矿石征收资源税，并且资源税只对内资企业征收，对三资企业不征收资源税。

【资源税征收：第三阶段】1994年1月1日出台的《资源税暂行条例》，对资源税进行了较大调整：(1)恢复和扩大了资源税的征收范围。将盐税并入了资源税，在重新规定了资源税征收范围的基础上将实际征税范围扩大到所有规定征税的矿产品，从而使资源税由局部征收变为全面征收，纳入征税范围的有盐、原油、天然气、煤炭、其他非金属矿原矿、黑色金属原矿、有色金属原矿和盐等。(2)拓宽了资源税纳税人范围。原纳税人只包括开采应税产品的国营企业、集体企业及其他单位和个人，对外商投资企业和外国企业暂不征收资源税。改革后纳税人拓展为在我国境内开采条例规定的矿产品或者生产盐的所有单位和个人，从而有利于所有资源开采者在统一征税条件下开展竞争。(3)改变了税额标准确定办法。继续沿用从量定额征税办法，但考虑到资源税具有调节资源级差作用，资源条件好的税额高些，资源条件差的税额低些，实行按应税产品划分税额幅度的办法。(4)重新确定了计税依据。区分销售目的和自用目的。(5)规范了纳税地点，明确规定资源税的纳税地点在采掘地[38]。

2. 资源价格及其评估

【两种重要的资源价格：评估价格与交易价格】有两种重要的资源价格，一是资源评估价格，主要用于确认资源的边际贡献、产品的资源消耗等，并作为资源交易价格的确认基准。二是资源交易价格，是现实的资源价格，由资源的供需关系直接决定。资源评估价格比较稳定，资源交易价格变动较快、较大。这两种资源价格在资源市场中均发挥着重要作用。

【资源价格的评估及其有效性】资源价格评估关系重大，亦是资源市场发育与发展的基础。资源价格评估大致分为两类，一是基于资源供给方利益保证的价格评估，强调资源供给成本的回收，称为成本法，包括全成本法和部分成本法；二是基于资源需求方利益保证的价格评估，强调资源使用收益的合理分配，称为收益法。在我国，资源估价既采用收益法，也采用成本法，但因资源种类而异。土地估价多采用收益法，即以土地收益为基础计算地价；水、矿产等资源多采用成本法，以供给成本为基础计算资源价格。无论是收益法或成本法，其计算出的价格均为基准价格，并不是真实的资源交易价格，资源交易价格主要取决于即时的资源供需关系。

【资源价格扭曲的现象及其原因】不可否认，由于长期计划经济的惯性，以及由于资源供需所固有的特性，资源价格扭曲现象较为常见，主要表现为资源垄断所造成的资源价格高于其真实的水平（或可称之为资源价值），以及由于资源供需双方谈判地位的非对称性而造成的资源价格非公开、非公正性。资源价格是典型的公共价格，其调整应更多地通过听证的方式进行。

3. 各种资源价值形式间的关系及其演变

【资源价格：最基础的资源价值形式】资源价格无疑是最主要的资源价值形式，是资源市场发育与发展的基础与结果，也是资源合理配置的主要信号。国家垄断程度的下降和价格放开是必然的趋势,同时建立与国际市场价格相接轨的资源价格体系,真正促进资源市场全国一体化和利用两种资源、两个市场的政策环境。

【资源租与资源税:保障国家资源利益的主要形式】资源租是一个理论范畴,资源税是一个现实政策范畴。资源租由资源所有者向资源使用者收取,资源税由国家委托政府向资源使用者收取。在资源为国家所有时,无疑资源租与资源税是同一个概念,其实质都是保障国家资源利益。

【资源费:介于资源价格与资源税之间的资源价值形式】资源费是由行政部门代定、代收、代管的资源价值形式,其目的一是保证资源供给者(政府)的成本回收,二是保证资源税的征缴,三是保证部门利益。它既包含了资源价格的成分(尽管可能是扭曲的价格),也包含了资源税的成分(代扣资源税),还包括了部分部门附加的收费(行政性收费)。资源费的形式在资源市场发育初期较为普遍,也是以价值手段管理资源的有效方式之一。

【资源价格与资源税:两种最主要的资源价值形式】从资源市场发展的趋势和一般规律看,资源价格与资源税是资源价值形式发展的方向,前者是资源市场发展的基础,是反应资源供需关系的主要信号;后者是保障国家资源利益、宏观调节资源配置的主要手段之一。相反,带有明显过渡性质的资源费,则逐步消失。事实是,国家资源税收法规和资源价格规范正在建立与完善之中。

四、资源核算研究与试点

1. 中国是世界上开展资源核算研究较早的国家之一

【资源核算研究始于20世纪80年代中后期】20世纪80年代中后期国务院发展研究中心等机构同国外相关机构合作,在我国率先开展了资源核算研究,对资源核算的意义、概念、方法等进行了较为系统的研究,出版了《资源核算论》[39]。这标志着中国资源核算研究的正式开始。其后,又有包括北京大学、国家环保(总)局、中国科学院、中国林业科学研究院、原国家土地管理局、中国水利科学研究院等机构开展相关研究,并对我国资源价值总量进行了初步的粗略测算。

【明确了资源核算的一般内容】认为资源核算的内容可以从三个方面去理解。其一,资源核算须包括自然资源实物量核算(或称数量核算)、价值量核算和质量核算等三部分在内,缺一不可,互为基础、互为补充。其二,自然资源核算须由总量核算和个量核算等两部分组成,又称为自然资源的分类核算和综合核算,分类核算既可以是数量或实物量核算,也可以是价值量核算,但综合核算则只限于价值量的核算。其三,自然资源核算不仅着眼于静态而进行资源的存量核算,更应着眼于动态而进行资源流量的核算,或进行连续时段的资源核算。从广义的角度看,自然资源核算还应包括将自然资源核算纳入经济核算的过程,亦即将自然资源核算与经济核算有机地结合的过程。最后,有时也往往将自然资源的估价作为自然资源核算的主要内容之一。

2. 资源核算研究与试点工作显著地改进了资源观念

【对可持续发展有了更深刻的认识】无论是理论界还是管理界均逐步认识到资源核算的重要性,将其视为可持续发展的基础之一。普遍认为,可持续发展须建立在资源基础之上,资源基础既有总量的含义,也有质量和结构的含义,甚至还有空间分布的含义。资源基础的消长,对于可持续发展具有决定性影响。还应将资源视为资产,应将其占用和消耗计入经济发展的成本核算,视同于物质资本和人力资本。同时认为,资源核算是寓资源保护于资源利用之中、寓资源利用于经济发展之中的有效手段。

【认识到了资源核算的重要作用】认为自然资源核算至少有三方面的功能,一是有助于防止和纠正自然资源过度消耗现象,而这种现象在计划经济体制下有其必然性,特别是在沿用物质产品平衡表核算体系时更是不可避免。自然资源核算是适应市场经济体制的管理自然资源、实现自然资源可持续利用的有效手段。二是判别自然资源利用之可持续性的分析手段,有助于解决如下问题:如何确定或确认自然资源的最佳或最适度的利用水平?如何在世代间进行自然资源的合理分配,以最大限度地满足各代人的需要?如何定量地、及时地判断自然资源基础在数量、质量和价值量等方面的变化?如何在评价经济增长时将自然资源基础消长的因素考虑进来?更为重要的是,自然资源核算是实现寓自然资源保护于自然资源利用、寓自然资源可持续利用于经济发展之中的最有效的手段之一。三是自然资源核算是政府对企业、上级政府对下级政府进行自然资源行为约束的重要手段。自然资源核算力求在资源耗用与资源保护之间达成某种平衡,且主要以防止过度耗用为主要目的。显然,资源核算有助于政府消除企业或上级政府消除下级政府的资源过度消耗行为,使之向可持续利用的方向发展。

3. 资源核算面临四个方面的问题[40]

【资源统计问题】国家和地方对自然资源统计的重视程度逐年提高,特别是从1994年起显著增加了自然资源统计项目,将"自然状况及资源"项目扩充为"自然资源"和"自然状况"两个项目,将"湖泊面积"改为"全国内陆水面面积",将"海洋状况"改为"海区海域及渔场面积"等,但自然资源统计仍很不全面、不充分,制度建设落后于实践,存在诸多问题,包括资源数据渠道多样、口径不一、同一口径数据相差较大的问题,资源数据的部门间共享性极差的问题,地方政府在自然资源统计工作方面落后于中央政府的问题等。

【资源价格问题】包括资源价格信号的缺乏、资源价格的扭曲、资源估价方法的不规范等问题,较为普遍。

【资源核算主体不明的问题】不同的核算主体,其视角不同,所关心的资源问题也不尽相同,对同一问题所追求的结果或目标也不同。资源核算涉及多个政府部门,部门利益也不尽相同,而核算要求真实、合理、可信,目前恰恰是各部门在资源管理方面的职责不甚明晰。这就造成了资源核算主体的缺乏,即没有明确由哪一个政府部门来推动资源核算工作。这是目前资源统计、估价、核算等工作难以开展的主要原因之一。

【缺乏资源核算制度或规范的问题】包括核算方法的选择、核算程序的设计、核算报告制度的推行等,尚未正式实行。

4. 关于资源核算未来的设想与建议[40]

【加强资源统计工作】调整和增设自然资源统计项目,以解决资源统计准确性差与其权威性之间的矛盾;保证资源统计工作规范化、制度化,包括统计项目的系统性和连续性;着力协调统计部门与职能部门间的关系,建立协调、配合的工作关系,并切实依照统计法行事。

【规范资源估价】规范资源估价方法;进一步完善制定自然资源估价制度;由国土资源管理部门全面推动自然资源估价工作。

【完善资源报告制度】自然资源报告制度须逐步实现定期化、规范化、公开化,并由中央向地方推广开来。除此之外,政府可要求大型企业就其资源及其利用情况、与之相关的环境保护情况等,定期报告;政府应定期发布或公布主要资源的数量和质量情况,如发布数量及其变动指数、质量及其变动指数等信息。

五、资源产权交易

1. 资源使用权交易而非所有权交易

【有限的资源产权交易】在我国,资源多为国家所有,资源产权交易并非完全的资源产权交易,而是有限制的资源产权交易,即仅限于资源使用权的交易,而非所有权的交易。基于此,我国所存在的也只是资源使用权市场,而基本不存在资源所有权市场。

【资源产权交易日趋活跃】伴随市场经济的发展和资源管理体制的变革,市场在资源配置中的作用越来越大,资源产权交易日趋活跃,包括土地产权交易、探矿权与采矿权交易、水资源产权交易等在内的资源产权交易呈现持续上升的趋势。这势必有利于资源的合理配置和高效使用。

2. 水权交易:资源产权交易的重要形式之一

【水权交易及其特殊性】水权包括水所有权和使用权。《水法》规定水的所有权属于国家,所能交易的也只能是水的使用权。但是,水资源与其他资源有着明显的不同,水资源的所有权与使用权结合得较为密切,亦即在拥有使用权的同时事实上也拥有了所有权。这就是水权与地权(土地产权)的不同之处,也正是这种差异决定了水权交易的较为完整。

【水权交易是优化水资源配置的必然要求】我国是典型的水资源短缺和地区分布不均的国家,水资源的空间再配置是必然的。在市场经济条件下,包括南水北调等在内的流域内和跨流域水资源再配置均须以经济手段为主,并由此带来水权交易,产生水资源市场。在此,仅讨论浙江"东阳—义乌"的水权交易及其启示。

【浙江"东阳—义乌"水权交易是双赢的交易】东阳和义乌两市均属浙江省金华地区,且同属钱塘江流域,前者人均水资源量为后者的近两倍,且拥有两座较大的水库;而后者是闻名全国的小商品集散地,水资源严重不足。经过双方努力,达成了水权交易的协议,义乌市用2亿元水利建设资金购买东阳市5000万立方米优质水资源使用权。据水利部经济调节司调查研究,认为"东阳—义乌"的水权交易意义重大,对于建立我国水权交易市场具有显著的推动作用。其启示有5个方面:(1)水权理论研究是水权交易实践的基础。当地做出水权交易决策、达成水权交易协议直接受水权理论研讨与传播的影响。(2)水权转让是经济社会发展到一定阶段的产物。此交易涉及5000万立方米的水、2亿元的资金,只能是在社会需求和经济实力发展到一定水平之后才能出现。(3)水权转让不仅优化配置了水资源,也开创了水利设施异地服务的先例。通过水权有偿转让,东阳市不仅为义乌市城市发展提供了水资源,同时东阳市包括水库在内的水利枢纽设施也开始为义乌市服务；而义乌市的2亿元水利建设资金划归东阳市所有，用于水利建设特别是后续战略水资源的开发。(4)随着城镇化进程的推进，农业灌溉水权转让、异地水权转让、跨流域水权转让可能成为今后一定时期内的水权转让焦点。(5)水权市场亟待规范，相关政策法规亟待出台(据水利部经济调节司"浙江'东阳—义乌'水权转让的调研报告")(专栏9-18)。

专栏9-18

"东阳—义乌"水权交易的基本背景与主要内容

据水利部经济调节司"浙江'东阳—义乌'水权转让的调研报告"，东阳和义乌两市相邻，同属浙江省金华市和钱塘江流域。改革开放以来两市经济发展速度较快、势头很好，义乌小商品市场、东阳建筑业在全国都有较高知名度。东阳市总面积1739平方公里，人口近80万，境内水资源总量16亿立方米，人均水资源量2126立方米，属金华江流域水资源较丰富地区，拥有横锦和南江两座大型水库，每年除满足本市用水外，还要向金华江白白弃水3000多万立方米，可供水潜力较大。义乌市总面积1103平方公里，总人口66万，年均水资源总量7.19亿立方米，人均水资源量1132立方米，属金华江流域水资源紧缺地区，水源不足成为制约义乌市经济社会发展的瓶颈，迫切需要从境外开辟新的水源。两市一方有供水条件，一方有引水的迫切需求。近年来两市进行过接触并取得一定进展，但单靠行政协调已见效不大，久议不决，前四轮谈判都没有达成最终协议。2000年10月份水利部开展"水权、水价、水市场"理论研讨后，两市探索新的合作方式，达成了资源共享、优势互补、共同发展的思路，义乌市人民政府(乙方)向东阳市人民政府(甲方)提出了从所有权属甲方购买部分用水权的要求。甲乙双方达成如下协议：

1.用水权——义乌市用2亿元水利建设资金购买东阳市横锦水库5000万立方米优质水资源使用权。

2.运行费——横锦水库一级电站尾水处接水计量，其计量设备、计量室由义乌方投资建设，双方共同管理，正常运行管理、工程维护等由甲方负责。乙方负责向供水方支付当年实际供水0.1元/立方米的综合管理费(含水资源费、工程运行维护费、折旧费、大修理费、环保费、税收、利润等所有费用)。综合管理费中除水资源费应按省有关文件规定的生活用水和其他用水的平均价进行调整外，其余费用一次商定。

3.付款方式——水权费用分期支付，水价费用定期支付：(1)用水权转让费用分五次付清。供水合同签订生效后支付10%，供水管道等工程动工建设时支付40%，建设一周年后支付20%，供水工程全部完工通水后支付10%，其余20%在供水工程正常使用一年后付清。(2)综合管理费用按实际供水量下季首月付清。

> 4. 管道工程——整个管道工程由乙方投资建设,并负责统一规划设计,其中东阳地段的有关政策处理由甲方负责,费用由乙方承担,其政策处理单价原则上不高于义乌市其他重点工程的标准。东阳段管道工程施工由甲方负责,其单价参照乙方段管道工程中标单价。工程监理、质监由乙方负责。工程验收由乙方负责,甲方参加。同时,甲方应积极协助乙方做好供水工程运行当中的一些政策处理等工作。乙方应在2001年2月底前确定管道工程走向,甲方负责、乙方协助在2001年4月底前完成东阳段工程有关政策处理工作。乙方应在2001年6月底前开工,2002年6月底完成引水管道工程。
>
> 5. 供水方式——取水计划需经两市上级水行政主管部门批准,并参加取水许可年度审验。除不可抗因素外,甲方应保证每年为乙方留足4999.9万立方米水量。甲方应按乙方提供的月供水计划和日供水量的要求进行供水,其供水计划要做到每月基本平衡,高低峰供水量原则上在2倍左右。双方应积极协助对方做好停供检修等工作。

第六节 结论与建议

本章对自然资源管理的体制、法制和机制问题进行了探讨。主要结论如下:

资源管理须在加强中规范,在规范中完善,在完善中加强。自然资源是重要的公共管理,既要体现国家和人民的意志,又与生态和环境问题密不可分,还关乎国家安全。加强自然资源管理是我国深化改革、特别是改革政府管理方式的重点之一,而自然资源管理本身也处在转型时期,包括行政管理、立法管理、经济管理在内,都须不断完善。

我国资源行政管理正在由产业主导向资源主导转变,由分散向集中转变。现行的资源管理体制还存在诸多问题,部分资源尚未纳入资源统一管理的范围,资源按行业管理的现象依然存在,资源管理与环境管理间尚缺乏必要的沟通与协商机制,资源的部门管理与属地管理的关系尚未理顺,部门分割和城乡分割的现象依然存在。加强资源的统一管理是必然的趋势。

资源政策在我国资源管理中无疑起着重要作用,并与产业发展政策、环境保护政策和社会发展政策有着互动关系。近20年来,资源政策大致经历了三个阶段的变化或调整,资源处置方面,经历了产业部门以计划集中处置、产业部门兼用计划和价格手段集中处置、资源综合管理部门集中处置的变化;资源利用方面,经历了强调充分利用、强调节约利用和强调可持续利用的变化;资源供给方面,经历了扩大资源出口换取外汇、独立自主保障国内需求、利用两种资源和两个市场的变化。经过变化和调整,可持续利用和保障国家资源安全已成为现行资源政策的基本取向和目标,严格保护耕地、节约用水和保障能源供给成为现行资源政策的三大重点。然而,由于体制转换、机构调整和改革的渐进性,现行资源政策在一致性、权威性、公正性、认知性等方面还存在诸多不尽人意的地方。资源政策尚须进一步健全和完善。

资源立法管理是资源管理的重要内容。我国资源立法管理自20世纪初提上日程以来,形成了宪法、基本法、部门资源法、行政性法规和法规性文件等五个层次的资源法规体系。宪法中关于资源的规定也几经修订,资源处置的自由度得以加大;民法和刑法显著增加了关于资源开发、利用与保护的规定,特别是在最近修订的刑法中专门在"妨害社会管理秩序罪"下增设了"破坏环境资源保护罪",加大了对资源破坏的处罚力度;包括水、土、能、矿、草、林、海洋等在内的主要种类的部门资源法规体系基本形成;地方和部门行政性法规或法规性文件逐年增加。法规体系的建立与丰富,极大地促进了资源的合理开发利用与保护。但同时,资源立法管理中还存在执法主体缺位、弱化和被边缘化的问题,违法处罚力度偏小,处罚方式偏离资源保护宗旨的问题,立法中的部门倾向及地方保护主义问题,规定条文过粗而缺乏可操作性的问题。资源立法管理须在执行中加以改进与完善。

资源经济管理是资源管理的核心内容。目前已进入了活跃时期,市场、价格及其派生形式发挥着越来越重要的作用,资源市场格局初步形成;资源核算已为资源管理工作者所接受,由此推动了政府和公民资源观念和发展观念的转变,并已开始由研究向试行过渡;土地产权、水权、矿业权等资源产权交易日趋活跃,极大地提高了资源的配置和利用效率。但是,资源市场的发育和规范程度与现实要求相距甚远,城乡土地市场分离、水资源市场分离现象依然严重,资源市场的有限性与滞后性问题仍很突出;关于资源市场的法律规定往往滞后,并存在不少矛盾与模糊现象;资源核算的实用制度、程序与方法尚未成型,资源统计制度不能满足资源核算工作的要求,资源核算主体尚不明确;资源产权交易还缺乏相应的法律规定和规范的程式,产权交易的开放度还很有限。资源经济管理仍需在改革中进一步丰富和完善。

基于上述结论,就完善我国自然资源管理的体制、法制和机制,提出如下建议:

改革和完善资源管理体制。转变资源管理理念,树立资源效率的观念,由注重产业系统管理向注重资源系统管理转变,由封闭管理到开放管理转变,政府更多地以公正和独立的身份出现。改革公共资源分配方式,减少公共资源范围,引入市场机制,实行招标、拍卖制度,提高公共资源配置和利用效率。推行资源属地管理,形成不同层次的资源综合管理体系,扩大地方政府统一管理资源的权力。进一步调整资源管理机构,扩展国土资源部的职能和权限,以增强国家层次的资源统一管理能力。调整资源管理机构的职权范围和工作重点,加强行政监督、市场规范和争议仲裁的职权,加大资源调查、评价及核算的工作力度。建立与环境、产业等部门协调的资源管理机制。

健全和完善资源政策体系。加强部门间的协商和政策间的协调,重点在国土资源、水资源、环保及资源性产业(农业、林业及能源产业等)管理部门间,建立起问题协商、政策协调、情况通报的机制,以及政策文件联署制度、政策实施联合督察制度。使资源政策具体化,减少过于笼统的政策规定,提高资源政策的可操作性;减少资源政策制定中的随意性,增强资源政策的稳定性与连贯性;面对新问题和新情况迅速做出反应并提出政策意见和措施,减少政策空白,提高资源政策的及时性。通过公共资源招标拍卖、规范市场行为、加强资源核算等措施,提升市场在资源政策的地位。打破所有制和身份的界限,增强资源政策的公正度。通过有序开放资源勘察、开发及经营市场,降低资源政策文件保密等级等措施,提高资源政策的公开度和透明度。通过网络、报刊、广播电视等传播手段宣传资源政策,提高资源政策的认知度,以充分发挥资源政策应有的作用。

改进与完善资源立法管理。由资源综合管理部门组织调研,加速资源基本法的立法进程,明确保护和合理开发资源是一项基本国策,明确各级政府、相关部门的资源管理职责,协调相关法规中关于资源问题的规定。针对新情况、新问题,特别是加入WTO的新形势与新要求,对资源法规进行必要的评估、修订、清理和完善。加强资源法规制定、解释和执行中的部门间协调工作,以减少不必要的法规、法规解释间的矛盾,提高资源法规的权威性;提高对新情况与新问题迅速做出明确而准确的法规性说明、解释和规定的能力,以增进资源法规的针对性和有效性;细化、规范和解释资源法规条文,以提高资源法规的严密性和可操作性。加大资源法规宣传,提高全社会的资源法规意识,特别注意提高各级政府官员的资源法规意识。加强资源执法检查,加大资源执法力度,显著减少重罪轻罚、法不责众的现象。

加强和规范资源经济管理。消除城乡分离的二元资源市场现象,特别注意消除由于传统所有制层次思想所造成的土地市场二元现象,建立统一的土地市场,以提高土地的配置效率和使用效率;明确资源核算主体,由资源、统计等部门共同推进资源核算工作的全面开展;建立健全资源核算制度,规范资源核算程序、方法等,促进资源工作的规范化发展;迅速研究和解决资源产权交易中新出现的法律和政策问题,特别就水权交易中出现的问题,如水权交易与生态环境服务的关系问题,水权交易与水利设施支配权的关系问题,水权交易争议仲裁问题等,加以研究和解决,以促进资源产权交易的健康发展。

需要说明的是,自然资源管理及其体制、法制和机制,涉及资源、环境、经济、社会等方面,涉及行政、立法、市场等领域,是一个极为复杂的问题;同时,我国处于进一步改革和开放、经济跨越和社会转型之中,自然资源管理及其体制、法制和机制方面不断出现新情况和新问题需要加以研究。这里的研究还不够系统、不够深入,需进一步努力。

参考文献

[1] 国务院办公厅秘书局、中央机构编制委员会办公室综合司:《中央政府组织机构》,改革出版社,1998年。
[2] 国土资源部政策法规司:《国土资源管理体制改革》,地质出版社,1999年。
[3] 姚华军、丁锋:"我国国土资源管理体制的历史、现状及发展趋势",《中国地质矿产经济》,2001年第11期。
[4] 关凤峻:"统分统——国土资源管理体制三次重大转变",《中国改革》,2001年第1期。
[5] 国务院:"国务院关于机构设置的通知"(国发[1998]5号)。
[6] 李铃等:《国土资源管理概论》,中国人民大学出版社,1999年。
[7] 方克定:"新世纪初期国土资源管理中的几个问题",《资源·产业》,2001年第1期。
[8] 国务院:"政府工作报告"(1992年3月20日在第七届全国人民代表大会第五次会议上),《人民日报》,1992年4月5日第1版。
[9] 国务院:"政府工作报告"(1993年3月15日在第八届全国人民代表大会第一次会议上),《人民日报》,1993年4月2日第1版。
[10] 国务院:"政府工作报告"(1994年3月10日在第八届全国人民代表大会第二次会议上),《人民日报》,1994年3月24日第1版。

[11] 国务院:"政府工作报告"(1995年3月5日在第八届全国人民代表大会第三次会议上),《人民日报》,1995年3月20日第1版。
[12] 国务院:"政府工作报告"(关于国民经济和社会发展"九五"计划和2010年远景目标纲要的报告,1996年3月5日在第八届全国人民代表大会第四次会议上),《人民日报》,1996年3月19日第1版。
[13] 国务院:"政府工作报告"(1997年3月1日在第八届全国人民代表大会第五次会议上),《人民日报》,1997年3月16日第1版。
[14] 国务院:"政府工作报告"(1998年3月5日在第九届全国人民代表大会第一次会议上),《人民日报》,1998年3月21日第1版。
[15] 国务院:"政府工作报告"(1999年3月5日在第九届全国人民代表大会第二次会议上),《人民日报》,1999年3月18日第1版。
[16] 国务院:"政府工作报告"(2000年3月5日在第九届全国人民代表大会第三次会议上),《人民日报》,2000年3月17日第1版。
[17] "(1998年)中央计划生育和环境保护工作座谈会召开",《人民日报》,1998年3月16日第1版。
[18] "(1999年)中央人口资源环境工作座谈会",《人民日报》,1999年3月14日第1版。
[19] "(2000年)中央人口资源环境工作座谈会",《人民日报》,2000年3月13日第1版。
[20] "(2001年)中央人口资源环境工作座谈会",《人民日报》,2001年3月12日第1版。
[21] 国务院:"中华人民共和国国民经济和社会发展第十个五年计划纲要"(2001年3月15日第九届全国人民代表大会第四次会议通过),《人民日报》,2001年3月20日。
[22] 中华人民共和国国家发展计划委员会:《国民经济和社会发展第十个五年计划能源发展重点专项规划》。
[23] 第六届全国人民代表大会常务委员会第十六次会议(1986年6月25日通过)、第九届全国人民代表大会常务委员会第四次会议(1998年8月29日修订):《中华人民共和国土地管理法》。
[24] 国务院:《水产资源繁殖保护条例》,1979年2月10日发布。
[25] 国务院办公厅:"转发农牧渔业部关于制止乱搂发菜、滥挖甘草,保护草场资源的报告的通知",1984年6月25日。
[26] 第六届全国人民代表大会常务委员会第七次会议:《中华人民共和国森林法》,1984年9月20日通过。
[27] 第六届全国人民代表大会常务委员会第十一次会议:《中华人民共和国草原法》,1985年6月18日通过。
[28] 第六届全国人民代表大会常务委员会第十六次会议:《中华人民共和国土地管理法》,1986年6月25日通过。
[29] 第六届全国人民代表大会常务委员会第十五次会议:《中华人民共和国矿产资源法》,1986年3月19日通过。
[30] 第六届全国人民代表大会常务委员会第二十四次会议:《中华人民共和国水法》,1988年1月21日通过。
[31] 第七届全国人民代表大会常务委员会第四次会议:《中华人民共和国野生动物保护法》,1988年11月18日。
[32] 第五届全国人民代表大会第五次会议(1982年12月4日通过)、第七届全国人民代表大会第一次会议(1988年4月12日修订)、第八届全国人民代表大会第一次会议(1993年3月29日修订)、第九届全国人民代表大会第二次会议(1999年3月15日修订):《中华人民共和国宪法》。
[33] 第六届全国人民代表大会第四次会议:《中华人民共和国民法通则》,1986年4月12日通过。
[34] 第五届全国人民代表大会第二次会议(1979年7月1日通过)、第八届全国人民代表大会第五次会议(1997年3月14日修订):《中华人民共和国刑法》。
[35] 第六届全国人民代表大会常务委员会第十五次会议(1986年3月19日通过)、第八届全国人民代表大会常务委员会第二十一次会议(1996年8月29日修订):《中华人民共和国矿产资源法》。

[36] 第八届全国人民代表大会常务委员会第二十八次会议(1997年11月1日通过):《中华人民共和国节约能源法》。
[37] 国务院:《中华人民共和国资源税条例(草案)》,1984年9月18日颁布。
[38] 国务院:《中华人民共和国资源税暂行条例》,1994年1月1日颁布。
[39] 李金昌等:《资源核算论》,海洋出版社,1991年。
[40] 谷树忠:"关于我国农业自然资源核算制度的初步设想",《中国农村经济》,1998年第7期。

附录一

中国自然资源领域重大事件

一、20世纪50年代

1950年6月30日,中华人民共和国中央人民政府颁布《中华人民共和国土地改革法》(简称土地改革法)。全国掀起了大规模的土地改革运动。

1950年10月14日,中央人民政府政务院发布《关于治理淮河的决定》。自此,中国人民全面治理淮河的宏伟工程正式开始。

1951年8月8日,中国海洋湖沼学会在北京成立,同时召开第一届代表大会。

1951年8月15日,中华人民共和国外交部长周恩来在《关于美英对日和约草案及旧金山会议声明》中严正指出:南海诸岛"向为中国领土,在日本帝国主义发动侵略战争时虽曾一度陷落,但日本投降后已为当时中国政府全部接收",中国对南海诸岛的主权,"不论美英对日和约有无规定和如何规定,均不受任何影响"。

1952年6月20日,位于长江中游的荆江分洪工程竣工。这个工程是新中国建国后修建的仅次于治淮工程的第二个大型水利工程。

1953年6月30日,新中国进行第一次全国人口普查。这是中国历史上第一次采用近代人口普查方法进行的全国人口普查。同年11月1日,国家统计局发表《关于全国人口调查登记结果的公报》。调查结果,全国人口总数为601938350人。

1953年11月20日,国家计委批准成立全国矿产储量委员会,负责制定矿产储量分类法,审查和批准各种矿物原料的储量,掌握全国矿产资源的平衡工作。该委员会由地质部、重工业部、燃料工业部、中国科学院、国家计委派人组成。

1954年3月12日,中共中央同意成立黄河规划委员会。为适应编制综合开发黄河技术经济规划的要求,国家计委提出在原黄河研究组的基础上,成立黄河规划委员会,李葆华为主任。

1954年5月上旬,中国第一座大型山谷水库——北京永定河官厅水库工程竣工。水库库容为22.7亿立方米。同年12月27日,中国自己设计、施工、制造的第一个自动化水电站——北京官厅水电站第一台水力发电机开始发电。

1955年6月,国务院发布了《关于渤海、黄海及东海机轮拖网渔业禁渔区的命令》,藉以保护沿岸渔场资源。

1955年7月18日,在第一届全国人民代表大会第二次全体会议上,国务院副总理邓子恢作了《关于根治黄河水害和开发黄河水利的综合规划报告》。同日,国务院第十五次会议通过了这个规划。此后,中国人民全面治理黄河的宏伟工程开始。

1956年10月,国务院科学规划委员会制定了《一九五六年至一九六七年国家重要科学技术任务规划及基础科学规划》,将"中国海洋的综合调查及其开发方案"列入第七项。这是我国第一次将海洋科学研究纳入国家科学技术发展的轨道。

1957年2月11日,第一届全国人民代表大会第五次会议通过,将森林工业部与林业部合并为林业部。

1957年4月23日,水产部颁发《水产资源繁殖保护暂行条例(草案)》对保护海洋生物资源做了详细规定。

1957年10月8日,中国第一个石油基地——玉门油田建成。

1958年3月,水利电力部组织沿海省、市进行了第一次潮汐能资源普查。估算出全国沿岸(台湾省除外)潮汐能理论蕴藏量为1.1亿千瓦。

1958年9月4日,中华人民共和国政府发表关于领海的声明,宣布中国领海宽度为12海里。第一届人大常委会当日举行第一百次会议批准了该声明。

1958年10月27日,经国务院科学规划委员会批准,林业部成立中国林业科学研究院。

1959年1月10日,中国第一条输油管线——新疆克拉玛依到独山子间的输油管线建成并开始输油。管线全长147公里。

二、20世纪60年代

1960年5月1日,大庆油田正式投产。这个中国最大的石油化工生产基地,世界特大油田之一的建成投产,使中国得以甩掉"贫油国"的帽子。

1960年9月,大型水利工程三门峡水库建成。这是黄河上修建的第一座大型水库,也是新中国治理黄河的首次尝试。

1963年5月,南京大学、中国科学院海洋研究所等单位的29位专家,向国家科委提出关于加强海洋研究,建立国家海洋局的几点建议。

1963年5月27日,国务院颁发《森林保护条例》,条例共7章43条。

1963年11月17日,毛泽东主席发出"一定要根治海河"的号召。从此,全面治理海河的工程开始。

1964年1月27日,中共中央、国务院批准成立大兴安岭特区。特区的主要任务是开发大兴安岭林区,由林业部直接领导,同时接受黑龙江省和内蒙古自治区领导。

1964年2月11日,中共中央、国务院批复同意成立国家海洋局。7月22日,第三届全国人大常委会第一百二十四次会议批准,正式成立国家海洋局。

1965年8月6日,中共中央西北局作出《关于建立黄河上游水土保持建设兵团的决定》,

指出:黄河上游水土保持建设兵团(后改称中国人民解放军西北林业建设兵团)的任务是在水土流失严重、人烟稀少的地区造林种草,结合建设必要的水土保持工程,控制水土流失,并帮助和指导周围人民公社做好水土保持工作。

1968年1月31日,山东胜利炼油厂全部建成投产。建设规模为年加工原油250万吨,总投资1.3亿元。

1969年7月8日,河南林县红旗渠工程全部建成。该渠1960年动工兴建,总干渠长70公里。

三、20世纪70年代

1970年5月1日,农业部、林业部合并,成立农林部。

1970年6月22日,中共中央、国务院决定,地质部并入国家计划委员会,改为国家计划革命委员会地质局。对外称中华人民共和国地质局。

1970年12月25日,经毛泽东同意,中共中央批准兴建宜昌长江葛洲坝水利枢纽工程。

1973年8月,国务院召开第一次全国环境保护会议,拟订了《关于保护和改善环境的若干规定(试行草案)》。

1973年9月30日,大庆至秦皇岛输油管道建成,随后开始输油。这是中国建成的第一条地下输油管道。

1974年1月30日,国务院批准《中华人民共和国防止沿海水域污染暂行规定》。

1974年2月23日,中国自行设计建造的一项大型水利枢纽工程——汉江丹江口水利枢纽初期工程建成。

1974年5月15日,大港油田建成。

1974年9月29日,胜利油田在渤海湾地区建成。

1975年2月4日,中国最大的水电站——刘家峡水电站建成。

1975年8月8日,河南的板桥、石漫滩两座大水库崩溃。8月5日至8日,驻马店、许昌、南阳地区降了特大暴雨,过程降雨量中心极值达1631毫米,最大雨量1小时达189.5毫米,这两座大水库容蓄不下短时间倾注的巨大洪水,大坝被冲垮。水库决堤后,受淹耕地1788万亩,受灾人口达1000多万,京广铁路线被冲断109公里。

1975年9月30日,国务院发出《关于调整国务院直属机构的通知》,决定增设国家地质总局。同时撤销国家计委地质局。

1976年7月5日,中国万吨级远洋科学调查船"向阳红五号"和"向阳红十一号"1976年春季和夏季,在太平洋的广阔海域成功地进行了中国首次远洋科学调查。

1978年1月13日,长江流域规划办公室组织调查组对长江源头的查勘结果证实:长江的源头不在巴颜喀拉山南麓,而是在唐古拉山脉主峰各拉丹东雪山西南侧的沱沱河;长江全长不是5800公里,而是6300公里。

1978年4月24日,国家林业总局成立。

1978年11月25日,国务院批转国家林业总局《关于在"三北"风沙危害、水土流失的重点地区建设大型防护林的规划》。《规划》规定,从1978年至1985年,在此地区建设533万公顷(8000万亩)的防护林。8年规划实现后,加上原有的造林保存面积,使"三北"防护林达到1.2亿亩。

1978年11月27日,中国自己设计、制造设备、安装施工的大型钢铁联合企业——攀枝花钢铁工业基地第一期工程建成投产。

1979年2月10日,国务院颁布《水产资源繁殖保护条例》。

1979年2月16日,中共中央、国务院决定撤销农林部,成立农业部、林业部。

1979年2月17日至23日,第五届全国人民代表大会常务委员会第六次会议原则通过《中华人民共和国森林法(试行)》;根据国务院的提议,决定3月12日为我国的植树节。

1979年9月13日,第五届人大常委会第十一次会议原则通过《中华人民共和国环境保护法(试行)》。同日公布。

1979年9月13日,第五届人大常委会第十一次会议原则通过决定,撤销国家地质总局,重建地质部。

1979年11月25日,石油部海洋石油勘探局"渤海二号"钻井船,在渤海湾迁移井位途中翻沉。

1979年12月10日,1979年中国蚕茧生产获得空前丰收,生丝产量创历史最高记录,成为世界上产丝最多的国家。

四、20世纪80年代

1. 1980～1984年

1980年1月12日,湖南省岳阳县城陵矶渔业队在长江口捕获一头稀有珍稀水生哺乳动物——活体白鳍豚。这是中国首次捕获的白鳍豚,也是世界上第一次捕捉到的活体白鳍豚。

1980年1月27日,中国第一座地下水库——南宫地下水库初步建成。它的建成对于开发利用海河流域平原地区浅层地下水资源具有重大意义。

1980年1月28日,位于辽宁省沈阳、营口、锦州之间的辽河油田建成。该油田从1970年起开发建设,当年产原油的能力已达500万吨,天然气17亿立方米。

1980年2月26日,全国海岸带和海涂资源综合调查领导小组成立,开始我国第二次大规模的全国海岸带和海涂资源综合调查。

1980年5月16日,中国第一座双向发电潮汐电站——浙江温岭县境内乐清湾末端的江厦潮汐试验电站一号机组开始发电。

1980年6月23～25日,湖北、安徽、河南降暴雨到大暴雨。26日,淮河干流谷堆围堤溃决。

1980年9月16日至22日,全国首次自然保护区区划工作会议在四川成都召开。会议讨论了加速中国自然保护区建设工作,确定了保护区的发展计划。

1982年1月12日,国务院公布《中华人民共和国对外合作开采海洋石油资源条例》。

1982年1月15日,中国第一个跨部门、跨地区的联合开发能源的经济组织——中国西南能源联合开发总公司在北京成立。

1982年5月4日,五届人大常委会第二十三次会议通过决议,将地质部改名为地质矿产部,增加矿产资源开发管理监督的职能。

1982年5月16日,国家计委、国家统计局发出《关于沿海和内地划分问题的通知》。沿海范围包括:辽宁、河北、北京、天津、山东、江苏、上海、浙江、福建、广西、广东等11个省、市、自治区(台湾回归祖国后也应包括在内);其余18个省和自治区则称为内地。

1982年7月5日,中国在北纬17度以北地区大面积种植橡胶树获得成功,相继建成海南岛、西双版纳为主的橡胶生产基地,种植面积超过600万亩。这是天然橡胶生产上的重大突破。同年10月18日,原国家科委授予在中国北纬18度至24度大面积种植成功橡胶树的全国橡胶科研协作组以一等发明奖。

1982年8月23日,第五届人大常委会第二十四次会议通过《中华人民共和国海洋环境保护法》。1983年3月1日生效。

1982年9月21日,中国测绘部门在世界上第一次成功地完成了全国地面测量控制网的整体平差工作,精确计算出5万多个测绘点的地理坐标,建立了中国独立的高精度的新的大地坐标系统。该系统的建立,为进行农业资源的调查、区域规划、水利、地质勘探、矿业开发、公路、铁路建设、航空、航天等提供了精确数据。

1982年12月17日,中国主要资源综合利用基地之——甘肃的金川矿区已建成中国最大的镍生产基地和提炼白金等贵金属的中心。

1983年5月2日至13日,国家计委在北京召开会议,审查水利电力部长江流域规划办公室编制的《长江三峡水利枢纽工程可行性研究报告》。

1983年5月9日,第五届人大常委会第二十七次会议通过我国加入"南极条约"的决定。6月8日,我国驻美国大使章文晋向"南极条约"保存国美国政府递交了加入书。我国正式成为"南极条约"缔约国。

1983年7月29日,长江上第一座大型水力发电站——装机容量为96.5万千瓦的葛洲坝水利枢纽二江电站全面建成。

1983年9月5日,中国最大的城市供水工程之一的引滦入津工程完工正式通水。

1984年3月1日,中共中央、国务院发出深入、扎实地开展绿化祖国活动的指示。《指示》指出,到20世纪末,力争把全国的森林覆盖率由现在的12%提高到20%;种草面积达到3333.33万公顷(5亿亩),使退化、沙化的草场逐步得到恢复和改良。

1984年5月3日,国务院办公厅发出通知,宣布成立国务院农村能源领导小组。主要任务是审查农村能源整体规划,提出开发农村能源的方针政策,督察、检查和协调各部门的有关工作。

1984年5月8日,国务院发布《关于环境工作的决定》。指出保护和改善生活环境和生态环境,防止环境受污染和自然环境被破坏,是我国社会主义现代化建设的一项基本国策。

1984年6月25日,国务院办公厅转发"农牧渔业部关于制止乱搂发菜、滥挖甘草,保护草场资源的报告的通知"。

1984年9月18日,国务院颁布《中华人民共和国资源税条例(草案)》。同年11月1日起试行。纳税人是在中国境内从事原油、天然气、煤炭、金属矿产品和其他非金属矿产品开发的单位和个人。

1984年9月20日,第六届全国人民代表大会常务委员会第七次会议通过《中华人民共和国森林法》。

1984年10月23日,中国最大的铜基地——江南铜业公司主体工程之一的永平铜矿试投产。这是中国自己设计、自己施工、按合理工期一次建成日处理矿石1万吨的第一个有色金属矿。

1984年11月14日,国务院批准成立太湖流域管理局,由水利电力部和长江口及太湖流域综合治理领导小组双重领导,以水利电力部为主。

1984年11月20日~1985年4月10日,中国首次对南极进行考察,考察历时142天,考察队共591人,航程2.6万余海里,并于1985年2月20日建成中国第一个南极考察站——长城站。

1984年12月30日,中国重点建设工程——仪征化纤一期工程基本建成。该工程设计规模为年产48万吨涤纶纤维和聚脂切片,是中国最大的化纤生产基地。一期工程建成后年产涤纶纤维和聚脂原料18万吨,相当于24万公顷高产棉田一年的纤维产量。

2. 1985~1989年

1985年1月1日,《中华人民共和国森林法》开始施行。

1985年1月8日,中国首次利用遥感技术完成全国土地资源调查。中国自1982年开始利用遥感技术进行全国土地资源调查,在两年的时间内完成了全国总面积和30个省、市、自治区面积的量算,全国和分省的15种土地面积的量算,编制了全国1:200万的土地利用现状卫星影像图及全国和分省的738幅1:25万的土地利用现状图。

1985年3月6日,全国土地管理工作会议在北京召开。会议指出,"十分珍惜和合理利用每寸土地"、"保护耕地"是我国不可动摇的长期国策。

1985年3月10日,中国第一支远洋渔船队离开马尾港,远涉重洋,赴非洲西部海域捕鱼,中国从此加入世界远洋渔业国家行列。

1985年6月18日,第六届全国人民代表大会常务委员会第十一次会议通过《中华人民共和国草原法》。

1985年8月19日,全国第一个草地资源保护地——内蒙古锡林郭勒草原自然保护区最近在白音希勒牧场建成。保护区面积10786平方公里。

1985年12月17日,贯穿中国西北、华北、东北的"三北"防护林体系一期工程,经过8年奋战,已提前完成。

1986年3月19日,第六届全国人民代表大会常务委员会第十五次会议通过《中华人民共和国矿产资源法》。

1986年4月5日,中国第一座水煤浆工厂——抚顺水煤浆厂投产,年生产能力为5万吨。

1986年5月26~29日,被称为中国北京"金项链"的大连、丹东、锦州、秦皇岛、唐山、天津、沧州、惠民、东营、潍坊、烟台、青岛等14个环渤海的市(地区)在天津举行市长联系会议,确定建立环渤海经济区。

1986年6月25日,第六届全国人民代表大会常务委员会第十六次会议通过《中华人民共和国土地管理法》,并以此为标志,6月25日成为中国土地日。本法自1987年1月1日起施行。

1986年7月17日,国务院批准长白山等20个自然保护区为国家级森林和野生动物类型自然保护区。

1986年8月2日,大庆30万吨乙烯工程建成投产。该工程是中国第一个直接以油田轻烃为原料的大型联合化工项目,工程总投资42亿元。

1986年8月9日,国家国土管理局正式成立,王先进任局长。

1986年12月20日,中国第一座地球资源遥感卫星地面站在北京正式投入使用。

1987年5月6日~6月2日,大兴安岭发生建国以来最大、损失最严重的森林火灾。据统计,过火林地总面积114万公顷,其中受害森林面积87万公顷。烧毁贮木场存材85万立方米;受灾群众5万多人,死亡213人,受伤226人。

1987年9月10日,中国最大的现代化煤矿——山西平朔安太堡露天矿建成投产。

1987年12月1日,广东省深圳市公开拍卖了一块国有土地的使用权。这是中华人民共和国成立后首次进行的土地拍卖。

1988年1月10日,中国最大的硫铁矿生产基地——广东云浮硫铁矿通过国家验收。

1988年1月21日,第八届全国人民代表大会常务委员会第二十四次会议通过《中华人民共和国水法》。同年7月1日开始施行。

1988年7月14日,国家土地开发建设基金管理领导小组与冀、鲁、豫、苏、皖5省人民政府就黄淮海平原农业综合开发建设项目在北京举行签字仪式。自此,国务院统一部署的黄淮海平原大规模农业综合开发全面展开。

1988年9月7日,北京夏令时5时30分,在太原卫星发射中心,中国成功发射了一颗试验性气象卫星——"风云一号"。这是中国第一颗太阳同步极地轨道气象卫星。

1988年11月18日,第七届全国人民代表大会常务委员会第四次会议通过《中华人民共和国野生动物保护法》。

1988年12月20日,中国特大型现代化煤矿——大同矿务局燕子山煤矿投产。该矿是中国"七五"期间的重点建设项目,1980年8月动工,年设计能力为400万吨。

1989年1月3日,中国最大的水利枢纽工程——长江葛洲坝水利枢纽工程建成。该工程1970年12月30日动工兴建,历时18年。葛洲坝水利发电厂的装机容量271.5万千瓦,是中国最大的发电厂。

1989年2月21日,国务院决定对十大环境资源进行保护。十大资源分别是:矿产、土地、草原、森林、生物、野生动植物、水、海洋、气候、风景。

1989年2月26日,以中国革命的先行者孙中山命名的"中山"南极考察站举行落成典礼,并开始进行越冬考察工作。

1989年3月1日,《中华人民共和国野生动物保护法》施行。

1989年3月25日,经国家土地开发建设基金管理领导小组审定,中国又有8个地区被列为国家商品粮棉生产基地,进行重点开发建设。他们是:湖南省的湘南地区、湖北省的江汉平原腹地和鄂北岗地、内蒙古东部部分地区、四川省的川中地区、江西省的赣江西南地区、山东的黄河口三角洲以及海南省部分地区。

1989年6月15日,黄河上游最大的水利枢纽工程——龙羊峡水电站发电、供电系统全部竣工。总装机容量128万千瓦。

1989年11月8日,国家计委发出《关于资源综合利用项目与新建和扩建工程实行"三同时"的若干规定》。要求企业新建和扩建的基本建设项目,必须认真执行治理污染与资源综合利用相结合的方针。凡是有条件的项目,都应考虑合理利用资源、能源和原材料。资源综合利用项目原则上要与基本建设主体工程同时设计、同时施工、同时投产。

1989年11月17日,中国最大的舟山渔场被划为国家级海洋保护区。

1989年11月25日,中国又一跨流域大型调水工程——引黄济青工程,正式建成通水。这项工程全长290公里,每年可向青岛提供1亿多立方米的水。工程从1986年4月15日动工,总投资为8亿元。

1989年12月16日,中华人民共和国主席杨尚昆发布第22号令,公布《中华人民共和国环境保护法》,自公布之日起施行。

五、20世纪90年代

1. 1990年

1990年2月11日,柴达木油田花土沟至格尔木输油管道建成输油。这条输油管线长达433公里,沿途平均海拔3000米,是中国海拔最高的原油长距离输送管道,年输油能力为100万吨。

1990年6月30日,长江上游防护林体系建设领导小组成立。

1990年8月22日,中国向联合国海底筹委会递交《中华人民共和国政府要求将中国大洋矿产资源研究开发协会登记为先驱投资者的申请书》。"七五"期间,中国先后在太平洋海域进行了多次调查,调查面积达200万平方公里,并在C-C区圈定出具有潜在商业开采价值的矿区30多万平方公里,为申请矿区登记创造了条件。

1990年9月12日,中国兰新铁路西段和苏联土西铁路在中苏边界的新疆阿拉山口站和苏联德鲁日巴站之间接轨,举世瞩目的第二座亚欧大陆桥全线贯通。

1990年9月14日,中国目前产量最高的海上油田——惠州21-1油田正式投产。珠江口盆地大规模油气开发拉开了序幕。

1990年10月,中国第一批五处国家级海洋类型自然保护区,经国务院审查批准,正式成立。它们是:河北省昌黎黄金海岸自然保护区、广西壮族自治区山口红树林生态自然保护区、海南省大洲岛海洋生态自然保护区、海南三亚珊瑚礁自然保护区、南麂列岛海洋自然保护区。总面积646平方公里。

1990年10月25日,亚洲最大的扬水工程——固海扬水工程已完全达到设计要求。工程以每秒20立方米的流量,把黄河水通过11级泵站送到西海固地区,流程152公里,总扬程高达382.47米。这项工程始建于1976年,国家总共投资2.4亿元。

1990年10月30日,中国第四次人口普查登记工作结束。截止1990年7月1日零时,中国大陆人口为11.33682501亿人。按台湾当局今年公布的人口数据,港英政府、澳葡政府公布的1989年底香港、澳门的人口数据推算,中国总人口为11.60017381亿人。

2. 1991年

1991年1月31日,当今世界上最高的太阳能电站,已在西藏革吉县城落成。这座总功率为1.0088万瓦的电站,是中国目前自行设计和建设的功率最大的太阳能电站。电站所处的海拔高度为4300米。

1991年2月28日,在联合国海底管理局筹委会举行的第九届春季会议上,中国申请太平洋国际海底矿区获得批准。其面积为15万平方公里。

1991年5月15日~7月13日,中国淮河、太湖流域连降大到暴雨,造成严重的洪涝灾害。地处淮河、太湖流域的安徽、江苏两省灾害尤为严重,是百年罕见的大水灾。据初步统计,两省在洪涝灾害中农作物受害面积902万公顷,绝收面积225万公顷,倒塌房屋203.7万间,死亡801人,伤14478人。各方面的经济损失价值人民币459亿元。

1991年6月29日,《中华人民共和国水土保持法》发布,自发布之日起施行。

1991年12月15日,中国自行设计建造的第一座核电站——秦山核电站并网发电,结束了中国大陆没有核电的历史。

3. 1992年

1992年1月17日,李鹏总理主持国务院会议,审议通过了《关于兴建长江三峡水利枢纽工程的报告》,提交中共中央和全国人大审定。

1992年2月10日,国务院批准国家土地管理局、农业部《关于在全国开展基本农田保护工作的请示》。

1992年2月25日,《中华人民共和国领海及毗连区法》公布。

1992年3月1日,《中华人民共和国陆生野生动物保护实施条例》由国务院批准林业部发布实施。

1992年3月11日,国务院决定,进一步对外开放黑龙江省黑河市、绥芬河市、吉林省珲春市和内蒙古自治区满洲里市,在这四个边境城市建立边境经济合作区。

1992年4月3日,第七届全国人民代表大会第五次会议通过关于兴建长江三峡工程的决议,决定批准将兴建三峡工程列入国民经济和社会发展十年规划。

1992年6月3日～14日,李鹏总理在里约热内卢举行的联合国环境与发展大会上,代表中国政府签署了《气候变化框架条约》和《保护生物多样性公约》。

1992年6月18日,我国决定开放长江沿岸芜湖、九江、岳阳、武汉、重庆五个内陆城市。至此长江沿岸10个主要城市已全部对外开放。

1992年6月23日,国务院人口普查领导小组宣布,全国第四次人口普查圆满结束。截止1990年7月1日零时,全国人口为1130510638人。

1992年7月28日,经国务院批准,我国已决定加入《关于特别是作为水禽栖息地的国际重要湿地公约》。指定黑龙江扎龙、吉林向海、江西鄱阳湖、湖南洞庭湖、海南东塞港和青海鸟岛等6个自然保护区列入《国际重要湿地名录》。

1992年8月28日～9月1日,由于天文大潮和16号强热带风暴共同作用引起特大风暴潮,中国东部沿海均遭受不同程度的损失。据不完全统计,毁坏海堤、海档、海闸1.2万处,冲坏公路、桥梁1500处,淹没农田近200万公顷(3000万亩)。

1992年11月25日,国务院批准在全国新建立16处国家级自然保护区。

1992年12月10日,中国首航东北太平洋海区从事国际海底多金属矿藏勘探调查的"海洋四号"科学考察船,完成任务后返航。这是中国人第一次在国土之外的地区从事的自然资源开发活动。

1992年12月29日,中国有史以来第一套全国性的大型土地利用图——《1/100万中国土地利用图》在北京通过鉴定。由中国科学院完成的课题,以地图的形式全面而详实地反映了我国土地利用现状及其地域分异规律。

4. 1993年

1993年1月18日,国务院发出通知,成立国务院三峡工程建设委员会。成立中国长江三峡工程开发总公司。自发文之日起,过去国务院有关三峡工程方面的非常设机构予以撤销。

1993年3月29日,全国人大八届一次会议确定,全国人大增设环境保护委员会。曲格平任主任委员。

1993年4月17日,中国最大的海上油田——南海流花11-1油田总体开发方案最近已经中国政府批准,正式投入开发建设。这一油田的总面积317平方公里,控制石油地质储量为2.33亿立方米,由中国海洋石油南海东部公司和阿莫科东方石油公司合资建设。

1993年5月4日至6日,我国西北部地区发生特大强沙尘暴。沙尘暴袭击新疆东部、甘肃河西走廊、内蒙古自治区阿拉善盟及宁夏大部分地区,造成85人死亡,31人失踪,264人受伤,直接经济损失5.4亿元。

1993年9月17日,《中华人民共和国水生野生动物保护实施条例》经国务院批准施行。

1993年8月1日,李鹏总理颁布《取水许可制度实施办法》,自1993年9月1日起实行。

1993年12月13日,国务院环委会在陕西榆林市召开第四次现场办公会议,研究解决晋陕蒙接壤地区的神府——东胜煤田地区因乱采滥挖造成的严重生态破坏和环境污染问题。提出了整顿采矿秩序、河道清障、加强生态保护,科学合理地开发矿产资源的有效措施和办法。

1993年12月14日,林业部召开新闻发布会,宣布第四次全国森林资源清理结果。我国森林资源的总的情况是:现有林业用地面积2.63亿公顷(39.43亿亩),森林面积1.34亿公顷(20.06亿亩),活立木总蓄积117.85亿立方米,森林蓄积量101.37亿立方米,森林覆盖率13.92%。

5. 1994年

1994年1月1日,国务院颁布实施《中华人民共和国资源税暂行条例》。

1994年2月27日,国务院总理李鹏签署150号令,发布《矿产资源补偿费征收管理规定》,规定从4月1日起实施。

1994年2月28日~3月3日,国务院召开全国扶贫开发工作会议,部署实施"全国八七扶贫攻坚计划",要求力争在本世纪末最后的7年内基本解决全国8000万贫困人口的温饱问题。

1994年3月21日,联合国《气候变化框架公约》开始生效,公约要求发达国家采取有效措施,到2000年把二氧化碳和其他温室气体的排放量控制到1990年的水平。

1994年3月25日,国务院第16次常务会议讨论通过《中国21世纪议程——中国21世纪人口、环境与发展白皮书》。

1994年5月5日,中国海洋石油总公司购买美国阿科公司在印尼马六甲海峡合同区32.58%的石油产品分成合同权益,在美国签字。这是中国海洋石油总公司开拓国际市场、投资海外的第一个项目,也是该油田合同的最大股权者。

1994年8月18日,国务院发布《基本农田保护条例》,自1994年10月1日起施行。

1994年10月,中外合作开发的中国海上目前最大的天然气田——南海莺歌海盆地的崖13-1气田打成了第一口生产井,经测试,该井日产天然气226万立方米,凝析油60桶。

1994年11月16日,《联合国海洋法公约》正式生效。

6. 1995年

1995年3月27日,国有资源性资产全国工作会议在北京举行。这是建国以来首次召开的关于资源性资产管理工作会议。会议提出将对自然资源实行资产化管理,使国有资源业由事业型运作机制转变为经营性运作机制。

1995年3月31日,中国考察队首次对北极进行考察。这次考察也是中国首次以社会集资方式进行的重大科技活动。北京时间5月6日10点55分,考察队胜利到达北极点。

1995年4月下旬,中国第一个百万吨级的沙漠油田——彩南油田建成,原油生产能力达150万吨。

1995年6月23日,国务院环境保护委员会召开第6次会议,审议并通过了《中国自然保护区发展规划纲要(1990～2050)》。

1995年6月25日,漫湾水电站第一期工程全部建成。该电站是澜沧江上建设的第一座大型水电站,装机150万千瓦。工程于1986年5月1日正式动工。

1995年7月13日,中国自行设计、建造和管理的核电站——秦山核电站正式通过国家验收。秦山30万千瓦核电站于1985年开工,1991年并网发电。

1995年9月25日,地矿部门以1∶20万为主的我国960万平方公里区域地下水资源普查已全部完成,全国地下水天然资源总量为8700亿立方米每年,可开采资源为2900亿立方米每年。

1995年11月22日,国家计委批复同意林业部编制的《辽河流域综合治理防护林体系建设工程总体规划》、《淮河太湖流域综合治理防护林体系建设工程总体规划》、《珠江流域防护林体系建设工程总体规划》和《黄河中游防护林工程总体规划》。

7. 1996年

1996年1月1日,中国目前最大的海上天然气田——南海崖13-1气田正式向香港和海南供气。

1996年1月8日,林业部在北京召开"三北"防护林体系二期工程总结表彰暨三期工程动员大会(9日结束)。为期10年的"三北"防护林二期工程全面完成规划任务,造林1126.7万公顷,完成规划任务的139.7%。

1996年5月27日,中国最大的海上油田流花11-1油田全面投产。

1996年8月29日,第八届全国人民代表大会常务委员会第二十一次会议完成对《中华人民共和国矿产资源法》的修订。

1996年10月24日,中国政府发表第一部《中国的粮食问题》白皮书。

8. 1997年

1997年8月29日,第八届全国人大常委会第二十七次会议通过了《中华人民共和国防洪法》。

1997年9月10日,陕西至北京天然气输气管道工程竣工。该工程总投资39.5亿元,管线全长853.23千米,是中国陆上输送距离最长的一条天然气管线,也是中国第一条大中径、长距离、全自动的输气管线。

1997年10月28日,黄河小浪底水利枢纽工程大江截流成功。

1997年11月1日,第八届全国人民代表大会常务委员会第二十八次会议通过《中华人民共和国节约能源法》。

1997年11月8日,举世瞩目的长江三峡水利枢纽工程胜利实现大江截流。

1997年12月1日～11日,《联合国气候变化框架公约》第三次缔约国会议在日本京都召开。会议旨在加快履行《联合国气候变化框架公约》的国家行动步伐,发达国家将第一次采用具有法律约束作用的削减温室气体排放总量的目标和时间表。150多个国家部长和其他高级代表参加了会议。会议通过了《联合国气候变化框架公约京都议定书》,规定到2010年所有发达国家排放的二氧化碳等6种温室气体数量要比1990年减少5.2%。

9. 1998年

1998年1月1日,《防洪法》正式实施,标志着我国的防洪工作进入一个依法防洪的新阶段。

1998年1月6日,中国最大的磷化工基地——湖北荆襄化学工业集团在湖北建成。

1998年3月10日,第九届全国人民代表大会第一次会议通过国务院机构改革方案。国务院部委由原来的40个精简为29个,其中保留22个,更名3个,新组建4个。国土资源部为新组建的四个部门之一,由原地质矿产部、原国家土地管理局、国家海洋局和国家测绘局共同组建。

1998年4月2日,经国务院批准,农业部发出《关于在东海、黄海实施新伏季休渔制度的通知》和《关于在东海、黄海实施新伏季休渔制度的通告》,决定自1998年起在东海和黄海实行新伏季休渔制度。

1998年4月8日,国土资源部成立大会在全国政协常委会议厅举行。会后举行了国土资源部揭牌仪式。4月10日,国土资源部印章正式启用。

1998年6月上旬至9月上旬,我国南方特别是长江流域及北方的嫩江、松花江流域出现历史上罕见的特大洪灾。截止8月22日,全国共有29个省、自治区、直辖市遭受不同程度的洪涝灾害,江西、湖南、湖北、黑龙江、内蒙古和吉林等省区受灾最重。

1998年8月7日,长江九江大堤发生决口。

1998年8月18日,国务院总理办公会议提出了我国根治水患的32字综合治理措施:"封山育林,退耕还林,退田还湖,平垸泄洪,以工代赈,移民建镇,加固堤坝,疏浚河道"。

1998年10月20日,中共中央、国务院决定停止长江、黄河流域上中游天然林采伐。

1998年11月7日,国务院发出关于印发《全国生态环境建设规划》的通知。《规划》提出我国生态建设的总体目标是:用大约50年左右的时间加强对现有天然林及野生动植物资源的保护,大力开展种草种树,治理水土流失,防治沙漠化,建设生态农业,改善生产和生活条件,完成一批对改善全国生态环境有重要影响的工程,扭转生态环境恶化的势头。

10. 1999年

1999年1月1日,《中华人民共和国土地管理法》以及《中华人民共和国土地管理法实施条例》、《基本农田保护条例》开始施行。

1999年1月12日,国土资源部召开编制《全国矿产资源总体规划纲要》座谈会。编制《全国矿产资源总体规划纲要》在我国尚属首次。

1999年3月3日,国家环境保护总局发布《中国生物多样性国情研究报告》。

1999年9月27日,国家发展计划委员会批准实施"中国大陆科学钻探工程"项目。即在江苏东海县开钻5000米深井,这是我国第一口大陆科学深钻井。

1999年10月1日,新疆塔里木盆地北部发现特大整装油田——塔河油田。到9月底,已探明储量1.2亿吨,预测石油地质储量在7~10亿吨。

1999年12月8日,引人注目的柴达木盆地涩北——西宁——兰州天然气管道工程日前经国家批准,将于2000年4月1日开工。该管道全长953公里,整个工程投资44亿元,将于2001年10月1日竣工。

1999年12月25日,经修订的《中华人民共和国海洋环境保护法》由九届全国人大常务委员会第十三次会议审议通过,将于2000年4月1日施行。

六、2000～2001年

2000年1月8日,国务院下发《国务院关于北京市土地利用总体规划的批复》。至此,全国需报国务院审批的31个省级土地利用总体规划均已经国务院批准实施。

2000年1月9日,小浪底水利枢纽首台机组正式并网发电。

2000年1月14日,我国准备铺设全长4212公里的输气管道,把新疆天然气输往上海,以供应华东地区。该工程预计总投资1100亿元,管道呈平行的两条,直径各为1.5米,每年的输送能力为120亿立方米。

2000年1月28日,中国海上最大整装油田——蓬莱19-3油田,目前已获得石油地质储量6亿吨,这是我国继陆上大庆油田以后所发现的第二大整装油田。

2000年2月8日,统计数据显示,1999年中国石油天然气集团公司参与海外合作勘探开发项目所获份额原油达340万吨,较1998年增加151万吨。这些份额油主要来自苏丹南部油田、哈萨克斯坦阿克纠宾油田和包括委内瑞拉在内的几个南美国家油田。

2000年3月9日,国家林业局、国家计委、财政部印发《关于开展2000年长江上游、黄河上中游地区退耕还林(草)试点示范工作的通知》,确定在长江上游的云南、四川、贵州、重庆、湖北和黄河上游的陕西、甘肃、青海、宁夏、内蒙古、山西、河南、新疆等13个省(区、市)的174个县(团、场),开展退耕还林(草)试点示范工作。

2000年3月12日,中央人口资源环境工作座谈会在人民大会堂举行,中共中央总书记、国家主席江泽民主持会议并发表重要讲话。

2000年4月1日,经九届全国人大常委会第十三次会议修订通过的《中华人民共和国海洋法》正式实施。

2000年4月3日至7月20日,为恢复塔里木河下游河道及生态系统,水利部门第一次从新疆博斯腾湖向塔里木下游紧急输水,共输水1亿立方米。

2000年4月10日,中国正式成为湿地国际第57个国家会员。

2000年4月19日,随着苏州工业园区华能发电厂2号30万千瓦机组的投产发电,我国发电装机容量突破3亿千瓦。

2000年5月19日,中国与欧盟签署WTO协议,规定中国加入WTO后,需将其约10%的原油贸易量对外开放,并允许外商直接向中国的炼油厂销售原油。

2000年5月29日,田凤山部长主持国土资源部西部地区开发领导小组第一次会议,讨论西部大开发国土资源开发利用规划纲要,研究成立国土资源部西部地区开发领导小组、西部找水协调小组和西部地区矿产资源开发重点地区等问题。

2000年6月13日,国家林业局举行新闻发布会,公布第五次全国森林资源清查结果:林业用地面积26329.5万公顷,森林面积15894.1万公顷,森林覆盖率16.55%,活立木蓄积量124.9亿立方米,森林蓄积量112.7亿立方米。森林面积位居世界第五位,森林蓄积量位居世界第七位。

2000年7月5日,中国国家主席江泽民访问土库曼斯坦,与尼亚左夫总统讨论国际和地区问题、能源问题和经济开发问题,重点是土库曼斯坦向中国出口天然气事宜。

2000年11月3日至2001年2月5日,第二次向塔里木河下游紧急输水,历时95天,累计输水2.27亿立方米,两次输水总量3.27亿立方米,输水总流程785.6公里,使沿河地下水位和胡杨林等植被生存条件逐步恢复和改善,而且为新疆水量的统一调度和科学管理提供了宝贵经验。

2000年12月1日,国家计委下发文件,调整黄河下游引黄渠首供水价格。这是1989年以来第一次按供水成本调整引黄渠首供水价格,取消以粮折价的定价方式。

参考文献

[1]《当代中国的海洋事业》编辑委员会:《当代中国的海洋事业》,中国社会科学出版社,1985年,第462～486页。

[2] 中国国土资源年鉴编辑部:《中国国土资源年鉴2001》,中华人民共和国国土资源部,2002年,第671～688页。

[3] 中国国土资源年鉴编辑部:《中国国土资源年鉴2000》,中华人民共和国国土资源部,2001年,第616～629页。

[4] 中国林业年鉴编辑委员会:《中国林业年鉴1949～1986》,中国林业出版社,1987年,第608～629页。

[5] 中国林业年鉴编辑委员会:《中国林业年鉴1949～1986》,中国林业出版社,1987年,第556～562页。

[6] 王永平:《新中国大事典》,中国国际广播出版社,1992年。

[7] 李盛平:《中华人民共和国大辞典》,中国国际广播出版社,1989年。

[8] 国家海洋局海洋科技情报所中国海洋年鉴编辑部:《中国海洋年鉴1986》,海洋出版社,1988年,第995～999页。

[9] 中国海洋编纂委员会、中国海洋年鉴编辑部:《中国海洋年鉴1987～1990》,海洋出版社,1991年,第9～17页。

[10] 中国海洋编纂委员会、中国海洋年鉴编辑部:《中国海洋年鉴1994～1996》,海洋出版社,1997年,第20～26页。

[11] 中国海洋编纂委员会、中国海洋年鉴编辑部:《中国海洋年鉴1997～1998》,海洋出版社,1998年,第24～26页。

[12] 中国海洋编纂委员会、中国海洋年鉴编辑部:《中国海洋年鉴1999～2000》,海洋出版社,2001年,第48～56页。

[13]《当代中国的计划工作》办公室:《中华人民共和国国民经济和社会发展计划大事辑要(1949～1985)》,红旗出版社,1987年。

[14]《中国地质矿产年鉴》编审委员会:《中国地质矿产年鉴1986》,地质出版社,1989年,第278～284页。
[15]《中国地质矿产年鉴》编审委员会:《中国地质矿产年鉴1986》,地质出版社,1989年,第168～277页。
[16]《中国地质矿产年鉴》编纂委员会:《中国地质矿产年鉴1995》,海洋出版社,1996年,第19～22页。
[17]《中国环境年鉴》编辑委员会:《中国环境年鉴1995》,中国环境年鉴社,1995年,第405～416页。
[18]《中国环境年鉴》编辑委员会:《中国环境年鉴1995》,中国环境年鉴社,1995年,第380～387页。
[19]《中国电力年鉴》编辑委员会:《中国电力年鉴2001》,中国电力出版社,2001年,第63～67页。
[20] 中国农业年鉴编辑委员会:《中国农业年鉴1980～2001》,农业出版社,1981～2002年。

附录二

中国自然资源机构

中国资源机构十分庞大,几乎覆盖了从资源管理、资源产业到资源科学研究、资源教育和资源学术团体等方方面面。为了方便读者,兹列出一些与资源密切相关的主要的资源机构,但难免挂一漏万,有些甚至还不太全面。庆幸的是,这些机构的基本情况和研究成果,大多数可以很方便地查到。

一、资源管理机构

1. 中华人民共和国国土资源部

国土资源部是根据1998年3月10日九届全国人大一次会议通过的《关于国务院机构改革的决定》而设立的,1998年4月8日正式成立。国土资源部是由原地质矿产部、国家土地管理局、国家海洋局和国家测绘局共同组建而成的。

主要职责:(1)拟定有关法律法规,发布土地资源、矿产资源、海洋资源(农业部负责的海洋渔业除外,下同)等自然资源管理的规章;依照规定负责有关行政复议;研究拟定管理、保护与合理利用土地资源、矿产资源、海洋资源政策;制定土地资源、矿产资源、海洋资源管理的技术标准、规程、规范和办法。(2)组织编制和实施国土规划、土地利用总体规划和其他专项规划;参与报国务院审批的城市总体规划的审核,指导、审核地方土地利用总体规划;组织矿产资源、海洋资源的调查评价,编制矿产资源和海洋资源保护与合理利用规划、地质勘查规划、地质灾害防治和地质遗迹保护规划。(3)监督检查各级国土资源土管部门行政执法和土地、矿产、海洋资源规划执行情况;依法保护土地、矿产、海洋资源所有者和使用者的合法权益,承办并组织调处重大权属纠纷,查处重大违法案件。(4)拟定实施耕地特殊保护和鼓励耕地开发政策,实施农地用途管制,组织基本农田保护,指导未利用土地开发、土地整理、土地复垦和开发耕地的监督工作,确保耕地面积只能增加、不能减少。(5)制订地籍管理办法,组织土地资源调查、地籍调查、土地统计和动态监测;指导土地确权、城乡地籍、土地定级和登记等工作。(6)拟定并按规定组织实施土地使用权出让、租赁、作价出资、转让、交易和政府收购管理办法,制订国有土地划拨使用目录指南和乡(镇)村用地管理办法,指导农村集体非农土地使用权的流转管理。(7)指导基准地价、标定地价评测,审定评估机构从事土地评估的资格,确认土地使用权价格。承担报国务院审批的各类用地的审查、报批工作。(8)依法管理矿产资源探矿权、采矿权的审批登记发证和转让审批登记;依法审批对外合作区块;承担矿产资源储量管理工作,管理地质资料汇交;依法实施地质勘查行业管理,审查确定地质勘查单位的资格,管理地勘成果;按规定管理矿产资源补偿费的征收和使用。审定评估机构从事探矿权、采矿权评估的资格,确认探矿权、采矿权评估结果。(9)组织监测、防治地质灾害和保护地质遗迹;依法管理水文地质、工程地质、环境地质勘查和评价工作,监测、监督防止地下水的过量开采与污染,保护地质环境;认定具有重要价值的古生物化石产地、标准地质剖面等地质遗迹保护区。(10)安排并监督检查国家财政拨给的地勘费和国家财政拨给的其他资金。(11)组织开展土地资源、矿产资源、海洋资源的对外合作与交流。(12)承办国务院交办的其他事项。

2. 国家海洋局

国家海洋局是1964年成立的,作为国务院机构的国家海洋局当时由海军代管;后为国务院下设的统筹规划管理全国海洋工作的政府职能部门,是国务院直属机构。1993年4月19日国务院决定国家海洋局由国家科学技术委员会管理。1994年国务院决定,国家南极考察委员会办公室更名为国家海洋局南极考察办公室。根据1998年3月10日九届全国人大一次会议通过的《关于国务院机构改革的决定》,将国家海洋局作为国土资源部的部管国家局,它是国土资源部管理的监督管理海域使用和海洋环境保护、依法维护海洋权益和组织海洋科技研究的行政机构。

有关职能是:(1)拟定我国海岸带、海岛、内海、领海、毗连区、大陆架、专属经济区及其他管理海域的海洋基本法律、法规和政策。组织拟定海洋功能区划、海洋开发规划、海洋科技规划和科技兴海战略。管理国家海洋基础数据,承担海洋经济与社会发展的统计工作。(2)组织拟定海洋环境保护与整治规划、标准和规范,拟定污染物排海标准和总量控制制度。按照国家标准,监督陆源污染物排入海洋,主管防止海洋石油勘探开发、海洋倾废、海洋工程造成污染损害的环境保护;管理海洋环境的调查、监测、监视和评价,监督海洋生物多样性和海洋生态环境保护,监督管理海洋自然保护区和特别保护区。核准新建、改建、扩建海岸和海洋工程项目的环境影响报告书。(4)监督管理涉外海洋科学调查研究活动,依法监督涉外的海洋设施建造、海底工程和其他开发活动。组织研究维护海洋权益的政策、措施,研究提出与周边国家海域划界,及有归属争议岛屿的对策建议;维护公海、国际海底中属于我国的资源权益;组织履行有关的国际海洋公约、条约。组织对外合作与交流。(5)管理"中国海监"队伍,依法实施巡航监视、监督管理,查处违法活动。(6)组织海洋基础与综合调查、海洋重大科技攻关和高新技术研究。管理海洋观测监测、灾害预报警报、综合信息、标准计量等公益服务系统。

3. 中华人民共和国水利部

水利部是主管水行政的国务院组成部门,成立于1949年10月。1958年2月11日第一届全国人大第五次会议决定撤销电力工业部和水利工业部,设水利电力部。1979年2月23日第五届全国人大第六次会议决定撤销水利电力部,分别设水利部和电力工业部。1982年机构改革将水利部和电力工业部合并设水利电力部。1988年4月,七届人大一次会议上通过国务院机构改革方案,确定成立水利部。水利部于1988年7月22日重新组建。根据第九届全国人大一次会议批准的国务院机构改革方案和《国务院关于机构设置的通知》(国发[1998]5

号),设置水利部。

相关职责是:(1)拟定水利工作的方针政策、发展战略和中长期规划,组织起草有关法律法规并监督实施。(2)统一管理水资源(含空中水、地表水、地下水)。组织拟定全国和跨省(自治区、直辖市)水长期供求计划、水量分配方案并监督实施;组织有关国民经济总体规划、城市规划及重大建设项目的水资源和防洪的论证工作;组织实施取水许可制度和水资源费征收制度;发布国家水资源公报;指导全国水文工作。(3)拟定节约用水政策,编制节约用水规划,制定有关标准,组织、指导和监督节约用水工作。(4)按照国家资源与环境保护的有关法律法规和标准,拟定水资源保护规划;组织水功能区的划分和向饮水区等水域排污的控制;监测江河湖库的水量、水质,审定水域纳污能力;提出限制排污总量的意见。(5)组织、指导水政监察和水行政执法;协调并仲裁部门间和省(自治区、直辖市)间的水事纠纷。(6)拟定水利行业的经济调节措施;对水利资金的使用进行宏观调节;指导水利行业的供水、水电及多种经营工作;研究提出有关水利的价格、税收、信贷、财务等经济调节意见。(7)编制、审查大中型水利基建项目建议书和可行性报告;组织重大水利科学研究和技术推广;组织拟定水利行业技术质量标准和水利工程的规程、规范并监督实施。(8)组织、指导水利设施、水域及其岸线的管理与保护;组织指导大江、大河、大湖及河口、海岸滩涂的治理和开发;办理国际河流的涉外事务;组织建设和管理具有控制性的或跨省(自治区、直辖市)的重要水利工程;组织、指导水库、水电站大坝的安全监管。(9)指导农村水利工作;组织协调农田水利基本建设、农村水电电气化和乡镇供水工作。(10)组织全国水土保持工作。研究制定水土保持的工程措施规划,组织水土流失的监测和综合防治。(11)负责水利方面的科技和外事工作;指导全国水利队伍建设。

4. 国家林业局(国务院直属机构)

根据1998年3月10日九届全国人大一次会议通过的《关于国务院机构改革的决定》撤销林业部,改组为国家林业局,列入国务院直属机构序列。

相关职责:(1)研究拟定森林生态环境建设、森林资源保护和国土绿化的方针、政策,组织起草有关的法律法规监督实施。(2)拟定国家林业发展战略、中长期发展规划并组织实施;管理中央级林业资金;监督全国林业资金的管理和使用。(3)组织开展植树造林和封山育林工作;组织、指导以植树种草等生物措施防治水土流失和防沙、治沙工作;组织、协调防治荒漠化有关国际公约的履约工作;指导国有林场(苗圃)、森林公园及基层林业工作机构的建设和管理。(4)组织、指导森林资源(含经济林、薪炭林、热带林作物、红树林及其他特种用途林)的管理;管理国务院确定的重点林区的国有森林资源并向其派驻森林资源监督机构;组织全国森林资源调查、动态监测和统计;审核并监督森林资源的使用;组织编制森林采伐限额、经国务院批准后,监督执行;监督林木、竹林的凭证采伐与运输;组织、指导林地、林权管理并对依法应由国务院批准的林地征用、占用进行初审。(5)组织、指导陆生野生动物资源的保护和合理开发利用;拟定及调整国家重点保护的野生动物、植物名录,报国务院批准后发布;在国家自然保护区的区划、规划原则的指导下,指导森林和陆生野生动物类型自然保护区的建设和管理;组织、协调全国湿地保护和有关国际公约的履约工作;负责濒危物种进出口和国家保护的野生动物、珍

287

稀树种、珍稀野生植物及其产品出口的审批工作;组织、协调有关国际公约的履约工作。(6)组织协调、指导监督全国森林防火工作;批导全国森林公安工作;组织、指导全国森林病虫鼠害的防治、检疫;承担武装森林警察办公室的工作。(7)研究提出林业发展的经济调节意见;监管国有林业资产;审批重点林业建设项目。(8)指导各类商品林(包括用材林、经济林、薪炭林、药用林、竹林、特种用途林)和风景林的培育。(9)组织指导林业科技、教育和外事工作;指导全国林业队伍的建设。

5. 国家环境保护总局(国务院直属机构)

根据1998年3月国务院机构改革方案和《国务院关于机构设置的通知》(国发[1998]5号),设置国家环境保护总局(正部级),为国务院主管环境保护工作的直属机构。

有关职责:(1)拟定国家环境保护的方针、政策和法规,制定行政规章;受国务院委托对重大经济和技术政策、发展规划以及重大经济开发计划进行环境影响评价;拟定国家环境保护规划;组织拟定和监督实施国家确定的重点区域、重点流域污染防治规划和生态保护规划;组织编制环境功能区划。(2)拟定并组织实施大气、水体、土壤、噪声、固体废物、有毒化学品以及机动车等的污染防治规章;指导、协调和监督海洋环境保护工作。(3)监督对生态环境有影响的自然资源开发利用活动、重要生态环境建设和生态破坏恢复工作;监督检查各种类型自然保护区以及风景名胜区、森林公园环境保护工作;监督检查生物多样性保护、野生动植物保护、湿地环境保护、荒漠化防治工作;向国务院提出新建的各类国家级自然保护区审批建议;监督管理国家级自然保护区。(4)制定和组织实施各项环境管理制度;按国家规定审定开发建设活动环境影响报告书;指导城乡环境综合整治;负责农村生态环境保护;指导全国生态示范区建设和生态农业建设。(7)组织环境保护科技发展、重大科学研究和技术示范工程;管理全国环境管理体系和环境标志认证;建立和组织实施环境保护资质认可制度;指导和推动环境保护产业发展。(8)拟定国家关于全球环境问题基本原则;管理环境保护国际合作交流;参与协调重要环境保护国际活动;参加环境保护国际条约谈判;管理和组织协调环境保护国际条约国内履约活动,统一对外联系;管理环境保护系统对外经济合作;协调与履约有关的利用外资项目;受国务院委托处理涉外环境保护事务;负责与环境保护国际组织联系工作。(9)负责核安全、辐射环境、放射性废物管理工作;拟定有关方针、政策、法规和标准;参与核事故、辐射环境事故应急工作;对核设施安全和电磁辐射、核技术应用、伴有放射性矿产资源开发利用中的污染防治工作实行统一监督管理;对核材料的管制和核承压设备实施安全监督。

6. 国家测绘局

1956年1月23日,第一届全国人大常委会第三十一次会议根据周恩来总理的建议,批准成立国家测绘总局,作为国务院的一个直属机构。1956年10月,国家测绘总局完成组建工作。1969年,国家测绘总局被撤销,中国测绘事业处于停滞状态。1973年,根据周恩来总理的批示,决定重建国家测绘总局。1982年,国务院决定将国家测绘总局改称国家测绘局,原有职能和工作任务不变。1993年,根据第八届全国人大第一次会议批准的国务院机构改革方案,经中央机构编制委员会审核,国务院批准国家测绘局"三定"方案,规定国家测绘局为国务院下设的统筹规划管理全国测绘工作的政府职能部门,由建设部归口管理,并恢复为副部级。1998年,根据九届全国人大一次会议批准的国务院机构改革方案和国务院批准的《国家测绘局职能配置、内设机构和人员编制规定》,国家测绘局划归国土资源部管理,为主管全国测绘事业的行政机构。

有关职能:(1)拟订测绘行政法规、规章,制定测绘事业发展规划、测绘行业管理政策、技术标准并依法监督实施。组织并管理基础测绘、国界线测绘、行政区域界线测绘、地籍测绘和其他全国性或重大测绘项目、重大测绘科技项目。(2)管理国家基础地理信息数据,组织指导基础地理信息社会化服务;管理国家测绘基准和测量控制系统;与外交部共同编制中华人民共和国地图的国界线标准样图;根据授权审核发布重要地理信息数据;指导监督各类测绘成果的管理和全国测量标志的保护。(3)制订地籍测绘的规划和技术标准,管理审定地籍测绘资格,确认地籍测绘成果。(4)监督管理国家测绘事业费、专项资金。

7. 中国气象局

中国气象局是国务院下设的统筹规划管理全国气象工作的政府职能部门。1954年9月至1982年国务院机构改革前设中央气象局,国务院机构改革后改称国家气象局。1993年国务院决定国家气象局更名为中国气象局,继续履行原国家气象局的职能,全国气象部门仍实行气象部门与地方政府双重领导、以气象部门领导为主的管理体制。1993年4月19日国务院决定中国气象局为国务院直属事业单位。

有关职能是:研究拟订气象行业的发展战略和气象工作方针、政策,制定长远规划,负责全国气象台站的统一布局和建设;综合管理天气预报、警报的发布和气候资源的监测与保护;对全国气象工作进行行业管理,为防灾抗灾提供气象咨询和建议;组织协调全行业的重大气象科研课题攻关和科学试验,组织管理气象部门的科学技术研究、技术开发和气象科技情报工作;负责制定人工影响局部天气的方针、政策,管理和组织人工影响局部天气的科学试验研究;统筹并指导气象行业的教育工作,负责气象部门人事、劳动工资、劳保福利和机构、编制的管理与指导;负责对全行业气象工作的指导,协助军事、民航气象部门做好重大任务的气象保障工作;归口管理气象行业与世界气象组织和各国政府气象机构有关的涉外事宜;负责管理气象部门的科技合作、友好往来等外事工作。

8. 中华人民共和国国家发展计划委员会

根据1998年3月10日九届全国人大一次会议通过的《关于国务院机构改革的决定》,国家计划委员会更名为中华人民共和国国家发展计划委员会。

有关职责:(1)研究提出国民经济和社会发展战略、中长期规划和年度发展计划,研究提出总量平衡、发展速度和结构调整的调控目标及调控政策,衔接、平衡各主要行业的行业规划。(2)做好社会总需求和总供给等重要经济总量的平衡和重大比例关系的协调,搞好资源开发、生产力布局和生态环境建设规划,引导和促进全国经济结构合理化和区域经济协调发展。(3)制定价格政策,监督价格政策的执行,调控价格总水平,制订和调整国家管理的重要商品价格与重要收费。(4)研究分析国内、国外两个市场的供求状况,做好重要商品国内供求和进出口的总量平衡及重要农产品进出口计划,搞好粮食宏观调控,管理国家粮食储备和物资储备,指导、监督重要商品的国家订货、储备、轮换和国家投放,引导和调控市场。(5)做好科学技术、教育、文化、卫生等社会事业以及国防建设与整个国民经济和社会发展的衔接平衡,推进重大科技成果的产业化,提出经济与社会协调发展、相互促进的政策,协调各项社会事业发展中的重大问题。(6)研究制定投融资、计划、价格等体制改革方案并组织实施,参与有关法律、法规的起草和协调实施。

9. 中华人民共和国国家经济贸易委员会

中华人民共和国国家经济贸易委员会是根据1993年3月国务院机构改革方案建立的,同年5月6日正式挂牌。根据1998年3月10日九届全国人大一次会议通过的《关于国务院机构改革的决定》,将煤炭工业部、机械工业部、冶金工业部、国内贸易部、轻工总会和纺织总会,分别改组为国家煤炭工业局、国家机械工业局、国家冶金工业局、国家国内贸易局、国家轻工业局和国家纺织工业局,由国家经贸委管理。将化学工业部、石油天然气总公司、石油化工总公司的政府职能合并,组建国家石油和化学工业局,由国家经贸委管理。

相关职责是:(1)监测、分析国民经济运行态势,调节国民经济日常运行;编制并组织实施近期经济运行调控目标、政策和措施,组织解决经济运行中的重大问题并向国务院提出意见和建议。(2)组织拟订、实施国家产业政策,监督、检查执行情况;指导产业结构调整,提出重点行业、重点产品的调整方案;联系工商领域社会中介组织并指导其改革与调整。(3)组织拟订工业、商贸方面的综合性经济法规和政策并监督检查;收集、整理、分析和发布经济信息。(4)指导委管国家局拟订行业规划和行业法规;制定电力(含水电)、医药、黄金的行业规划、行业法规,实施行业管理。(5)研究拟订监管企业国有资产的政策、法规;提出需由国务院派出稽察特派员的国有企业名单,审核稽察特派员提出的稽察报告。(6)研究企业技术进步的方针、政策,指导技术创新、技术引进、重大装备国产化和重大技术装备研制;指导资源节约和综合利用,组织协调工业环境保护和环保产业发展。

10. 中华人民共和国农业部

农业部成立于1949年10月,1970年6月中共中央决定撤销农业部,设农林部。1979年2月第五届全国人大常委会决定撤销农林部,分设农业部和林业部。1982年国务院机构改革将农业部、农垦部、国家水产总局合并设立农牧渔业部。1988年根据国务院机构改革方案,撤销农牧渔业部,成立农业部。农业部是国务院综合管理种植业、畜牧业、水产业、农垦、乡镇企业和饲料工业等产业的职能部门,又是农村经济宏观管理的协调部门。

相关职责:(1)研究拟订农业和农村经济发展战略、中长期发展规划,经批准后组织实施,拟订农业开发规划并监督实施。(2)研究拟订农业的产业政策,引导农业产业结构的合理调整、农业资源的合理配置和产品品质的改善,提出有关农产品及农业生产资料价格、关税调整、大宗农产品流通、农村信贷、税收及农业财政补贴的政策建议,组织起草种植业、畜牧业、渔业、乡镇企业等农业各产业(以下简称农业各产业)的法律、法规草案。(3)研究提出深化农村经济体制改革的意见,指导农业社会化服务体系建设和乡村集体经济组织、合作经济组织建设,按照中央要求,稳定和完善农村基本经营制度、政策,调节农村经济利益关系,指导、监督减轻农民负担和耕地使用权流转工作。(4)组织农业资源区划、生态农业和农业可持续发展工作,指导农用地、渔业水域、草原、宜农滩涂、宜农湿地、农村可再生能源的开发利用以及农业生物物种资源的保护和管理,负责保护渔业水域生态环境和水生野生动植物工作,维护国家渔业权益,代表国家行使渔船检验和渔政、渔港监督管理权。

11. 全国人大环境与资源保护委员会

1998年3月6日九届全国人大一次会议决定设立环境与资源保护委员会。

12. 全国政协人口资源环境委员会

1998年3月九届全国政协常委会一次会议决定设立人口资源环境委员会。

二、资源研究机构

1. 国务院发展研究中心

国务院发展研究中心是中华人民共和国国务院直属的政策研究和咨询机构。其相关职责和任务是宏观经济政策的研究与咨询,并向国务院提供决策建议。

该中心于1981年成立。现有各类中高级研究人员160名,内设办公厅和8个研究部,以及学术委员会和专业技术职务评审委员会,直属和挂靠中心的还有5个研究所、2个中心、2个协会,以及管理世界杂志社、中国发展出版社、中国经济年鉴社和报社。

2. 国家发展计划委员会宏观经济研究院

国家发展计划委员会宏观经济研究院是国家发展计划委员会直接领导的研究机构,以应用对策研究为主,在为国家宏观经济决策服务的同时,面向社会,为各产业部门、各级地方政府和中外企业提供决策咨询服务。

宏观经济研究院下设经济研究所、产业发展研究所、投资研究所、国土地区研究所、社会发展研究所、市场与价格研究所、对外经济研究所、能源研究所、综合运输研究所等9个研究所以及院办公室、科研管理部、人事部、信息研究部。中国宏观经济学会、中国产业经济技术研究联合会、中国固定资产投资建设研究会、中国价格学会、中国人力资源开发利用研究会、中国石油和石化工程研究会等全国性社会团体的办事机构挂靠宏观经济研究院。

与资源相关的研究主要有:产业发展战略、产业结构调整与优化、产业规划与政策的研究;投资、融资总量与结构、投资主体行为分析,投融资方式、体制改革和项目管理的研究;国土开发与整治,地区发展战略、区域规划与政策的研究,以及资源、环境等可持续发展问题的研究;国际经济环境、中国对外经济关系、国际贸易与金融的分析,以及经济发展战略与体制的国际比较研究;能源发展规划和能源发展战略、重大能源经济和技术经济政策、能源合理利用、能源环境与可再生能源以及能源供需平衡等问题的研究。

3. 中国科学院

【地理科学与资源研究所】

1999年9月,为适应建立国家知识创新体系的战略需要,推进中国科学院知识创新工程试点工作,经中国科学院党组正式批准,原中国科学院地理研究所和自然资源综合考察委员会整合,组建中国科学院地理科学与资源研究所,进行知识创新工程试点。地理科学与资源研究所现有职工594人,其中科技人员455人。中国科学院院士6人,中国工程院院士3人。

挂靠的学术组织有中国地理学会、中国自然资源学会、中国青藏高原研究会。世界数据中心中国分中心(WDC-D)的再生资源与环境科学中心、中国科学院水问题联合研究中心、中国科学院可持续发展研究中心、中国生态系统网络(CERN)综合研究中心、IGBP中国委员会秘书处也设在所内。主办的刊物有《地理学报》(中英文版)、《自然资源学报》、《资源科学》、《地理研究》、《地理科学进展》、《AMBIO-人类环境杂志》(中文版)、《中国地理科学文摘》、《地球信息科学》、《中国国家地理》等。

【生态环境研究中心】

中国科学院生态环境研究中心始建于1975年,前身为中国科学院环境化学研究所。经国家科委和中国科学院批准,1986年与中国科学院生态学研究中心(筹)合并,改为现名。1996年5月,经中国科学院和国家环境保护局协商决定,实行中国科学院和国家环境保护局双重领导,在沿用中国科学院生态环境研究中心原名的同时,启用中国科学院、国家环境保护局生态环境研究中心。作为首批试点单位,生态环境研究中心已于1999年率先进入中国科学院知识创新基地。

生态环境研究中心的建立,旨在实现环境科学、生态学、地学等学科的相互渗透,发挥综合性、多学科优势,研究与解决地区性、全国性以及全球性重大生态与环境问题。主要研究领域包括环境科学、环境工程学和宏观生态学三大领域。研究内容涉及到环境科学、环境工程、生态学、地学等学科的相互渗透。

中心负责编辑出版《环境科学学报》、Journal of Environmental Sciences(China)、《生态学报》、《环境科学》、《环境化学》、《环境污染治理技术与设备》等6种国家自然科学核心刊物,其中Journal of Environmental Sciences(China)被SCI收录。

【科技政策与管理科学研究所】

中国科学院科技政策与管理科学研究所是以自然科学和社会科学交叉为特点的研究所。1985年6月成立以来,主要从事国家科学技术发展战略、政策与管理科学的理论、方法及应用问题研究,为国家宏观管理部门、各级地方政府、中国科学院的有关科技与社会经济发展的决策以及科技管理和企业管理提供了大量高水平的研究咨询服务。

中国科学院科技政策与管理科学研究所现设科技政策、管理科学与工程、社会与可持续发展等三个研究室,主要从事战略、政策、管理问题和相关理论方法的研究,包括:国家科技发展战略、可持续发展理论与战略、区域发展战略与规划、预测与学科发展政策、创新政策与管理、高技术及其产业发展政策、科学技术与社会、工业工程、项目管理、金融与管理科学、复杂系统与复杂性、科技评价、科研管理、技术与知识管理等。

4. 中国地质科学院

中国地质科学院是国土资源部从事地质科学研究，开展知识创新、技术创新，承担公益性、基础性地质工作和战略性矿产资源勘查评价工作的直属事业单位。成立于1956年，并于1999年重组，从事基础地质、矿产地质、水文地质、工程地质、环境地质、岩溶地质、勘查地球物理、勘查地球化学、岩矿测试技术、勘查技术、矿产综合利用技术的科学调查研究及有关开发研究。

中国地质科学院下属有11个研究所和几十个技术先进的实验室，拥有各类仪器设备1万余台。现有职工3010人，其中各类专业人员2073人。有中国科学院院士、中国工程院院士17人，研究员201人，副研究员739人。

5. 中国国土资源经济研究院

中国国土资源经济研究院是国土资源部直属的从事国土资源经济研究的科研事业单位。

其主要任务是：开展国土资源法学理论研究，开展国土资源经济政策、矿业及地勘产业的政策研究；开展国土资源经济理论和管理理论研究，建立国土资源经济学科和管理学科体系；开展国土资源环境经济理论、评价方法研究，开展国土资源保护与开发利用的调查研究；开展国土资源经济评价理论、方法研究，开展国土资源理论研究；开展国土资源资产经济理论及评估、管理方法研究；开展国土资源市场体系研究，开展国土资源管理体制和运行机制研究；研究拟定国土资源调查评价费用预算定额；承担国土资源有关标准的确定及拟定工作，开展有关标准推广应用工作；开展国外自然资源管理体制、法制制度以及调查评价、开发利用与保护的调查研究。

研究院编制定员345人，下设11个职能处室和科研处室。除此之外，中国国土资源经济研究院还设有下列一些经营实体和科研辅助单位：北京经纬评估事务所、国土资源标准化中心、国土资源与价格中心、国土资源信息中心、《中国国土资源经济》编辑部等单位。

6. 中国环境科学研究院

7. 中国农业科学院

【农业自然资源和农业区划研究所】中国农业科学院农业自然资源和农业区划研究所成立于1979年2月，属于综合性、战略性、咨询性、公益性的国家级农业科研机构。研究所以农业自然资源和农业区划为主要研究对象，面向全国，开展农业自然资源的调查、监测与评价、农业资源的持续利用与综合管理、"3S"技术在农业上的综合应用以及农业生产结构布局调整、区域性资源开发等方面的研究。现有环境工程、农业生态2个硕士生培养点，4个职能部门，5个研究室。它是国家遥感中心农业应用部，农业部遥感应用中心综合运行部，全国农业资源信息中心和国土资源农业利用研究中心的依托单位，是国家计委国家甲级农业工程咨询资质单位。该所还编辑出版《中国农业资源与区划》、《中国农业信息快讯》两种全国性公开发行的刊物。

8. 中国林业科学研究院

【林业经济研究所】

【资源信息研究所】

9. 中国医学科学院

【药用植物资源开发研究所】

10. 中国水利水电科学院

【水资源研究所】

11. 部属研究咨询中心

【国土资源部信息中心】

【农业部信息中心】

【建设部政策研究中心】

【煤炭科学研究总院经济与信息研究所】

【中国石油天然气集团公司信息研究所】

【中国石油化工总公司经济信息中心】

【石油规划设计总院经济研究所】

【中国电力信息中心】

【国家冶金工业局冶金经济发展研究中心】

【中国有色金属工业总公司技术经济研究院】

【中国化工经济技术发展中心】

【国家建材局信息中心】

【水利部水利经济研究所】

【水利部政策研究中心】

【水利部信息中心】

【中国核工业经济研究所】

【长江水资源保护科学研究所】

【黄河水资源保护研究所】

12. 省级资源应用研究机构

【河北省社会科学院】

【山东省可持续发展研究中心】

【山东省农业自然资源与农业区划研究所】

【南京水文水资源研究所】

【大连海洋资源研究所】

【大连海洋经济地理研究所】

【大连水产学院渔业经济与社会发展研究所】

【广东省能源技术经济研究中心】

【安徽省农业区划研究所】

【天津农村经济与区域研究所】

【山西省农科院农业资源综合考察所】

【内蒙古自然资源研究所】

【黑龙江省科学院自然资源研究所】

【黑龙江省自然资源研究所】

【黑龙江省伊春市林业经济科研所】

【浙江省农业自然资源与农业区划所】

【河南农科院农业自然资源与农业区划研究所】

【湖南省经济地理研究所】

【贵州省山地资源研究所】

【四川省自然资源研究所】

【陕西省农业经济农业区划研究所】

【甘肃省国土整治农业区划研究所】

三、资源教育机构

1. 北京大学中国持续发展研究中心、城市与环境学系
2. 清华大学能源环境经济研究所
3. 中国人民大学软科学研究所、农业经济系、土地资源管理专业
4. 北京师范大学资源环境科学系、环境科学研究所
5. 南京大学城市与资源学系、环境科学与工程系
6. 武汉大学人口资源环境经济博士点
7. 兰州大学
8. 东北师范大学土地与城乡区域规划所
9. 中国石油大学经济管理系
10. 中国农业大学农业经济研究所、农业资源环境及遥感研究所
11. 中国地质大学资源经济学科
12. 中国矿业大学资源经济学科
13. 北京林业大学经管院林业经济研究所、林业生态经济所
14. 北京科技大学采矿系、资源经济研究所
15. 成都理工学院资源经济学科
16. 陕西师范大学环境资源与区域发展研究所
17. 华中农业大学生态与环境经济研究所
18. 河海大学水资源经济学科、水利经济研究所
19. 浙江大学资源经济学科
20. 宁夏大学干旱区资源与发展研究所、土地管理研究所

21. 南开大学
22. 西北大学
23. 福建农业大学资源经济学科
24. 青海大学资源经济学科
25. 广西大学资源经济学科

四、资源学术组织

1. 中国自然资源学会

中国自然资源学会(China Society of Natural Resources,缩写 CSNR)由中国科学技术协会于1980年底批准成立"中国自然资源研究会"。1993年更名为"中国自然资源学会"。业务主管单位为中国科学技术协会，挂靠单位为中国科学院地理科学与资源研究所，登记管理机关为中华人民共和国民政部。

学会现有干旱半干旱区资源与环境研究专业委员会、山地资源研究专业委员会、资源信息系统专业委员会、资源经济研究专业委员会、土地资源研究专业委员会、热带亚热带地区资源研究专业委员会、资源持续利用与减灾专业委员会、天然药物资源专业委员会、资源工程专业委员会9个专业委员会，青年工作委员会、教育工作委员会2个工作委员会。

2. 中国地理学会

中国地理学会(The Geographical Society of China，缩写:GSC)是具有独立法人资格的全国性、公益性、学术性的社会团体，是中国科学技术协会的重要组成部分，是我国发展地理科学事业的重要社会力量。学会现挂靠中国科学院地理科学与资源研究所。

中国地理学会是我国成立最早的学术团体之一，前身是1909年在天津成立的中国地学会，创始人张相文。1934年竺可桢等在南京发起成立中国地理学会。新中国成立初期，中国地学会与中国地理学会合并为中国地理学会。1953年在北京召开了合并后的第一次全国会员代表大会，并选举产生了第一届理事会。现为第八届理事会，除联系31个省级地理学会(未含台港澳)外，学会下属16个专业委员会、7个分会、5个工作委员会和《地理学报》编委会。现有会员18000多人，主办和联合主办学术和科普刊物10个。

学会二级组织包括：(1)专业委员会有自然地理专业委员会、气候专业委员会、水文地理专业委员会、地貌与第四纪专业委员会、海洋地理专业委员会、环境地理与化学地理专业委员会、医学地理专业委员会、人文地理专业委员会、经济地理专业委员会、持续农业与乡村发展专业委员会、城市地理专业委员会、旅游地理专业委员会、历史地理专业委员会、世界地理专业委员会、数量地理专业委员会、地图学与地理信息系统专业委员会等。(2)分会有：冰川冻土分会、环境遥感分会、沙漠分会、沿海开放地区、山地分会、长江分会、干旱半干旱地区地理建设。(3)工作委员会有：地理教育工作委员会、地理科普工作委员会、编辑出版工作委员会、青年工作委员会、国际科技合作(对应IGU)工作委员会、《地理学报》编委会。

3. 中国青藏高原研究会

中国青藏高原研究会是在中国科学技术协会领导下,从事青藏高原研究和建设的科技工作者的全国性学术团体。中国青藏高原研究会以青藏高原为研究对象,重点开展跨学科、跨部门和综合性的学术活动,团结广大科技工作者,为发展青藏高原的科技事业,促进青藏高原经济建设和社会发展做贡献。

中国青藏高原研究会成立于1990年3月,是在中国青藏高原研究已经进行多年工作并取得丰硕成果的基础上,为更快地推进青藏高原的资源、环境和社会经济可持续发展研究,加强青藏高原研究的学科交叉和部门联合,由全国许多知名科学家发起并得到包括政府部门领导等多方面支持的综合性学术团体。

目前研究会有会员约1000余人,分布在全国十几个省、市和自治区以及香港特别行政区的100多个单位,其中中国科学院院士和中国工程院院士约20余人,具有高级职称的会员占80%以上。

4. 中国国土经济学研究会

中国国土经济学研究会成立于1981年,由业务相关的政界、科技界、学术界、企业界的知名人士和优秀人才组成,是全国性社会团体法人。中国国土经济学研究会集学术研究、咨询论证、新闻宣传、编辑出版、科学普及、科技推广、人才培养、国际交流为一体,推动国土资源开发、环境保护及社会经济的协调发展。

研究会秘书处设有办公室、学术部、编辑部、培训部、外联部等,同时设有学术指导委员会、小城镇发展专业委员会、房地产资源专业委员会、环境与发展专业委员会、海岛开发专业委员会、土地复垦专业委员会、石灰岩地区开发治理专业委员会。

5. 中国农业资源与区划学会

是农业资源与区划的科学工作者组成的学术团体。1979年召开了全国农业资源区划工作会议,成立了全国农业资源区划委员会。1981年在中国农业经济学会下成立了农业区划研究会。1987年在中国农学会下成立了农业区划学会。1992年成立了中国农业资源与区划学会。

学会的主要任务是:组织农业资源调查、农业区划和区域开发的学术交流和科学考察,向有关部门提出建议;组织开展农业资源、农业区划和区划开发的理论及实用方法研究;开展农业资源、农业区划等科学咨询、开发项目前期评估等;培训农业资源与农业区划人才;普及农业资源、农业区划相关知识等。

学会设有宏观研究、农业区划、农业资源、农业遥感等专业委员会,及学术、科普、信息、培训等工作部门。

6. 中国水利学会

中国水利学会(CHES)成立于1931年4月,前身是中国水利工程学会;1957年恢复并更名为中国水利学会。它是中国科学技术协会和水利部领导下的全国性水利科技工作者的学术组织。具有社团法人资格。学会现有个人会员99800人,外籍会员16人,单位会员60个。

学会的宗旨：促进水利科学技术的繁荣和发展，促进科技创新与人才的成长。具体包括：(1) 组织国内与国际的学术交流与合作；(2) 普及水利科技知识，弘扬科学精神，传播科学思想与科学方法，推广先进技术；(3) 开展技术开发、技术推广、技术咨询、技术服务；(4) 开展继续教育和技术培训；(5) 编辑出版水利科技期刊与学科专著；(6) 举荐科技人才，表彰与奖励在学术活动中做出优异成绩的团体和个人。

学会设 38 个专业委员会、8 个工作委员会；归口管理 6 个国际学术组织中国国家委员会（会员联络组）。全国 31 省、自治区、直辖市水利学会为本会单位会员，主要开展地区性学术活动，业务上接受本会指导。

7. 中国海洋学会

中国海洋学会业务范围主要包括：(1) 开展海洋科学技术交流；组织和参加重大及重点海洋课题的研究和科学考察活动，促进学科发展；(2) 开展民间国际海洋科技交流以及港、澳、台地区学术交流活动，促进国内外海洋科技团体、科技工作者的交往与合作；(3) 组织海洋科技工作者参与国家海洋政策、海洋发展战略、发展规划和海洋法规的制定，提供科学决策咨询；对海洋科技与经济的重大项目进行科学论证，提出对策建议；(4) 实施海洋科技创新，发展海洋高新技术，推进产业化；开展海洋科技服务活动，提供技术咨询和技术服务，举办国际海洋展览会，推广海洋科学技术成果；(5) 接受委托承担海洋项目评估、科技成果鉴定、技术职务资格评审、海洋文献和标准的编审等有关任务；(6) 普及海洋科学技术知识，传播科学精神、科学思想、科学方法，推广海洋科学技术成果；(7) 主办《海洋学报》、《海洋工程》、《海洋世界》等海洋学术和科普期刊，编辑、出版、发行海洋科技书籍及相关音像制品；(8) 推荐两院院士候选人，表彰、奖励在海洋科技活动中取得优秀成绩的会员和科技工作者；(9) 对会员和海洋科技人员进行继续教育和培训；(10) 反映会员的意见和要求，维护海洋科技工作者的合法权益。

分支机构 17 个：海洋环境科学分会（大连）；海洋物理分会（广州）；海洋化学分会（厦门）；海洋监测技术分会（天津）；风暴潮与海啸分会（北京）；海洋地质分会（上海）；海洋工程分会（南京）；海岸带开发与管理分会（青岛）；海水淡化与水再利用分会（杭州）；海岸河口分会（上海）；海洋经济分会（青岛）；海冰专业委员会（北京）；潮汐与海平面专业委员会（天津）；海洋遥感专业委员会（青岛）；海洋生物工程专业委员会（青岛）；海气相互作用专业委员会（青岛）；海洋调查专业委员会（青岛）；军事海洋学专业委员会（大连）。

8. 中国地质学会

中国地质学会于 1922 年 2 月 3 日在北京成立，是在中国建立最早的学术团体之一。中国著名地质学家及在华工作的外籍知名学者章鸿钊、翁文灏、王烈、丁文江、李四光、王竹泉、王绍文、王宠佑、仝步瀛、朱庭祜、朱焕文、李捷、李学清、周赞衡、孙云铸、谭锡畴、袁复礼、叶良辅、董常、赵汝钧、卢祖荫、谢家荣、钱声骏等 26 位学者为发起人，章鸿钊为首任会长，谢家荣为首任秘书长。中国地质学会的前身为 1909 年在天津创立的中国地学会。我国最早的一幅地质图《直隶地质图》就发表在该会第一号地学杂志（1910 年）上。

中国地质学会 1936 年成立了第一个地方分会即北平分会，到 1987 年已经增加到 30 个省、市、自治区地质学会;20世纪60年代中期中国地质学会设立了3个学术机构和专业委员会,到1995年已经发展到32个专业委员会、7个研究会、5个工作委员会。学会建立了常设办事机构——秘书处、国际处和期刊处。中国地质学会的会员1949年前为559人,到现在已经发展到8万多名。中国地质学会每年都举办各种类型的学术会议30余个,涉及到地学领域的各个分支学科。还承办国际学术团体委托召开的国际学术讨论会,经常派专家学者参加国际学术会议。

中国地质学会是国际地质科学联合会的成员组织,中国地质学会第35届理事会名誉理事刘敦一先生现任副主席。有数十位地质学家担任与地质学有关的各种国际学术团体的主席、副主席、理事、委员等职务。

9. 中国矿业联合会

中国矿业联合会(以下简称中国矿联)是经国务院批准,由中国矿业协会更名成立的覆盖国内矿业全行业的社团组织,主要由国内矿业企事业单位、各部门的矿业协会、地方矿业协会和与矿业有关的单位联合组成。

中国矿联的总目标:团结和组织广大矿业工作者,积极促进中国矿业发展。宗旨是遵循矿业自身发展的规律,坚持为发展矿业服务,为矿业企事业单位服务,为政府决策服务。主要任务:在矿业企事业单位和政府间起桥梁作用,发挥服务功能和自律作用,在平等、协商、协调、合作的基础上,通过各种活动,协助政府贯彻矿业政策和矿业法规,推动科技兴矿、科学管理与技术进步,促进我国矿业的可持续发展。同时,全力维护会员单位的合法权益。

中国矿联的组织机构:中国矿联设理事会,理事由国务院有关矿业主管部门、综合部门、全国性或地方性矿业公司、有关省(市、区)矿业主管部门、大中型矿山企业、院校、科研等单位的领导、专家、学者担任。目前,中国矿联有会员单位850个;有理事单位427个,其中常务理事146个。根据矿业活动的需要建立了矿产资源、地质矿产勘查、矿业经济、小型矿山、选矿、矿泉水、地热等专业委员会和分会,并将根据矿业的发展和实际情况,继续组建相应的专业委员会。中国矿联还办有《中国矿业报》、《中国矿业》杂志和《中国矿业信息》等出版物及中国矿业网。

10. 中国土地学会

中国土地学会成立于1980年11月,当时为中国农学会的二级学会;1986年11月经国家科委批准为全国性一级学会;1989年被中国科协接纳为所属团体;1991年7月取得民政部颁发的"社团登记证",依法取得了独立社团法人资格。

中国土地学会是全国土地科技工作者自愿组成并依法登记的学术性、非盈利性、公益性的法人社会团体,是我国发展土地科学事业的重要社会力量。

主要任务:围绕土地学科领域开展国内外学术交流,活跃学术思想,提高科技水平;普及土地科学技术知识,传播先进技术和经验,开展对会员的继续教育,不断提高会员的学术水平;接受国家、地方等部门的委托,开展有关土地科技方面的课题研究、科技项目论证、科技成果鉴定、技术职称资格的评审、科技文献编审、科技咨询服务及举办科技展览等;编辑出版学会刊物,组织编写和翻译土地科技书刊;加强同国外科学技术团体和科学技术工作者的友好往来,促进国际间的科技合作;向有关部门推荐科研成果和优秀人才,评选优秀学术论文、科普作品,表彰奖励在学会各项活动中取得优异成绩的先进集体和个人。

工作机构:学术工作委员会、教育与科普工作委员会、组织工作委员会、对外联络工作委员会、青年工作委员会。专业分会:土地利用分会、土地经济分会、土地法学分会、地籍分会、建设用地分会、土地信息与遥感分会、土地整理与复垦分会。

学会现有个人会员 6592 名。分布在全国土地管理和房地产业,农、林、牧、渔业,水利、矿产、交通运输、城乡建设、环境保护等与土地密切相关的各个领域。黑龙江、吉林、辽宁、天津、上海、重庆、河北、山西、内蒙古、江苏、浙江、安徽、福建、江西、山东、河南、湖北、广东、广西、四川、贵州、云南、陕西、甘肃、青海、宁夏、海南、新疆及新疆生产建设兵团等地均成立了土地学会。

11. 中国草原学会

中国草原学会是草原科学工作者的学术团体。作为中国农学会的第一个分会成立于 1979 年,1991 年成为一级学会。学会的基本任务是开展草地科学交流,普及草地科技知识,培养草地科技人才,促进草地科学发展。

学会设 10 个二级学术组织:饲料生产委员会、牧草育种学术委员会、草坪学术委员会、草地资源和管理委员会、草原生态委员会、草原立法委员会、种子科学技术委员会、草地植保委员会、草原火灾管理委员会、牧草遗传资源委员会。部分省区市设有地方分会。

12. 中国可持续发展研究会

中国可持续发展研究会于 1991 年 10 月 23 日由国家民政部批准成立,原名中国社会发展科学研究会。1992 年 1 月 14 日在北京人民大会堂召开了成立大会。1995 年 5 月 10 日,中国社会发展科学研究会理事会考虑到需要进一步突出可持续发展的主题和与国际上的提法接轨,报请民政部批准,将中国社会发展科学研究会更名为中国可持续发展研究会。

中国可持续发展研究会是由拥护中国共产党的领导,关心中国人口、资源与环境等可持续发展问题的专家、学者、科技和管理工作者以及少数企业家组成的全国性学术性的社会团体。旨在推动科学技术进步,促进可持续发展,通过学术交流,理论研究和咨询服务,开展可持续发展的理论建设和实践活动,为我国可持续发展科学技术的繁荣做出贡献。研究会坚持民主办会的原则和"百花齐放,百家争鸣"的方针,团结和组织科技、经济及社会各界人士,充分开展学术上的自由讨论,努力促进可持续发展科学技术的普及与推广和科技人才的培养与提高,为有关政府决策部门提供理论依据,为推进社会主义物质文明和精神文明建设及《中国 21 世纪议程》的全面实施发挥作用。

中国可持续发展研究会在理事会的领导下,根据工作需要设组织、学术、科普与宣传、培训、社会发展综合实验区,以及国际交流合作和编辑等七个工作委员会。根据学术工作的需要,现已经成立人居环境、水问题、减灾、可持续农业和生态环境等五个学术专业委员会,组织力量重点解决关系到我国可持续发展的重大问题。中国可持续发展研究会的会刊为《中国人口·资源与环境》杂志,该杂志是政策指导型的学术刊物,是中国可持续发展研究会交流可持续发展研究成果,宣传可持续发展理论的坚实阵地。

中国可持续发展研究会以完善中国的可持续发展理论为己任,积极组织国内外从事可持续发展的各界人士,进行可持续发展理论的宣传、研究和成果的交流,加速科研成果的转化过程,为我国的可持续发展科学技术事业的繁荣做贡献。

附录三

国际自然资源机构

一、综合性机构

1. 世界资源研究所(World Resources Institute, WRI)

世界资源研究所(简称 WRI)是独立的非盈利研究机构,设在华盛顿。其宗旨是研究如何在保护人类赖以生存和保证经济持续发展的自然资源与环境的完整的条件下,满足人类的基本需要和培育经济增长。主要工作是协助政府、私人部门、环境和发展组织进行政策研究,提供全球资源和环境状况的信息,分析出现的问题,提出有创见的可操作的政策建议。WRI 设有国际发展与环境中心,为发展中国家的政府和非政府组织提供技术援助、政策分析和培训等服务。目前的研究工作集中在以下两个方面:自然资源恶化对经济发展以及减轻发展中国家的贫困和饥饿的影响;联合国和许多国家关注的新一代全球重大环境和资源问题。主要项目有:森林和生物物种多样性、经济性和体制、气候、能源及污染、资源与环境信息、技术和体制创新。WRI 与联合国开发计划署(UNDP)和环境规划署(UNEP)合作,编辑出版《世界资源》报告。

2. 自然资源委员会(Committee on Natural Resources)

自然资源委员会成立于 1970 年 7 月,是联合国经社理事会的下设委员会之一。每两年召开一次委员会会议。委员会的宗旨和任务是:促进实施联合国关于开发自然资源的方针政策和措施;研究自然资源的发展及其前景;协调各成员国开发自然资源的活动,并向这些国家或地区提供咨询服务;审阅和评估开发自然资源的工作报告;收集、加工和出版关于自然资源开发方面的情报资料;举行各类会议,磋商问题,交流经验和信息;定期向经社会理事会、联合国其他有关机构以及各成员国提供关于自然资源开发的情报资料;建立自然资源勘探循环基金,以便对发展中国家的勘探提供资助。

3. 联合国环境与发展大会(环发大会)(United Nations Conference on Environment and Development)

1972 年 6 月 5 日~16 日,联合国人类环境大会(the United Nations Conference on the Human Environment)在瑞典首都斯德哥尔摩举行。113 个国家和地区的代表出席了会议,通过了《人类环境宣言》(Declaration on the Human Environment)和由 100 多位科学家参与撰写的《只有一个地球》的重要报告。这是在世界范围内第一次讨论全球环境与发展问题的大会。为了共同研讨和解决这一全球性问题,根据联合国大会决议,1984年成立了世界环境与发展委员会。1987年,该委员会在一份题为《我们共同的未来》的报告中建议召开联合国环境与发展大会。1990年12月,联合国大会通过决议,决定于1992年6月在巴西召开联合国环境与发展大会。1992年6月3日~14日,联合国环境与发展大会(地球首脑会议)在巴西里约热内卢举行。可持续发展首脑会议于8月26日~9月4日在南非约翰内斯堡召开,有100多位国家元首和政府首脑,6000多名政府官员和400多名联合国官员参加,还将有1.5万民间团体人士参加同时举行的"全球论坛"会议。

4. 联合国开发计划署(United Nations Development Programme, UNDP)

联合国开发计划署是联合国技术援助计划的管理机构。1965年11月成立,其前身是1949年设立的"技术援助扩大方案"和1959年设立的"特别基金"。总部设在美国纽约。宗旨是帮助发展中国家加速经济和社会发展,向它们提供系统的、持续不断的援助。其援助项目是无偿的,资金主要来源于各国政府的自愿捐款,由联合国工发组织、联合国粮农组织、联合国技术合作部、世界卫生组织、联合国教科文组织、贸易和发展会议等30多个机构承办和具体实施。计划署本身不负责承办援助项目或具体将其付诸实施,它主要是派出专家进行发展项目的可行性考察,担任技术指导或顾问。

5. 可持续发展委员会(Commission on Sustainable Development)

1992年6月联合国环境与发展大会通过的《21世纪议程》决定于1992年第47届联大上审议建立"可持续发展委员会"。1993年2月12日经社理事会组织会议上该委员会正式成立,属于联合国经社理事会下设的职司委员会。任务是增进国际合作和使政府间决策过程合理化,使其有能力兼顾环境发展问题。并在环发大会上通过的《里约环境与发展宣言》原则的指导下,审查在国家、区域和国际各级实施《21世纪议程》的进展情况,以便在所有国家实现持续发展。其工作涉及各国经济发展,各项活动将延续到下一世纪。

6. 全球资源资料数据(Global Resource Information Data Base)

全球资源资料数据库于1985年建立。宗旨是向联合国环境规划署、各联合国专门机构、国际组织和各国提供环境等方面的信息与资料服务。它是由一系列合作中心组成的系统,通过各个合作中心联网,以地图、卫星图像、空中照片和统计图表等多种形式收集和传播各种具体的信息和资料。

二、能源资源机构

1. 国际能源机构(International Energy Agency)

国际能源机构是石油消费国政府间的经济联合组织。1974年2月召开的石油消费国会议,决定成立能源协调小组以指导和协调与会国的能源工作;同年11月15日,经济合作与发展组织各国在巴黎通过了建立国际能源机构的决定;同年11月18日,16国举行首次工作会议,签署了《国际能源机构协议》,并开始临时工作。1976年1月19日该协议正式生效。总部设在法国巴黎。宗旨是协调成员的能源政策,发展石油供应方面的自给能力,共同采取节约石油需求的措施,加强长期合作以减少对石油进口的依赖,提供石油市场情报,拟订石油消费计划,石油发生短缺时按计划分享石油,以及促进它与石油生产国和其他石油消费国的关系等。

2. 世界能源理事会(World Energy Council)

世界能源理事会是一个综合性的国际能源民间学术组织。1924年7月11日在伦敦成立,原称"世界动力大会"。当时有24个国家参加。第二次世界大战期间中断活动,1950年恢复,1968年更名为世界能源会议,1990年1月改为现名。宗旨和任务是积极研究和帮助各国解决能源问题,促进世界能源在对各国有利的情况下得到可持续开发利用;研究潜在能源和各种能源的生产、运输及其利用方法问题,探讨能源消费同经济增长之间的关系;收集和交流能源或资源利用的数据资料;举行大会,磋商能源工业和经济发展之间存在的矛盾和问题。

3. 国际能源经济协会(International Association of Energy Economics, IAEE)

IAEE是非盈利性的国际学术组织。1997年成立,总部设在美国克利夫兰。其宗旨是:为世界各国对能源经济感兴趣的专家学者提供交流思想和经验的讲坛。会员来自不同领域,包括企业、大学、科技界和政府。现有来自60多个国家和地区的3000多名会员,其中美国和加拿大约1100人。会员中,来自研究与咨询机构的约占20%,煤炭、石油、天然气公司占19%,大学占13%,政府机构占13%,事业单位占7%,金融机构占5%,学生占5%,其他职业占18%。协会在美国16个主要城市设有分会,在33个国家和地区设有分部。IAEE能源经济教育基金会出版《能源杂志》季刊。每隔2年印发一次会员通讯录。每年召开1次北美大会和国际大会。

4. 石油输出国组织(Organization of Petroleum Exporting Countries, OPEC)

1960年9月10日,由伊朗、伊拉克、科威特、沙特阿拉伯和委内瑞拉的代表在巴格达开会,决定联合起来共同对付西方石油公司,维护石油收入。14日,五国宣告成立石油输出国组织,简称"欧佩克"(OPEC)。随着成员的增加,欧佩克发展成为亚洲、非洲和拉丁美洲一些主要石油生产国的国际性石油组织。欧佩克总部设在维也纳。宗旨是协调和统一各成员国的石油政策,并确定以最适宜的手段来维护它们各自和共同的利益。

5. 阿拉伯石油输出国组织(Organization of Arab Petroleum Exporting Countries)

1968年1月9日,科威特、利比亚和沙特阿拉伯三国在贝鲁特创建了阿拉伯石油输出国组织。总部设在科威特。共有10个成员,它们是阿尔及利亚、利比亚、巴林、埃及、伊拉克、科威特、卡塔尔、沙特阿拉伯、叙利亚、阿拉伯联合酋长国。突尼斯曾是该组织的成员国,但自1986年以来,其成员国资格在它自己的要求下一直被冻结。宗旨是协调成员国间的石油政策,协助交流技术情报,提供训练和就业机会,探讨成员国之间在石油工业方面进行合作的方式和途径,利用成员国的资源和潜力,建立石油工业各个领域的联合企业,维护成员国的利益。其原则是不干涉和不违背石油输出国组织权威性机构讨论决定的石油政策。

6. 国际能源保护研究所(International Institute for Energy Conservation)

创建于1984年。工作人员7人。使用英、泰等语言。其任务是促进经济发展中国家有效利用资源,在社区资源保护范围内创建地方企业来发展本土经济,促进地方企业与国外企业以及发展机构的联系与合作,开办教育培训,大力推广有效利用能源的技术。其图书馆对外开放,收藏关于有效利用能源与再生性能源方面的文章、书刊 7000 册。定期召开会议,定期举办研讨会。

7. 世界石油大会(World Petroleum Congress)

世界石油大会是一个国际性的石油代表机构,是非政府、非盈利的国际石油组织,被公认为世界权威性的石油科技论坛。它的全称是"世界石油大会——石油科学、技术、经济及管理论坛(world petroleum congresses: forum for petroleum science, technology, economics and management)"。世界石油大会 1933 年 8 月在伦敦成立,每 4 年举行一次,从第 14 届大会以后改为每三年举行一次。第二次世界大战期间曾中断活动。1951 年恢复活动。宗旨是为了人类的利益,加强对世界石油资源的管理,不断促进世界石油工业对先进的石油科学技术的应用和对有关经济、金融及管理问题的研究;在全世界范围内推动和促进石油科学技术的发展;加强成员国之间的合作;在世界范围内为石油科技人员、管理者和行政人员交流信息和讨论研究提供论坛。

8. 东盟石油理事会(ASEAN Council of Petroleum)

1975 年 10 月 15 日,东盟(ASEAN, Association of Southeast Asian Nations)五国发表联合公报宣布成立石油理事会,以促进开发本地区石油资源方面的互助合作。它将为成员国之间在人员训练、研究设施的使用和发展石油工业的各个阶段的服务方面提供技术合作。1976 年 5 月,理事会第二届会议在新加坡举行。会议决定成立一个经济委员会,负责研究和制定石油合作的计划,以争取最终达到在石油方面自力更生、自给自足的目标。1976 年 10 月,在吉隆坡举行第三届会议,会议除了已成立的技术及经济委员会外,又同意成立司法委员会。1979 年 3 月的理事会会议批准了紧急分享石油计划。会上,泰、马、菲三国达成协议,将本国的常年能源消费量削减百分之十。

9. 非洲石油生产国协会(African Petroleum Producers' Association)

1987 年 1 月 26 日—27 日,非洲石油生产国能源部长或代表在尼日利亚首都拉各斯举行会议,决定成立非洲石油生产国协会。宗旨是促进各成员国之间在石油开采、生产、提炼、石油化工、人力资源、获得和掌握技术以及在司法等方面的合作;促进各国之间的技术援助;互通信息,促成各国在贸易方针和策略上的协调,以便更好地管理资源和平衡石油收入;通过合作增进对成员国能源及其政策的了解,以满足国民对能源的需求;研究向单纯进口石油的非洲国家提供帮助的途径和手段,以满足他们对能源的需求。部长理事会为最高权力机构,每六个月举行一次会议。成员国按字母顺序轮流担任东道国并担任主席。

10. 世界太阳能委员会(World Solar Commission)

1993 年 7 月在巴黎举行的"太阳能服务于人类"国际会议上决定召开世界太阳能首脑会议,会议还要求联合国教科文组织负责筹备工作。1995 年在教科文组织的倡议下,成立了世界太阳能委员会,由津巴布韦、西班牙、中国、突尼斯、巴基斯坦、马来西亚、巴勒斯坦、印度、奥地利、格鲁吉亚、印度尼西亚、以色列、牙买加、塞内加尔、南非15国的元首和政府首脑组成。宗旨是在世界范围内推动发展和利用可再生能源。其职责是制定再生能源战略，敦促有关国家向再生能源开发利用项目给予政治、立法、技术和财政方面的支持。

三、矿产资源机构

1. 国际地质大会（International Geological Congress）

国际地质大会是广泛讨论地球历史、自然灾害和环境问题的大型综合性学术会议，由国际地质科学联合会组织，基本上是每4年举行一次。每届大会的组委会由举办国组织。国际地质大会没有固定的会员，报名参加会议即是会员。19世纪中叶，随着现代地质学在欧美等地兴起和发展，地质学家们在研究不受疆界和行政区划分局限的地质体时，深感必须定期聚会，统一图例、色标和术语，交流学术经验。经倡议、酝酿，1878年在法国巴黎召开了第一届国际地质大会，有23个国家的310名学者参加会议。此后，各参加国竞相申请主办。宗旨是促进地学基础研究和应用研究的发展；为广大地学工作者提供大型聚会场所，交流学术，讨论有关的地质问题。国际地质大会的学术内容涉及地学的各个领域，突出讨论当时地学的前沿和热点，包括与世界发展密切关联的地学问题和主办国的独特地质特征两方面。

2. 世界采矿大会（World Mining Congress）

世界采矿大会1958年在华沙成立。成立时名称为：国际矿业与建筑科学和技术会议，1975年改为现名。该组织的大会每三年举行一次，其常设机构为世界采矿大会国际组织委员会，每2年举行一次会议，选举秘书长、主席和副主席。宗旨和任务是：加强成员组织之间的合作，促进各国开发自然矿物资源技术的提高，开展国际间的科技合作和技术交流，促进成员国采矿业发展。

四、水资源机构

1. 世界水资源理事会（World Water Council）

1994年3月在荷兰诺德维克举行的饮用水和环境卫生部长及官员会议建议成立世界水资源委员会，联合国可持续发展委员会和联合国大会认可了该建议。1994年11月国际水资源协会成立了筹备委员会。1996年6月14日，世界水资源委员会在法国马赛正式成立。该委员会还负责举办世界水资源论坛。

2. 世界水资源论坛（World Water Forum）

世界水资源论坛是在世界水资源理事会（World Water Council）倡导下举行的。第一届论坛于1997年3月21日～22日在摩洛哥的马拉喀什举行。出席这次论坛的是代表各主要国际组织和科学界的知名人士。会后发表了《马拉喀什宣言》（Declaration of Marrakech），宣言指出，当今紧迫的任务是更好地理解世界水资源缺乏这个复杂问题以便制定未来一千年的水资源政策。论坛呼吁各国政府、国际组织、各非政府组织和世界各国人民进一步团结奋斗,为永久确保全球水资源的蓝色革命奠定基础。

3. 国际水资源协会（International Water Resources Association）

经美国伊利诺伊大学教授周文德博士的努力,1971年在美国成立国际水资源协会这一非政府、非赢利性的国际民间学术组织。总部原设在美国阿尔伯克基的新墨西哥大学。1998年,迁往南伊利诺伊大学的卡本代尔校园。宗旨是提倡有计划地利用水源,推动水资源在规划、开发、管理、科学、技术、研究、教育等方面的发展；对水资源进行具有国际水平的科学管理和研究,建立同水资源有关问题的国际论坛,在水资源领域内进行国际合作。

4. 国际水文计划政府间理事会（Intergovernmental Council of the International Hydrological Programme）

国际水文计划政府间理事会为联合国教科文组织下属的政府间组织。中国为该理事会理事。宗旨是协调政府间的水文计划,提高计划的科学性、可行性和有效性,以共同应对全球和区域水文与水资源问题,防止和减少水文灾害及其对人类的影响。

5. 国际供水协会（International Water Supply Association）

国际供水协会1947年成立,第一次大会1949年在阿姆斯特丹召开。宗旨是在改进公用水的供应、技术、法律和管理方面采取协调行动；保证交换有关水的研究和水的供应等情报。至少4年召开一次大会。

6. 湄公河委员会（Mekong River Commission）

1994年11月28日,越南、泰国、老挝和柬埔寨4国代表在越南河内签署了持久开发湄公河下游合作协定的草案。草案包括6章42条,阐述了4国共同开发湄公河下游水资源和其他自然资源的目的和原则。1995年4月5日,4国代表在泰国清莱签署了持久开发湄公河下游合作协定（the Agreement on the Cooperation for the Sustainable Development of the Mekong River Basin）。协议签署同时,成立了湄公河委员会。湄公河委员会取代了1957年成立的湄公河开发委员会和1978年成立的湄公河临时委员会。宗旨是在可持续发展、利用、管理、保护湄公河流域水资源以及有关其他资源方面加强全方位的合作,不仅包括灌溉、航运、水力发电、防洪、发展渔业和旅游业,而且要在某种程度上完善沿岸各国对资源的多种利用和维护各国利益,并减少由于自然和人为因素可能造成的危害。

五、土地资源机构

1. 联合国粮农组织（Food and Agriculture Organization, FAO）

1943年44国政府在美国弗吉尼亚的温泉城会晤,答应负责成立一个永久性的粮食与农业组织。1945年10月,FAO(Food and Agriculture Organization of the United Nations)第一次会议在加拿大魁北克召开,FAO正式成立,当时的总部设在罗马,1951年迁往华盛顿。

FAO主要负责提高人类的营养水平和生活水平,提高农业生产力,改善农村人口的生活条件。目前,FAO是联合国系统中最大的自治机构,共有180个成员国和一个欧共体(成员组织)。有工作人员3700名,其中专业人员1400名,综合人员2300名。自成立以来,FAO已通过促进农业发展、改善营养、追求食物安全缓解了人类的贫穷与饥饿。在土地与水的发展、植物和动物生产、林业、渔业、经济和社会政策、投资、营养、食物标准、商品和贸易等方面都起到了积极的作用。目前,该组织的一个特别优先的领域是鼓励可持续农业和农村发展,把自然资源保护和管理作为一项长期的策略。其目的是通过一系列不破坏环境的、技术上适合的、经济上可行的,同时又为社会所接受的计划,不但要满足当代人的需要,还要满足子孙后代的需要。

FAO有四个特别计划:即,粮食安全特别计划(SPFS)、跨界动植物病虫害紧急预防系统(EMPRES)、全球粮食和农业信息及预警系统(GIEWS)、特别救济行动。在环境方面,FAO是实施三个环境公约,即生物多样性公约(UNCBD)(负责农业生物多样性)、联合国防治沙漠化公约(UNCCD)和联合国气候变化框架公约(UNFCCC)的主要成员。

2. 国际土地开垦和改良研究所(International Institute for Land Reclamation and Improvement)

创建于1955年。已有会员38名,工作人员20名。使用语言为英语、法语、西班牙语。其主要任务是通过改进土地和水资源的管理,提高农业的发展,尤其是发展中国家的农业发展;与其他研究机构同力协作进行应用性研究;收集并传播有关农业发展的信息;提供咨询服务;组织计算机以及其他有关土地管理和改良方法课程的培训。其图书馆藏有有关土地和水资源管理、土壤科学等方面的图书40000册,不对外开放。出版物有Annual Report Bibliographies(定期)。定期举行会议。

3. 近东土地及水资源利用区域委员会(Regional Commission on Land and Water Use in the Near-east)

该委员会隶属于联合国粮食及农业组织,创建于1967年。其任务是促进近东地区土地和水资源的有效利用。寻求改善土地和水资源管理的对策;为其他粮、农组织成员国提供切实可行的方法;为会员之间信息与经验的交流提供良好的机会。收集有关土地和水资源发展及保护的数据信息;组织研讨会、讲习班及课程培训。两年举行一次会议。

六、森林资源机构

1. 国际热带木材组织 (International Tropical Timber Organization, ITTO)

成立于1985年,总部设在日本(横滨),主要负责森林经营和林业生产。

2. 国际天然橡胶组织(International Natural Rubber Organization)

国际天然橡胶组织根据1979年国际天然橡胶协定于1980年成立。总部设在马来西亚的吉隆坡。宗旨是使天然橡胶供销达到平衡增长,从而减少由于天然橡胶的过剩或短缺而引起的困难;通过避免天然橡胶价格的过大波动以及在不影响长期的市场走势及生产国和消费国利益的基础上稳定天然橡胶价格以使天然橡胶贸易处于稳定态势;帮助出口国稳定出口天然橡胶的收入,在公正、盈利的价格基础上扩大天然橡胶的出口量,增加出口国的收入,促进橡胶生产,并为加快经济增长和社会发展提供资源;保证天然橡胶的适量供应,以公正合理的价格满足进口国的需求,并提高供应的可靠性和持续性;在天然橡胶过剩和短缺时采取可行措施使成员国避免因此可能遇到的经济困难;扩大天然橡胶方面的国际贸易,提高天然橡胶及其加工产品的市场准入。

七、海洋及渔业资源机构

1. 渔业委员会(Committee on Fisheries)

渔业委员会于1965年建立,是联合国粮农组织的下属机构和粮农组织的渔业问题常设咨询机关。委员会的任务是建立国际合作,研究关于发展和合理利用海洋渔业资源及淡水渔业资源的建议。

2. 联合国海洋法会议(United Nations Conference on the Law of the Sea)

第三次海洋法会议是根据1970年12月17日联合国大会第二十五次会议决议案召开的。会议的工作从1973年持续到1982年,会议在纽约、日内瓦、加拉加斯举行,有150个国家和近70个国际组织参加了会议。会议的任务是制定国家管辖权限之外的海底管理制度并确定这种区域的界限;审查有关公海、大陆架和领海的广泛问题,其中包括确定它们相邻地带和国际海峡的宽度以及渔业和公海生物资源的保护等问题。

3. 国际海洋勘查理事会(International Council for the Exploration of the Sea)

国际海洋勘查理事会1902年7月22日在哥本哈根成立。秘书处设在丹麦。宗旨是促进和鼓励有关海洋开发的研究和调查,特别是海洋生物资源方面;组织专门项目,出版研究报告,分析各种信息。

4. 国际海洋协会(International Ocean Institute)

国际海洋协会1972年6月在联合国开发计划署支持下在马耳他成立。总部设在马耳他首都瓦莱塔。创始人是伊丽莎白·曼·博尔杰塞(Elisabeth Mann Borgese)。协会宗旨是促进研究和平利用海洋空间和资源;研究有关科学、技术、生态、经济、法规和其他的需要;交流沽动成果;举办训练班、研讨会和"世界海洋和平大会"(World Conference on Oceanic Peace);按照理事会的决定,从事其他地区性和世界性的活动。

5. 国际海事组织 IMO (Inter-Governmental Maritime Organization)

总部设在英国伦敦,主要任务与海洋污染和海洋保护相关。

八、环境保护机构

1. 世界国家公园和自然保护区大会(World Congress on National Parks and Protected Areas)

世界国家公园和自然保护区大会是由非官方的环保组织和有关人士举办的国际会议。由国际自然资源保护联盟发起,每10年举行一次。1982年在印度尼西亚举行。1992年2月10日~21日,第四次世界国家公园和自然保护区大会在委内瑞拉首都加拉加斯举行。来自世界的1500名专家出席了会议。会议研究了全球的环境问题,寻求保护自然的方法,并讨论了20世纪90年代对自然保护区以及发展经济与保护环境等问题。据统计,目前全世界有8000多个国家公园和自然保护区,分别分布在120多个国家,总面积达8.5亿公顷,占地球面积的5%。

2. 全球环境基金(Global Environment Facility)

全球环境基金是联合国发起建立的国际环境金融机构,1990年建立,1991年正式开始运作,开始运作时基金总额为15亿美元,存续期为三年。基金由联合国开发计划署、联合国环境规划署和世界银行管理。宗旨是以提供资金援助和转让无害技术等方式帮助发展中国家实施防止气候变化、保护生物物种、保护水资源、减少对臭氧层的破坏等保护全球环境的项目。

3. 联合国环境规划署(United Nations Environment Programme,UNEP)

1972年第二十七届联大根据同年6月在斯德哥尔摩召开的联合国人类环境大会的建议,决定建立联合国环境规划署。该署于1973年1月正式宣告成立。总部设在内罗毕。宗旨是促进环境领域内的国际合作,并提出政策建议;在联合国系统内提供指导和协调环境规划总政策,并审查规划的定期报告;审查世界环境状况,以确保正在出现的、具有广泛影响的环境问题得到各国政府的适当考虑;经常审查国家与国际环境政策和措施对发展中国家带来的影响和费用增加的问题;促进环境知识的取得和情报的交流。

4. 世界环境与资源理事会(World Environment and Resources Council)

世界环境与资源理事会1972年5月23日在海牙成立。宗旨和任务是:在理论和实际应用上促进环境科学的发展和资源利用率的提高;建立财政、章程与附则、成员资格审查、环境与资源等6个常设委员会;举办会议,为磋商有关环境质量问题、资源管理方面取得的进展及交流有关环境方面的信息提供一个公开、非政府的国际性论坛;加强同国际水资源协会等组织的联系和合作。

5. 世界自然保护基金会 (World Wild Fund for Nature,WWF)

世界自然保护基金会的前身是1961年9月11日在苏黎世成立的野生生物基金会,是一个国际性非政府组织,致力于保护大自然、保护地球上生物生存必不可少的自然环境和生态系统,防止珍贵稀有的生物物种濒于灭绝。总部设在英国伦敦。其标记是大熊猫。

6. 世界环境生态学会（World Society for Ekistics）

世界环境生态学会于 1965 年 7 月 24 日在雅典成立。宗旨是通过研究和出版、会议以及其他恰当手段促进有关人类居住的知识和见解的发展；促进发展和扩大人类环境生态学方面的教育。其机构有大会（General Assembly）和执行委员会（Executive Council）。每年举行一次大会。

7. 国际自然及自然资源保护联盟（International Union for Conservation of Nature and Natural Resources）

国际自然及自然资源保护联盟 1948 年 10 月 5 日在联合国教科文组织和法国政府在法国的枫丹白露联合举行的会议上成立，当时名为国际自然保护协会，1956 年 6 月在爱丁堡改为现名。总部设在瑞士的格朗。宗旨是：通过各种途径，保证陆地和海洋的动植物资源免遭损害，维护生态平衡，以适应人类目前和未来的需要；研究监测自然和自然资源保护工作中存在的问题，根据监测所取得的情报资料对自然及其资源采取保护措施；鼓励政府机构和民间组织关心自然及其资源的保护工作；帮助自然保护计划项目实施以及世界野生动植物基金组织的工作项目的开展；在瑞士、德国和英国分别建立自然保护开发中心、环境法中心和自然保护控制中心；注意同有关国际组织的联系和合作。

8. 国际山地综合开发中心（International Center for Integrated Mountain Development）

国际山地综合开发中心是在尼泊尔和联合国教科文组织的倡导下于 1983 年成立的，1984 年 9 月正式开始运作。它是世界上惟一致力于研究、保护、综合发展兴都库什—喜马拉雅山地自然和生物资源、改善山地居民生活条件的机构。中心设在尼泊尔的帕坦市。该中心的主要目标是帮助建立良性的山地经济与环境生态系统，以改善山地人民的生活，特别是兴都库什—喜马拉雅山地人民的生活。山地中心的运作方式是研究与开发相结合，重点是开发新的与山地发展有关的实用技术，转化科研成果，开展信息交流，促进多边合作和技术共享。

9. 湿地国际（Wetlands International）

湿地国际成立于 1995 年，由亚洲湿地局、美洲湿地组织和国际水禽与湿地研究局合并而成。联合三个组织后，湿地国际成为全球化的有效保护湿地和湿地物种的国际组织。总部设在英国格洛斯特郡。宗旨是：在全球范围内保护湿地、湿地资源和生物种类；交流湿地保护和管理的经验；通过在世界各地的研究、信息交流和保护活动促进湿地资源和生物种类的繁殖；宣传保护湿地资源的重要性。

10. 世界气象组织（Word Meteorological Organization，WMO）

WMO 是 1950 年，为了协调世界的气象观测网络，推动气象业务的实施，加速气象信息的交换和观测技术的标准化而成立的。WMO 总部设在瑞士。WMO 设有世界气象组织总会，执行理事会，区域气象协会和专门委员会（基础组织，仪器观测方法，大气科学，航空气象，农业气象，海洋气象，水文和气候）。WMO 在环境方面的工作是作为世界气候计划的一环，与 UNEP 共同推进政府间气候变化委员会（Inter-Governmental Panel on Climate Change，IPCC）的工作。

11. 联合国防止沙漠化会议 (United Nation Conference on Desertification, UNCD)

成立于1977年,总部设在利比亚。

12. 国际原子能组织 (International Atomic Energy Agency, IAEA)

成立于1957年,总部设在澳大利亚,主要任务是核污染处理。

13. 地球之友 (Friends of the Earth, FOE)

总部设在伦敦。

14. 绿色和平组织 (Green Peace)

成员来自世界22个国家。

九、若干国家资源教育与研究机构

1. 加拿大

【大学及其科研机构】

(1) 加拿大达尔豪西大学,资源与环境研究学院(Dalhousie University, School of Resource and Environmental Studies)。

(2) 加拿大西蒙-弗雷泽大学,资源与环境管理学院(Simon Fraser University, School of Resource and Environmental Management)。

(3) 麦克吉尔大学,农业与环境科学研究院,自然资源科学系(McGill University, Faculty of Agricultural and Environmental Sciences, Department of Natural Resource Sciences)。

(4) 佛兰芒学院,自然资源系(Sir Sandford Fleming College, School of Natural Resources)。

(5) 特伦特大学,环境和资源规划(Trent University, Environmental and Resources Studies Program)。

(6) 艾伯塔大学,可再生资源系(University of Alberta, Department of Renewable Resources)。

(7) 马尼托巴大学,自然资源研究所(University of Manitoba, Natural Resources Institute)。

(8) 北英哥伦比亚大学,自然资源和环境研究学院(University of Northern British Columbia, Faculty of Natural Resources and Environmental Studies)。

(9) 滑铁卢大学,环境研究学院,环境和资源研究系(University of Waterloo, Faculty of Environmental Studies, Department of Environment and Resource Studies)。

【独立研究机构】

(1) 加拿大国际发展研究中心(Canada International Development Research Center)。

(2) 加拿大资源研究中心(Canada Resources Research Center)。

(3) 加拿大资源法研究所(Canadian Institute of Resources Law)。

(4)加拿大土地资源研究中心(Land Resources Research Center of Canada)。

(5)加拿大内陆水资源研究中心(Canada Center for Inland Waters)。

(6)加拿大社会环境生物学家(Canadian Society Environment Biologists)。

(7)加拿大森林可持续发展证明联盟(Canadian Sustainable Forestry Certification Coalition)。

(8)海岸生态系统研究基金组织(Coastal Ecosystems Research Foundation)。

(9)联邦森林研究协会加拿大分会(Commonwealth Forestry Association-Canadian Chapter)。

(10)加拿大森林研究所(Canadian Institute of Forestry)。

(11)加拿大水资源协会(Canadian Water Resources Association)。

(12)常绿树生态资源基金组织(The Evergreen Foundation Ecology Resource Network)。

(13)加拿大国家可持续发展中心(National Center for Sustainability)。

(14)国家水资源研究所(National Water Research Institute)。

(15)安大略森林研究所(Ontario Forest Research Institute)。

2. 美国

【大学及其科研机构】

(1)密执安大学(MSU)农业与自然资源学院农业经济系公共资源管理专业。

(2)鲍尔州立大学,自然资源与环境管理系(Ball State University, Department of Natural Resources and Environmental Management)。

(3)加利福尼亚州立理工大学,自然资源管理系,海岸资源研究所,城市森林生态系统所(California Polytechnic State University, Natural Resources Management Department, Coastal Resources Institute, Urban Forest Ecosystems Institute)。

(4)克莱姆森大学,农业、林业与生命科学学院,森林资源系,土壤与资源系,南卡罗来纳农业与林业研究系统(Clemson University, College of Agriculture, Forestry and Life Sciences, Department of Forest Resources, Faculty of Soils and Resources, South Carolina Agriculture & Forestry Research System)。

(5)威廉与玛丽学院,海运科学研究所,资源管理与政策系(College of William and Mary, Institute of Marine Science, Department of Resource Management and Policy)。

(6)科罗拉多州立大学,自然资源研究院,渔业与野生生物系,森林科学系,过渡带生态系统科学系,自然资源景观休闲娱乐与旅游观光系,自然资源生态实验室,科罗拉多水资源研究所,环境与自然资源政策研究所(Colorado State University, College of Natural Resources, Department of Fishery and Wildlife Biology, Department of Forest Science, Department of Rangeland Ecosystem Science, Department of Natural Resource Recreation and Tourism, Natural Resource Ecology Laboratory, Colorado Water Resources Institute, Environment and

Natural Resources Policy Institute)。

(7) 哥伦比亚大学,环境保护研究中心(Columbia University, Center for Environmental Research Conservation)。

(8) 科内尔大学,农业与生命科学学院,环境中心,自然资源系,科内尔合作社,波义斯-汤普生植物研究所:环境生物学计划(Cornell University, College of Agriculture and Life Sciences, Center for the Environment, Department of Natural Resources, Cornell Cooperative Extension, Boyce Thompson Institute for Plant Research: Environment Biology Program)。

(9) 迪克大学,尼古拉斯环境学校,森林资源中心,资源与环境中心,热带保护中心,景观生态实验室,湿地中心(Duke University, Nicholas School of the Environment, Center for Forest Resources, Center for Resource and Environment, Center for Tropical Conservation, Landscape Ecology Laboratory, Wetland Center)。

(10) 洪堡州立大学,自然资源与科学学院,自然规划与开发系,森林与水域管理系(Humblodt State University, College of Natural Resources and Sciences, Department of Natural Planning and Interpretation, Department of Forestry and Watershed Management)。

(11) 堪萨斯州立大学,园艺学系,林业与娱乐系(Kansas State University, Dept. of Horticulture, Forestry and Recreation Resources)。

(12) 路易斯安那州立大学,林业、野生生物与渔业学校,海岸带、能源与环境资源研究中心,森林产品实验室(Louisiana State University, School of Forestry, Wildlife & Fisheries, Center for Coastal, Energy, and Environmental Resources, Forest Products Laboratory)。

(13) 密歇根州立大学,渔业与野生生物系,森林学系,资源发展系,水资源研究所(Michigan State University, Department of Fisheries and Wildlife, Department of Forestry, Department of Resource Development, Institute of Water Research)。

(14) 密西西比州立大学,森林资源学院,森林学系,森林产品系,野生生物与渔业系,密西西比农业与森林环境科学系(Mississippi State University, College of Forest Resources, Department of Forestry, Department of Forest Products, Department of Wildlife and Fisheries, Mississippi Agricultural and Forestry Environmental Science)。

(15) 蒙大拿州立大学,动物与生存区域科学系,植物、土壤与环境科学系,山地研究中心(Montana State University, Department of Animal and Range Science, Department of Plant, Soil and Environmental Science, Mountain Center)。

(16) 新墨西哥州立大学,渔业与野生生物科学系,自然环境与文化资源管理国际研究所(New Mexico State University, Department of Fishery and Wildlife Sciences, International Institute for Natural, Environmental and Cultural Resources Management)。

(17) 北卡罗来纳州立大学,森林资源学院,林学系,自然资源系,土壤科学系,NC持续发展合作服务社,自然资源管理所(North Carolina State University, College of Forest Resources, Department of Forestry, Department of Natural Resources, Department of Soil Sci-

ence,NC Cooperative Extension Service,Natural Resources Leadership Institute)。

(18) 俄亥俄州立大学,自然资源系,Olentangy(音译:俄伦坦济)河流湿地研究公园(Ohio State University,School of Natural Resources,Olentangy River Wetland Research Park)。

(19) 俄勒冈州立大学,森林学院,林业工程系,林业产品系,林业资源系,林业科学系,森林媒体中心,林业科学实验室,渔业与野生生物系,自然资源项目(Oregon State University, College of Forestry,Department of Forest Engineering,Department of Forest Products,Department of Forest Resources,Department of Forest Science,Forestry Media Center,Forest Sciences Laboratory,Department of Fisheries and Wildlife,Natural Resources Program)。

(20) 普度大学,农业学院,森林与自然资源系,自然资源与环境科学系(Purdue University, School of Agriculture, Department of Forestry and Natural Resources, Department of Natural Resources and Environmental Sciences)。

(21) Rutgers 大学,生态、演化与自然资源系(Rutgers University, Department of Ecology, Evolution, Natural Resources)。

(22) 纽约州立大学,环境科学与森林学院,环境资源与林业工程系,环境研究系,森林系(State University of New York, College of Environmental Science & Forestry,Faculty of Environmental Resources and Forest Engineering,Faculty of Environmental Studies,Faculty of Forestry)。

(23) 得克萨斯 A 大学与 M 大学,农业与生命科学学院,林业科学系,野生生物与渔业系,山地生态学与管理系,得克萨斯水资源研究所(得克萨斯水资源网络)(Texas A & M University, College of Agriculture and Life Sciences, Department of Forest Sciences,Department of Wildlife and Fisheries,Department of Rangeland Ecology and Management,Texas Water Resources Institute (Texas Water Net))。

(24) 得克萨斯特什大学,山区、野生生物与渔业管理系,环境科学研究所,水资源中心(Texas Tech University,Department of Range, Wildlife and Fisheries Management,Institute for Environmental Sciences,Water Resources Center)。

(25) 费尔班克斯的阿拉斯加大学,农业与土地资源管理学校,北极生物学研究所(University of Alaska at Fairbanks,School of Agriculture and Land Resources Management,Institute of Arctic Biology)。

(26) 亚利桑那大学,农业学院,可更新自然资源学校,土壤、水与环境科学系,干旱土地研究办公室,水文与水资源系,水资源中心(University of Arizona,College of Agriculture, School of Renewable Natural Resources,Department of Soil, Water and Environmental Science,Office of Arid Lands Studies, Department of Hydrology and Water Resources, Water Resources Center)。

(27) 加利福尼亚大学伯克利分校,自然资源学院(University of California at Berkeley, College of Natural Resources)。

（28）加利福尼亚大学戴维斯分校，农业与环境科学学院，土地、大气与水资源系，野生生物、鱼类与保存生物学系，环境研究处，环境信息中心，自然资源网络（University of California at Davis，College of Agricultural and Environmental Sciences，Department of Land，Air & Water Resources，Department of Wildlife，Fish，& Conservation Biology，Division of Environmental Studies，Information Center for the Environment，Natural Resources Network）。

（29）康涅狄格大学，农业自然资源学院，自然资源管理与工程学系，自然资源保护中心（University of Connecticut，College of Agriculture and Natural Resources，Department of Natural Resources Management and Engineering，Center for Conservation）。

（30）佛罗里达州立大学，自然资源与环境学院，农业学院，林业资源与保护学校，食品资源经济学系，土壤与水科学系，野生生物生态与保护系（University of Florida，College of Natural Resources and Environment，College of Agriculture，School of Forest Resources and Conservation，Department of Food Resource Economies，Department of Soil and Water Science，Department of Wildlife Ecology and Conservation）。

（31）关岛大学，持续发展研究所（University of Guam，Sustainable Development Institute）。

（32）伊利诺伊大学（URBANA 平原），自然资源与环境科学系，环境研究所，水资源研究中心（University of Illinois at Urbana Champaign，Department of Natural Resources and Environmental Sciences，Institute for Environmental Studies，Water Resources Center）。

（33）肯塔基大学，农业与自然资源系（University of Kentucky，Department of Agriculture and Natural Resources）。

（34）缅恩大学（ORONO），自然资源、森林与农业学院，应用生态学与环境科学系，森林管理系，野生生物生态学系（University of Maine at Orono，College of Natural Resources，Forestry and Agriculture，Department of Applied Ecology and Environmental Science，Department of Forest Management，Department of Wildlife Ecology）。

（35）马里兰大学（COLLEGE PARK），农业与自然资源学院，自然资源科学与景观建筑学系，环境与港湾研究中心，生态经济研究所（University of Maryland at College Park，College of Agriculture and Natural Resources，Department of Natural Resource Sciences and Landscape Architecture，Center for Environmental and Estuarine Studies，Institute for Ecological Economics）。

（36）马萨诸塞大学（阿默斯特），食品与自然资源学院，建筑材料与技术系，林业与野生生物管理系，植物与土壤科学系，马萨诸塞大学附设：自然资源与环境保护（University of Massachusetts at Amherst，College of Food and Natural Resources，Department of Building Materials and Wood Technology，Department of Forestry and Wildlife Management，Department of Plant and Soil Sciences，Umass Extension：Natural resources and Environmental Conservation）。

(37) 密歇根大学,自然资源与环境学院(University of Michigan, School of Natural Resources and Environment)。

(38) 明尼斯达大学(德卢斯),自然资源研究所(University of Minnesota at Duluth, Natural resources Research Institute)。

(39) 明尼苏达大学(特温城),农业、食品与环境科学学院,土壤、水与气候系,自然资源系,渔业与野生生物系,森林资源系,森林产品系(University of Minnesota at Twin Cities, College of Agriculture, Food, and Environmental Sciences, Department of Soil, Water and Climate, College of Natural Resources, Department of Fisheries and Wildlife, Department of Forest Resources, Department of Forest Products)。

(40) 密苏里大学,农业、食品与自然资源学院,自然资源学院,农业、资源与环境系统中心(University of Missouri, College of Agriculture, Food & Natural Resources, School of Natural Resource, Center for Agricultural, Resources and Environmental Systems)。

(41) 内布拉斯加大学,农业与自然资源研究所,保护与调查部门,促进土地管理信息技术中心,林业、渔业与野生生物系(University of Nebraska at Lincoln, Institute of Agriculture & Natural Resources, Conservation and Survey Division, Center for Advanced Land Management Information Technologies, Department of Forestry, Fisheries and Wildlife)。

(42) 新罕布什尔大学,自然资源系(University of New Hampshire, Department of Natural Resources)。

(43) 俄勒冈大学,可持续发展环境研究所(University of Oregon, Institute for a Sustainable Environment)。

(44) 罗得岛大学,资源开发学院,海岸资源中心(University of Rhode Island, College of Resource Development, Coastal Resources Center)。

(45) 田纳西大学,农业科学与自然资源学院,林业、野生生物与渔业系,植物与土壤科学系(University of Tennessee at Knoxville, College of Agricultural Sciences and Natural Resources, Department of Forestry, Wildlife and Fisheries, Department of Plant and Soil Science)。

(46) 佛蒙特大学,自然资源学院,自然区域中心(University of Vermont, School of Natural Resources, Natural Areas Center)。

(47) 华盛顿大学,森林资源学院,生态系统科学与保护室,森林管理与工程室,奥林匹克自然资源中心,SILVICULTURE实验室,环境统计自然中心(University of Washington, College of Forest Resources, Ecosystem Science and Conservation Division, Forest Management and Engineering Division, Olympic Natural Resources Center, SILVICULTUR Laboratory, National Center for Environmental Statistics)。

(48) 威斯康辛大学麦迪逊,自然资源学院,森林生态管理系,土壤科学系,环境研究所,湖沼生物中心,水资源中心(University of Wisconsin at Madison, School of Natural Resources,

Department of Forest Ecology & Management, Department of Soil Science, Institute for Environmental Studies, Center for Limnology, Water Resources Center)。

(49) 威斯康星大学(STEVEN POINTS),自然资源学院(University of Wisconsin at Steven Points, College of Natural resources)。

(50) 怀俄明大学,环境与自然资源学院,可更新资源系,环境与自然资源研究所(University of Wyoming, School of Environment and Natural Resources, Department of Renewable Resources, Institute of Environment and Natural Resources)。

(51) 犹太州立大学,自然资源学院,渔业与野生生物系,森林资源系(Utah State University, College of Natural Resources, Department of Fisheries and Wildlife, Department of Forest Resources)。

(52) 弗吉尼亚工艺研究所与州立大学,林业与野生生物资源学院,渔业与野生生物科学系,林业系,木材科学与林业产品系,鱼类与野生生物信息交流处,环境项目,弗吉尼亚协作交流处(Virginia Polytechnic Institute & State University, College of Forestry and Wildlife Resources, Department of Fisheries and Wildlife Sciences, Department of Forestry, Department of Wood Science and Forest Products, Fish & Wildlife Information Exchange, Environmental Program, Virginia Cooperative Exchange)。

(53) 华盛顿州立大学,自然资源科学系(Washington State University, Department of Natural Resource Sciences)。

(54) 西弗吉尼亚大学,农业与林业学院,林业专业,资源管理专业,自然资源分析中心,西弗吉尼亚水资源研究所(West Virginia University, College of Agriculture and Forestry, Division of Forestry, Division of Resource Management, Natural Resource Analysis Center, West Virginia Water research Institute)。

【独立研究机构】

(1) 美国渔业团体(American Fisheries Society)。

(2) 美国林业与纸张协会(American Forest and Paper Association)。

(3) 美国环境历史团体(American Society of Environmental History)。

(4) 美国景观建筑师团体(American Society of Landscape Architects)。

(5) 美国水资源协会(American Water Resources Association)。

(6) 美国文学与环境协会(Association for the Study of Literature and Environment)。

(7) 美国咨询研究中心协会(Association of Consulting Research Centers)。

(8) 州际湿地管理者联合协会(Association of State Wetland Managers)。

(9) 生态系统研究中心协会(Association of Ecosystem Research Centers)。

(10) 生物多样性与生态系统网络(Biodiversity and Ecosystems Network)。

(11) 蓝山山区自然资源研究所(Blue Mountains Natural Resources Institute)。

(12) 加利福尼亚资源保护区协会(California Association of Resources Conservation Dis-

tricts)。

(13) 夏威夷群岛东西方中心(America East-West Center of Hawaii)。

(14) 保护生物网络中心(Center for Conservation Biology Network)。

(15) 保护与开发论坛(Conservation and Development Forum)。

(16) 沙漠研究所(Desert Research Institute)。

(17) 美国生态协会(Ecological Society of America)。

(18) 环境设计研究协会(Environmental Design Research Association)。

(19) 环境法研究所(Environmental Law Institute)。

(20) 森林历史协会(Forest History Society)。

(21) 森林产品协会(Forest Products Society)。

(22) 森林资源系统研究所(Forest Resources Systems Institute)。

(23) 乔治·怀特协会(The George Wright Society)。

(24) 大湖信息网络(Great Lakes Information Network)。

(25) 梅诺米尼可持续发展研究所(Menominee Sustainable Development Institute)。

(26) 矿物政策研究中心(Mineral Policy Center)。

(27) 山地研究所(The Mountain Institute)。

(28) 保护区国家协会(National Association of Conservation Districts)。

(29) 环境职业国家协会(National Association of Environmental Professionals)。

(30) 专职森林学校和学院国家协会(National Association of Professional Forestry Schools and Colleges)。

(31) 国家港湾研究保留地,中央数据库管理办公室(National Estuarine Research Reserve, Centralized Data Management Office)。

(32) 资源国家研究所(National Institutes For Resources)。

(33) 国家土壤科学咨询协会(National Society of Consulting Soil Scientists)。

(34) 国家区域协会(Natural Areas Association)。

(35) 美国资源开发基金会(Resources Development Foundation, America)。

(36) 资源法律中心(Natural Resources Law Center)。

(37) 自然资源管理研究所(Natural Resource Leadership Institute)。

(38) 纽约州森林研究与开发中心(New York State Center for Forestry Research and Development)。

(39) 红河流域信息网(Red River Basin Information Network)。

(40) 可更新自然资源基金(Renewable Natural Resources Foundation)。

(41) 资源模型协会(Resource Modeling Association)。

(42) 未来资源(Resources for the Future)。

(43) 河流管理协会(River Management Society)。

(44) 落基山矿产法律基金会(Rocky Mountain Mineral Law Foundation)。

(45) 美国林业者协会(Society of American Foresters)。

(46) 生态恢复协会(Society for Ecological Restoration)。

(47) 环境保护新闻工作者与环境保护新闻协会(Society of Environmental Journalists and Environmental Journalism)。

(48) 山地管理协会(Society for Range Management)。

(49) 湿地科学家协会(Society of Wetland Scientists)。

(50) 土壤与水资源保护协会(Soil and Water Conservation Society)。

(51) 美国土壤科学协会(Soil Science Society of America)。

(52) 森林土壤处(Forest Soil Division)。

(53) 高木材研究站(Tall Timbers research station)。

(54) 陆地生态系统区域研究与分析(Terrestrial Ecosystems Regional Research and Analysis)。

(55) 水资源大学委员会(Universities Council on Water Resources)。

(56) 大学水信息网络(The University Water Information Network)。

(57) 水环境基金(Water Environment Federation)。

(58) 美国长期生态研究网(U.S Long-Term Ecological Research Network)。

(59) 水环境基金(Water Environment Foundation)。

(60) 流域管理委员会(Watershed Management Council)。

(61) 野生生物协会(The Wildlife Society)。

(62) 温洛克农业发展研究所(Winrock International Institute For Agriculture Development)。

(63) 美国森林协会(American Forests)。

(64) 美国河流协会(American Rivers)。

(65) 森林服务业环境伦理协会(Association of Forest Service Employees for Environmental Ethics)。

(66) 植物多样性论坛(Biodiversity Forum)。

(67) 切萨皮克海湾基金(Chesapeake Bay Foundation)。

(68) 全球岛屿研究所(Earth Island Institute)。

(69) 地球保护基金(Earth Pledge Foundation)。

(70) 野生生物保护者组织(Defenders of Wildlife)。

(71) 地球守护者(Earthwatch)。

(72) 野外研究中心(包括野外研究的 GRANT 信息)(Center for Field Research (Includes Field Research Grants Information)。

(73) 美国绿色和平组织(Greenpeace USA)。

(74) 岛屿资源基金(Island Resources Foundation)。

(75) 海洋鱼类保护网络(The Marine Fish Conservation Network)。

(76) 密歇根森林协会(Michigan Forest Association)。

(77) 国家资源保护与开发委员会协会(National Association of Resource Conservation and Development Councils)。

(78) 国家鱼类与野生生物基金(National Fish and Wildlife Foundation)。

(79) 国家森林基金(National Forest Foundation)。

(80) 国家公园及保护协会(National Parks and Conservation Association)。

(81) 国家野生生物联盟(National Wildlife Federation)。

(82) 大湖自然资源中心(Great Lakes Natural Resource Center)。

(83) 自然资源保护区(The Nature Conservancy)。

(84) 自然资源保护理事会(Natural Resources Defense Council)。

(85) 雨林保护网络(Rainforest Action Network)。

(86) 资源再生研究所(Resource Renewal Institute)。

(87) 温带森林基金(Temperate Forest Foundation)。

(88) 有关科学家同盟(Union of Concerned Scientists)。

(89) 西部林业及保护协会(Western Forestry and Conservation Association)。

(90) 野生协会(The Wilderness Society)。

3. 澳大利亚

【大学及其科研机构】

(1) 澳大利亚国家大学,资源管理与环境科学学校,林业系,资源与环境研究中心(Australian National University, School of Resource Management & Environmental Science, Department of Forestry, Center for Resource and Environmental Studies)。

(2) 迪金大学,资源科学与管理学校(Deakin University, School of Resource Science and Management)。

(3) 阿德莱德大学,农业与自然资源学院,环境科学与管理系,土壤科学系,土壤与土地管理合作研究中心(University of Adelaide, Faculty of Agricultural and Natural Resources Sciences, Department of Environmental Science and Management, Department of Soil Science, Cooperative Research Center for Soil and Land Management)。

(4) 南克罗斯大学,资源科学与管理学院(Southern Cross University, School of Resource Science and Management)。

(5) 新英格兰大学,自然资源学院,生态系统管理系,区域性生物资源管理研究所(University of New England, School of Natural Resources, Department of Ecosystem Management, Institute for Bioregional Resource Management)。

(6) 昆士兰大学,保护生物学中心,自然资源、农业与兽医科学系,农业系,乡村与自然系统管理系,综合资源管理中心,海洋科学学院(University of Queensland,Center for Conservation Biology,Faculty of Natural Resources, Agriculture and Veterinary Science,Department of Agriculture,Department of Rural and Natural Systems Management,Center for Integrated Resource Management,School of Marine Science)。

(7) 西澳大利亚大学,土地复垦中心(University of Western Australia, Center for Land Rehabilitation)。

【独立研究机构】

(1) 澳大利亚地球资源研究所(Institute of Earth Resources of Australia)。

(2) 澳大利亚环境资源信息网(Australian Environmental Resources Information Network)。

(3) 澳大利亚植物保护网络(Australian Network for Plant Conservation)。

(4) 植物多样性研究中心(Center for Plant Biodiversity Research)。

(5) 热带森林研究中心(Tropical Forest Research Center)。

(6) 水资源研究专业(Division of Water Recourses)。

(7) 澳大利亚林业研究所(Institute of Foresters of Australia)。

(8) 森林工业国家协会(澳大利亚林业)(National Association of Forest Industries(Forestry Australia))。

【环保组织】

(1) 澳大利亚保护基金(Australian Conservation Foundation)。

(2) 澳大利亚志愿者保护基金(Australian trust for Conservation Volunteers)。

(3) 澳大利亚地球之友(Friends of the Earth-Australia)。

(4) 野生协会(The Wilderness Society)。

4. 其他国家(英国、俄罗斯、日本、德国、法国、韩国)

(1) 英国自然环境研究委员会(Natural Environment Research Council of England)。

(2) 英国剑桥大学土地经济系(Department of Land Economy, Cambridge University)。

(3) 伦敦大学亚洲及非洲学院(School of Oriental and African Studies-SOAS, University of London)。

(4) 苏格兰格拉斯哥大学(University of Glasgow, Scotland)。

(5) 英格兰东英吉利大学(University of East Anglia, England)。

(6) 苏格兰爱丁堡大学(University of Edinburgh, Scotland)。

(7) 苏格兰邓迪大学能源、石油及矿产法律与政策中心(Centre for Energy, Petroleum, Mineral Law and Policy(CEPMLP), University of Dundee)。

(8) 英格兰利兹大学(Leeds University, England)。

(9) 俄罗斯矿物原料与矿产利用经济研究所(All-Russia's Research Institute of Economics of Mineral Resources and Use of the Subsurface)。

(10) 俄罗斯产量分成协议准备和实施及矿产使用法律法规保障中心(Russia's Center for Preparing and Implementing the Agreement of Production Sharing & Guaranteeing the Laws and Regulations on the Use of the Minerals)。

(11) 俄罗斯土地勘测规划设计研究院(Russia land Institute of Surveying and Planning)。

(12) 俄罗斯土地动态监测院(Russia's Monitoring Institute of Land Development)。

(13) 莫斯科国际能源俱乐部(Moscow International Energy Club)。

(14) 日本国土地理调查研究所(Geographical Survey Institute)。

(15) 日本野村综合研究所(Nomura Research Institute)。

(16) 日本能源经济研究所(The Institute of Energy Economics, Japan)。

(17) 日本矿业审计协会(Nippon Mining Review Committee)。

(18) 日本房地产研究所(Japanese Real Estate Institute)。

(19) 德国联邦地球科学和自然资源研究所(Federal Institute for Geosciences and Natural Resources, Germany)。

(20) 法国地质矿产研究局(Bureau of Research Geology & Mineral of France)。

(21) 韩国能源、资源研究院(Korea Institute of Energy and Resources)。

(22) 韩国地质矿业及原料研究所(Korea Institute of Geology, Mining & Minerals)。

(23) 韩国能源经济研究所(Korea Energy Economics Institute)。

附录四

中国主要自然资源法规名录

中国资源法规体系由五部分组成,一是宪法、民法、刑法等基本法律中关于资源的规定;二是资源(综合)基本法(目前尚缺);三是部门资源法,如土地、水等资源;四是行政性法规;五是部门及地方的法规性文件。在此,仅列出第一、第三类及部分第四类法规。

一、《宪法》中关于自然资源问题的说明

1. 发布与修订

第五届全国人民代表大会第五次会议(1982年12月4日通过);

第七届全国人民代表大会第一次会议(1988年4月12日修订);

第八届全国人民代表大会第一次会议(1993年3月29日修订);

第九届全国人民代表大会第二次会议(1999年3月15日修订)。

2. 内容与规定

第九条 矿藏、水流、森林、山岭、草原、荒地、滩涂等自然资源,都属于国家所有,即全民所有;由法律规定属于集体所有的森林和山岭、草原、荒地、滩涂除外。

国家保障自然资源的合理利用,保护珍贵的动物和植物。禁止任何组织或者个人用任何手段侵占或者破坏自然资源。

第十条 城市的土地属于国家所有。

农村和城市郊区的土地,除由法律规定属于国家所有的以外,属于集体所有;宅基地和自留地、自留山,也属于集体所有。

国家为了公共利益的需要,可以依照法律规定对土地实行征用。

任何组织或者个人不得侵占、买卖或者以其他形式非法转让土地。土地的使用权可以依照法律的规定转让。

一切使用土地的组织和个人必须合理地利用土地。

第二十六条 国家保护和改善生活环境和生态环境,防治污染和其他公害。

国家组织和鼓励植树造林,保护林木。

第一百一十八条 民族自治地方的自治机关在国家计划的指导下,自主地安排和管理地方性的经济建设事业。

国家在民族自治地方开发资源、建设企业的时候,应当照顾民族自治地方的利益。

二、《民法通则》中关于自然资源问题的说明

1. 发布与修订

第六届全国人民代表大会第四次会议,1986年4月12日通过。

2. 内容与规定

第八十条　国家所有的土地,可以依法由全民所有制单位使用,也可以依法确定由集体所有制单位使用,国家保护它的使用、收益的权利;使用单位有管理、保护、合理利用的义务。

公民、集体依法对集体所有的或者国家所有由集体使用的土地的承包经营权,受法律保护。承包双方的权利和义务,依照法律由承包合同规定。

土地不得买卖、出租、抵押或者以其他形式非法转让。

第八十一条　国家所有的森林、山岭、草原、荒地、滩涂、水面等自然资源,可以依法由全民所有制单位使用,也可以依法确定由集体所有制单位使用,国家保护它的使用、收益的权利;使用单位有管理、保护、合理利用的义务。

国家所有的矿藏,可以依法由全民所有制单位和集体所有制单位开采,也可以依法由公民采挖。国家保护合法的采矿权。

公民、集体依法对集体所有的或者国家所有由集体使用的森林、山岭、草原、荒地、滩涂、水面的承包经营权,受法律保护。承包双方的权利和义务,依照法律由承包合同规定。

国家所有的矿藏、水流,国家所有的和法律规定属于集体所有的林地、山岭、草原、荒地、滩涂不得买卖、出租、抵押或者以其他形式非法转让。

三、《刑法》中关于自然资源问题的说明

1. 发布与修订

第五届全国人民代表大会第二次会议,1979年7月1日通过;

第八届全国人民代表大会第五次会议,1997年3月14日修订。

2. 内容与规定

《刑法》在第六章"妨害社会管理秩序罪"中列出了第六节"破坏环境资源保护罪",包括如下内容:

第三百三十八条　违反国家规定,向土地、水体、大气排放、倾倒或者处置有放射性的废物、含传染病病原体的废物、有毒物质或者其他危险废物,造成重大环境污染事故,致使公私财产遭受重大损失或者人身伤亡的严重后果的,处三年以下有期徒刑或者拘役,并处或者单处罚金;后果特别严重的,处三年以上七年以下有期徒刑,并处罚金。

第三百三十九条　违反国家规定,将境外的固体废物进境倾倒、堆放、处置的,处五年以下有期徒刑或者拘役,并处罚金;造成重大环境污染事故,致使公私财产遭受重大损失或者严重

危害人体健康的,处五年以上十年以下有期徒刑,并处罚金;后果特别严重的,处十年以上有期徒刑,并处罚金。

未经国务院有关主管部门许可,擅自进口固体废物用作原料,造成重大环境污染事故,致使公私财产遭受重大损失或者严重危害人体健康的,处五年以下有期徒刑或者拘役,并处罚金;后果特别严重的,处五年以上十年以下有期徒刑,并处罚金。

以原料利用为名,进口不能用作原料的固体废物的,依照本法第一百五十五条的规定定罪处罚。

第三百四十条 违反保护水产资源法规,在禁渔区、禁渔期或者使用禁用的工具、方法捕捞水产品,情节严重的,处三年以下有期徒刑、拘役、管制或者罚金。

第三百四十一条 非法猎捕、杀害国家重点保护的珍贵、濒危野生动物的,或者非法收购、运输、出售国家重点保护的珍贵、濒危野生动物及其制品的,处五年以下有期徒刑或者拘役,并处罚金;情节严重的,处五年以上十年以下有期徒刑,并处罚金;情节特别严重的,处十年以上有期徒刑,并处罚金或者没收财产。

违反狩猎法规,在禁猎区、禁猎期或者使用禁用的工具、方法进行狩猎,破坏野生动物资源,情节严重的,处三年以下有期徒刑、拘役、管制或者罚金。

第三百四十二条 违反土地管理法规,非法占用耕地改作他用,数量较大,造成耕地大量毁坏的,处五年以下有期徒刑或者拘役,并处或者单处罚金。

第三百四十三条 违反矿产资源法的规定,未取得采矿许可证擅自采矿的,擅自进入国家规划矿区、对国民经济具有重要价值的矿区和他人矿区范围采矿的,擅自开采国家规定实行保护性开采的特定矿种,经责令停止开采后拒不停止开采,造成矿产资源破坏的,处三年以下有期徒刑、拘役或者管制,并处或者单处罚金;造成矿产资源严重破坏的,处三年以上七年以下有期徒刑,并处罚金。

违反矿产资源法的规定,采取破坏性的开采方法开采矿产资源,造成矿产资源严重破坏的,处五年以下有期徒刑或者拘役,并处罚金。

第三百四十四条 违反森林法的规定,非法采伐、毁坏珍贵树木的,处三年以下有期徒刑、拘役或者管制,并处罚金;情节严重的,处三年以上七年以下有期徒刑,并处罚金。

第三百四十五条 盗伐森林或者其他林木,数量较大的,处三年以下有期徒刑、拘役或者管制,并处或者单处罚金;数量巨大的,处三年以上七年以下有期徒刑,并处罚金;数量特别巨大的,处七年以上有期徒刑,并处罚金。

违反森林法的规定,滥伐森林或者其他林木,数量较大的,处三年以下有期徒刑、拘役或者管制,并处或者单处罚金;数量巨大的,处三年以上七年以下有期徒刑,并处罚金。

以牟利为目的,在林区非法收购明知是盗伐、滥伐的林木,情节严重的,处三年以下有期徒刑、拘役或者管制,并处或者单处罚金;情节特别严重的,处三年以上七年以下有期徒刑,并处罚金。

盗伐、滥伐国家级自然保护区内的森林或者其他林木的,从重处罚。

第三百四十六条　单位犯本节第三百三十八条至第三百四十五条规定之罪的,对单位判处罚金,并对其直接负责的主管人员和其他直接责任人员,依照本节各该条的规定处罚。

四、《土地管理法》

1. 发布与修订

第六届全国人民代表大会常务委员会第十六次会议,1986年6月25日通过;

第九届全国人民代表大会常务委员会第四次会议,1998年8月29日修订。

2. 依据与宗旨

第一条　为了加强土地管理,维护土地的社会主义公有制,保护、开发土地资源,合理利用土地,切实保护耕地,促进社会经济的可持续发展,根据宪法,制定本法。

3. 内容与规定

《土地管理法》共八章:第一章,总则;第二章,土地的所有权和使用权;第三章,土地利用总体规划;第四章,耕地保护;第五章,建设用地;第六章,监督检查;第七章,法律责任;第八章,附则。

五、《矿产资源法》

1. 发布与修订

第六届全国人民代表大会常务委员会第十五次会议,1986年3月19日通过;

第八届全国人民代表大会常务委员会第二十一次会议,1996年8月29日修订。

2. 依据与宗旨

第一条　为了发展矿业,加强矿产资源的勘查、开发利用和保护工作,保障社会主义现代化建设的当前和长远的需要,根据中华人民共和国宪法,特制定本法。

3. 内容与规定

《矿产资源法》共七章:第一章,总则;第二章,矿产资源勘查的登记和开采的审批;第三章,矿产资源的勘查;第四章,矿产资源的开采;第五章,集体矿山企业和个体采矿;第六章,法律责任;第七章,附则。

六、《水法》

1. 发布与修订

第六届全国人民代表大会常务委员会第二十四次会议,1988年1月21日通过。

2. 依据与宗旨

第一条　为合理开发利用和有效保护水资源,防治水害,充分发挥水资源的综合效益,适应国民经济发展和人民生活的需要,制定本法。

3. 内容与规定

第一章,总则;第二章,开发利用;第三章,水、水域和水工程的保护;第四章,用水管理;第五章,防汛与抗洪;第六章,法律责任;第七章,附则。

七、《森林法》

1. 发布与修订

第六届全国人民代表大会常务委员会第七次会议,1984年9月20日通过;

第九届全国人民代表大会常务委员会第二次会议,1998年4月29日修订。

2. 依据与宗旨

第一条　为了保护、培育和合理利用森林资源,加快国土绿化,发挥森林蓄水保土、调节气候、改善环境和提供林产品的作用,适应社会主义建设和人民生活的需要,特制定本法。

3. 内容与规定

第一章,总则;第二章,森林经营管理;第三章,森林保护;第四章,植树造林;第五章,森林采伐;第六章,法律责任;第七章,附则。

八、《草原法》

1. 发布与修订

第六届全国人民代表大会常务委员会第十一次会议,1985年6月18日通过。

2. 依据与宗旨

第一条　为了加强草原的保护、管理、建设和合理利用,保护和改善生态环境,发展现代化畜牧业,促进民族自治地方经济的繁荣,适应社会主义建设和人民生活的需要,根据中华人民共和国宪法,制定本法。

3. 内容与规定

共23条,未分章节。

九、《节约能源法》

1. 发布与修订

第八届全国人民代表大会常务委员会第二十八次会议,1997年11月1日通过。

2. 依据与宗旨

第一条　为了推进全社会节约能源,提高能源利用效率和经济效益,保护环境,保障国民经济和社会的发展,满足人民生活需要,制定本法。

3. 内容与规定

第一章,总则;第二章,节能管理;第三章,合理使用能源;第四章,节能技术进步;第五章,法律责任;第六章,附则。

十、《防洪法》

1. 发布与修订

第八届全国人民代表大会常务委员会第二十七次会议,1997年8月29日通过。

2. 依据与宗旨

第一条 为了防治洪水,防御、减轻洪涝灾害,维护人民的生命和财产安全,保障社会主义现代化建设顺利进行,制定本法。

3. 内容与规定

第一章,总则;第二章,防洪规划;第三章,治理与防护;第四章,防洪区和防洪工程设施的管理;第五章,防汛抗洪;第六章,保障措施;第七章,法律责任;第八章,附则。

十一、《防沙治沙法》

1. 发布与修订

第九届全国人民代表大会常务委员会第二十三次会议,2001年8月31日通过。

2. 依据与宗旨

第一条 为预防土地沙化,治理沙化土地,维护生态安全,促进经济和社会的可持续发展,制定本法。

3. 内容与规定

第一章,总则;第二章,防沙治沙规划;第三章,土地沙化的预防;第四章,沙化土地的治理;第五章,保障措施;第六章,法律责任;第七章,附则。

十二、《野生动物保护法》

1. 发布与修订

第七届全国人民代表大会常务委员会第四次会议,1988年11月8日通过。

2. 依据与宗旨

第一条 为保护、拯救珍贵、濒危野生动物,保护、发展和合理利用野生动物资源,维护生态平衡,制定本法。

3. 内容与规定

第一章,总则;第二章,野生动物保护;第三章,野生动物管理;第四章,法律责任;第五章,附则。

十三、《矿山安全法》

1. 发布与修订

第七届全国人民代表大会常务委员会第二十八次会议,1992年11月7日通过。

2. 依据与宗旨

第一条　为了保障矿山生产安全,防止矿山事故,保护矿山职工人身安全,促进采矿业的发展,制定本法。

3. 内容与规定

第一章,总则;第二章,矿山建设的安全保障;第三章,矿山开采的安全保障;第四章,矿山企业的安全管理;第五章,矿山安全的监督和管理;第六章,矿山事故处理;第七章,法律责任;第八章,附则。

十四、《水土保持法》

1. 发布与修订

第七届全国人民代表大会常务委员会第二十次会议,1991年6月29日通过。

2. 依据与宗旨

第一条　为预防和治理水土流失,保护和合理利用水土资源,减轻水、旱、风沙灾害,改善生态环境,发展生产,制定本法。

3. 内容与规定

第一章,总则;第二章,预防;第三章,治理;第四章,监督;第五章,法律责任;第六章,附则。

十五、《水污染防治法》

1. 发布与修订

第六届全国人民代表大会常务委员会第五次会议,1984年5月11日通过;

第八届全国人民代表大会常务委员会第十九次会议,1996年5月15日修订。

2. 依据与宗旨

第一条　为防治水污染,保护和改善环境,以保障人体健康,保证水资源的有效利用,促进社会主义现代化建设的发展,特制定本法。

3. 内容与规定

第一章,总则;第二章,水环境质量标准和污染物排放标准的制定;第三章,水污染防治的监督管理;第四章,防止地表水污染;第五章,防止地下水污染;第六章,法律责任;第七章,附则。

十六、《煤炭法》

1. 发布与修订

第八届全国人民代表大会常务委员会第二十一次会议,1996年8月29日通过。

2. 依据与宗旨

为了合理开发利用和保护煤炭资源,规范煤炭生产、经营活动,促进和保障煤炭行业的发展,制定本法。

3. 内容与规定

第一章,总则;第二章,煤炭生产开发规划与煤矿建设;第三章,煤炭生产与煤矿安全;第四章,煤炭经营;第五章,煤矿矿区保护;第六章,监督检查;第七章,法律责任;第八章,附则。

十七、《渔业法》

1. 发布与修订

第六届全国人民代表大会常务委员会第十四次会议,1986年1月20日通过。

2. 依据与宗旨

为了加强渔业资源的保护、增殖、开发和合理利用,发展人工养殖,保障渔业生产者的合法权益,促进渔业生产的发展,适应社会主义建设和人民生活的需要,特制定本法。

3. 内容与规定

第一章,总则;第二章,养殖业;第三章,捕捞业;第四章,渔业资源的增殖与保护;第五章,法律责任;第六章,附则。

十八、《基本农田保护条例》

1. 发布与修订

国务院第22次常务会议,1994年7月4日通过。

2. 依据与宗旨

第一条 为了对基本农田实行特殊保护,促进农业生产和国民经济的发展,根据《中华人民共和国农业法》和《中华人民共和国土地管理法》的规定,制定本条例。

3. 内容与规定

第一章,总则;第二章,划定;第三章,保护;第四章,监督管理;第五章,罚则;第六章,附则。

十九、《资源税暂行条例》

1. 发布与修订

国务院,1994年1月1日发布施行。

2. 依据与宗旨

第一条 在中华人民共和国境内开采本条例规定的矿产品或者生产盐(以下简称开采或者生产应税产品)的单位和个人,为资源税的纳税义务人(以下简称纳税人),应当依照本条例缴纳资源税。

3. 内容与规定

条例共十六条,涉及宗旨、税目、税额、课税数量计算、减免、征收管理、条例解释等。

二十、《环境保护法》

1. 发布与修订

第七届全国人民代表大会常务委员会第十一次会议,1989年12月26日通过。

2. 依据与宗旨

为保护和改善生活环境和生态环境,防治污染和其他公害,保障人民健康,促进社会主义现代化建设的发展,制定本法。

3. 内容与规定

第一章,总则;第二章,环境监督管理;第三章,保护和改善环境;第四章,防治环境污染和其他公害;第五章,法律责任;第六章,附则。

附录五

中国主要自然资源基础数据

一、土地资源数据

1. 土地利用分类数据

附表 1 1996 年全国及各省(区、市)土地利用分类面积　　　　（千公顷）

	土地调查总面积	耕地	园地	林地	牧草地	居民点及工矿用地	交通用地	水域	未利用土地
全　国	950676.2	130039.2	10023.8	227608.7	266064.8	24075.3	5467.7	42308.8	245087.9
北　京	1640.9	343.9	99.3	630.8	4.2	220.4	35.5	90.2	216.6
天　津	1191.6	485.6	37.3	34.2	0.6	218.3	32.9	314.9	67.8
河　北	18843.0	6883.3	542.5	3846.4	766.1	1407.2	310.6	1040.4	4046.5
山　西	15671.1	4588.6	224.5	3709.4	850.3	696.1	157.5	383.6	5061.1
内蒙古	114512.0	8201.0	57.7	19987.2	68024.9	1168.7	324.2	1690.4	15057.9
辽　宁	14806.3	4174.8	592.9	5617.1	384.8	1073.1	218.0	1238.6	1507.1
吉　林	19112.4	5578.4	116.6	9197.5	1074.0	815.3	234.9	968.9	1126.8
黑龙江	45264.6	11773.0	52.5	22730.7	2362.3	1123.3	457.5	2412.9	4352.4
上　海	823.9	315.1	9.3	3.7	0.0	193.1	19.2	282.5	1.0
江　苏	10667.4	5061.7	313.7	319.8	23.6	1296.9	277.2	3226.2	148.3
浙　江	10539.1	2125.3	607.5	5536.2	1.3	557.3	104.7	909.0	697.8
安　徽	14012.7	5971.7	344.9	3378.7	43.4	1263.0	261.5	1996.1	753.4
福　建	12405.8	1434.7	587.0	8353.5	2.7	393.2	91.4	585.4	957.9
江　西	16689.4	2993.4	216.8	10273.1	4.4	590.5	122.9	1362.2	1126.1
山　东	15705.3	7689.3	1033.4	1315.3	41.7	1826.7	458.9	1685.3	1654.7
河　南	16553.6	8110.3	308.3	2831.6	14.4	1834.2	380.0	1208.9	1865.9
湖　北	18588.7	4949.5	398.7	7695.2	54.6	946.2	213.6	2214.7	2116.2
湖　南	21185.6	3953.0	501.4	11753.9	106.3	1011.0	153.8	1670.4	2035.8

333

(续表)

	土地调查总面积	耕地	园地	林地	牧草地	居民点及工矿用地	交通用地	水域	未利用土地
广 东	17975.3	3272.2	789.6	10323.0	28.3	1144.2	129.7	1315.7	972.6
广 西	23755.8	4407.9	386.9	11443.3	806.7	621.2	133.3	798.2	5158.3
海 南	3535.3	762.1	515.2	1445.1	20.1	213.2	25.6	289.2	264.8
重 庆	8226.9	2545.0	165.1	2974.8	237.7	430.9	91.7	265.8	1515.9
四 川	48405.6	6624.1	590.9	19043.9	13751.0	1236.6	273.4	1116.0	5769.7
贵 州	17615.1	4903.5	73.7	7547.0	1696.5	417.5	83.4	194.7	2698.8
云 南	38319.3	6421.6	614.5	21792.7	791.8	544.4	251.6	604.5	7298.2
西 藏	120207.1	362.6	1.5	12661.2	64466.7	36.3	22.9	5606.7	37049.2
陕 西	20579.4	5140.5	479.2	9398.9	3179.6	675.9	135.7	399.1	1170.5
甘 肃	40409.0	5024.7	163.8	4660.7	12912.6	861.0	170.8	501.0	16114.4
青 海	71748.0	688.0	6.4	2436.4	40343.6	229.8	43.9	3158.8	24841.1
宁 夏	5195.4	1268.8	28.0	266.2	2467.9	161.9	33.6	148.0	821.0
新 疆	166489.7	3985.7	164.6	6400.9	51602.4	868.0	217.6	4630.5	98620.0

数据来源：李元：《中国土地资源》，中国大地出版社，2000年，第105页。

2. 全国及各地区耕地数据

附表2　1999年全国及各省(区、市)耕地面积　　　　(公顷)

	年初	年末		年初	年末		年初	年末
全 国	129641963.7	129205361.6	浙 江	2119032.6	2105835.5	重 庆	2537484.6	2529924.2
北 京	342216.1	339543.7	安 徽	5960477.3	5961177.0	四 川	6599946.8	6590406.9
天 津	484865.8	484918.1	福 建	1410827.9	1404755.2	贵 州	4893792.5	4795377.3
河 北	6855441.8	6848919.8	江 西	2974201.1	2973563.5	云 南	6425395.4	6404756.1
山 西	4575173.2	4562843.2	山 东	7665612.4	7666607.5	西 藏	364585.3	366686.4
内蒙古	8002719.2	7785168.2	河 南	8091839.3	8095568.5	陕 西	5100960.1	5044186.9
辽 宁	4168695.8	4169647.5	湖 北	4945443.3	4931400.4	甘 肃	5022275.6	5026523.7
吉 林	5579053.0	5579731.4	湖 南	3938400.4	3931877.5	青 海	687219.4	687452.0
黑龙江	11767800.6	11768309.4	广 东	3248715.1	3223420.8	宁 夏	1271957.2	1274309.1
上 海	304470.0	302624.2	广 西	4408482.1	4408689.5	新 疆	4090746.5	4143911.0
江 苏	5042704.9	5033353.2	海 南	761428.1	763873.9			

数据来源：中华人民共和国国土资源部：《中国国土资源年鉴2000》，中国大地出版社，2001年，第652~653页。

二、水资源基础数据

1. 全国及各地区水资源量

附表3　2000年全国及各省(区、市)供水量　　　　(亿立方米)

	地表水源供水量	其中:跨流域调水	地下水源供水量	其中:深层水	其他供水量	总供水量	海水利用量
全　国	4440.42	140.72	1069.17	250.03	21.14	5530.73	140.88
北　京	13.25	—	27.15	—		40.40	—
天　津	14.41	0.82	8.23	6.00	—	22.64	11.70
河　北	45.31	0.76	165.99	41.85	0.86	212.16	—
山　西	20.73	—	35.65	26.97	0.49	56.87	—
内蒙古	99.68	—	72.46	10.52	0.15	172.29	—
辽　宁	69.85	—	66.51	1.53	—	136.36	8.76
吉　林	75.36	—	38.10	8.45	—	113.46	—
黑龙江	174.24	—	122.51	47.10	—	296.75	—
上　海	111.86	—	0.80	0.80	—	112.66	4.00
江　苏	430.21	67.68	15.39	11.79	—	445.60	—
浙　江	195.14	—	7.63	2.11	0.50	203.27	4.38
安　徽	157.81	—	18.52	5.67	0.36	176.69	—
福　建	173.00	—	4.24	—	0.94	178.18	4.84
江　西	205.25	—	11.12	0.69	1.27	217.64	—
山　东	113.66	52.56	131.83	28.65	3.24	248.73	22.58
河　南	87.60	1664	116.90	20.84	0.20	204.70	—
湖　北	258.90	—	8.90	1.60	2.80	270.60	—
湖　南	294.80	—	22.02	—	2.83	319.65	—
广　东	421.67	—	20.43	4.33	0.46	442.56	79.26
广　西	280.50	0.47	11.60	—	0.40	292.50	—
海　南	40.65	—	3.96	1.60	—	44.61	5.36
重　庆	54.60	—	1.77	0.22	0.18	56.55	—
四　川	195.99	—	12.54	—	—	208.53	—
贵　州	77.48	—	8.10	0.20	—	85.58	—
云　南	136.20	0.59	6.47	2.68	4.45	147.12	—
西　藏	25.71	—	1.51	0.78	—	27.22	—
陕　西	42.90	—	34.99	14.84	0.77	78.66	—
甘　肃	93.93	1.20	28.80	—	0.36	123.09	—
青　海	23.43	—	4.45	—	—	27.88	—
宁　夏	80.79	—	6.40	3.08	0.60	87.79	—
新　疆	425.51	—	54.20	7.73	0.28	479.99	—

注：① 跨流域调水指9大流域片之间的调水；
　　② 其他水源供水量指污水处理再利用量和集雨工程供水量；
　　③ 数据来源：中华人民共和国水利部，《中国水资源公报》，2000年。

2. 全国及各地区水资源使用量

附表4 2000年全国及各省(区、市)用水量　　　　　　　　　　（亿立方米）

	农田灌溉	林牧渔业	工业	城镇生活	农村生活	总用水量
全　国	3466.95	316.59	1139.13	283.93	290.99	5497.59
北　京	13.80	2.69	10.52	10.19	3.20	40.40
天　津	11.91	0.17	5.34	4.06	1.16	22.64
河　北	154.64	7.10	27.34	10.40	12.68	212.16
山　西	33.93	1.13	13.38	4.48	3.44	56.36
内蒙古	138.60	16.53	8.40	3.81	4.90	172.24
辽　宁	84.75	2.14	28.25	14.90	6.32	136.36
吉　林	74.58	10.84	18.86	5.56	3.62	113.46
黑龙江	176.52	9.06	95.01	8.57	7.59	296.75
上　海	15.11	0.20	78.65	13.30	1.12	108.38
江　苏	238.31	23.11	142.41	22.47	19.30	445.60
浙　江	111.06	10.17	52.57	15.49	11.86	201.15
安　徽	114.85	6.46	38.64	6.95	9.79	176.69
福　建	107.90	2.81	46.65	7.82	11.26	176.44
江　西	141.99	10.80	47.50	6.75	10.60	217.64
山　东	165.84	10.08	43.62	10.02	14.42	243.98
河　南	125.60	8.50	41.70	10.10	18.80	204.70
湖　北	155.20	9.70	78.20	15.60	11.90	270.60
湖　南	215.88	7.06	54.58	13.08	25.36	315.96
广　东	222.32	36.10	102.76	43.83	24.76	429.77
广　西	215.00	9.70	38.70	9.40	19.70	292.50
海　南	30.66	4.77	3.70	2.20	2.68	44.01
重　庆	17.10	1.44	25.16	5.70	6.93	56.33
四　川	126.83	5.47	49.40	11.16	15.67	208.53
贵　州	49.03	1.16	18.88	4.35	10.74	84.16
云　南	108.00	3.81	18.34	6.01	10.96	147.12
西　藏	9.36	15.36	0.71	0.27	1.52	27.22
陕　西	50.61	5.19	12.66	5.19	5.01	78.66
甘　肃	91.05	6.37	17.71	3.43	4.17	122.73
青　海	20.01	1.22	3.81	1.30	1.53	27.87
宁　夏	71.63	9.12	4.78	1.09	0.61	87.23
新　疆	374.88	78.33	10.90	6.45	9.39	479.95

数据来源：中华人民共和国水利部：《中国水资源公报》，2000年。

3. 全国及各地区用水消耗量

附表5　2000年全国及各省(区、市)用水消耗量　　　　(亿立方米)

	农田灌溉消耗量	林牧渔业消耗量	工业用水消耗量	城镇生活消耗量	农村生活消耗量	用水消耗总量	耗水量(%)
全　国	2188.85	209.18	291.79	73.56	249.02	3012.40	54.8
北　京	12.42	2.42	2.41	2.34	3.20	22.79	56.4
天　津	7.96	0.16	2.05	0.77	1.16	12.10	53.4
河　北	120.10	6.83	15.24	7.53	9.16	158.86	74.9
山　西	27.15	1.13	7.44	2.76	3.44	41.92	74.4
内蒙古	84.63	10.24	5.30	1.81	4.90	106.88	62.1
辽　宁	53.04	1.60	11.37	5.30	5.60	76.91	56.4
吉　林	41.97	9.76	4.28	1.68	3.62	61.31	54.0
黑龙江	76.21	8.13	43.50	2.53	7.59	137.96	46.5
上　海	11.41	0.20	6.40	2.00	1.12	21.13	19.5
江　苏	171.88	4.63	22.30	4.50	19.30	222.61	50.0
浙　江	77.81	8.38	13.90	4.99	10.37	115.45	57.4
安　徽	89.55	4.88	11.20	1.44	9.03	116.10	65.7
福　建	63.24	2.08	8.50	1.79	9.74	85.35	48.4
江　西	92.88	9.72	11.40	1.35	10.60	125.95	57.9
山　东	111.86	4.47	17.76	3.56	12.54	150.19	61.6
河　南	88.13	3.80	7.47	2.05	18.78	120.23	58.7
湖　北	89.25	4.87	22.36	3.85	11.72	132.05	48.8
湖　南	116.80	3.53	9.83	2.62	18.78	151.56	48.0
广　东	102.51	24.01	18.50	7.70	16.84	169.56	39.5
广　西	139.67	4.88	6.72	1.41	17.75	170.43	58.3
海　南	16.25	3.19	0.77	0.44	2.15	22.80	51.8
重　庆	13.46	1.04	3.77	0.90	3.52	22.69	40.3
四　川	74.59	4.65	10.41	2.03	12.89	104.57	51.0
贵　州	26.37	0.98	2.98	0.67	8.90	39.90	47.4
云　南	73.34	3.41	5.27	1.53	8.77	92.32	62.8
西　藏	7.75	12.94	0.29	0.11	1.52	22.61	83.0
陕　西	36.40	3.71	6.29	2.07	5.01	53.48	68.0
甘　肃	55.27	4.22	8.35	1.66	4.17	73.67	60.0
青　海	13.89	0.82	0.39	0.27	1.53	16.90	60.6
宁　夏	32.83	3.66	1.18	0.28	0.61	38.56	44.2
新　疆	260.25	54.84	4.16	1.62	4.71	325.58	678

数据来源：中华人民共和国水利部：《中国水资源公报》，2000年。

4. 全国及各地区用水效率

附表6　2000年全国及各省(区、市)用水指标

	人均GDP (万元/人)	人均用水量 (吨/人)	单位GDP用水量(吨/万元)	农田灌溉亩均用水量(吨/亩)	人均生活用水量(公斤/日) 城镇	人均生活用水量(公斤/日) 农村	单位工业产值用水量(吨/万元)	单位工业增加值用水量(吨/万元)
全国	0.71	430	610	479	219	89	78	288
北京	1.78	290	160	290	354	179	39	143
天津	1.64	230	140	275	209	84	17	72
河北	0.75	310	420	252	222	64	37	122
山西	0.50	170	340	210	142	40	54	187
内蒙古	0.59	720	1230	446	103	99	64	185
辽宁	1.10	320	290	462	215	78	29	136
吉林	0.67	420	620	505	102	87	78	291
黑龙江	0.88	800	910	650	139	104	271	566
上海	2.72	650	240	352	368	92	114	395
江苏	1.15	600	520	478	271	110	81	370
浙江	1.29	430	330	549	305	105	37	182
安徽	0.51	300	580	309	155	53	87	352
福建	1.13	510	450	859	315	118	86	317
江西	0.48	530	1090	521	190	90	252	893
山东	0.94	270	290	261	143	55	34	117
河南	0.55	220	400	197	164	66	66	201
湖北	0.71	450	630	538	234	80	122	411
湖南	0.57	490	860	578	279	133	110	442
广东	1.10	500	450	827	249	183	61	239
广西	0.45	650	1440	1176	303	139	192	628
海南	0.66	560	850	1061	311	129	142	570
重庆	0.51	180	350	254	236	78	155	478
四川	0.48	250	520	395	195	63	119	351
贵州	0.28	240	850	640	219	92	229	612
云南	0.46	340	750	593	260	87	114	263
西藏	0.45	1040	2320	415	94	210	389	712
陕西	0.46	220	470	303	174	49	71	230
甘肃	0.38	480	1250	619	190	55	149	540
青海	0.51	540	1060	644	198	124	180	476
宁夏	0.47	1550	3290	1213	192	43	182	514
新疆	0.71	2490	3520	829	246	200	104	258

数据来源：中华人民共和国水利部：《中国水资源公报》，2000年。

5. 全国及各地区河流水质状况

附表7　2000年全国及各省(区、市)河流水质状况(全年平均)

	评价河长(公里)	分类河长占评价河长的百分比(%)					
		Ⅰ类	Ⅱ类	Ⅲ类	Ⅳ类	Ⅴ类	劣Ⅴ类
全　国	114042.9	4.9	24.0	29.8	16.1	8.1	17.1
北　京	511.6	—	40.7	39.8	3.9	—	15.6
天　津	259.0	—	—	71.4	20.5	—	8.1
河　北	7008.9	0.2	19.5	20.1	5.4	3.7	51.1
山　西	704.0	—	—	28.1	—	26.7	45.2
内蒙古	4277.6	—	25.7	20.0	47.5	2.8	4.0
辽　宁	2281.1	—	6.1	13.1	12.7	24.9	43.2
吉　林	3018.0	6.9	—	34.9	26.0	5.5	26.6
黑龙江	6755.0	—	3.6	24.8	35.5	25.9	10.2
上　海	478.4	—	—	6.8	41.4	23.6	28.2
江　苏	4036.0	—	4.5	34.3	26.1	22.0	13.1
浙　江	3230.0	8.7	24.5	28.1	16.4	6.6	15.7
安　徽	2805.0	4.2	11.9	16.0	23.0	9.4	35.5
福　建	2538.0	—	28.0	57.8	12.5	1.7	—
江　西	4188.0	—	47.7	44.2	4.1	1.6	2.4
山　东	5077.5	—	2.3	6.9	4.2	5.7	80.9
河　南	4569.0	1.9	7.4	18.3	7.0	6.3	59.1
湖　北	4810.0	8.3	35.2	26.4	20.3	3.3	6.5
湖　南	3513.9	—	26.6	50.3	20.3	2.8	—
广　东	5150.0	1.5	39.0	39.8	10.1	3.4	6.2
广　西	5067.7	—	22.0	24.0	39.3	13.6	1.1
海　南	1335.0	3.6	79.5	11.7	4.9	0.3	—
重　庆	200.0	—	30.0	54.0	16.0	—	—
四　川	3157.3	—	37.2	40.9	17.7	4.2	—
贵　州	2435.0	—	54.9	18.9	10.5	1.7	14.0
云　南	9200.0	4.5	23.5	49.0	7.8	6.7	8.5
西　藏	2883.0	—	74.2		0.1	25.7	—
陕　西	1637.6	5.3	8.6	30.2	20.1	13.2	22.6
甘　肃	6011.0	34.2	23.8	20.2	11.4	4.6	5.8
青　海	1606.0	50.2	7.7	32.0	3.7	5.9	0.5
宁　夏	561.8	6.9	—	—	—	—	93.1
新　疆	5839.5	8.5	40.5	42.4	—	—	8.6
长江干流	5285.0	9.5	35.9	29.2	25.4	—	—
黄河干流	3613.0	—	6.1	48.6	20.3	20.2	4.8

数据来源：中华人民共和国水利部：《中国水资源公报》，2000年。

三、能源与矿产资源数据

附表8 1998年全国及各地区矿产资源分布状况

	煤保有储量(亿吨)	原油探明地质储量(万吨)	天然气探明地质储量(亿立方米)	铁矿石保有储量(亿吨)	锰矿石保有储量(万吨)	铝矿石保有储量(万吨)	铜矿石保有储量(万吨)	铅矿石保有储量(万吨)
全　国	10106.45	3725405	31804.1	472.23	55258.0	227565.6	6273.63	3530.69
辽　宁	66.45	14647	5.4	111.07	3856.6	838.9	34.99	33.42
河　北	146.59	33474	331.8	61.84	14.5	2582.2	34.22	37.74
天　津	3.83	49800	—	9.9	28.0	—	—	—
北　京	23.78	781506	1615.0	10.19	4.1	42.0	7.36	3.07
山　东	226.41	27168	18.3	18.31	0.0	4379.0	88.78	15.93
江　苏	38.14	1806	—	3.62	—	—	32.64	94.33
上　海	0	60	0.5	0.02	—	—	11.12	—
浙　江	1.16	0	—	0.65	—	—	34.45	120.92
福　建	11.69	733128	987.8	6.58	579.6	69.2	119.82	124.47
广　东	6.24	60358	327.4	5.69	582.8	9.0	151.31	409.72
广　西	20.64	10996	—	2.03	21108.9	35715.2	40.79	174.29
海　南	0.98	—	—	2.56	9.8	1323.2	3.62	0.89
东部合计	545.91	1712943	3286.2	232.46	26184.3	44958.7	559.1	1014.78
黑龙江	230.61	331000	—	2.56	—	—	314.33	52.90
吉　林	21.38	80000	—	4.56	14.4	—	82.86	11.85
内蒙古	2248.38	191305	675.0	20.04	111.1	17.4	338.57	338.22
山　西	2612.19	151877	202.5	34.24	571.2	94339.0	326.80	4.40
河　南	226.67	552485	490.6	10.48	1.5	37415.8	18.46	53.01
湖　北	5.48	597	—	15.41	1390.1	988.8	321.69	29.97
湖　南	29.45	—	—	8.82	10213.0	689.4	62.53	259.01
安　徽	247.18	—	—	29.71	—	—	360.00	38.36
江　西	13.83	—	—	6.20	367.1	41.1	1281.71	261.51
中部合计	5635.17	1307264	1368.1	132.02	12668.4	133491.5	3106.95	1049.23
新　疆	951.46	216849	3004.5	7.06	900.9	52.5	117.04	37.56
西　藏	0.48	41	22.5	3.23	0.0	—	952.50	19.44
宁　夏	308.89	2677	1.9	0.02	—	—	0.04	—
陕　西	1618.56	76081	3107.8	5.80	1303.0	1189.8	55.34	174.68
甘　肃	95.72	27515	0	9.93	174.2	—	405.94	261.05
青　海	45.09	22510	1472.5	2.25	—	—	179.89	168.55
四　川	91.15	0	247.5	52.85	173.0	1415.0	195.14	199.72
云　南	239.69	0	19.7	21.75	3979.6	3675.0	699.46	582.22
贵　州	553.69	6926	5698.9	4.53	7382.3	39637.5	2.23	23.27
重　庆	20.64	352599	13574.8	0.33	2491.8	3045.7	—	0.19
西部合计	3925.37	705198	27149.8	107.75	16405.3	49015.5	2607.58	1466.68

数据来源：国土资源部矿产资源储量司、中国地质矿产信息研究院、中国国土经济研究院：《中国矿产资源报告'97》、《中国矿产资源报告'98》，地质出版社，1998年、1999年。

四、资源型产业数据

附表9　2000年我国资源型产业总产值分布情况　　　　　　（亿元）

区域	省份	农业	煤炭采选业	石油和天然气开采业	黑色金属矿采选业	有色金属矿采选业	非金属矿采选业	木材及竹材采运业
	全国	24916.0	1226.97	3121.22	118.88	349.59	373.84	183.23
东部	辽宁	967.4	69.90	259.70	10.1	14.7	—	—
	河北	1544.7	32.77	79.63	8.96	5.76	8.43	0.03
	天津	156.3	—	152.60	—	—	5.76	
	北京	195.2	15.75	—	1.42	0.70	3.71	
	山东	2294.3	196.12	446.92	16.18	91.07	55.58	
	江苏	1869.7	45.52	27.00	2.43	2.18	35.62	—
	上海	216.5	10.57	13.99	—	—	0.07	
	浙江	1062.9	5.28	—	1.44	5.34	14.05	63.68
	福建	1037.3	7.62	—	2.68	3.38	8.65	13.05
	广东	1640.7	3.29	276.31	8.52	9.89	50.53	1.42
	广西	829.0	6.93	—	5.19	—	45.02	0.80
	海南	311.9	0.04	—	2.09	1.36	0.73	0.05
	合计	12125.9	393.79	1256.15	59.01	134.38	228.15	79.03
中部	黑龙江	625.1	75.57	927.55	0.08	4.77	4.15	46.54
	吉林	609.4	20.06	67.56	3.81	4.36	4.69	33.89
	内蒙古	543.2	56.68	17.30	2.71	9.84	4.40	14.25
	山西	322.4	237.35	—	5.12	1.59	4.12	—
	河南	1981.5	153.62	126.61	2.85	71.41	17.91	—
	湖北	1125.6	4.61	38.36	17.02	10.56	28.81	1.04
	湖南	1221.7	32.68	—	2.59	21.93	14.26	0.91
	安徽	1220.0	77.47	—	11.14	4.92	8.83	0.31
	江西	760.3	18.26	—	0.25	8.25	3.61	3.86
	合计	8409.2	676.30	1177.38	45.57	137.63	90.78	100.80

（续表）

		农业	煤炭采选业	石油和天然气开采业	黑色金属矿采选业	有色金属矿采选业	非金属矿采选业	木材及竹材采运业
西部	新疆	487.2	20.09	336.43	3.48	2.73	4.47	0.41
	西藏	51.2	0.08	—	1.32	1.53	0.88	0.47
	宁夏	77.8	17.88	20.91	—	0.01	0.07	—
	陕西	464.9	19.63	172.96	0.51	24.37	1.75	0.86
	甘肃	323.0	16.07	77.68	1.12	13.57	12.06	0.01
	青海	57.0	0.78	21.61	0.01	1.17	0.42	0.00
	四川	1413.3	33.88	60.39	3.16	9.30	12.77	0.12
	云南	680.9	12.34	0.03	2.81	22.42	5.49	0.79
	贵州	413.0	19.32	—	0.30	2.05	13.44	0.74
	重庆	412.6	16.81	1.38	1.59	0.43	3.56	0.00
	合计	4380.9	156.88	691.39	14.30	77.58	54.91	3.40

数据来源：《中国统计年鉴2001》，中国统计出版社，2001年。

附录六

世界与中国主要的资源环境节日

一、世界湿地日（2月2日）

湿地保护是环境保护的重要领域，是国际自然保护的一个热点。不同的国家和专家对湿地有不同的定义，我国科学家对湿地的定义是：陆地上常年或季节性积水（水深2米以内，积水达4个月以上）和过湿的土地，并与其生长、栖息的生物种群构成的生态系统。常见的自然湿地有：沼泽地、泥炭地、浅水湖泊、河滩、海岸滩涂和盐沼等，它们是湿地保护的重点对象。

湿地具有很强的调节地下水的功能，它可以有效地蓄水、抵抗洪峰；它能够净化污水，调节区域小气候；湿地还是鱼类和其他野生生物的重要栖息地。在干旱半干旱地区，湿地是重要的放牧场和割草场。正是因为湿地有如此之多的功用，被人们比喻为"地球之肺"。然而，由于人们开垦湿地或改变其用途，生态环境遭到了严重的破坏。湿地的破坏会造成洪涝灾害加剧、干旱化趋势明显、生物多样性急剧减少等。

为了保护湿地，十多个国家于1971年2月2日在伊朗的拉姆萨尔签署了一个重要的湿地公约——《拉姆萨尔公约》。这个公约的主要作用是通过全球各国政府间的共同合作，以保护湿地及其生物多样性，特别是水禽和它赖以生存的环境。《拉姆萨尔公约》在国际社会引起广泛关注，我国于1992年申请加入了《拉姆萨尔公约》组织。1996年10月，湿地公约常委会决定将每年的2月2日定为世界湿地日。

二、中国植树节（3月12日）

中国是世界上森林较少的国家，森林覆盖率不及20%。森林的匮乏成为中国主要的生态环境问题之一。保护和增加森林，是中国政府和公民面临的长期而重要的任务。为唤起广大人民植树的意识与责任感，中国政府确定以伟大的民主主义先行者和爱国者孙中山先生的诞辰日，即3月12日，作为中国的植树节。每年的植树节，都有大批的各级党政军群领导和普通公民参与到植树活动之中。

三、世界水日(3月22日)与中国水周(3月22日至28日)

1993年1月18日,第四十七届联合国大会做出决议,确定每年的3月22日为"世界水日"。1988年《中华人民共和国水法》颁布后,水利部即确定每年的7月1日至7日为"中国水周",考虑到"世界水日"与"中国水周"的主旨和内容基本相同,故从1994年开始,把"中国水周"的时间改为每年的3月22日至28日。时间的重合,使宣传活动更加突出"世界水日"的主题。中国水周的主题:

年度	主题	年度	主题
1996	依法治水,科学管水,强化节水	2000	加强节约和保护,实现水资源的可持续利用和保护
1997	水与发展	2001	建设节水型社会,实现可持续发展
1998	依法治水——促进水资源可持续利用	2002	以水资源的可持续利用支持经济社会的可持续发展
1999	江河治理是防洪之本		

四、世界气象日(3月23日)

1947年9月,国际气象组织在华盛顿召开了有45个国家气象局长参加的会议,审议并通过了《世界气象组织公约》。1950年3月23日该公约正式生效,同时将名称改为"世界气象组织"。1960年6月,世界气象组织通过决议,把每年的3月23日定为"世界气象日"。开展"世界气象日"活动的目的,主要是为了使各国广大群众更好地了解世界气象组织的活动情况,以及气象部门在经济和国防建设等方面所做出的卓越贡献,推动气象学在航空、航海、水利、农业和人类其他活动方面的应用。

为使庆祝"世界气象日"的活动更具有实际意义,世界气象组织执行理事会为每年的"世界气象日"选定一个宣传主题,号召世界各成员国以多种方式开展宣传活动。主题的选择主要围绕气象工作的内容、主要科研项目以及世界各国普遍关注的问题。1993年至2002年世界气象日主题分别是:

年度	主题	年度	主题
1993	气象与技术转让	1998	天气、海洋与人类活动
1994	观测天气和气候	1999	天气、气候与健康
1995	公众天气服务	2000	世界气象组织——50年服务
1996	气象为体育服务	2001	天气、气候和水的志愿者
1997	天气与城市水问题	2002	降低对天气和气候极端事件的脆弱性

五、世界地球日(4月22日)

人类历史上的第一个"地球日"是1970年4月22日由美国哈佛大学法学院的一位刚满25岁的学生——丹尼斯·海斯在校园发起和组织的。他后来被誉为地球日之父。1972年联合国人类环境会议在斯德哥尔摩召开,1973年联合国环境规划署的成立,国际性环境组织——绿色和平组织的创建,以及保护环境的政府机构和组织在世界范围内的不断增加,地球日都起了重要的作用。因此地球日也就成为了全球性的活动。

在1990年4月22日地球日20周年之际,中国政府表示支持地球日活动。从此,中国每年都进行地球日活动的纪念宣传活动。20世纪90年代以来,中国社会各界每年4月22日都举办世界地球日纪念活动,最主要的活动是由中国地质学会、原地质矿产部和国土资源部组织的纪念活动,并每年制定中国的纪念主题。

六、国际生物多样性日(5月22日)

为了保护全球的生物多样性,1992年在巴西首都里约热内卢召开的联合国环境与发展大会上,153个国家签署了《生物多样性公约》。同年11月,我国第七届全国人大第28次会议审议批准了此公约,使我国成为这个公约的最早缔约国之一。多年来,我国政府在生物多样性保护方面开展了大量工作,取得了显著成绩,受到国际社会的称赞。从1995年起,联合国将每年的12月29日确定为"国际生物多样性日"。根据第55届联合国大会第201号决议,"国际生物多样性日"由原来的每年12月29日最终确定为5月22日。

七、世界环境日(6月5日)

1972年6月5日,人类环境会议在斯德哥尔摩开幕。这次会议通过了著名的《人类环境宣言》。同年召开的第27届联大,根据人类环境会议的建议,决定把今后每年的6月5日定为"世界环境日"。从1974年开始,联合国环境规划署每年都提出当年世界环境日的主题。

1974年至2002年,历年的世界环境日主题分别为:

年度	主题	年度	主题
1974	只有一个地球	1978	没有破坏的发展
1975	人类居住	1979	为了儿童的未来——没有破坏的发展
1976	水,生命的重要源泉	1980	新的十年,新的挑战——没有破坏的发展
1977	关注臭氧层破坏、水土流失、土壤退化和滥伐森林	1981	保护地下水和人类食物链,防治有毒化学品污染

(续表)

年度	主题	年度	主题
1982	纪念斯德哥尔摩人类环境会议十周年——提高环境意识	1993	贫穷与环境——摆脱恶性循环
1983	管理和处置有害废弃物,防治酸雨破坏和提高能源利用率	1994	一个地球一个家庭
1984	沙漠化	1995	各国人民联合起来,创造更加美好的世界
1985	青年、人口、环境	1996	我们的地球、居住地、家园
1986	环境与和平	1997	为了地球上的生命
1987	环境与居住	1998	为了地球上的生命——拯救我们的海洋
1988	保护环境、持续发展、公众参与	1999	拯救地球就是拯救未来
1989	警惕全球变暖	2000	2000环保千年——行动起来吧
1990	儿童与环境	2001	世间万物,生命之网
1991	气候变化——需要全球合作	2002	使地球充满生机
1992	只有一个地球——关心与共享		

八、世界防止荒漠化日(6月17日)

1977年联合国荒漠化会议正式提出了土地荒漠化这个当今世界上最严重的环境问题。1992年6月,包括我国在内的100多个国家元首和政府首脑与会、170多个国家派代表参加的巴西里约环境与发展大会上,荒漠化被列为国际社会优先采取行动的领域。之后,联合国通过了47/188号决议,成立了《联合国关于在发生严重干旱和/或荒漠化的国家特别是在非洲防治荒漠的公约》政府间谈判委员会。公约谈判从1993年5月开始,历经5次谈判,于1994年6月17日完成。6月17日即为国际社会对防治荒漠化公约达成共识的日子。

为了有效地提高世界各地公众对执行与自己和后代密切相关的"防治荒漠化公约"重要性的认识,加强国际联合防治荒漠化行动,迎合国际社会对执行公约及其附件的强烈愿望,以及纪念国际社会达成防治荒漠化公约共识的日子,1994年12月19日联合国大会通过了49/115号决议,宣布6月17日为世界防治荒漠化日(世界防治荒漠化和干旱日),从1995年开始纪念。

九、全国土地日(6月25日)

1991年5月24日,国务院第83次常务会议,经过讨论决定,为了深入宣传贯彻《土地管理法》,坚定不移地实行"十分珍惜和合理利用土地,切实保护耕地"的基本国策,确定每年6月25日,即《土地管理法》颁布纪念日为全国土地日。

为了开展全国土地日的宣传活动,国务院国土资源管理部门每年都确定宣传主题。历年全国土地日的宣传主题是:

年度	主 题	年度	主 题
1991	土地与国情	1997	土地与国家,爱护我们的家园
1992	土地与改革	1998	土地与未来,集约用地,造福后代
1993	土地与经济	1999	依法行政,合理用地
1994	土地与市场	2000	保护耕地,为了美好的明天
1995	土地与法制	2001	规划用地,利国利民
1996	土地与发展,保护我们的生命线		

十、世界人口日(7月11日)

1987年7月11日,世界人口达到50亿。现在世界人口增长正呈现三个新趋势:一些地区的人口迅速增加,而另一些地区的人口增长率却明显下降;人口老龄化、人口城市化的速度越来越快;被称为"世纪杀手"的艾滋病迅速蔓延,正改变一些地区的人口结构。联合国人口与发展委员会2001发表的一份调查报告指出,目前全世界人口总数为61亿,其中欠发达地区的人口就占世界总人口的80%。全世界人口数量每年以大约0.2%的速度递增,即全世界每年净增7700万人,但欠发达地区的人口数量以每年1.5%的增幅上升。就人口密度而言,较发达地区的人口密度为每平方公里22人,而欠发达地区的人口密度为每平方公里59人,几乎是发达地区的3倍。

人口增长和以破坏环境为代价的经济发展给自然资源和环境造成了前所未有的压力,直接导致了水资源匮乏、耕地减少、食物短缺、森林面积减小、动植物物种灭绝、全球变暖和环境污染等。这一切反过来又严重威胁着人类的生存与发展。据联合国有关机构统计,世界上约有85个国家没有能力生产或购买足以养活本国人民的粮食,发展中国家中有13亿人口每人每天靠不足一美元的收入维持生活。

因此,有效控制人口增长,切实保护人类生存环境,正确处理和妥善协调人口增长与环境保护以及经济发展之间的关系,是摆在各国政府面前的一项艰巨任务。为了引起国际社会对人口问题更深切的关注,联合国人口基金决定从1988年起把每年的7月11日定为"世界人口日"。2001年世界人口日的主题是:人口、发展与环境。

十一、国际保护臭氧层日（9月16日）

距地球表面25公里的上空有臭氧层，它能吸收阳光中对生物有害的紫外线，是地球生态环境的保护伞。20世纪80年代中期，科学家首次发现南极上空的臭氧层在冬季和春季会出现严重损耗，形成所谓的空洞。同样的空洞在北极也存在。臭氧层发生空洞和变薄，对人类构成了一定威胁。科学家普遍认为，臭氧层被破坏直接导致地面紫外线辐射增强，使皮肤癌和白内障患者增加。一些科学家指出，臭氧层损耗1%，皮肤癌患者就会增加3%。

为保护臭氧层，1994年联合国大会决定每年的9月16日为国际保护臭氧层日。2001年国际保护臭氧层日的主题是"拯救我们的天空，保护你自己，保护臭氧层"。我国政府十分重视臭氧层的保护，从1978年开始，我国正式加入世界气象组织大气臭氧监测网。1989年我国加入了《保护臭氧层维也纳公约》，1991年加入了《关于消耗臭氧层物质的蒙特利尔议定书》，并不断加大宣传力度，提高全国人民对保护臭氧层的共识。